U0917423

普通高等教育“十二五”电气信息类规划教材

数 字 电 子 技 术

主　编　包晓敏　王开全
副主编　路永华
参　编　严利平　鲍　佳　夏海霞
　　　　李雄伟　贾会玲

机 械 工 业 出 版 社

本书共分 9 章，覆盖数字电子技术的基本理论和基本方法，内容包括数字逻辑基础、门电路、组合逻辑电路、Verilog HDL 与软件实现、时序逻辑电路、脉冲波形的产生与整形、大规模数字集成电路、数一模与模一数转换器、数字系统综合设计。每章中都有例题，每章后都附有本章小结和习题，以利于学生联系实际，巩固所学知识。

本书编写简明扼要，内容深入浅出，注重实际能力的培养，可作为高等院校电子、电气、计算机及信息类本科专业“数字电子技术”课程的教材，也可供其他各相关专业的学生和从事电子技术工作的工程技术人员参考。

本书配有免费电子课件及习题答案，欢迎选用本书作教材的老师发邮件到Jinacmp@ 163. com索取，或登录 www. cmpedu. com 注册下载。

图书在版编目（CIP）数据

数字电子技术/包晓敏，王开全主编．—北京：机械工业出版社，2011. 11（2017. 1 重印）

普通高等教育“十二五”电气信息类规划教材

ISBN 978-7-111-36240-1

Ⅰ. ①数… Ⅱ. ①包…②王… Ⅲ. ①数字电路－电子技术－高等学校－教材 Ⅳ. ①TN79

中国版本图书馆 CIP 数据核字（2011）第 215807 号

机械工业出版社（北京市百万庄大街 22 号　邮政编码 100037）
策划编辑：吉　玲　责任编辑：吉　玲　王寅生　卢若薇
版式设计：霍永明　责任校对：张　媛
封面设计：张　静　责任印制：乔　宇
三河市国英印务有限公司印刷
2017 年 1 月第 1 版第 3 次印刷
184mm × 260mm · 16. 75 印张 · 466 千字
标准书号：ISBN 978-7-111-36240-1
定价：33. 00 元

凡购本书，如有缺页、倒页、脱页，由本社发行部调换

电话服务
服务咨询热线：010-88379833
读者购书热线：010-88379649

网络服务
机 工 官 网：www. cmpbook. com
机 工 官 博：weibo. com/cmp1952
教育服务网：www. cmpedu. com
金 书 网：www. golden-book. com

前　言

“数字电子技术”课程是电子信息工程、电气工程、自动化、计算机等信息类专业和其他相关专业的主要技术基础课程。随着电子科学技术的高速发展，近年来数字电子技术课程的教学内容有了较大变化，其中基于EDA技术和可编程逻辑器件的现代数字系统设计得到了广泛应用。本书中就数字逻辑基础、门电路、组合逻辑电路、时序逻辑电路、脉冲波形的产生与整形等基本概念、分析方法、设计方法都做了详细的介绍，这也是采用新型器件时必备的基础理论。因此，本书一方面延续和保持了数字电子技术基础内容的完整性和理论的系统性，另一方面增加了数字电路基本内容的VHDL语言描述，使读者能够在学习数字逻辑单元电路时逐步掌握现代数字系统设计的基础知识。

此外，本书在第7章大规模数字集成电路中，重点介绍了只读存储器、随机存储器的组成、工作原理及集成器件应用以及复杂可编程逻辑器件（CPLD）和现场可编程逻辑门阵列（FPGA）的电路结构、工作原理和器件技术特性。在第8章中介绍了各种转换器结构、原理和集成器件的使用方法。第9章介绍了数字系统综合设计的几个典型应用，包含了传统数字系统设计的实例、基于EDA工具的现代数字系统设计实例、基于FPGA和DDS信号发生器设计实例及基于FPGA的频率计的设计实例，以举例的方式深入浅出地介绍了常用的大中规模集成电路的应用方法，它们可以在课程设计和综合设计时参考。本书的每章中都有例题，每章后附有习题，以利于学生联系实际，巩固所学知识。

书中带有“*”的章节作为选讲的内容。在学时较少或要求不高的情况下，首先删减这些内容，删减后不会影响整个理论体系的完整性和内容的连惯性。

本书可作为高等院校电子、电气、计算机及信息类本科专业“数字电子技术”课程的教材，也可供其他各相关专业的学生和从事电子技术工作的工程技术人员参考。

本书主编为包晓敏、王开全，副主编为路永华。全书共分为9章，其中第1、5章由王开全编写，第2、6章由鲍佳编写，第3章由路永华编写，第4章由夏海霞编写，第7章由贾会玲、严利平共同编写，第8章由李雄伟编写，第9章由严利平编写。

根据二十多年来从事本科生“数字电子技术”、“单片机原理及应用”课程理论教学和实践教学的经验和体会，作者以讲稿为基础，参考有关专家的教材和论文，适当修改补充编写成本书。从历次讲义的修改到本书的编写，都得到了学院各位同仁的热情支持和悉心指导，得到了研究生倪晓庆、刘庆的协助。作者谨向他们表示衷心的感谢。

由于编者学识水平所限，书中难免会有错误和不妥之处，恳请读者批评指正。

编　者

目　录

第 1 章　数字逻辑基础

1.1　引言

物理量可以分为模拟量和数字量两大类。数字量的特点是在时间上和数量上都是离散的，也就是说它们的变化在时间上是不连续的，如果把生产线上的产品数量转换成电信号，这个电信号就属于数字量。模拟量的特点是在时间上和数量上都是连续变化的，如果把温度、压力等物理量转换成电信号，这些电信号就属于模拟量。

表示数字量的信号称为数字信号，处理数字信号的电路称为数字电路。表示模拟量的信号称为模拟信号，处理模拟信号的电路称为模拟电路。

数字电路对数字信号的处理包括信号传输、逻辑运算、控制、计数、存储、显示以及脉冲波形的产生和变换等。

1.2　数制的概念

用来表示数值大小的计数方法称为计数体制，简称数制。常见的数制有十进制、二进制、八进制和十六进制等。

1.2.1　十进制数

十进制数是日常生活和工作中最常用的，也是人们最为熟悉的一种数制，它具有三个特点：

1）有十个数码，即 0、1、…、9；

2）进位规则为逢十进一（基数为 10）；

3）任何一个十进制数都可展开为以 10 为底的幂的多项式，如：

$148.63 = 1 \times 10^2 + 4 \times 10^1 + 8 \times 10^0 + 6 \times 10^{-1} + 3 \times 10^{-2}$

其通式可写为

$$N = d_n \times 10^n + d_{n-1} \times 10^{n-1} + \cdots + d_0 \times 10^0 + d_{-1} \times 10^{-1} + \cdots + d_{-m} \times 10^{-m} = \sum_{i=-m}^{n} d_i \times 10^i \tag{1-1}$$

在式（1-1）中，N 为任一十进制数，d_i 为第 i 位的数码，10^i 为第 i 的位权。位权表示数码在该位所代表的数值的大小。如数码 6 出现在十位上代表的数值是 60，出现在百位上代表的数值就是 600。

1.2.2　二进制数

与十进制数相似，二进制数也具有三个类似特点：

1）有二个数码，即 0、1；

2）进位规则为逢二进一（基数为 2）；

3）任何一个二进制数都可展开为以 2 为底的幂的多项式，如：

$$101.01\text{B} = (1 \times 2^2 + 0 \times 2^1 + 1 \times 2^0 + 0 \times 2^{-1} + 1 \times 2^{-2})\ \text{D} = 5.25\text{D}$$

为了避免混乱，用后缀表明数的进制。B 表示二进制，D 表示十进制，H 表示十六进制。其

通式为

$$NB = \left(\sum_{i=-m}^{n} b_i \times 2^i\right)D \tag{1-2}$$

在式（1-2）中，2^i 为位权，显然二进制数的整数部分由低位到高位其位权依次为 1、2、4、8、16、32、64 等。

自然界中，许多事物仅有两个状态，如开关的通断、电平的高低、灯的亮灭等，这就为二进制的应用提供了物理基础。由于存储器的单元电路也只有两个状态，所以二进制在计算机中获得了广泛应用。

1.2.3 十六进制数

十六进制数具有以下三个特点：

1）有十六个数码，即 0、1、…、9、A、B、C、D、E、F；

2）进位规则为逢十六进一（基数为 16）；

3）任何一个十六进制数都可展开为以 16 为底的幂的多项式，其通式为

$$NH = \left(\sum_{i=-m}^{n} h_i \times 2^i\right)H \tag{1-3}$$

如：6A0F. 1DH = $(6\times16^3+10\times16^2+15\times16^0+1\times16^{-1}+13\times16^{-2})$ D = 27151. 11328D

为了熟悉二进制数、十六进制数的表示方法，现列出部分二进制数、十六进制数与十进制数之间的对应关系。见表 1-1。

表 1-1 部分二进制数、十六进制数与十进制数间的对应关系

十进制数	二进制数	十六进制数	十进制数	二进制数	十六进制数
0	0	0	8	1000	8
1	1	1	9	1001	9
2	10	2	10	1010	A
3	11	3	11	1011	B
4	100	4	12	1100	C
5	101	5	13	1101	D
6	110	6	14	1110	E
7	111	7	15	1111	F

1.3 常用数制间的转换

1.3.1 其他进制数和十进制数之间的转换

二进制、十六进制数转换为十进制数时，只要分别按照式（1-2）和式（1-3）按位权依次展开即可，因此这里不再重复。下面介绍如何把十进制数转换为其他进制数。

1. 十进制数转换为二进制数

十进制数转换为二进制数时，十进制数的整数部分和小数部分必须采用不同的方法分别转换，然后再合二为一。整数部分采用除 2 取余法，小数部分采用乘 2 取整法。

除 2 取余法是将十进制数的整数连续除 2，并记下各次的余数，直至商小于 2 为止，然后将最后一次的商连同各次的余数按次序排列即可得到对应的二进制数。

如将 19D 转换为二进制数，其过程如图 1-1a 所示，所以有 19D = 10011B。

乘 2 取整法是将十进制数的小数连续乘 2，并记下各次小数点前的进位且进位不乘，直至小数部分为零为止，若不能为零可按精度要求乘到适当位，然后将小数点前的进位按次序排列即可得到对应的二进制数。

如将 0.625D 转换为二进制数，其过程如图 1-1b 所示，所以有

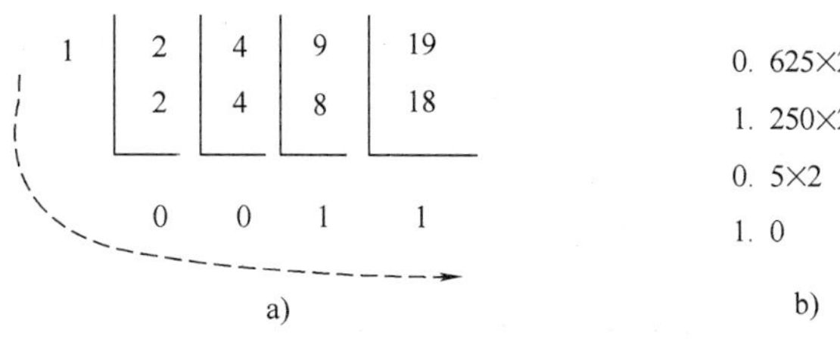

图 1-1　十—二进制的转换方法
a) 除 2 取余法　b) 乘 2 取整法

$$0.625D = 0.101B。$$

2. 十进制数转换为十六进制数

十进制数转换为十六进制数时，可先将十进制数转换为二进制数，再将二进制数转换为十六进制数。至于如何将二进制数转换为十六进制数将在下面介绍。

1.3.2　二进制和十六进制之间的转换

由于二进制与十六进制间有特殊关系，即 $2^4 = 16$，也就是说可以用 4 位二进制数来表示一位十六进制数，见表 1-1，所以在将二进制数转换为十六进制数时，只要将二进制数以小数点为界点，左右分成四位一组，然后按照表 1-1 将每组对应的十六进制数码直接写出即可。如：

$$\underset{3}{\underline{11}}\ \underset{1}{\underline{0001}}\ \underset{B}{\underline{1011}}\underset{E}{\underline{1110}}\cdot\underset{9}{\underline{1001}}\ \underset{8}{\underline{1B}} = 31BE.98H$$

同理，在将十六进制数转换为二进制数时，只要将十六进制数的每位数码用对应的四位二进制数表示出来即可，如：

$$D0A2.67H = 1101\ 0000\ 1010\ 0010.0110\ 0111B$$

1.4　带符号数的表示方法

显然，数有正有负，即数是带符号的。在计算机中，为了表示一个带符号数，通常用 0 和 1 来表示数的符号。0 表示正数，1 表示负数，最高位为符号位，其余位为数值。编码不同，表示方法也不一样，下面介绍带符号数的几种表示方法。

1.4.1　原码

正数的符号位用 0 表示，负数的符号位用 1 表示，其余位表示数值的大小，这种表示方法称为原码。如：

$$X = +114，[X]_{原} = 01110010B$$

$$X = -114，[X]_{原} = 11110010B$$

$$[+0]_{原} = 00000000B$$

$$[-0]_{原} = 10000000B$$

原码的表示方法比较简单，缺点是 0 有两种表示方法。

1.4.2　反码

正数的反码与原码相同。负数的反码其符号位为 1，数值位则是将负数的原码数值位按位求反。如：

$$N = -4，[N]_{反} = 11111011B$$

$$N=-0,\ [N]_{反}=11111111\text{B}$$
$$N=-127,\ [N]_{反}=10000000\text{B}$$

可见，反码中的0仍有两种表示方法。

1.4.3 补码

正数的补码与原码相同。负数的补码是将该负数的反码在最低位加1。如：

$$N=-4,\ [N]_{补}=[N]_{反}+1=11111100\text{B}$$
$$N=-0,\ [N]_{补}=[N]_{反}+1=00000000\text{B}$$
$$N=-127,\ [N]_{补}=[N]_{反}+1=10000001\text{B}$$

可见，补码的0只有一种表示方法。

下面列举一个十进制数补码的例子。一个圆形的两位十进制里程表，里程表转一周为100km。设指针初始位置为0，当向前1km时里程表指示为01。当向前101km时里程表指示还是01，说明里程表的模为100。向前99km和向后1km，里程表指示都为99，向前99km可理解为向后1km，即-1km，所以99的补码是-1，也可以说-1的补码是99，而100-1=99。此例说明了求负数补码的一个简单方法就是负数的补码等于模减去该数取正值的原码。如求-126的补码。因为+126对应的二进制数为01111110，为简单计，用二位十六进制数来表示八位二进制数，即01111110B=7EH。而二位十六进制数的模为100H，所以，-126的补码为100H-7EH=81H。再如-4的补码为100H-04H=FCH。

1.5 二进制数的算术运算

1.5.1 二进制的加减法

当负数采用补码表示时，减法运算可以转化为加法运算。所以二进制数的加减运算都可归纳为加法运算，如：$N=5+9=14$，$[N]_{补}=[5]_{补}+[9]_{补}=[00000101]_{补}+[00001001]_{补}=00001110=+14$

$N=60-43=60+(-43)=17$，$[N]_{补}=[60]_{补}+[-43]_{补}=00111100+11010101=00010001=+17$

$N=8-12=8+(-12)=-4$，$[N]_{补}=[8]_{补}+[-12]_{补}=00001000+11110100=11111100=-4$

用补码做加法时，需注意以下两点：

1）由符号位向更高位产生的进位信号会自然丢失。

2）因为8位二进制补码所能表示的数值范围为+127～-128，所以运算结果如果超出这个范围将发生错误。

1.5.2 二进制的乘除法

二进制数的乘除运算也可以转化为加法运算。如手工乘除法运算的过程如图1-2所示。

在乘法运算中，初始部分积设置为0，然后判断乘数的最低位是1还是0，若是1，则将部分积和被乘数相加并右移一位，得新的部分积；若是0，则将部分积不相加直接右移一位，也得新的部分积。再判断乘数的次低位，是1就再将部分积和被乘数相加并右移一位，是0，就将部分积直接右移一位，依此类推，如图1-2a所示。可见，乘法运算实际上就是移位加法的运算过程。

同理，除法运算就是减法运算过程。不同的是初始部分余数设置为被除数，并将部分余数减

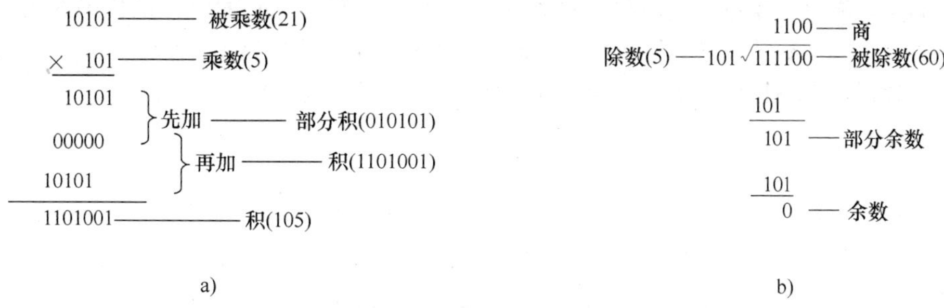

图 1-2　二进制数的乘除运算

a）乘法运算　b）除法运算

除数后左移，如图 1-2b 所示。

1.6　码制

若干数码的组合不仅可以表示数值的大小，也可以用来表示不同的事物。用来表示不同事物的数码组合，就称为代码，例如电话号码、门牌号、教室号等。

按照某种规则来编排代码就称为编码，编码的规则就称为码制。因为编码规则不同，代码也不同，所以就出现了各种各样的代码。

1.6.1　常见十进制编码

用 4 位二进制数码来表示 1 位十进制数码，按这种编码规则获得的代码称为二—十进制代码，也称 BCD 码。因为 4 位二进制数码有 16 个状态，而 1 位十进制数码只有 10 个状态，从 16 个状态中任取 10 个状态，有多种取法，所以 BCD 码又可分为多种。表 1-2 列出了几种常见的 BCD 码。

表 1-2　几种常见的 BCD 码

1 位十进制数码	8421 码	2421 码	5211 码	余 3 码
0	0000	0000	0000	0011
1	0001	0001	0001	0100
2	0010	0010	0100	0101
3	0011	0011	0101	0110
4	0100	0100	0111	0111
5	0101	1011	1000	1000
6	0110	1100	1001	1001
7	0111	1101	1100	1010
8	1000	1110	1101	1011
9	1001	1111	1111	1100
位权	8421	2421	5211	

表 1-2 中 8421 码是按顺序取 4 位二进制数码的前 10 个状态，换句话说，也就是按照自然二进制位权 8421 来进行编码的，所以称为 8421BCD 码，它属于有权码，这种代码最为常用。

2421BCD 码、5211BCD 码是分别按照位权 2421、5211 来进行编码的，它们也属于有权码。

余 3 码是按顺序取 4 位二进制数码的中间 10 个状态获得的，它的每一组代码的数值正好比对应的十进制数码的数值多 3，所以称为余 3 码，余 3 码属于无权码。

不同的代码具有不同的特点，适合于在不同的场合下使用。

1.6.2 格雷码

表 1-3 列出了 4 位格雷码，格雷码的最大特点是相邻两组代码之间只有一位不同，其余 3 位完全相同，与其他代码相比，格雷码的这一特点提高了代码的可靠性和抗干扰能力。如在模拟量转换为数字量中，就常用到格雷码。当模拟量发生微小变化时，变化后的格雷码较前一组码仅改变一位，与其他相邻两组代码变化多位相比，自然提高了可靠性。1.9.3 节中介绍的卡诺图也是按照格雷码来排列的。

表 1-3 4 位格雷码

十进制数码	格雷码	十进制数码	格雷码
0	0000	8	1100
1	0001	9	1101
2	0011	10	1111
3	0010	11	1110
4	0110	12	1010
5	0111	13	1011
6	0101	14	1001
7	0100	15	1000

格雷码的另一特点是具有镜像性，即轴对称性，且关于轴对称的两组代码也只有一位不同。

格雷码的构成具有很强的规律性，如：最低位以 0110 为周期进行循环，次低位以 00111100 为周期进行循环，次高位以 0000111111110000 为周期进行循环，最高位以 00000000111111111111111100000000 为周期进行循环，以此类推。据此可构成任意位数的格雷码。基于这一原因格雷码又称循环码。

1.7 逻辑代数基础

逻辑代数又称布尔代数，是分析和设计数字电路的有力工具。与普通代数一样，逻辑代数把参与逻辑运算的变量称为逻辑变量，把逻辑变量的运算结果称为逻辑函数。区别在于普通代数的变量和函数在其定义域内可取任意值，而逻辑代数中的变量和函数只可能有两种取值，分别为“真”和“假”，即具二值性。

在逻辑代数和逻辑电路中，为简便，总是喜欢把逻辑变量的两种取值或逻辑电路的两种状态分别用 0 和 1 来表示，如逻辑变量取值为“真”记为 1，逻辑变量取值为“假”就记为 0；开关闭合记为 1，开关断开就记为 0；逻辑电路的高电平记为 1，低电平就记为 0。由此可见，这里的 0 和 1 已不具有值的概念，仅是借来表示事物的两种状态而已。

1.7.1 三种基本逻辑运算

与逻辑、或逻辑和非逻辑是三种最基本的逻辑运算关系，任一复杂的逻辑运算都可理解为是由这三种基本运算组合而成的。

1. 与逻辑

图 1-3a 所示电路中开关和灯都具有两种状态，两个开关与灯共有四种不同的状态组合。显然，只有当开关 A 与 B 都闭合时，灯才亮；若开关 A 与 B 只要有一个断开或两个开关都断开，灯就不亮。可见当决定灯亮的条件——开关 A 与 B 的闭合——全部具备时，灯亮才会发生。灯的状态与开关 A 与 B 的状态之间的这种状态关系就是与逻辑关系。一般约定灯亮记为 1，灯灭记为 0；开关合记为 1，开关断记为 0。以后都遵此约定，不再说明。灯与开关之间的状态关系可用表 1-4 来描述。如果把开关的状态用变量来表示，把灯的状态用函数来表示，则表 1-4 就是描述与逻辑运算关系的真值表，真值表反映了函数与变量间取值的对应关系，也就是逻辑运算关系。与逻辑运算用函数式可表达为

$$Y = A \cdot B \tag{1-4}$$

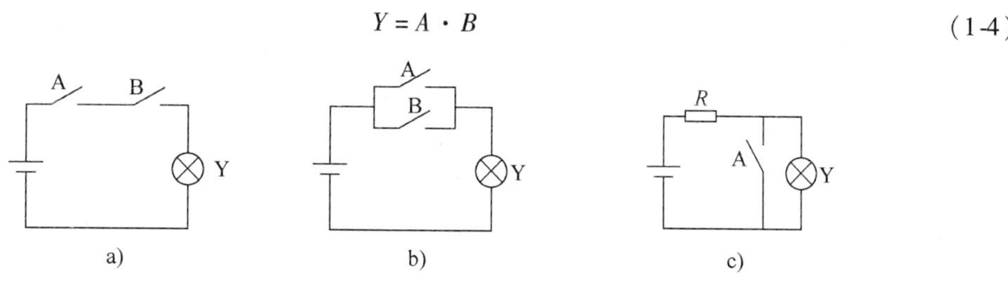

图 1-3　与、或、非关系电路

表 1-4　与逻辑真值表

A *B*	*Y*
0 0	0
0 1	0
1 0	0
1 1	1

2. 或逻辑

图 1-3b 所示电路中灯的状态与开关状态之间满足或逻辑关系。显然，只要开关 A 或 B 有一个闭合，或两个都闭合，灯就亮；只有当两个开关都断开时，灯才不亮。可见当决定某一事件能否发生（灯亮）的所有条件（开关）中，只要有一个或一个以上的条件满足时，事件就能发生，只有当所有条件均不满足时，事件才不发生，这种因果关系就称为或逻辑关系。或逻辑关系的真值表见表 1-5，其函数式可表达为

$$Y = A + B \tag{1-5}$$

表 1-5　或逻辑真值表

A *B*	*Y*
0 0	0
0 1	1
1 0	1
1 1	1

3. 非逻辑

图 1-3c 所示电路可用来说明非逻辑关系。显然，当开关闭合时灯不亮，反之，当开关断开时灯就亮。换句话说，当一件事情发生时，另一事件就不可能发生，这样的因果关系就称为非逻辑关系，非即否、取反之意，其真值表见表 1-6，函数式可表达为

表 1-6　非逻辑真值表

A	*Y*
0	1
0	0

$$Y = \overline{A} \tag{1-6}$$

与、或、非逻辑运算的图形符号如图 1-4 所示。现在专用绘图软件如 Visio、Protel 等使用的都是国外图形符号，有关国外的图形符号请参考其他书籍。

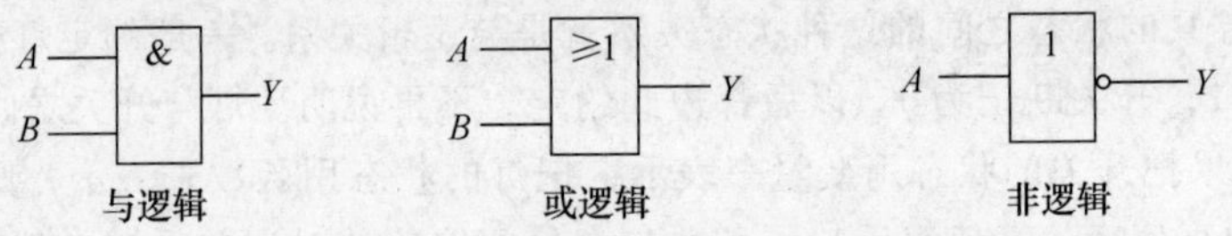

图 1-4 与、或、非图形符号

1.7.2 复合逻辑运算

利用与、或、非三种基本逻辑运算的组合可构成任一复杂的逻辑运算。复合逻辑运算就是由三种基本逻辑运算组合而成的，显然复合逻辑运算有很多形式，常见的复合逻辑运算有与非、或非、与或非等，它们算不上复杂，但却最常用。

与非逻辑运算的函数式为

$$Y = \overline{A \cdot B} \tag{1-7}$$

其逻辑运算次序是先与后非，故名与非，它就是与、非逻辑运算的组合。表 1-7 是它的真值表，图 1-5 所示为它的图形符号。

同理，或非逻辑运算的次序是先或后非，它是或、非逻辑运算的组合。或非逻辑运算的函数式为

$$Y = \overline{A + B} \tag{1-8}$$

其真值表如表 1-8 所示，图形符号如图 1-6 所示。

与或非逻辑运算的次序是先与（AB 相与，CD 相与）后或（$AB + CD$）再非$\overline{AB + CD}$。它的

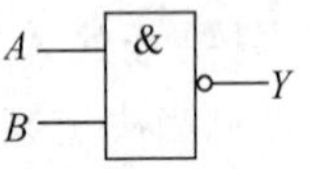

图 1-5 与非逻辑图形符号

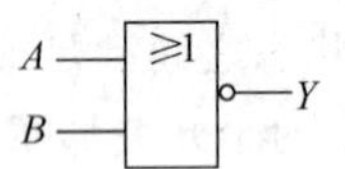

图 1-6 或非逻辑图形符号

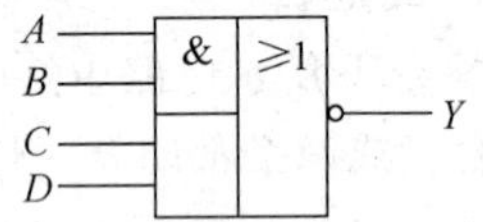

图 1-7 与或非逻辑图形符号

表 1-7 与非逻辑真值表

A B	Y
0 0	1
0 1	1
1 0	1
1 1	0

表 1-8 或非逻辑真值表

A B	Y
0 0	1
0 1	0
1 0	0
1 1	0

表 1-9 与或非逻辑真值表

A B	C D	Y	A B	C D	Y
0 0	0 0	1	0 1	1 0	1
0 0	0 1	1	0 1	1 1	0
0 0	1 0	1	1 1	0 0	0
0 0	1 1	0	1 1	0 1	0
0 1	0 0	1	1 1	1 0	0
0 1	0 1	1	1 1	1 1	0

函数式为

$$Y = \overline{AB + CD} \tag{1-9}$$

其真值表如表 1-9 所示，图形符号如图 1-7 所示。

1.7.3　逻辑代数的基本公式和常用公式

逻辑代数的公式是构成逻辑代数的重要基础，逻辑代数的公式包括基本公式和常用公式。

1. 基本公式

1）变量与常量的运算：$A0 = 0$；$A + 0 = A$；$A1 = A$；$A + 1 = 1$。

2）交换律、结合律、分配律：$A + B = B + A$；$AB = BA$。

$(A + B) + C = A + (B + C)$；$(AB)C = A(BC)$。

$A(B + C) = AB + AC$；$A + BC = (A + B)(A + C)$。

3）重叠律：$A + A = A$；$AA = A$。

4）反转律：$A = \overline{\overline{A}}$。

5）互补律：$A + \overline{A} = 1$；$A\overline{A} = 0$。

6）反演律：$\overline{A + B} = \overline{A} \cdot \overline{B}$；$\overline{AB} = \overline{A} + \overline{B}$。

2. 常用公式

$$A + AB = A \tag{1-10}$$

证明：如图 1-8 归纳法说明所示。

A	B	AB	$A+AB$
0	0	0	0
0	1	0	0
1	0	0	1
1	1	1	1

图 1-8　归纳法说明

可见，等式两边取值完全相等，说明式（1-10）成立。

仔细观察式（1-10）会发现，等式左边为两个乘积项相加，乘积项 AB 中包含了乘积项 A 的全部因子，所以乘积项 AB 是多余的，可以被吸收。掌握这种观察问题的思维方式很有必要，可以帮助记忆和正确使用这些公式且能做到举一反三。

$$A + \overline{A}B = A + B \tag{1-11}$$

证明：左边 $= A + AB + \overline{A}B = A + (A + \overline{A})B = A + B =$ 右边

这种证明方法称为演绎法。

$$AB + \overline{A}C + BCD = AB + \overline{A}C \tag{1-12}$$

$$AB + \overline{A}C = \overline{A\overline{B} + \overline{A} \cdot \overline{C}} \tag{1-13}$$

$$A\overline{B} + \overline{A}B = \overline{AB + \overline{A} \cdot \overline{B}} \tag{1-14}$$

证明：式（1-14）的右边 $= (\overline{A} + \overline{B})(A + B) = A\overline{A} + \overline{A}B + A\overline{B} + B\overline{B} = \overline{A}B + A\overline{B} =$ 左边。

设 $Y_1 = \overline{A}B + A\overline{B} = A \oplus B$ 称为异或逻辑函数，即 A、B 两变量取值相同时，函数值取 0；取值相反时，函数值取 1。

设 $Y_2 = AB + \overline{A} \cdot \overline{B} = A \odot B$ 称为同或逻辑函数，即 A、B 两变量取值相同时，函数值取 1；取值相反时，函数值取 0。

式（1-14）说明，异或逻辑函数是同或逻辑函数的取反，也就说这两个函数互为反函数。它们的图形符号如图 1-9 所示。

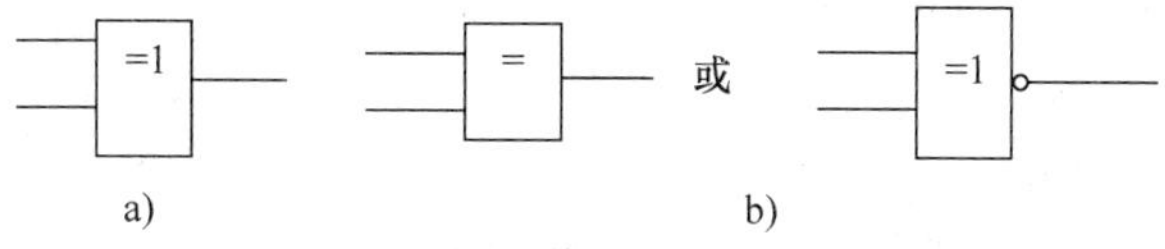

图 1-9　异或、同或逻辑的图形符号

a）异或逻辑　b）同或逻辑

必须指出，上述基本公式和常用公式是可利用 1.7.4 节介绍的代入规则进行推广和拓延的。

1.7.4 逻辑代数的基本规则

1）代入规则：是指在逻辑代数中，如将等式两边相同变量都代之以另一逻辑函数，则等式依然成立。如 $A+\overline{A}B=A+B$，则有 $AC+D+\overline{AC+D}B=AC+D+B$。

2）反演规则是指将逻辑函数中的“+”变“·”，“·”变“+”；“0”变“1”，“1”变“0”；原变量变反变量，反变量变原变量，所得新式即为原函数的反函数。如 $Y=(A+\overline{B\overline{CD}})E$，则有 $\overline{Y}=\overline{A}(B+\overline{CD})+\overline{E}$，或 $\overline{Y}=\overline{A}(B+\overline{C+\overline{D}})+\overline{E}$。

3）对偶规则是指将逻辑函数中的“+”变“·”，“·”变“+”；“0”变“1”，“1”变“0”；变量不变，所得新式即为原函数的对偶式。如 $Y=A(B+\overline{C})$，则有 $Y'=A+B\overline{C}$。

1.8 逻辑函数的表示方法及标准形式

1.8.1 逻辑函数及其表示方法

逻辑运算关系（也称逻辑功能）有不同的描述方法，比如逻辑函数式、真值表、逻辑图、卡诺图等，不同的描述方法仅是表述的形式和角度不同而已，它们在本质上是相通的。下面介绍前三种描述方法。

1. 逻辑函数式

逻辑函数式是以表达式的形式反映逻辑运算功能。如：

$$Y=ABC+A\overline{B}C+AB\overline{C}。\tag{1-15}$$

2. 真值表

式（1-15）所对应的真值表见表 1-10。

真值表以表格的形式反映逻辑运算功能。在列真值表时必须把变量所有的取值组合全部列出，否则就不是真值表。

表 1-10 式（1-15）对应的真值表

A B C	Y
0 0 0	0
0 0 1	0
0 1 0	0
0 1 1	0
1 0 0	0
1 0 1	1
1 1 0	1
1 1 1	1

3. 逻辑图

逻辑图以图形符号的形式反映逻辑运算功能。式（1-15）对应的逻辑图如图 1-10 所示。

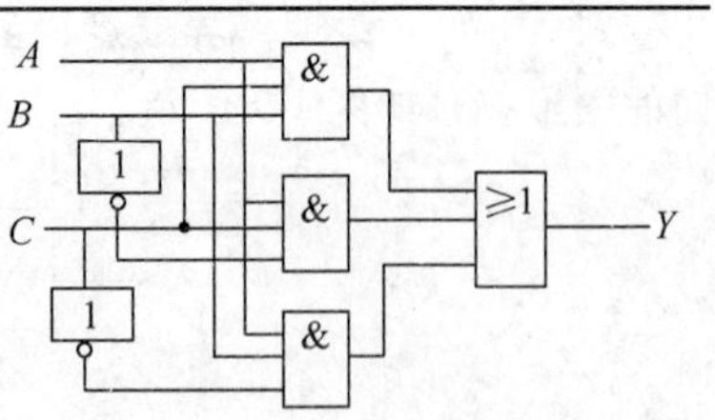

图 1-10 式（1-15）对应的逻辑图

4. 三种描述方式间的转换

因这三种描述方法是同一逻辑运算功能的不同表述，在本质上是相通的，所以一定存在着必然联系，也就是说它们是可以互相转换的，知其一必能求余二，如图 1-11 所示。

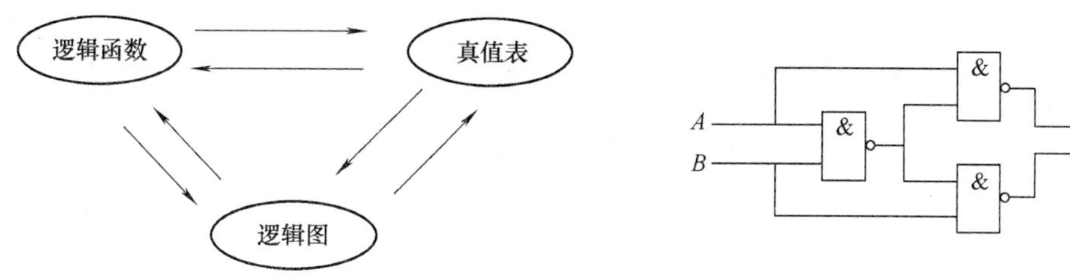

图 1-11 三种描述方法间互换

图 1-12 例 1-1 逻辑图

例 1-1 已知逻辑图如图 1-12 所示，求其真值表。

解：先由逻辑图写出逻辑函数表达式，再将逻辑函数表达式转化为与或式。即

$$Y=\overline{\overline{A\,\overline{AB}}\cdot\overline{B\,\overline{AB}}}=A\,\overline{AB}+B\,\overline{AB}=A\ (\overline{A}+\overline{B})\ +B\ (\overline{A}+\overline{B})\ =A\,\overline{B}+\overline{A}B \tag{1-16}$$

列出变量 A、B 的所有取值组合，并依次代入到式（1－16）中算出函数对应的取值，就得到真值表见表 1-11。

表 1-11 例 1-1 真值表

A B	Y
0 0	0
0 1	1
1 0	1
1 1	0

1.8.2 逻辑函数的两种标准形式

逻辑函数有两种标准表达式，即最小项和最大项表达式。

1. 最小项

设某逻辑函数有 n 个变量，m 是 n 个变量的一个乘积项，若 m 中每个变量以原变量或反变量的形式出现一次且只出现一次，则 m 称为这个逻辑函数的一个最小项。

如：$Y\ (A、B、C、D)\ =AB\,\overline{C}D+\overline{A}BC\,\overline{D}+A\,\overline{B}C$。

是最小项　不是最小项

（1）最小项性质

1）n 个变量必有且仅有 2^n 个最小项。表 1-12 列出了三变量的最小项数目、最小项名称和最小项编号。在最小项中约定原变量用 1 表示，反变量用 0 表示。显然，变量的每组取值必对应一个最小项。

表 1-12 三变量最小项

A B C	最小项名称	编号
0 0 0	$\overline{A}\,\overline{B}\,\overline{C}$	m_0
0 0 1	$\overline{A}\,\overline{B}C$	m_1
0 1 0	$\overline{A}B\,\overline{C}$	m_2
0 1 1	$\overline{A}BC$	m_3
1 0 0	$A\,\overline{B}\,\overline{C}$	m_4
1 0 1	$A\,\overline{B}C$	m_5
1 1 0	$AB\,\overline{C}$	m_6
1 1 1	ABC	m_7

最小项可以用最小项名称来表示，也可以用最小项编号来表示，用编号表示最小项时，变量数不同，相同编号所对应的最小项名也不同。如 m_6，对应三变量逻辑函数为 $AB\overline{C}$，对应四变量逻辑函数为 $\overline{A}BC\overline{D}$。

2）所有最小项之和恒等于 1。这个性质只要把表 1-12 中所有最小项相加便能得到验证。根据这一性质可知，逻辑函数一般不会包含属于它的所有最小项。

（2）逻辑函数的最小项表达式

逻辑函数的最小项表达式为

$$
\begin{aligned}
Y &= \overline{(AB+\overline{A}\,\overline{B}+\overline{C})\,\overline{AB}} = \overline{AB+\overline{A}\,\overline{B}C}+AB \\
&= (A\overline{B}+\overline{A}B)\,C+AB = A\overline{B}C+\overline{A}BC+AB\,(C+\overline{C}) \\
&= A\overline{B}C+\overline{A}BC+ABC+AB\overline{C} = m_5+m_3+m_7+m_6 \\
&= \sum m\,(3,5,6,7)
\end{aligned}
$$

由上式可知，逻辑函数的最小项表达形式是唯一的；在真值表中，逻辑函数所包含的最小项恰是逻辑函数取值为 1 所对应的项，未被逻辑函数包含的那些最小项函数取值必为 0，见表 1-13。

表 1-13　函数 Y 真值表

A B C	Y
0 0 0	0
0 0 1	0
0 1 0	0
0 1 1	1
1 0 0	0
1 0 1	1
1 1 0	1
1 1 1	1

2. 最大项

设某逻辑函数有 n 个变量，m 是 n 个变量之和，若 m 中每个变量以原变量或反变量的形式出现一次且只出现一次，则 m 称为这个逻辑函数的一个最大项。

比如对三变量而言，$\overline{A}+B+C$、$\overline{A}+B+\overline{C}$、$A+B+C$ 都是它的最大项。

在最大项中约定原变量用 0 表示，反变量用 1 表示，显然，变量的每组取值必对应一个最大项，见表 1-14。

表 1-14　三变量最大项说明

A B C	最大项名称	编号
0 0 0	$A+B+C$	M_0
0 0 1	$A+B+\overline{C}$	M_1
0 1 0	$A+\overline{B}+C$	M_2
0 1 1	$A+\overline{B}+\overline{C}$	M_3
1 0 0	$\overline{A}+B+C$	M_4
1 0 1	$\overline{A}+B+\overline{C}$	M_5
1 1 0	$\overline{A}+\overline{B}+C$	M_6
1 1 1	$\overline{A}+\overline{B}+\overline{C}$	M_7

（1）最大项性质

1）n 个变量必有且仅有 2^n 个最大项。

2）所有最大项之积恒等于 0。

最小项和最大项之间存在如下关系为

$$\overline{m_0} = M_0$$

证明：$\overline{m_0} = \overline{\overline{A}\,\overline{B}\,\overline{C}} = A + B + C = M_0$。

（2）逻辑函数的最大项表达式

由互补律可知 $Y + \overline{Y} = 1$，又根据最小项性质和最小项结论可以推得：若取值为 1 的所有最小项之和为函数 Y，则取值为 0 的所有最小项之和必为函数 Y 的反函数 $\overline{Y}$。

仍以最小项中所举函数为例，因为 $Y = \sum m(3, 5, 6, 7)$，所以有 $\overline{Y} = \sum m(0, 1, 2, 4) = m_0 + m_1 + m_2 + m_4$，于是可得 $Y = \overline{\overline{Y}} = \overline{m_0 + m_1 + m_2 + m_4} = \overline{m_0} \cdot \overline{m_1} \cdot \overline{m_2} \cdot \overline{m_4} = M_0 M_1 M_2 M_4 = \prod M(0, 1, 2, 4)$。

由此可知，在已知逻辑函数最小项表达式时可继而求出逻辑函数的最大项表达式。

1.9　逻辑函数的化简

1.9.1　逻辑函数化简的意义

在工程上，逻辑函数一般是通过逻辑电路来实现的，自然希望实现的电路越简单越好。有时还要求能用同一种门电路来实现，这些都需要对逻辑函数的表达式进行化简和变换。如：

$Y = A\overline{B} + \overline{A}C$（与或表达式）

$= \overline{\overline{A\overline{B} + \overline{A}C}}$

$= \overline{\overline{A\overline{B}} \cdot \overline{\overline{A}C}}$（与非与非表达式）

$= \overline{AB + \overline{A}\,\overline{C}}$（与或非表达式）

$= (\overline{A} + \overline{B})(A + C)$（或与表达式）

$= \overline{\overline{\overline{A} + \overline{B}} + \overline{A + C}}$（或非或非表达式）

可见，同一逻辑函数可以有多种表达形式，当然对应实现电路的简繁程度也就不同。那么哪种实现电路的方案最简单呢？因此，化简就成为最重要、最有实际意义的问题了。

化简的一般原则是：

1）表达式中乘积项最少（所用的门数最少）；

2）乘积项中的因子最少（门的输入端数最少）；

3）化为要求的表达形式（便于用同一种门来实现）。

1.9.2　逻辑函数的公式化简法

下面举例说明常用的几种化简方法。

例 1-2　化简函数 $Y = A\overline{B} + A\overline{B}C + ABCD + \overline{A}\,\overline{B}CD$

解：

$$\begin{aligned}
Y &= A\overline{B} + \overline{A}B + A\overline{B}C + ABCD + \overline{A}\,\overline{B}CD \\
&= A\overline{B}(1 + C) + \overline{A}B + ABCD + \overline{A}\,\overline{B}CD \\
&= A\overline{B} + \overline{A}B + (AB + \overline{A}\,\overline{B})CD \\
&= A\overline{B} + \overline{A}B + \overline{A\overline{B} + \overline{A}B} \cdot CD \\
&= A\overline{B} + \overline{A}B + CD
\end{aligned}$$

在化简过程中利用了式（1-10）、式（1-11）分别对多余项和多余因子进行了消去和吸收。

例 1-3 化简函数 $Y=AB\overline{C}+\overline{A}D+CD+BD+BED$

解：

$$
\begin{aligned}
Y &= AB\overline{C}+\overline{A}D+CD+BD+BED \\
&= AB\overline{C}+\overline{A}D+CD+BD \\
&= AB\overline{C}+(\overline{A}+C)D+BD \\
&= AB\overline{C}+\overline{A\overline{C}}D+BD \\
&= AB\overline{C}+\overline{A\overline{C}}D
\end{aligned}
$$

此例说明，若不能直接运用公式化简时，可对函数式进行并项或转换表达形式后再利用公式进行化简。

例 1-4 化简函数 $Y=A\overline{B}+\overline{A}B+B\overline{C}+\overline{B}C$

解：

$$
\begin{aligned}
Y &= A\overline{B}+B\overline{C}+\overline{B}C+\overline{A}B \\
&= A\overline{B}(C+\overline{C})+B\overline{C}(A+\overline{A})+\overline{B}C+\overline{A}B \\
&= A\overline{B}C+A\overline{B}\overline{C}+AB\overline{C}+\overline{A}B\overline{C}+\overline{B}C+\overline{A}B \\
&= \overline{B}C+A\overline{C}+\overline{A}B
\end{aligned}
$$

有时在看不出明确的化简方法时，可采用此例介绍的配项法，配项法具有一定的盲目性，所以有人把这种方法又称为试探法。

公式化简法建立在基本公式和常用公式的基础之上，化简方便快捷，但是它依赖于人们对公式的熟练掌握程度、经验和技巧。

1.9.3 逻辑函数的卡诺图化简法

卡诺图化简法的优点是具有规律性，易于把握，只要化简正确，结果就是最简。缺点是不宜用来化简五变量以上的逻辑函数。

1. 逻辑相邻项

逻辑相邻项又称相邻项，是指在两个最小项中，只有一个变量因互补而不同外，其余变量完全相同。如 $A\overline{B}\overline{C}$与 $A\overline{B}C$。

2. 卡诺图的表示法

显然，在真值表中，几何相邻的两个最小项未必满足逻辑相邻，见表 1-12。那么，能否将真值表中的最小项重新排列从而使得几何相邻必逻辑相邻呢？答案是肯定的，那就是卡诺图！

如三变量卡诺图如图 1-13 所示，二变量卡诺图如图 1-14 所示，四变量卡诺图如图 1-15 所示。

卡诺图中的每个小方格都对应着一个最小项。把真值表中的最小项按照凡几何相邻就逻辑相邻的关系来排列就得到卡诺图了。

A \ BC	$\overline{B}\overline{C}$ 00	$\overline{B}C$ 01	BC 11	$B\overline{C}$ 10
0	$\overline{A}\overline{B}\overline{C}$ m_0	$\overline{A}\overline{B}C$ m_1	ABC m_3	$\overline{A}\overline{B}C$ m_2
1	$A\overline{B}\overline{C}$ m_4	$A\overline{B}C$ m_5	ABC m_7	$AB\overline{C}$ m_6

图 1-13 三变量卡诺图

在卡诺图中，上下、左右对应的最小项也都满足相邻关系，所以卡诺图可看成是一种上下、左右全封闭的图形。

之所以把卡诺图表达成这种相邻关系，目的就是为了能方便地进行化简。卡诺图化简说到底就是合并相邻项，如两个相邻项合并可消去一个变量：$A\overline{B}\overline{C}D+A\overline{B}\overline{C}\overline{D}=A\overline{B}\overline{C}$；四个相邻项合并可消去二个变量：$AB\overline{C}\overline{D}+\overline{A}B\overline{C}D+AB\overline{C}\overline{D}+AB\overline{C}D=\overline{A}B\overline{C}+AB\overline{C}$；八个相邻项合并可消去三个

变量：$m_0+m_2+m_4+m_6+m_8+m_{10}+m_{12}+m_{14}=\overline{D}$。

十六个相邻项合并可消去四个变量，依此类推。

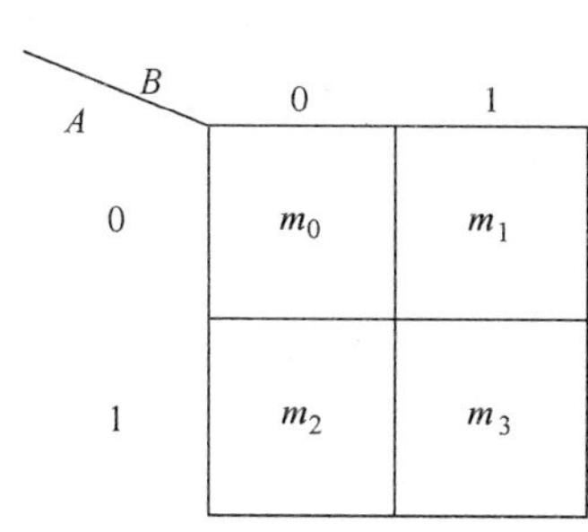

图 1-14　二变量卡诺图

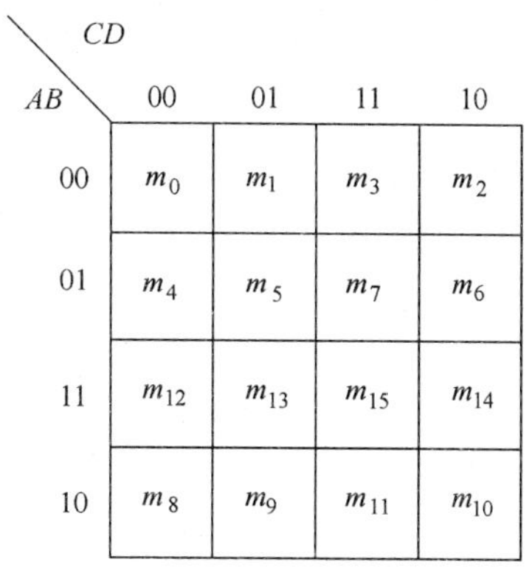

图 1-15　四变量卡诺图

3. 逻辑函数的卡诺图表示

显然，用卡诺图化简函数时，必须把函数用卡诺图表达出来。在 1.8.1 节中已经介绍，被函数包含的那些最小项对应的函数值取 1，其余最小项对应的函数值取 0。所以在卡诺图中，只要把被函数包含的那些最小项对应的小方格填 1，其余最小项对应的小方格填 0，就完成了函数到卡诺图的搬移工作。如函数 $Y=\overline{A}\,\overline{B}\,\overline{C}D+\overline{A}\,\overline{B}CD+\overline{A}BCD+A\,\overline{B}\,\overline{C}D$，则其卡诺图如图 1-16 所示。

如果函数不是以最小项形式给出的，那么在搬移时也不需要把函数转化为最小项表达式，可以采用找交点的方式来确定。比如某四变量函数包含有 $B\overline{D}$乘积项，$B\overline{D}$乘积项对应的最小项是 $m_4+m_5+m_{12}+m_{13}$。因为在 $B\overline{D}$乘积项中，B 为原变量，按最小项约定，其值应取 1，所以在卡诺图中可以找出 B 取值为 1 所对应的八个最小项来，也就是图 1-17 中两条水平虚线所杠出的八个最小项。又因 C 为反变量，取值应为 0，所以在卡诺图中可以找出 C 取值为 0 所对应的八个最小项，即图 1-17 中两条垂直虚线所杠出的八个最小项。这四条虚线的交叉点所确定的最小项是 $m_4+m_5+m_{12}+m_{13}$，正好就是 $B\overline{D}$乘积项所对应的最小项。因此，可在卡诺图中直接找出任一乘积项所对应的最小项来。

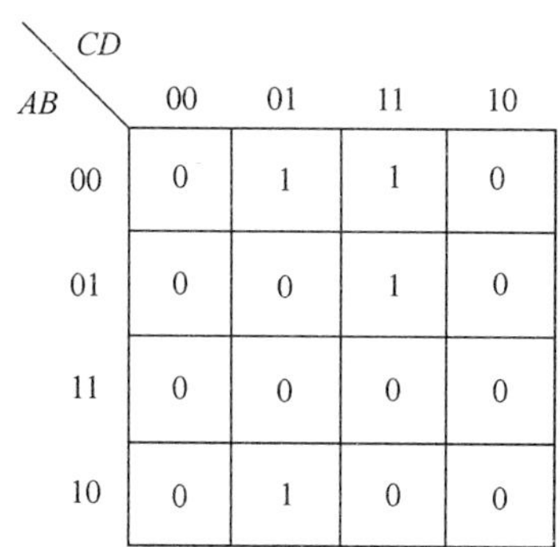

图 1-16　用卡诺图表示函数

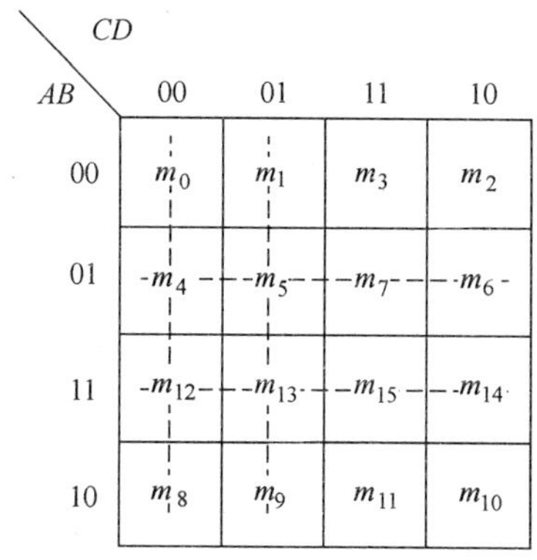

图 1-17　四变量卡诺图

4. 函数的卡诺图化简法

用卡诺图化简函数，就是用卡诺圈覆盖函数所包含的最小项。画卡诺圈时应遵循以下原则：

1）被圈最小项数应为 2^n 个。

2）卡诺圈应为矩形且要画得尽可能大。

3）最小项可被重复圈但不能遗漏。

4）每圈应至少包含有一个新的最小项。

例 1-5 用卡诺图化简函数 $Y=\sum m$（0，1，3，7）。

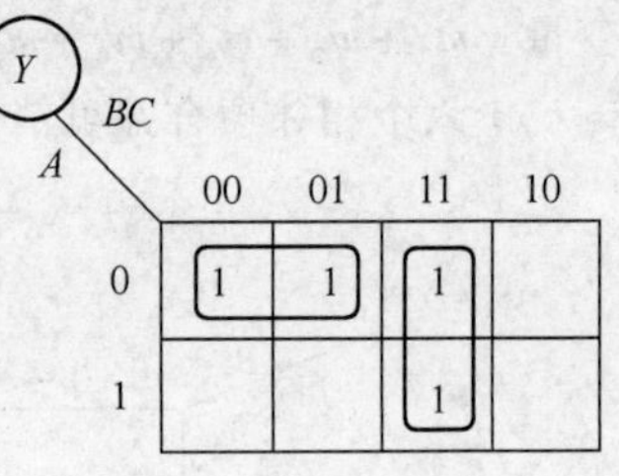

图 1-18 例 1-5 卡诺图

解：将函数搬移并化简可得 $Y=\bar{A}\bar{B}+BC$。

在图 1-18 中，左边卡诺圈表示 m_0 和 m_1 两项合并，合并结果为 $\bar{A}\bar{B}$，即 $\bar{A}\bar{B}\bar{C}+\bar{A}\bar{B}C=\bar{A}\bar{B}$。被合并的两个相邻项中，$A$、$B$ 为反变量，没发生改变，结果被保留，C 变了，C 消去。根据这一结论，合并结果可从卡诺图中直接看出，方法是找出卡诺圈对应的变量取值，取值变化的变量消去，取值不变化的变量保留，被保留变量若取值为 1，用原变量表示，若取值为 0，用反变量表示。依次找出其余卡诺圈的合并结果，就得到了函数的化简结果。

可见，用卡诺图化简函数时，实际上就是搬入—合并（画圈）—搬出的过程，也是非常方便快捷的。

例 1-6 用卡诺图化简函数 $Y=\sum m$（0，4，5，7，15）。

解：将 m_0 和 m_4 合并、m_5 和 m_7 合并、m_7 和 m_{15} 合并，则化简结果为 $Y=\bar{A}\bar{B}\bar{C}+\bar{A}BD+BCD$。将 m_0 和 m_4 合并、m_4 和 m_5 合并、m_7 和 m_{15} 合并，则化简结果为 $Y=\bar{A}\bar{B}\bar{C}+\bar{A}B\bar{C}+BCD$。

此例说明，函数的化简结果不一定是唯一的，但简化程度一定是相同的。

例 1-7 用卡诺图化简函数 $Y=\bar{A}B\bar{C}\bar{D}+\bar{A}CD+BD+A\bar{C}D+ABC\bar{D}$。

解：按图 1-20 所示的合并，化简结果为

$$Y=BD+\bar{A}B\bar{C}+\bar{A}CD+ABC+A\bar{C}D。$$

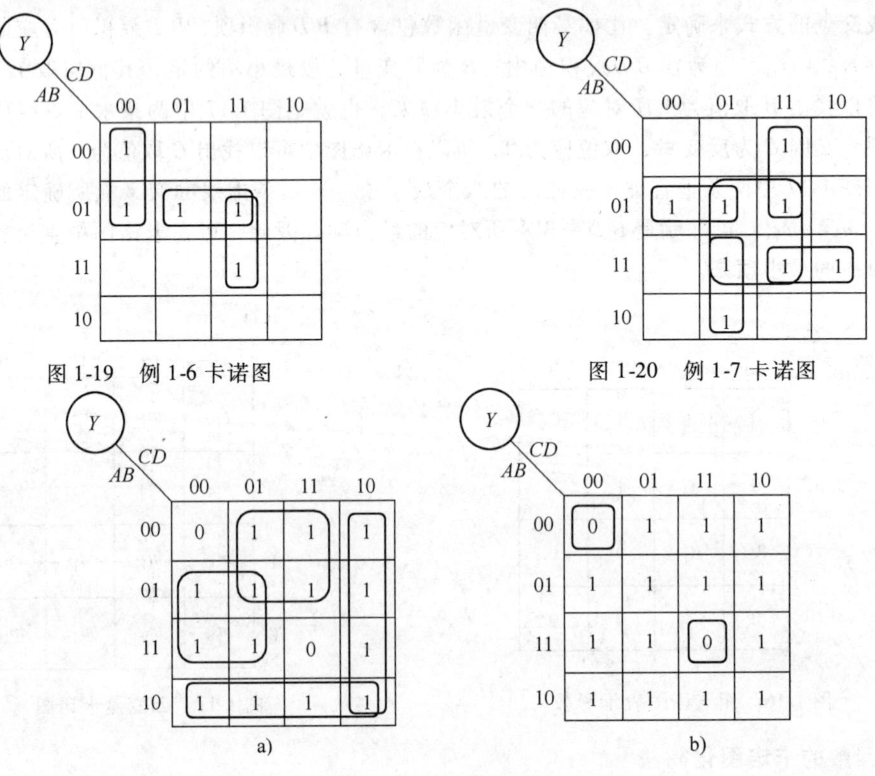

图 1-19 例 1-6 卡诺图

图 1-20 例 1-7 卡诺图

a) b)

图 1-21 例 1-8 卡诺图

a）圈 1 法 b）圈 0 法

这个结果是错误的。因为中间的大卡诺圈没有包含新的最小项，违反了化简原则，是多余的，应当去掉，所以正确的化简结果是 $Y=\bar{A}B\bar{C}+\bar{A}CD+ABC+A\bar{C}D$。

卡诺图化简，可以圈 1，也可圈 0。这是因为取值为 1 的所有最小项之和为函数 Y，其余最小项之和必为函数 Y 的反函数。圈 1 时得到是函数 Y，圈 0 时得到是函数 Y 的反函数 $\bar{Y}$。

例 1-8　用卡诺图化简函数 $Y=\sum m$（1，2，3，4，5，6，7，8，9，10，11，12，13，14）。

解：如图 1-21 所示，圈 1 得 $Y=\bar{A}D+B\bar{C}+A\bar{B}+C\bar{D}$。

圈 0 得 $\bar{Y}=\bar{A}\bar{B}\bar{C}\bar{D}+ABCD$，$Y=\bar{\bar{Y}}+\overline{\bar{A}\bar{B}\bar{C}\bar{D}+ABCD}$。

此例说明，卡诺图不仅可用来化简，还可用来转换函数的表达形式。

1.10　具有无关项的逻辑函数及其化简

1.10.1　约束项和约束条件

在某些情况下，变量取值并不是任意的，而是受到一些限制。比如在 8421BCD 码中，若用变量 $ABCD$ 来表示一位 8421BCD 码，那么 $m_{10}\sim m_{15}$ 这六个最小项就是不允许出现的，受到了约束。受到约束的最小项称为约束项。约束项的取值该怎么处理呢？因为对应变量的每一组取值必有且仅有一个最小项的值为 1，而约束项是不允许出现的，所以可认为约束项取值始终为 0，也就是说，就函数而言，“不出现”和“取 0 值”是等价的。

约束项的集合称为约束条件，8421BCD 码的约束条件可表达为

$$Y=\sum m\,(10,11,12,13,14,15)=AB+AC=0。$$

1.10.2　无关项在化简逻辑函数中的应用

无关项包括约束项和任意项。在卡诺图中，无关项用符号“×”来表示。由于无关项的取值始终为 0，所以在函数中出现与不出现都不影响函数的值，因此，在化简时如果无关项对化简有利则取之，反之则弃之。

例 1-9　设 A、B、C、D 为一位 8421BCD 码，当 C、D 两变量取值相反时，函数值取值为 1，否则取值为 0，试写出函数的最简表达式。

解：依题意可列出真值表见表 1-15。由真值表可写出函数表达式并化简得

$$Y=\bar{C}D+C\bar{D}$$

卡诺图如图 1-22 所示，不利用无关项，则化简结果为 $Y=\bar{A}\bar{C}D+\bar{A}CD+\bar{B}\bar{C}D$。

表 1-15　例 1-9 的真值表

A B C D	Y
0 0 0 0	0
0 0 0 1	1
0 0 1 0	1
0 0 1 1	0
0 1 0 0	0
0 1 0 1	1
0 1 1 0	1
0 1 1 1	0
1 0 0 0	0
1 0 0 1	1

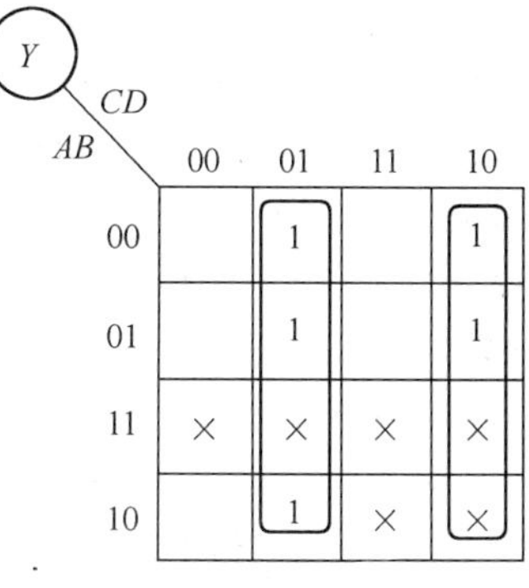

图 1-22　例 1-9 卡诺图

本章小结

十进制数具有的三个特点可以推广到其他进制数中去，把握十进制的三个特点有利于理解其他进制数。数制转换只要能够心里算出四位二进制到其他进制的转换就可以了，因为实际中这种转换是不需要人工进行的。8421BCD 码是最为常用的，必须要正确理解。

逻辑关系可以用四种不同的方式来描述，即函数式、真值表、逻辑电路图和卡诺图，它们以不同的表达形式来反映同一逻辑关系，因此，它们之间必存在着本质的联系，也就是说，它们是可以相互转换的，知其一可求余三。它们之间的这种本质联系和相互转换方法是值得花点时间去体味的。

逻辑代数是本章的重点内容。有关公式一定要在理解的基础去记忆，记得越多，解题越快。公式只反映了一种等值关系，公式是可以用代入规则进行推广的，不要在碰到公式的推广形式时就不会用公式了。公式化简法依赖于对公式掌握的熟练程度、经验和技巧，卡诺图化简法简单、直观，有规律可循，易于掌握。但对于五变量以上，化简就不太方便了。最后指出，函数式最简，实现的逻辑电路不一定最简。

习　题

1-1　将下列二进制数转换为十进制数。

（1）01101；（2）1101101；（3）110.101；（4）1001.0101。

1-2　将下列十六进制数转换为十进制数。

（1）103.2H；（2）A45D.0BCH。

1-3　将下列数码作为二进制数或 8421BCD 码时，分别求出相应的十进制数。

（1）10010111；（2）100010011011；（3）000111001001。

1-4　将下列十进制数分别转换为二进制、十六进制和 8421BCD 码（要求转换误差不大于 2^{-4}）。

（1）43；（2）127；（3）254.25；（4）2.718。

1-5　写出下列二进制数的原码、反码和补码。

（1）+1011；（2）+00110；（3）-1101；（4）-00101。

1-6　写出下列带符号位二进制数（最高位为符号位）的反码和补码。

（1）011011；（2）001010；（3）111011；（4）101010。

1-7　用 8 位二进制补码表示下列十进制数。

（1）+17；（2）+28；（3）-13；（4）-47；（5）-89；（6）-121。

1-8　计算下列用补码表示的二进制数的代数和。如果和为负数，求出负数的绝对值。

（1）01001101+00100110；（2）00011101+01001100；（3）00110010+10000011；

（4）11011101+01001011；（5）11100111+11011011；（6）11111001+10001000。

1-9　证明下列逻辑等式。

（1）$(A+B)(A+C)=A+BC$；

（2）$A\overline{B}+B+\overline{A}B=A+B$；

（3）$(A+\overline{C})(B+D)(B+\overline{D})=AB+B\overline{C}$；

（4）$(\overline{A+B+\overline{C}}\cdot\overline{C}\cdot\overline{D})+(B+\overline{C})(A\overline{B}D+\overline{B}\cdot\overline{C})=\overline{B}\cdot\overline{C}$；

（5）$\overline{A}\cdot\overline{B}\cdot\overline{C}+A(B+C)+BC=\overline{A\overline{B}\cdot\overline{C}+\overline{A}\cdot\overline{B}C+\overline{A}B\overline{C}}$；

（6）$(A\oplus B)\oplus C=A\oplus(B\oplus C)$。

1-10　写出图 1-23 所示逻辑图的输出逻辑函数式

1-11　真值表见表 1-16，试写出逻辑函数表达式，并画出逻辑电路图。

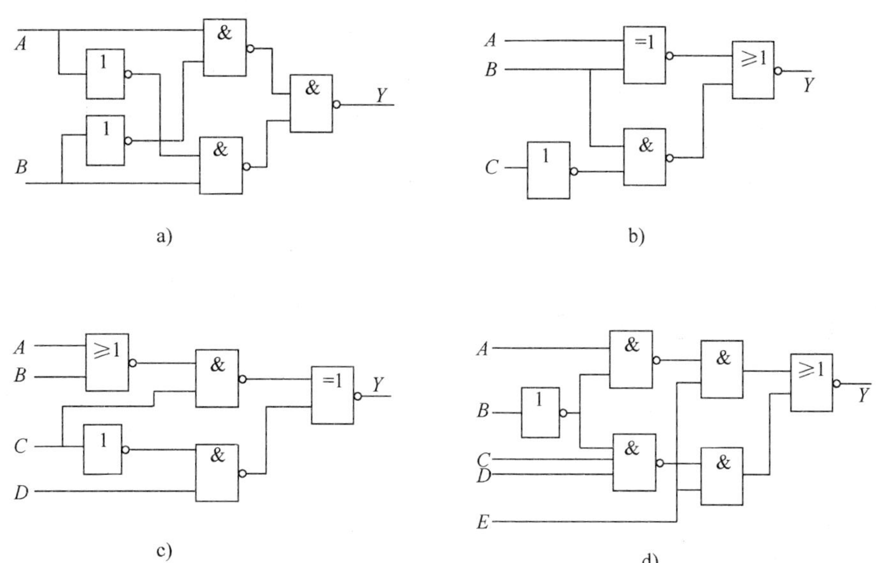

图 1-23　题 1-10 图

表 1-16　题 1-11 真值表

A B C	Y	A B C	Y
0 0 0	0	0 0 0	1
0 0 1	1	0 0 1	1
0 1 0	1	0 1 0	0
0 1 1	0	0 1 1	0
1 0 0	1	1 0 0	1
1 0 1	0	1 0 1	1
1 1 0	0	1 1 0	0
1 1 1	0	1 1 1	1

1-12　列出下列逻辑函数的真值表，并画出逻辑电路图。

(1) $Y_1=\overline{A}B+BC+AC\overline{D}$；

(2) $Y_2=\overline{A}\,\overline{B}C\overline{D}+\overline{B\oplus C}D+AD$。

1-13　已知逻辑函数的波形如图 1-24 所示，试求 Y 的真值表和逻辑函数表达式。

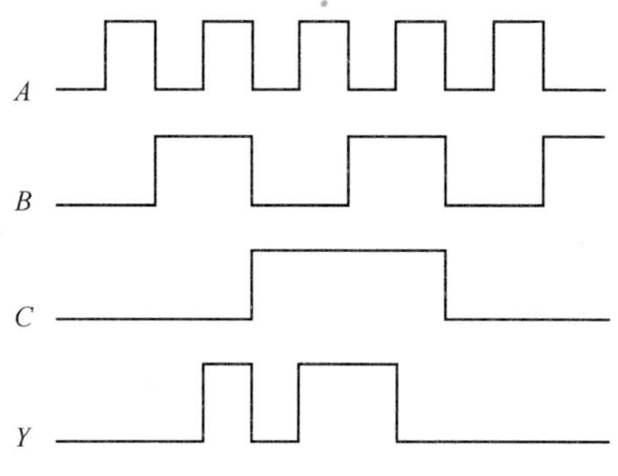

图 1-24　题 1-13 图

1-14　用与非逻辑单元实现下列逻辑函数。

（1）$Y=AB+BC+AC$；

（2）$Y=(\overline{A}+B)(A+\overline{B})C+\overline{BC}$；

（3）$Y=\overline{AB\overline{C}+A\overline{B}C+\overline{A}BC}$；

（4）$Y=\overline{A\overline{BC}+A\overline{\overline{B}}+\overline{A}\,\overline{B}+BC}$。

1-15　用或非逻辑单元实现下列逻辑函数。

（1）$Y=A\overline{B}C+B\overline{C}$；

（2）$Y=(A+C)(\overline{A}+B+\overline{C})(\overline{A}+\overline{B}+C)$；

（3）$Y=\overline{AB\overline{C}+\overline{B}C}\,\overline{D}+\overline{A}\,\overline{B}D$；

（4）$Y=\overline{\overline{C\overline{D}}\,\overline{BC}\,\overline{ABC}\,\overline{D}}$。

1-16　用公式化简法化简下列逻辑函数。

（1）$Y=AB(A+BC)$；

（2）$Y=(A+B)A\overline{B}$；

（3）$Y=\overline{\overline{A}BC}(B+\overline{C})$；

（4）$Y=A+A\overline{BC}+ABC+BC+\overline{B}C$；

（5）$Y=\overline{AB+\overline{A}\,\overline{B}+\overline{A}B+A\overline{B}}$；

（6）$Y=\overline{\overline{\overline{A}+B}+\overline{A+B}+\overline{AB}\,\overline{A\overline{B}}}$；

（7）$Y=(A+B+\overline{C})(A+B+C)$；

（8）$Y=\overline{A}\,\overline{B}\,\overline{C}+A\overline{B}C+ABC+A+B\overline{C}$；

（9）$Y=\overline{AB+\overline{A+B}}$；

（10）$Y=\overline{B}+ABC+\overline{A}\,\overline{C}+\overline{A}\,\overline{B}$；

（11）$Y=ABC\overline{D}+ABD+BC\overline{D}+ABCD+B\overline{C}$；

（12）$Y=\overline{\overline{AC+\overline{A}BC}+\overline{B}C+AB\overline{C}}$；

（13）$Y=\overline{\overline{A\overline{B}+ABC}+A(B+A\overline{B})}$；

（14）$Y=AC+A\overline{C}D+A\overline{B}\,\overline{E}F+B(D\oplus E)+B\overline{C}D\overline{E}+B\overline{C}\,\overline{D}E+AB\overline{E}F$。

1-17　用卡诺图化简下列逻辑函数。

（1）$Y=A\overline{B}C+BC+\overline{A}B\overline{C}D$；

（2）$Y=ABC+ABD+\overline{C}\,\overline{D}+A\overline{B}C+\overline{A}C\overline{D}+A\overline{C}D$；

（3）$Y=A\overline{B}+\overline{A}C+BC+\overline{C}D$；

（4）$Y=\overline{A}\,\overline{B}+B\overline{C}+\overline{A}+\overline{B}+ABC$；

（5）$Y=\overline{A}\,\overline{B}+AC+\overline{B}C$；

（6）$Y=A\overline{B}\,\overline{C}+\overline{A}\,\overline{B}+\overline{A}D+C+BD$；

（7）$Y=\overline{AC+\overline{A}BC+\overline{B}C}+AB\overline{C}$；

（8）$Y=(\overline{A}\,\overline{B}+B\overline{D})\overline{C}+BD\overline{\overline{A}}\,\overline{\overline{C}}+\overline{D}\,\overline{\overline{A}+\overline{B}}$；

（9）$Y=A\overline{B}CD+D\overline{BC}+(A+C)B\overline{D}+\overline{A}\,\overline{\overline{B}+C}$；

（10）$Y=\overline{\overline{A}\,\overline{B}+ABCD}(B+\overline{C}D)$；

（11）$Y(A,B,C)=\sum m(0,1,2,5,6,7)$；

（12）$Y(A,B,C)=\sum m(1,4,7)$；

（13）$Y(A,B,C,D)=\sum m(3,4,5,6,9,10,12,13,14,15)$；

（14）$Y(A,B,C,D)=\sum(0,1,2,5,6,7,8,9,13,14)$。

1-18　用卡诺图化简下列逻辑函数。

（1）$Y(A,B,C)=\sum m(0,1,2,4,)+d\sum m(5,6)$；

（2）$Y(A,B,C)=\sum m(1,2,4,7)+d\sum m(3,6)$；

(3) $Y(A, B, C, D) = \sum(3, 5, 6, 7, 10) + d\sum m(0, 1, 2, 4, 8)$;

(4) $Y(A, B, C, D) = \sum(2, 3, 7, 8, 11, 14) + d\sum m(0, 5, 10, 15)$。

1-19 试用两个输入与非逻辑单元设计一个四位奇偶校验器，即当四位数中有奇数个 1 时输出为 0，否则输出为 1。

1-20 设计一个四输入、四输出的逻辑电路，当控制信号 $C=0$ 时，输出状态与输入状态相反；当 $C=1$ 时，输出状态与输入状态相同。

第2章　门　电　路

2.1　引言

第1章讲述了最基本的数字表达和逻辑关系，但是如何用电路来实现这样的逻辑关系呢？如果将这些物理量全部用数字量来替代，真的能有更好的特性吗？近几十年来数字化给人们生活带来的改变有：更高品质的数字电视、携带信息量小的磁带到大容量CD和其他存储设备的转换、计算机网络……，最新流行起来的网络购物、手机刷卡消费、智能家居、GPS定位等时尚生活更是颠覆了传统的生活模式。可以说数字化产品和数字化服务已经渗透到人们衣、食、住、行的各个方面，让人们产生了依赖。为什么会有这种数字化世界的趋势呢？因为数字电路有精度高、速度快、易于设计、扩展方便等优点，而现代数字电路中还有很多器件是可编程的，这也使得电路设计更加灵活。

电路中的模拟量是在时间和幅值上都连续的信号，虽然理论分析时，往往基于集总参数假设，认为元器件的参数集中于一点，可以简化计算过程，但是这样计算出来的结果一般都是估计值，器件的参数差异、元件的布局、电路的走线安排、甚至是电源的波动、温度的变化和无处不在的场能辐射影响，都会改变这个量值，所以模拟电路的精度和稳定度是受到限制的。而且，对模拟量的各种运算也比较困难。

数字逻辑仅有的两个逻辑值由1和0来表示，也就是在第1章里讲过的二进制数字。数字电路又叫逻辑电路，通常由高低电平来区分1和0（本书中，如无特别说明，都按照这种正逻辑来表示），器件供电电源不同，其高低电平划分也不同，典型值是5V和0V。但是要注意两个问题：首先，高电平和低电平都有阈值范围，例如，如图2-1a所示，典型的CMOS电路中，3.5～5V范围内的输入电压都被认为是逻辑信号1，而0～1.5V范围内的输入电压都表示0，这样，就算有噪声干扰加在这个逻辑信号上，只要这个噪声的幅值不是特别大，最后的电压仍然在能正确识别的区域内，保证了信息的正确性。这也是为什么说数字信号抗干扰能力强的原因。其次，在这个例子中，有一个范围没有说明，就是1.5～3.5V之间的电压值，如果电压落在这个范围内，就有可能造成逻辑混乱，所以，这个区域域内的电压值是不允许出现的。但是，这个电压区间又是非常重要的，而且不能太小，如果0和1对应的电压范围太接近，就会像图2-1b所示，假设2.5V以上属高电平区域，而2.5V以下属低电平区域，那么在临界值2.5V附近一个很小的噪声就可能使得原本要表达的逻辑信号反转，从而造成逻辑错误。所以，在数字电路中，所有信号必须处

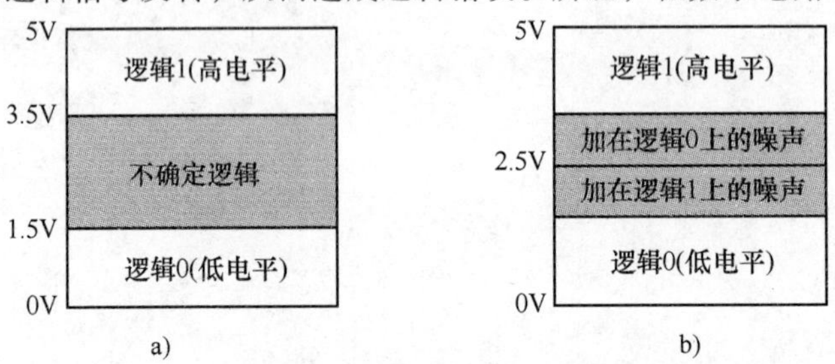

图2-1　电路中的数字逻辑

a）典型CMOS逻辑　b）逻辑状态过于接近会导致逻辑错误

于高电平和低电平两个区域内，但是，在信号翻转的过程中，是会出现中间电平的。

数字电路的另一个特点是结果可以再现，对相同的输入，模拟输出易受到环境（如温度、电压）等因素影响，就算用相同的电路，也可能因元器件老化而影响结果。而数字电路能精确产生相同的结果。就算在传输过程中，电压在远距离传输中会有衰减，通过整形放大器又可以将信号加强，从而传输到极远的距离。

虽然数字电路的优势显而易见，但是好的数字电路设计师必须有非常深厚的模拟电路基础，因为这是系统可靠性的保证。在本书中，与模拟信号关系最紧密的就是本章，希望通过本章的学习，为大家打下数字电路电气方面坚实的基础，为工程能力的培养做好必要准备。

最初的数字逻辑是由继电器实现的，这是贝尔实验室在20世纪30年代的发明，到了20世纪40年代，第一台电子计算机问世，这是基于真空管的逻辑电路。到了20世纪50年代，半导体晶体管的使用使得逻辑电路体积大大减小，而运算速度更高。20世纪60年代，有了第一块集成逻辑芯片，集成芯片有特定逻辑功能，为模块化设计提供了基础，使电路设计更加方便。其中，至今仍广泛使用的TTL（Transistor-Transistor Logic）逻辑系列有了统一的电气标准，这种兼容性使得元件间互联成为可能。到了20世纪80年代，MOSFET（Metal-Oxide Semiconductor Field-Effect Transistor）管技术极快发展，尤其是CMOS（Complementary MOS）电路，其功耗、集成度、甚至是速度都赶超了双极性晶体管，从而推动了电子信息业的进步。现在，低功耗CMOS电路已经是逻辑电路设计的主流，但TTL电路还没有完全被取代，仍在不少中小规模场合下应用，所以CMOS也考虑到与TTL电路兼容的问题，有很多与TTL兼容的系列产品。在本章的内容安排上，先介绍CMOS电路，然后简单介绍一些TTL相关知识，最后讨论两种电路之间的连接问题。

2.2　CMOS逻辑电路

CMOS是互补型场效应晶体管电路，在这种电路里，N沟道MOS管和P沟道MOS管总是成对出现的，这也是“互补”的意思。CMOS门电路大多由增强型MOS管构成。以下从MOS管的开关特性出发介绍几个基本的CMOS电路。

2.2.1　MOS管工作原理及其开关特性

MOS管是MOSFET的简称，即金属-氧化物半导体场效应晶体管。MOS管是电压控制型器件，有三个极，分别是栅极、源极和漏极，分别由G、S、D表示，其中，栅极是控制极，栅极电压控制漏源极的输出电流。根据导电沟道可将MOS管分成N型和P型，分别表示为NMOS管和PMOS管，根据其未通电时是否就有导电沟道，又可将NMOS管和PMOS管细分为耗尽型和增强型。其符号如图2-2所示，其中B表示衬底。

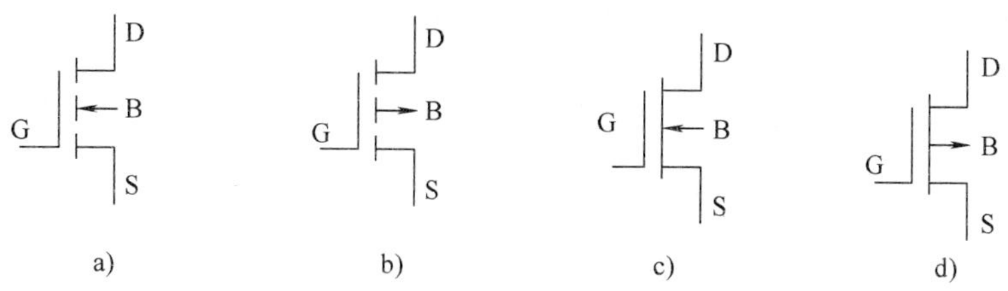

图2-2　MOS管符号

a）增强型NMOS　b）增强型PMOS　c）耗尽型NMOS　d）耗尽型NMOS

下面以增强型NMOS管为例，讨论MOS管的开关特性。NMOS管结构如图2-3所示。P型衬底掺杂较低，其上有一层薄薄的二氧化硅（SiO_2）层，然后用光刻工艺在二氧化硅上刻两个孔，通过扩散生成两个 N 型重掺杂区，引出金属电极分别作为漏极 D 和源极 S，源漏极之间的二氧化硅层上也镀上金属层作为栅极 G。二氧化硅是很稳定的绝缘体，栅极和衬底间相当于一个电容，由于 SiO_2 绝缘层非常薄，当栅极加上正电的时候，能产生强电场，将衬底中的电子吸引到绝缘层下面，形成反型层，使原本独立的两个 N 区连通，从而导通。

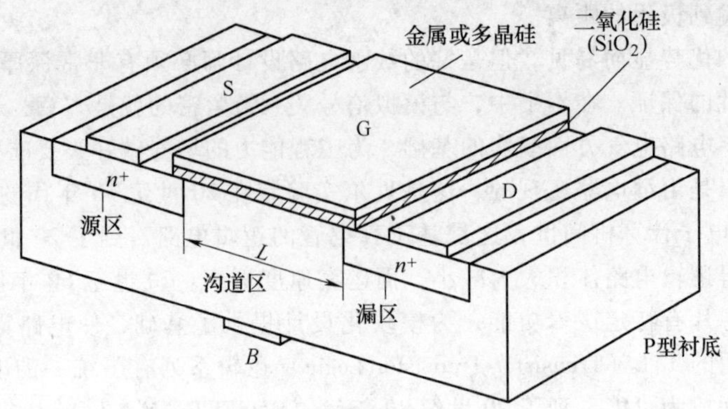

图 2-3 增强型 NMOS 管结构图

图 2-4 是一定测试条件下增强型 NMOS 管的输出特性曲线，u_{GS}小于开启电压 $u_{GS(th)}$ 的区域被称为“截止区”，这时，由于漏极和源极之间没有导电沟道，漏极电流 $i_D \approx 0$，漏源极之间的电阻非常大，一般在 1MΩ 以上，甚至可达到 $10^9\Omega$ 以上。在截止区以外，图中的虚线又将特性曲线分成两部分，虚线左侧可以看成是曲线的线性部分，在一定的输入电压 u_{GS}下，输出电流随输出电压 u_{DS}而线性变化，其电压与电流的比值近似于一个常数，不同的 u_{GS}对应不同的等效电阻。所以这个线性区域又被称为“可变电阻区”。而在虚线右侧，一旦输入电压 u_{GS} 确定，输出电流不再随着源漏极电压改变，而是达到饱和，因此这个区域被称为“恒流区”。

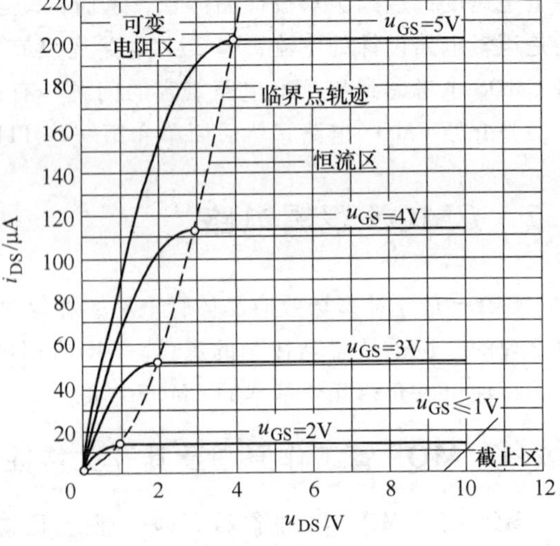

图 2-4 增强型 NMOS 管输出特性曲线

在恒流区，对应于相同的 u_{DS}，可以画出特性转移曲线，如图 2-5 所示。可见，输入电压 u_{GS}增大，输出电流 i_{DS}越大，等效输出电阻 R_{DS}越低，但这种关系是非线性的。在数字电路中，栅极输入信号要么为低电平，NMOS 管截止，要么为高电平，可以保证其导通电阻很低，通常，这个导通电阻在几欧姆到几百欧姆之间。

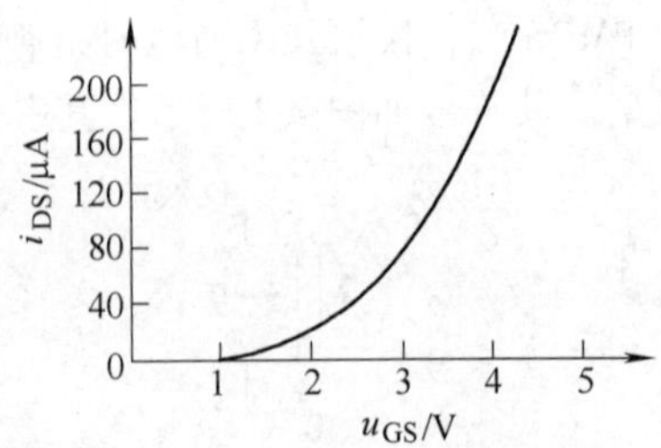

图 2-5 增强型 NMOS 管特性转移曲线

在图 2-6a 所示的某基本开关测试电路中，给输入信号分别加上高低电平，其电压传输特性如图 2-6b 所示。可见，当输入 u_i为低电平时，NMOS 管截止，输出 u_o为高电平，等于电源电压；而输入 u_i为高电平时，NMOS 管导通，产生相应的输出漏极电流 i_D，输出电压 u_o由 NMOS 管导通电阻 R_{ON}和电阻 R_D对电源电压分压得到

$$u_{OL} = \frac{R_{ON}}{R_{ON} + R_D} V_{DD} \tag{2-1}$$

很显然，电阻 R_D越大，其分得的电压越高，则 NMOS 管导通电阻上的电压越小，输出电位越低，NMOS 管的开关特性也更接近于理想情况。

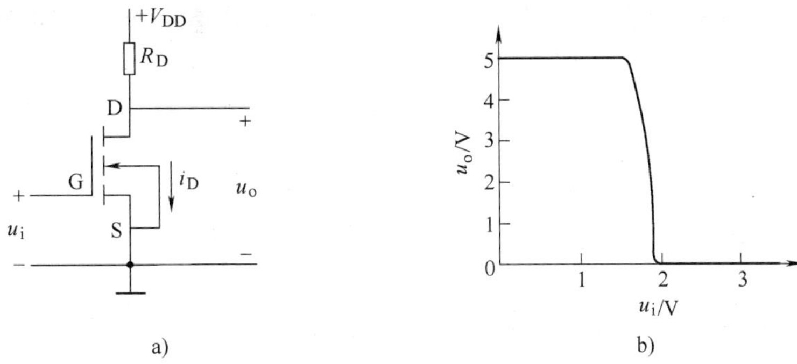

图 2-6 NMOS 管开关特性

a）测试电路 b）电压传输特性

同样，PMOS 管在数字电路中也可以看成是一个开关，只是 PMOS 管导通的输入控制电压 u_{GS}是负电压而已。

由于场效应晶体管的栅极是从绝缘层二氧化硅引出的，所以栅极几乎不取电流（漏电流小于 1μA)，也就是说 MOS 管输入阻抗非常高。所以 MOS 管的开关等效电路可以用图 2-7 表示。由于输入端等效电容的存在，器件很容易由于静电放电而被破坏，虽然一般 MOS 电路中会设有保护电路，在使用中仍要注意静电问题，使用者在使用之前双手要先接触接地源，另外，电路板的地线也要先连到地上。输入端等效电容的另一个需要注意的问题是在高速开关电路中，由于负载电容充放电的影响，MOS 管会有不容小觑的功耗，这一点在电路的电气特性中还会详细探讨。

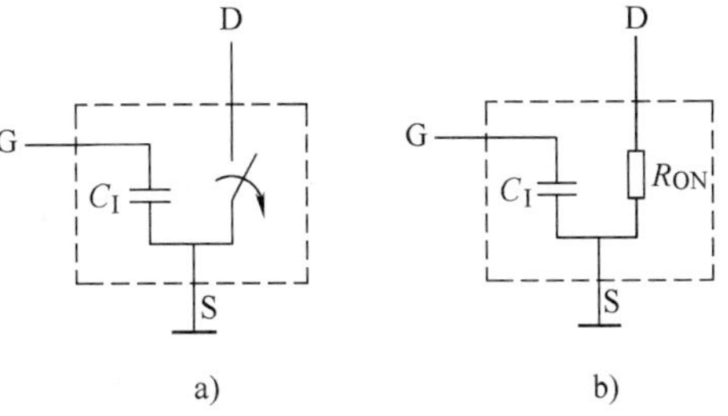

图 2-7 MOS 管开关等效电路

a）截止状态 b）导通状态

2.2.2 CMOS 反相器

CMOS 反相器就是“非门”，所谓“门”，就是特定功能的逻辑电路。反相器电路如图 2-8a 所示。VF_1 管（PMOS）和 VF_2 管（NMOS）的栅极连在一起，接输入电压信号，漏极也连在一

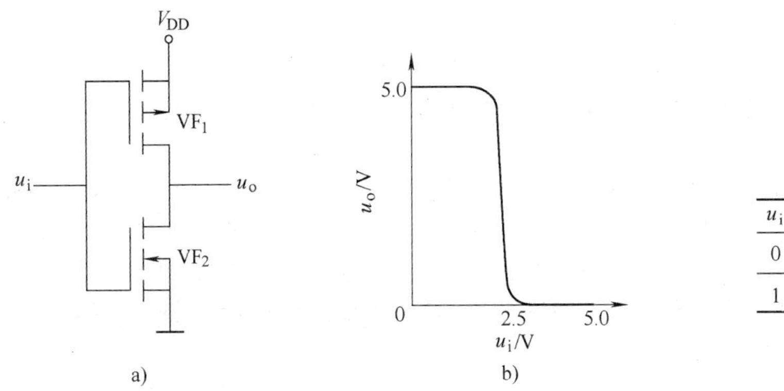

u_i	VF_1	VF_2	u_o
0	导通	关断	1
1	off	on	0

图 2-8 CMOS 反相器

a）电路图 b）电压传输特性 c）逻辑关系

起作为信号输出端。VF_1 源极接电源，VF_2 源极接地。电源电压 V_{DD} 典型值范围是 1～6V，与 TTL 系列兼容时常取为 5V。为讲解方便，本章中涉及的电源 V_{DD} 和 V_{CC}，如无特别说明，都假设为 5V。

图 2-8b 是电压传输特性曲线，当输入 u_I 为低电平时（设取值为 0V），下面的 NMOS 管 VF_2 截止，相当于开路，而上面的 PMOS 管 VF_1 导通，相当于一个很小的电阻，输出 u_o 为高电平，近似等于电源电压；当输入 u_i 为高电平时（设取值为 5V），VF_2 管导通，而 VF_1 截止，输出 u_o 近似为 0。

从分析可知，不论输入是高电平还是低电平，CMOS 反相器中总有一个 MOS 管导通，而另一个互补型 MOS 管是截止的，从电源输出的静态电流近似为零（漏电流小于 1μA），所以静态功耗非常小。

2.2.3 CMOS 与非门和或非门

CMOS 与非门电路如图 2-9a 所示，A、B 为与非门的两个输入端，分别与一对互补型 MOS 管栅极相连，VF_1 和 VF_3 是 PMOS 管，为并联结构，VF_2 和 VF_4 是 NMOS 管，为串联结构，A 连到 VF_1 和 VF_2 的栅极，B 连到 VF_3 和 VF_4 的栅极，VF_1 和 VF_2 漏极相连，作为输出 Z，其基本结构与 CMOS 反相器相似，PMOS 管 VF_1 和 VF_3 的源极与电源连接，NMOS 管 VF_4 源极接地。

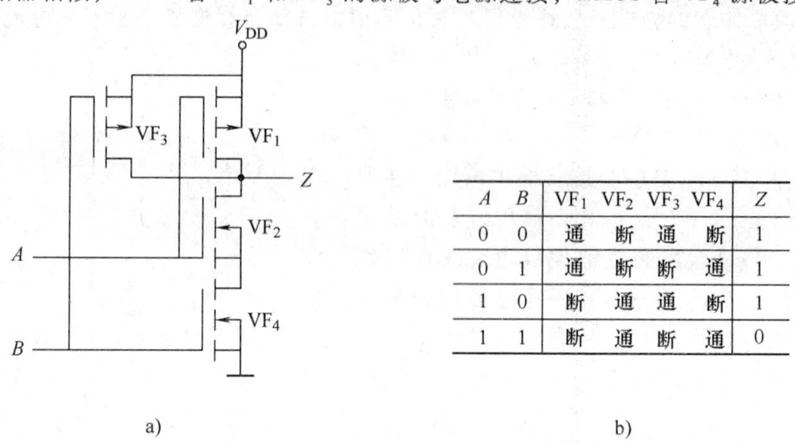

A	B	VF1	VF2	VF3	VF4	Z
0	0	通	断	通	断	1
0	1	通	断	断	通	1
1	0	断	通	通	断	1
1	1	断	通	断	通	0

图 2-9 CMOS 与非门

a）CMOS 与非门电路图 b）逻辑关系

当 A 和 B 中只要有一个为低电平时，其对应连接的 NMOS 管中至少有一个截止，将输出 Z 和地之间断开，而其对应连接的 PMOS 管导通，由于各 PMOS 管是并联结构，必然为电源到输出 Z 提供一个低阻通路，输出信号为高电平。

当 A 和 B 都为高电平时，PMOS 管都截止，将输出与电源之间断开来，而 NMOS 管都导通，提供了地电平到输出 Z 的低阻通道，输出为低。以上分析的逻辑关系可由图 2-9b 表示，即电路实现了与非功能。

CMOS 或非门电路如图 2-10a 所示，A、B 为或非门的两个输入端，分别与一对互补型 MOS 管栅极相连，VF_1 和 VF_3 是 PMOS 管，为串联结构（跟与非门并联结构正好相反），VF_2 和 VF_4 是 NMOS 管，为并联结构（也跟与非门串联结构相反），B 连到 VF_1 和 VF_2 的栅极，A 连到 VF_3 和 VF_4 的栅极，VF_1 和 VF_2 漏极相连，作为输出 Z，其基本结构与 CMOS 反相器相似，PMOS 管源极与电源连接，NMOS 管源极接地。

当 A 或 B 中有一个为高电平时，其对应连接的 PMOS 管截止，电源和输出间开路，而对应 NMOS 管导通，由于各 NMOS 管是并联结构，必然为输出 Z 到地之间提供一个低阻通路，输出信号为低电平。

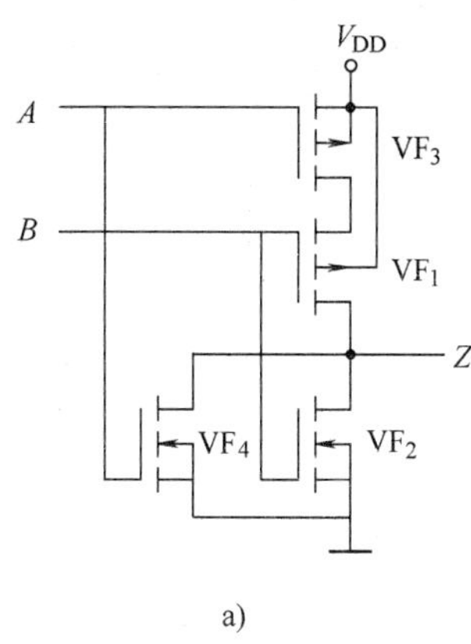

a)

A	B	VF1	VF2	VF3	VF4	Z
0	0	通	断	通	断	1
0	1	断	通	通	断	0
1	0	通	断	断	通	0
1	1	断	通	断	通	0

b)

图 2-10　CMOS 或非门

a) CMOS 或非门电路图　b) 逻辑关系

当 A 和 B 都是低电平时，NMOS 管都截止，将输出与地之间断开，而 PMOS 管都导通，电源到输出 Z 之间提供了低阻通道，输出为高电平。

以上分析的逻辑关系可由图 2-10b 表示。

CMOS 与非门和 CMOS 或非门都可以扩展为多输入端电路。遵循原则如下：

(1) CMOS 与非门扩展原则

1) 有几个输入端，就需要用几对互补型 MOS 管，每一对 MOS 管的栅极与一个输入端连在一起；

2) PMOS 管采用并联结构，且源极与电源相连；

3) 各 NMOS 管串联，两端的 NMOS 管一个源极接地，另一个漏极与 PMOS 管漏极相连作为输出。

(2) CMOS 或非门扩展原则

1) 有几个输入端，就需要用几对互补型 MOS 管，每一对 MOS 管的栅极与一个输入端连在一起；

2) NMOS 管采用并联结构，且源极与地相连；

3) 各 PMOS 管串联，两端的 PMOS 管一个源极接电源，另一个漏极与 NMOS 管漏极相连作为输出。

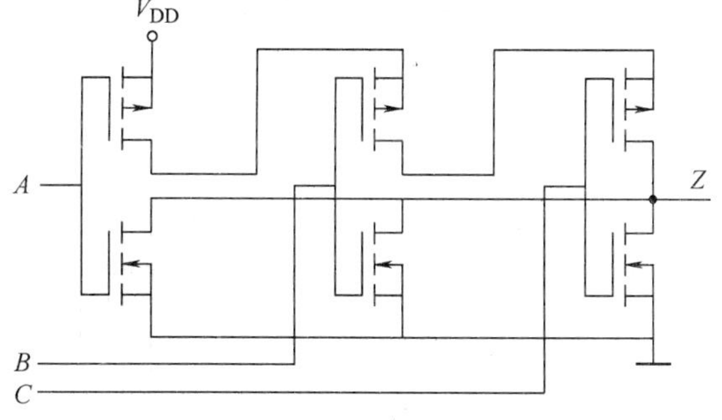

图 2-11　三输入 CMOS 或非门结构

图 2-11 所示为一个三输入或非门的例子。读者可以试着画一画三输入 CMOS 与非门的电路。当然，输入端还可以再增多。

2.2.4　其他 CMOS 门电路

1. CMOS 与或非门

CMOS 与或非门电路如图 2-12 所示，PMOS 管 VF_1 和 VF_3 并联，VF_5 和 VF_7 并联，NMOS 管 VF_6 和 VF_8 串联后与 VF_2、VF_4 的串联结构并联。A、B、C、D 四个输入端分别控制 VF_1 和 VF_2、VF_3 和 VF_4、VF_5 和 VF_6、VF_7 和 VF_8 的栅极。

A、B 同时为 1 时，PMOS 管 VF_1 和 VF_3 截止，输出端和电源之间开路，而 NMOS 管 VF_2 和 VF_4 同时导通，提供了输出到地之间的一个低阻通道，输出为低电平，对应逻辑信号 0；同样，

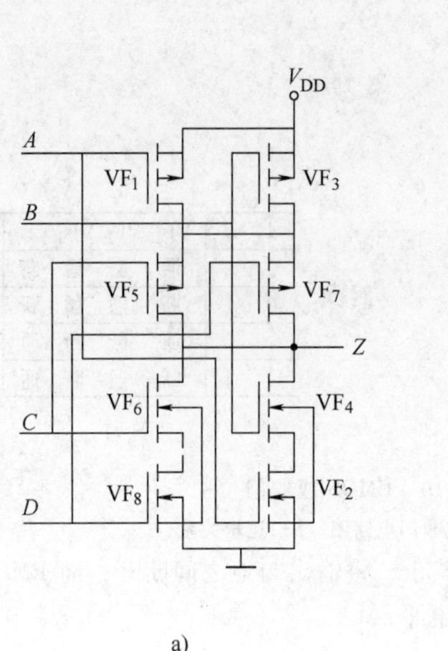

a)

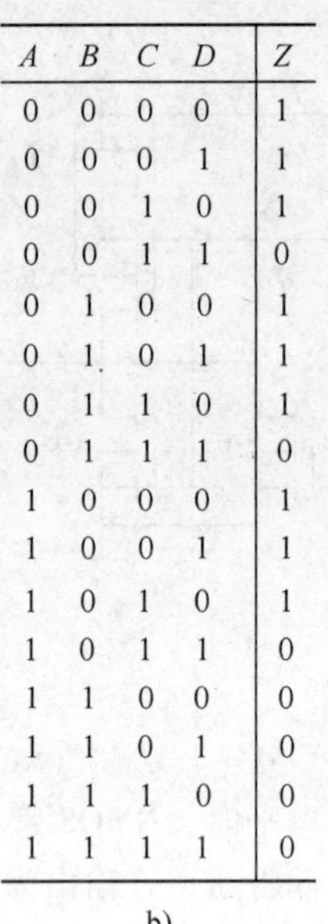

A	B	C	D	Z
0	0	0	0	1
0	0	0	1	1
0	0	1	0	1
0	0	1	1	0
0	1	0	0	1
0	1	0	1	1
0	1	1	0	1
0	1	1	1	0
1	0	0	0	1
1	0	0	1	1
1	0	1	0	1
1	0	1	1	0
1	1	0	0	0
1	1	0	1	0
1	1	1	0	0
1	1	1	1	0

b)

图 2-12　CMOS 与或非电路

a）电路图　b）真值表

C、D 同时为 1 时，PMOS 管 VF_5 和 VF_7 都截止，NMOS 管 VF_6 和 VF_8 都导通，输出 Z 仍为低电平，即只要 A、B 同时为 1 或 C、D 同时为 1，输出端就能得到逻辑 0。

当 A、B 中有一个为 0 时，VF_1 和 VF_3 中至少有一个导通，而 VF_2 和 VF_4 中至少有一个关断，如果同时 C、D 中也有一个为 0 时，则 VF_5 和 VF_7 中至少有一个导通，而 VF_6 和 VF_8 中至少有一个关断，那么，输出 Z 到地之间没有通路，而 VF_1、VF_3、VF_5、VF_7 至少能为电源到输出端提供一条低阻通道，使得输出为高电平，对应逻辑信号 1。这种逻辑关系与图 2-12b 对应的逻辑关系一致，可以表示为 $Z=\overline{AB+CD}$，即该电路实现了与或非逻辑。

2. CMOS 或与非门

CMOS 或与非门电路如图 2-13a 所示，PMOS 管 VF_1 和 VF_3 串联，VF_5 和 VF_7 串联，NMOS 管 VF_6 和 VF_8 并联后与 VF_2、VF_4 的并联结构串联。A、B、C、D 四个输入端分别控制 VF_1 和 VF_2、VF_3 和 VF_4、VF_5 和 VF_6、VF_7 和 VF_8 的栅极。

A、B 同时为 0 时，NMOS 管 VF_2 和 VF_4 都截止，输出与地之间断开，而 PMOS 管 VF_1 和 VF_3 同时导通，提供电源到输出的低阻通道，输出为高电平；C、D 同时为 0 时，NMOS 管 VF_6 和 VF_8 都截止，输出与地之间断开，而 PMOS 管 VF_5 和 VF_7 同时导通，能够提供电源到输出端 Z 的一个低阻通道，也使得输出 Z 为高电平，对应逻辑信号 1。

当 A、B 中有一个为 1 时，PMOS 管 VF_1 和 VF_3 中至少有一个截止，如果同时 C、D 中也有一个为 1，PMOS 管 VF_5 和 VF_7 中至少也有一个截止，则输出和电源之间相当于开路；另一方面，受 A、B 控制的 NMOS 管 VF_2 和 VF_4 中至少有一个导通，受 C、D 控制的 NMOS 管 VF_6 和 VF_8 中也至少有一个导通，即从输出端 Z 到地之间有一条低阻通道，使得输出为低电平，对应逻辑信号 0。

这种逻辑关系与图 2-13b 所示的真值表一致。可以表示为 $Z=\overline{(A+B)(C+D)}$。

3. CMOS 缓冲器

在前面已经介绍过缓冲器的用途，远距离传输中，信号会衰减，缓冲器可以用于将信号再生放大，可以想象，这样的功能只需将两个反相器串联即可。这样的结构在后面的电路中经常会见

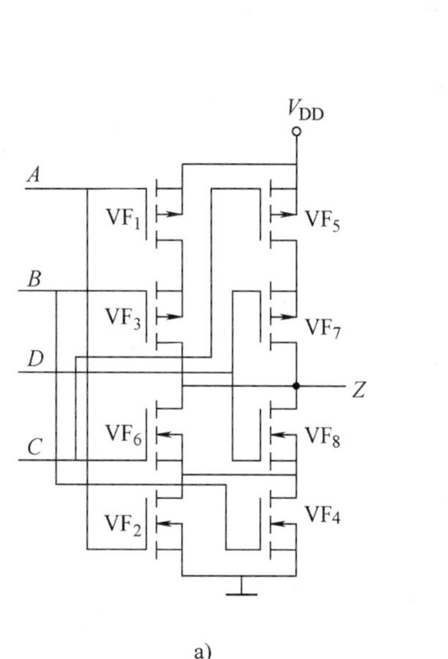

a)

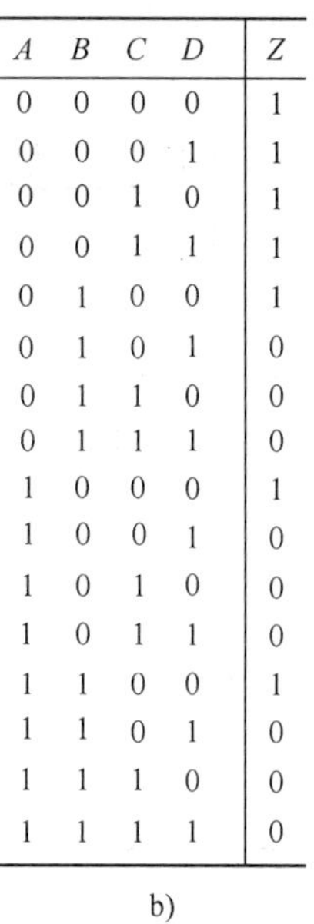

A	B	C	D	Z
0	0	0	0	1
0	0	0	1	1
0	0	1	0	1
0	0	1	1	1
0	1	0	0	1
0	1	0	1	0
0	1	1	0	0
0	1	1	1	0
1	0	0	0	1
1	0	0	1	0
1	0	1	0	0
1	0	1	1	0
1	1	0	0	1
1	1	0	1	0
1	1	1	0	0
1	1	1	1	0

b)

图 2-13　CMOS 或与非电路

a）电路图　b）真值表

到。实际应用中还有一种 CMOS 缓冲器被称为三态门。三态门除了能传递正常的两态（高电平状态和低电平状态），即逻辑 1 和逻辑 0 外，还有一个高阻态，用 Z 表示，在高阻态的情况下，三态门相当于断路。

CMOS 三态缓冲器电路原理图如图 2-14a 所示。为简化电路，除输出端，电路中都用逻辑符号表示。三态门逻辑符号可用图 2-14b 表示。

图 2-14 中的 EN 称为使能控制端，表示 Enable 的意思，在本电路中是高电平有效的，当 EN 为 1 时，与非门和或非门的输出都和输入信号 A 的逻辑反相，所以在输出级，两个栅极相当于连在一起，等效成一个 CMOS 反相器，输出端 OUT 得到与 A 相同的逻辑。当 EN 为 0 时，与非门输出 1，或非门输出 0，两个输出 MOS 管均截止，使信号与后面的电路隔断开来。

图 2-14c 是三态门的典型应用。使能信号 $E_0 \sim E_n$ 中任何时刻最多只能有一个有效，也就是说只有一个三态门处于工作状态，处于工作状态的三态门才将数据送到总线上。对于一个三态门，从工作态到高阻态的延迟时间应小于从高阻态到工作态的延迟时间，这样才能保证三态门使能切换时，不会引起数据冲突。

4. CMOS 传输门

（1）逻辑特性

一对互补型 MOS 管还可以按照图 2-15a 所示的电路连接，点画线框里的电路被称为传输门，输出端外接的是负载电阻。其逻辑符号如图 2-15b 所示。控制信号 C 和 $\overline{C}$ 在逻辑上总是互反的，PMOS 管 VF_1 在 $\overline{C}=0$ 的时候导通，而 NMOS 管 VF_2 在 $C=1$ 的时候导通，所以，当控制信号 $\overline{C}=0$、$C=1$ 时，这一对 MOS 管都导通，而当控制信号 $\overline{C}=1$、$C=0$ 时，两个晶体管都截止，电路相当于一个逻辑开关。

（2）模拟量的传输

当控制信号 $\overline{C}=0$、$C=1$ 时，传输门不仅可以传输数字信号，也可以传输处于 $0 \sim V_{DD}$ 之间的任意模拟信号。因为输出电压 u_o 是负载电阻和传输门等效电阻对 u_i 的分压，只要传输门导通电阻小，可认为 $u_o=u_i$。

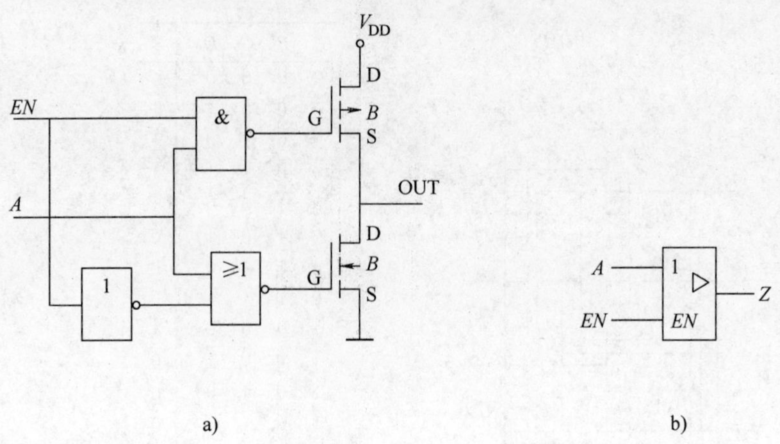

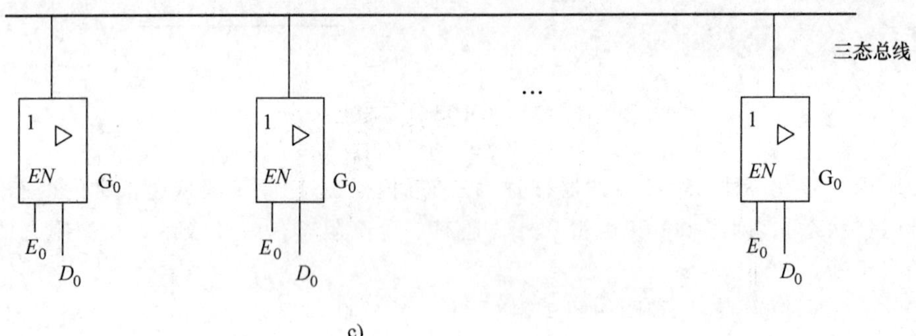

图 2-14 CMOS 三态缓冲器

a）电路原理图 b）逻辑符号 c）典型应用

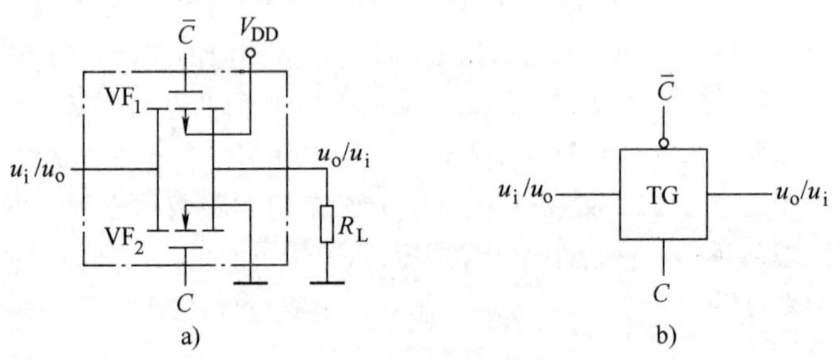

图 2-15 CMOS 传输门电路

a）电路图 b）逻辑符号

控制信号有效时（$C=1$、$\bar{C}=0$），如果输入电压 u_i（假设输入信号接在 MOS 管源极）接近于电源电压 V_{DD}，对于 NMOS 管 VF_2，栅源极之间没有足够的电压去形成 N 沟道，即导通电阻 R_{NON}很大，消耗在晶体管上的电压也比较大，显然这对传输模拟信号是不利的。但是，对于 PMOS 管 VF_1，在栅源极之间正好有足够大电压使得 P 沟道形成，导通电阻 R_{PON}很小，能顺利将输入电压 u_i 传输到输出端。

同样，如果输入电压 u_i 非常小，PMOS 管 VF_1 不能很好导通，但 NMOS 管 VF_2 仍能提供低阻通道，将输入电压 u_i 顺利传输到输出端。

当 $u_i \approx \frac{1}{2}V_{DD}$时，两个 MOS 管同时导通，并联结构的导通电阻依然很小，能正确传输模拟电压信号。

可见，无论输入电压信号值是多大，都能保证有一个低阻通路将信号传输到输出端，这也是为什么传输门一定要用两个互补 MOS 管的原因。另外，由于 MOS 管结构对称性的缘故，源极和漏极可以互换使用，因此，CMOS 传输门具有双向性，也被称为双向开关。

5. 漏极开路门

以与非门为例，在图 2-9a 中，如果去掉 VF_1 和 VF_3，电路就可以改画成图 2-16 中点画线框里的形式。VF_2 的漏极在器件内部就没有任何连接点，非低电平输出时相当于开路，被称为漏极开路输出。

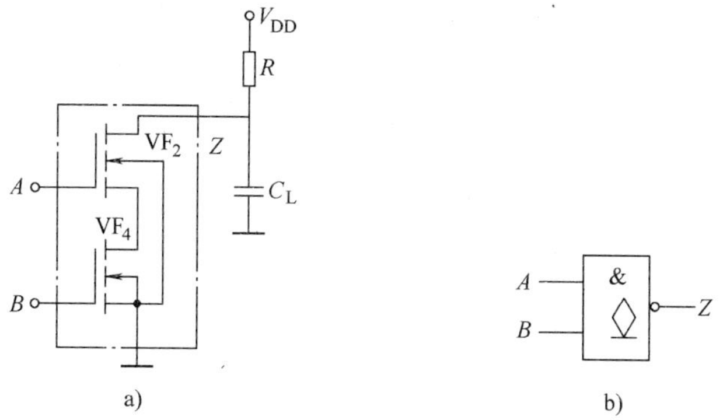

图 2-16 漏极开路与非门

a）电路图 b）逻辑符号

漏极开路门（Open Drain Gate）简称 OD 门。显然，OD 门在应用时，必须有外部的上拉电阻 R（接在漏极输出端和电源之间）才能在开路时得到高电平输出。一旦输入端 A 和 B 同时为高电平时，VF_2 和 VF_4 同时导通，电流从电源经上拉电阻流入器件内部，由于外接电阻阻值比 VF_2 和 VF_4 的导通电阻大得多，所以，电流的大小基本由电阻 R 决定。

另一方面，OD 门驱动其他 CMOS 门时，外接上拉电阻的阻值影响器件的开关速度。由于 VF_1 和 VF_2 是串联结构，输入端 A 和 B 中有一个信号为低电平时，输出开路，负载电容 C_L 被充电到电源电压，如果输入改变，VF_2 和 VF_4 都导通，负载电容 C_L 将通过 VF_2 和 VF_4 放电。

负载电容 C_L 的充放电回路不同，输出从高电平向低电平转换期间，由于晶体管导通电阻小，这个下降过程耗时较短，一般为几纳秒；如果输出从低电平向高电平转换，电源通过电阻 R 给负载电容 C_L 充电，由于 R 阻值较大，这个上升时间可能超过 100ns。也就是说，OD 门的外接上拉电阻主要影响上升转换的时间。

2.3 CMOS 电路的电气特性

通过 2.2 节的学习，读者应该可以用晶体管搭建各种电路，实现不同的逻辑功能了。但是用分立元器件搭电路，即便可以使设计灵活，太多的连线和焊点也会造成电路体积庞大，电路可靠性降低，而且输入输出的高低电平可能不相等，带负载能力也较差，不能直接驱动大负载电路。所以采用先进的工艺，将各种功能电路所需要的晶体管、电阻、电容和电感等元器件及布线互联一起，制作在同一块半导体基片上，然后加以封装，留出必要的引脚用于电路互联，形成一个个逻辑功能模块，称之为集成电路（Integrated Circuit），简称 IC。

在前面，对逻辑门电路的理论分析一般都比较理想化，容易得到准确的逻辑结论。如果希望在工程应用的时候，也能够得到期望的逻辑结果，还需要考虑电路的电气特性。

CMOS 电路的电气特性包括静态特性和动态特性，主要是根据输入信号和输出信号是否变化来划分的。当输入输出信号稳定时对应的分析是静态特性，包括逻辑电平、噪声容限、扇入扇出和静态功耗等内容；而在信号正在变化时要考虑的问题就是动态特性，包括时延和动态功耗等内容。

2.3.1　噪声容限

在本章开始的时候，介绍过逻辑信号的定义。其实，CMOS 电路的输入和输出信号对应的高电平区域和低电平区域是不同的。对输出电平的要求比较严格，其逻辑信号范围小，而输入逻辑信号允许有较大的识别范围，以提高电路的抗干扰能力。一般情况下，输出信号高电平的最小值 $V_{OHmin}=V_{DD}-0.1$；输出信号低电平的最大值 $V_{OLmax}=V_{GND}+0.1$，其中 V_{GND} 是地电平，一般为 0V；而输入信号高电平允许的最小值 $V_{IHmin}=0.7V_{DD}$；输入信号低电平允许的最大值 $V_{ILmax}=0.3V_{DD}$。

门电路的输出非常接近电源电压和地电平，这是电路的可靠保证。但是由于噪声无处不在，所以 CMOS 电路的输入端必须能识别范围更大的逻辑电平信号。在图 2-17 中，如果 G_2 门的高电平识别范围是大于 V_{IHmin} 的信号，那么从 G_1 门输出的高电平信号上就算叠加了幅值为 $V_{OHmin}-V_{IHmin}$ 的噪声，也能够在 G_2 输出端得到正确的逻辑。同理，G_1 门输出的低电平信号上就算叠加了幅值为 $V_{ILmax}-V_{OLmax}$ 的噪声，也能够在 G_2 输出端得到正确的逻辑。把这两个能允许的最大噪声信号称为直流噪声容限，分别叫做高电平噪声容限 V_{NH} 和低电平噪声容限 V_{NL}，可以用式 2-2 表示。显然，噪声容限反映了门电路对噪声的耐受程度。

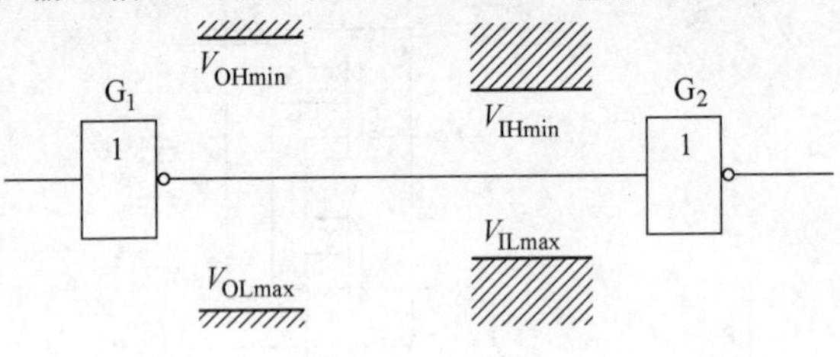

图 2-17　噪声容限的定义

$$\begin{aligned} V_{NH} &= V_{OHmin}-V_{IHmin} \\ V_{NL} &= V_{ILmax}-V_{OLmax} \end{aligned} \tag{2-2}$$

2.3.2　电路的负载特性

静态情况下，如果 CMOS 电路空载，输出漏电流极小，可以忽略不计，静态功耗几乎为 0。但是当 CMOS 接负载时，就算也是接 CMOS 器件，其输入阻抗非常高，只有很小的输入漏电流，但多个负载共同作用，对前级 CMOS 电路也是有一定影响的。如果需要驱动其他非 CMOS 器件，前级 CMOS 电路往往要向负载提供一定的驱动电流，这不仅仅增加了电路的静态功耗，也会影响 CMOS 的输出逻辑电平。

图 2-18 所示为 CMOS 输出低电平 V_{OL} 的情况，假设所有点的电位都是对地电位，R_P 和 R_N 分别表示 CMOS 输出级 PMOS 管和 NMOS 管的等效电阻，显然，R_N 很小，而 R_P 应在 1MΩ 以上，可视为开路，R_L 是负载的等效电阻。负载电流 I_{OL} 按图示的方向流向 CMOS 内部，所以被称为“灌电流”。I_{OL} 在 R_N 上产生电压降 $R_N\times I_{OL}$，抬高了不带负载时的低电平输出电压，此时的输出电压 $V_{OL}=R_N\times I_{OL}$。为保证 $V_{OL}\leqslant V_{OLmax}$，低电平灌电流不得超出某个值，把这个流向 CMOS 的最大电流记为 I_{OLmax}。

同理，在图 2-19 所示 CMOS 输出高电平的情况下，CMOS 输出级 PMOS 管等效电阻 R_P 变得很小，而 NMOS 管截止，等效电阻 R_N 很大，负载电流 I_{OH} 按图示的方向从 CMOS 内部流出，称为“拉电流”。I_{OH} 在 R_P 上产生电压降，将不带负载时的高电平输出电压 V_{OH} 降低到了 $R_L\times I_{OH}$。为保证 $V_{OH}\geqslant V_{OHmin}$，高电平拉电流也不得超出某个值，把这个允许从 CMOS 输出的最大电流记为 I_{OHmax}。

需要注意的是，图 2-19 画出的是拉电流实际流动方向，但是为了便于数学描述，CMOS 电路的输出电流规定了一个相同的参考方向，即流入器件的方向为参考方向，这样一来，灌电流就是正值，而拉电流就是负值了。

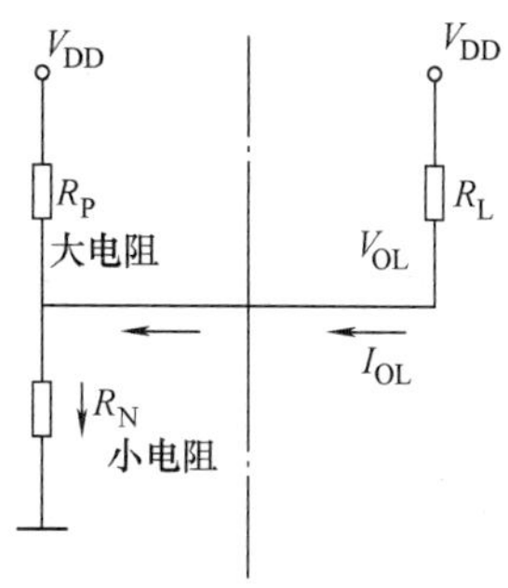

图 2-18 灌电流

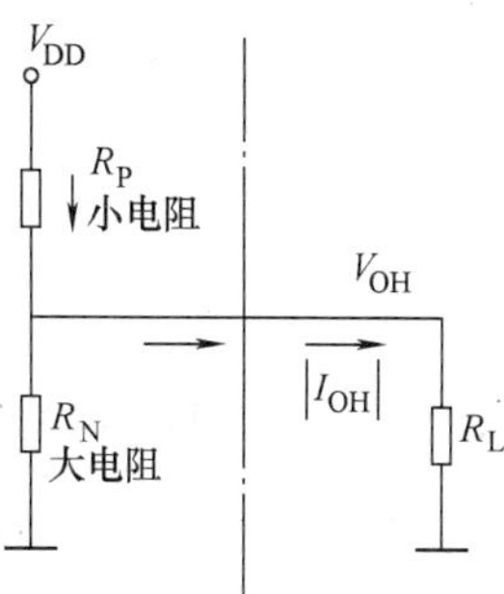

图 2-19 拉电流

从以上分析可知，如果不带负载，CMOS 器件几乎无功耗，输出逻辑信号稳定，而负载超出一定界限时，可能导致电路的逻辑错误。

2.3.3 扇入与扇出

理论上，按照 2.2.3 节的扩展原则，可以扩展无限输入的与非门和或非门，但是，如果输入端过多，各 MOS 管串联起来，加在一起的导通电阻就不能够忽略了。各 MOS 管不再能被简单地看成是理想开关，输出电压也不一定能落在能被正确识别的高电平和低电平区域内。所以，一般情况下，与非门最多六个输入端，而在工艺上，相同的硅面积，PMOS 管导通电阻大约是 NMOS 管导通电阻的两倍多，所以结构上需要将 PMOS 管串联的或非门输入端个数限制得更低，一般为四个。如果需要多输入门功能，可以采用级联的方法来实现。如八输入与非门可用两个四输入与非门、一个二输入或非门和一个反相器替代。图 2-20 所示为这种级联结构的逻辑示意图。显然，输出端 Z 的逻辑可以表示为

$$Z = \overline{\overline{\overline{ABCD} + \overline{EFGH}}} = \overline{ABCDEFGH}$$

扇入是指某种逻辑门电路输入端的数目。前面已经分析过，CMOS 中的串联结构限制了扇入系数。所以，在设计逻辑门时，应考虑到扇入系数的问题。

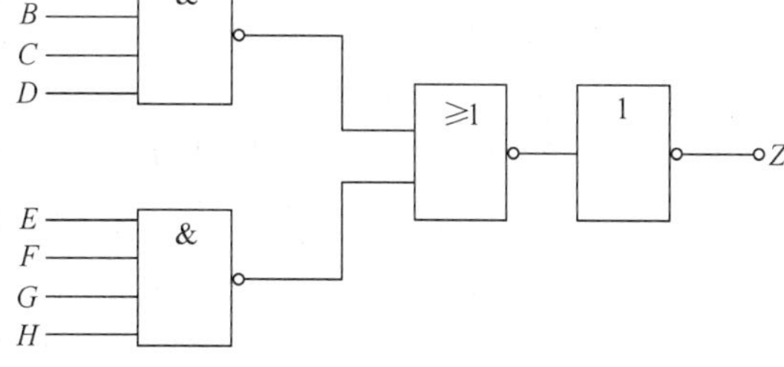

图 2-20 八输入与非门的替代电路

扇出是指门电路带负载能力，即在保证其输出逻辑电平有效时能驱动的同类型门电路的个数（这里的“个数”是指芯片内门的个数，并非芯片的个数）。显然，扇出是在应用门电路时应考虑的问题。已知负载电流对 CMOS 输出电压有搬移作用，使得输出特性不再理想。为了保证门电路的输出逻辑可靠，必须限制负载的数量。输出为高电平时的负载能力和输出为低电平时的负载能力可能是不同的，所以扇出系数 N_H、N_L 应该分开来计算。其表达式见式（2-3）。显然，总的扇出系数 N 应该取 N_H、N_L 中较小的一个。

$$N_H = \frac{|I_{OHmax}|}{|I_{IHmax}|} \qquad N_L = \frac{|I_{OLmax}|}{|I_{ILmax}|} \tag{2-3}$$

例 2-1 某 CMOS 器件低电平输出最大灌电流 I_{OLmax} 为 0.02mA，高电平输出最大拉电流 I_{OHmax} 也是 -0.02mA，其驱动负载器件的低电平输入电流 I_{ILmax} 和高电平输入电流 I_{IHmax} 分别为 -2μA 和

$+1\mu A$，问这个 CMOS 器件能带几个这样的负载？

解：将题目中的参数代入式（2-3）可得

$$N_H = \frac{|I_{OHmax}|}{|I_{IHmax}|} = \frac{20}{1} = 20$$

$$N_L = \frac{|I_{OLmax}|}{|I_{ILmax}|} = \frac{20}{2} = 10$$

N 取 N_H、N_L 中较小的一个，即 $N=10$。所以这个 CMOS 器件能带 10 个这样的负载。

2.3.4 CMOS 门电路的传输时延

本节讨论的时延包括输出信号高低电平之间转换所需要的时间和信号从输入端传播到输出端所需要的传播时间。

1. 转换时延

在 2.3.2 节的负载特性里，不考虑信号的变化，静态下主要只考虑负载的等效电阻，但实际电路中总是会有分布电容的存在。例如在图 2-7 中，就可以把 MOS 管输入端等效成一个电容。除晶体管自身结构上的分布电容外，电路的连线甚至是封装都会有不同的电容。这些电容对动态特性有很大影响，尤其在高速电路里，这些影响必须要考虑。

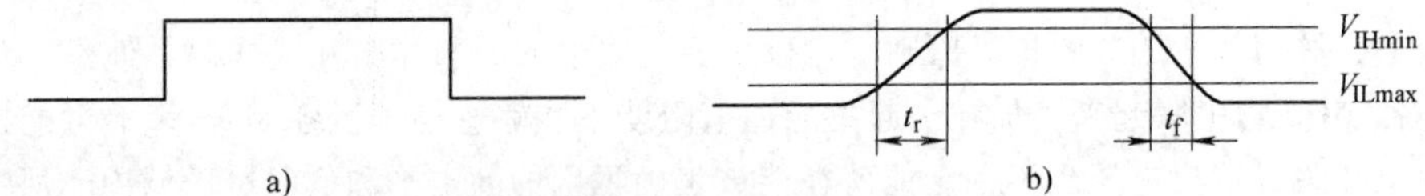

图 2-21 信号的转换

a）信号转换的理想波形 b）实际波形

那么逻辑信号的跳变是不是像图 2-21a 所示的那样在瞬间完成呢？其实信号转换是个模拟量由量变到质变的过程。在图 2-21b 中，把从低电平到高电平的转换时间称为上升时间，从高电平到低电平的转换时间称为下降时间，分别记为 t_r 和 t_f。t_r 为从 V_{ILmax} 上升到 V_{IHmin} 所需要的时间，而 t_f 指从 V_{IHmin} 下降到 V_{ILmax} 的时间。从图中可以看出，这两个时间并不严格相等，它们由电路的时间常数 RC 决定。

图 2-22 所示为 CMOS 电平转换时的电路模型。在 2.2.3 节里已经了解到相同的硅面积下，PMOS 管导通电阻比 NMOS 管导通电阻高，这里假设 NMOS 导通电阻为 100Ω，而 PMOS 导通电阻为 200Ω，另外假设负载电容 C_L 是 100pF。CMOS 高电平输出时，PMOS 管导通，电源通过 PMOS 管对负载电容充电，使输出电压达到 5V，充电路径如图 2-22a 中箭头所示。

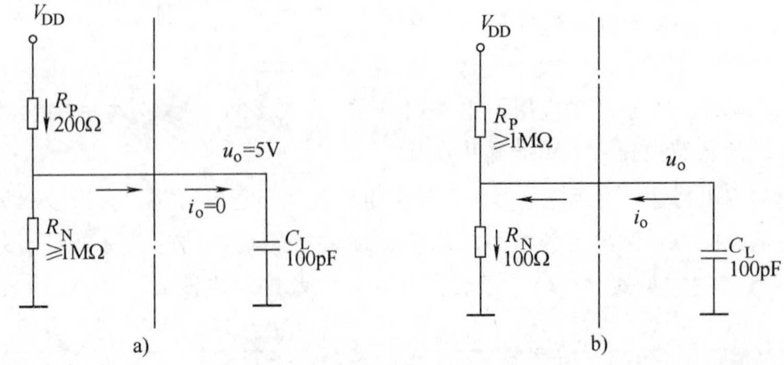

图 2-22 CMOS 电平转换模型

a）高电平输出 b）向低电平的转换过程

当CMOS输出从高电平向低电平转换的时候，PMOS管截止，电容会通过如图2-22b所示的路径经NMOS管对地放电。

放电过程中，电容电压不能突变，其变化成指数规律。u_O（0）=5V，u_O（∞）=0V，时间常数$\tau_C = 100 \times 100 \times 10^{-12}\text{s} = 10 \times 10^{-9}\text{s}$，用三要素法，可以写出输出电压$u_O$的表达式为

$$u_O = V_{DD} \times e^{-t/\tau_C} = 5 \times e^{-t/(10 \times 10^{-9})}\text{V} \tag{2-4}$$

即

$$t = \tau_C \times \ln \frac{u_O}{V_{DD}} = -10 \times 10^{-9} \times \ln \frac{u_O}{5} \tag{2-5}$$

按照图2-1对CMOS电平的定义，$V_{ILmax} = 1.5\text{V}$，$V_{IHmin} = 3.5\text{V}$，代入式（2-5）可计算出输出电压下降到这两个边界值所花费的时间分别为

$$t_{3.5V} = -10 \times 10^{-9} \times \ln \frac{3.5}{5}\text{ns} = 3.57\text{ns}$$

$$t_{1.5V} = -10 \times 10^{-9} \times \ln \frac{1.5}{5}\text{ns} = 12.04\text{ns}$$

即下降时间t_r =（12.04 − 3.57）ns = 8.47ns。

同理，输出低电平稳定后，电容C_L放电完毕，输出电压$u_O = 0$。

当输出再次向高电平翻转时，电容又要重新被充电。这个过程中，u_O（0）=0V，u_O（∞）=5V，而时间常数$\tau_d = 200 \times 100 \times 10^{-12}\text{s} = 20 \times 10^{-9}\text{s}$，同样可得到输出电压的表达式为

$$u_O = V_{DD} \times (1 - e^{-t/\tau_d}) = 5 \times (1 - e^{-t/(20 \times 10^{-9})})\text{V} \tag{2-6}$$

即

$$t = -\tau_d \times \ln \frac{V_{DD} - u_O}{V_{DD}} = -20 \times 10^{-9} \times \ln \frac{5 - u_O}{5} \tag{2-7}$$

将$V_{ILmax} = 1.5\text{V}$，$V_{IHmin} = 3.5\text{V}$，代入式（2-7），可以计算得出

$$t_{1.5V} = -20 \times 10^{-9} \times \ln \frac{5 - 1.5}{5}\text{ns} = 7.13\text{ns},$$

$$t_{3.5V} = -20 \times 10^{-9} \times \ln \frac{5 - 1.5}{5}\text{ns} = 24.08\text{ns}。$$

即上升时间t_f =（24.08 − 7.13）ns = 16.95ns。

可见，尽管负载电容相同，但是电容的充放电路径不同，其时间常数也不同，所以电压上升的时间要比下降时间长。

与非门的串联结构是NMOS管，而或非门的串联结构是PMOS管，所以与非门中总的串联导通电阻比或非门小，考虑到负载的电容效应，可知与非门比或非门速度快。这也是为什么设计电路时，工程师更喜欢选用与非门的原因。

2. 传播时延

还有一个重要的时延是传播时延t_P。t_P是指由输入变化引起输出变化之间的时间间隔。也就是说，输出的变化比输入的变化要滞后一点，t_P就是描述这种滞后程度的。图2-23所示为CMOS反相器的传播时延，输入信号由低变高，经过t_{PHL}后，输出才从高电平变到低电平。同样，输入信号再次变化后，经过t_{PLH}后，输出才从低电平变成高电平。图中细实线取点一般在信号转换的中间位置，这

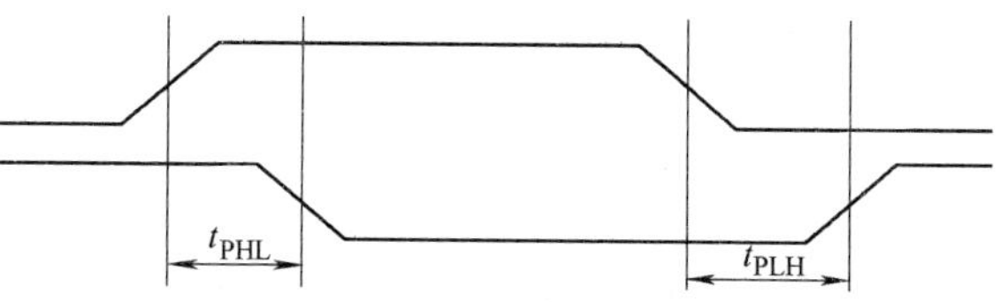

图2-23 CMOS反相器的传播时延

是为了消除上升时间和下降时间对传播时延定义的影响。

2.3.5 其他电气特性

1. 尖峰电流

以反相器为例，信号在高电平区域或低电平区域内时，总能保证 CMOS 管一个导通，一个截止，但是在信号转换过程中，会有接近$\frac{1}{2}V_{DD}$的输入电压，这个范围内，PMOS 管和 NMOS 管都处于导通状态，虽然等效输出电阻比饱和导通时大一点，但由于没有了截止管，从电源到地之间会流过很大的电流，如图 2-24 所示，把它称为动态尖峰电流。动态尖峰电流不仅会使得器件功耗增大，而且会在电源供电线路的寄生电阻上产生电压噪声，为了减小这种噪声影响，一般在 CMOS 电路的电源和地之间要接上去耦电容。

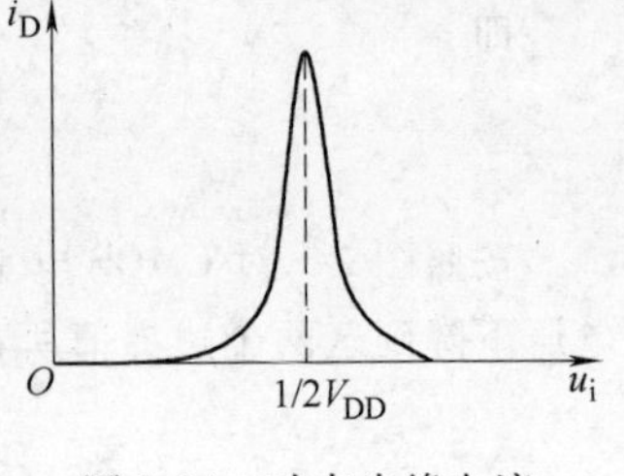

图 2-24 动态尖峰电流

2. 动态功耗

由于 CMOS 电路静态功耗非常低，所以 CMOS 电路的主要功耗是信号变化时的动态功耗。动态功耗包括两部分，其一是信号转换时，对寄生负载电容的充放电引起的 P_C；另一部分是信号转换时电路内部的功耗 P_T。

一般情况下，厂商会给出器件的功耗电容 C_{PD}，这只是一个器件参数，当输入信号转换时间很快的时候，可以用这个参数计算器件的 P_T 为

$$P_T = C_{PD}V_{DD}^2 f_i \tag{2-8}$$

式中，f_i 是输入信号的转换频率，单位为 Hz。

同样，对寄生负载电容的充放电功耗也与电源电压的平方以及信号转换频率成正比，即

$$P_C = C_L V_{DD}^2 f_o \tag{2-9}$$

式中，f_o 是输出信号的转换频率。一般情况下，$f_o = f_i$，令其等于 f，可知 CMOS 电路总功耗为

$$P_D = P_C + P_T = (C_L + C_{PD})V_{DD}^2 f \tag{2-10}$$

3. 寄生电感的影响

电路内部连线、甚至元器件外部引脚上都会存在寄生电感，但是这些电感一般比较小，在 nH（10^{-9}）级，根据电感感生电压公式 $u = L\frac{\mathrm{d}i}{\mathrm{d}t}$，由分布寄生电感产生的电压一般都在噪声容限范围内，可以不用考虑。但是随着 CMOS 电路功耗降低的要求，电源电压越来越低，甚至已经降低到 1.2V，其逻辑电平随之降低，噪声容限也必然减小，但是电路的速度却在不断提高，这使得寄生电感对电路动态特性的影响也逐渐被重视起来。

例如，现在的超大规模集成电路大多采用正方形贴片封装（如 BGA），而不采用双列直插的形式，显然前者缩小了体积，减小了引脚长度，也降低了引脚电感。

如果仔细看，芯片引脚中很大一部分是地线和电源线引脚。这其实也是为了降低寄生电感影响所采取的措施。当多个晶体管共用同一个电源和公共地时，如果这些晶体管上多个信号同时同相转换，电流汇集于一点，其瞬间电流变化率也会叠加在一起，很容易导致感生电压超出噪声容限，引发电路不确定错误。如果使用多个接地引脚和多个电源引脚，电流可以分流，通过寄生电感的瞬间变化电流也可以减小，多信号同相切换造成的感生电压就会被限制，以保障电路的正常工作。

2.3.6 集成芯片的数据手册所含主要信息举例

厂商一般都会提供非常详细的芯片数据手册。对于门电路，除了逻辑功能，其实就是整个

2.3 节介绍的电气参数，只要满足设计要求的芯片都可以选用。以下以 74HC00 为例，介绍数据手册中较重要的信息。

1. 型号命名的意义

首先来看芯片型号。74/54 系列芯片型号最前面的字母代表的是芯片生产厂家，如 SN 表示德州公司，而 MC 表示摩托罗拉公司；接下来的数字相当于一个标号，如 74 系列是商用器件，而 54 系列是军用系列，所以 54 系列的器件温度范围和电源电压范围更广，价格也更高。中间的字母是一个相互兼容逻辑系列的助记符，如 HC 是 High - speed CMOS 的简写，表示高速 CMOS 系列；HCT（High-speed CMOS TTL compatible）是能够与 TTL 兼容的高速 CMOS 系列；更高级的 AHC（Advanced High-speed CMOS）和 AHCT（Advanced High-speed CMOS TTL compatible）系列的速度更是 HC 系列的 2 ~3 倍。型号的最后几位数字一般表明的是功能，如 00 表示与非门，02 表示或非门，04 表示非门等。

以上只是 74 系列逻辑芯片的命名规则，不同系列遵循的命名规则不同。如常用 CMOS4000 系列的命名是由“厂家 +40 + 型号 + 输出级结构 + 外形”这五个部分构成。

集成门电路有多种封装形式，常见有 DIP、SIP 和扁平封装。DIP 和 SIP 分别表示双列直插和单列直插。

从图 2-25 可以看出，74HC00 是一个 14 脚双列直插型芯片，芯片上圆圈状的标记用来指示芯片的第一个引脚，然后沿逆时针方向引脚号不断增大。也有的芯片用一个缺口表示芯片的方向，即芯片应缺口朝上放置，这时左边最上方的引脚为 1 脚。

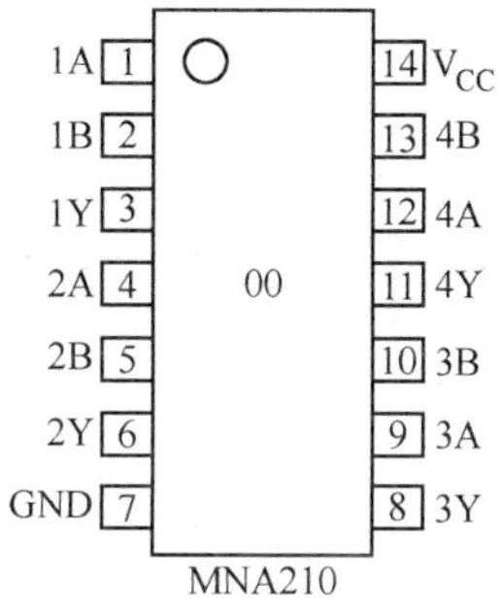

1A	1		14	V_{CC}
1B	2		13	4B
1Y	3		12	4A
2A	4	00	11	4Y
2B	5		10	3B
2Y	6		9	3A
GND	7		8	3Y

MNA210

a)

INPUT 输入		OUTPUT 输出
nA	nB	nY
L	L	H
L	H	H
H	L	H
H	H	L

b)

图 2-25　74HC00 的逻辑功能

a）引脚配置　b）功能表

74HC00 是一个两输入与非门芯片，内部有四个与非门。其逻辑功能如图 2-25b 所示。可以根据设计需求，选择使用器件的个数，也可以根据器件功能反过来进行合理的逻辑设计。

例 2-2　请使用尽量简单的电路实现逻辑功能 $F = AB + \overline{A}C$。

解：如果是按照原来的逻辑结构，需选用一个非门、两个与门和一个或门，若手头没有与门、或门这样的器件，如果把逻辑进行转化，可以用$\overline{\overline{AB}\cdot\overline{\overline{A}C}}$代替所需实现的逻辑。这种结构看上去更复杂，但可用同一种逻辑（与非）来实现，而且正好是四个门电路，用一片 74HC00 就可以了，硬件简单，成本低，电路如图 2-26 所示。

2. 电气参数

数据手册中会给出不同温度下的交直流参数。一般情况下，先看常温下典型交流参数。表 2-1是 74HC00 和 74HCT00 的交流参数，首先给出了时延信息，包括信号转换时间和传播时间，

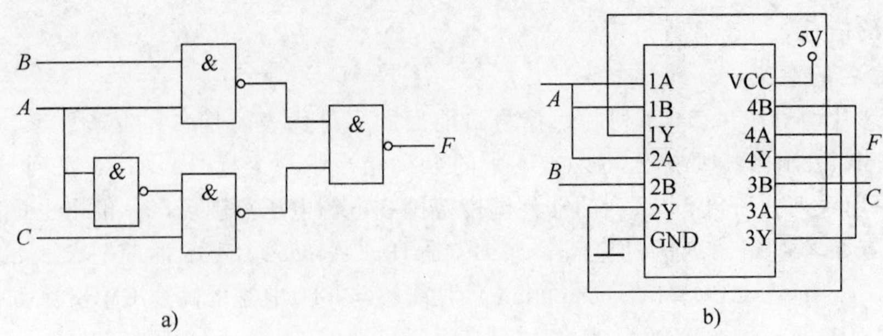

图 2-26 例 2-2 设计电路

a）逻辑示意图 b）连线图

根据这个数据，可以推算是否满足信号的频率要求和设计的实时性要求等，根据表格中给出的电容参数代入式（2-8）、式（2-9）即可估算功耗。当然，如果只是普通应用场合，只需有逻辑功能要求，这些参数一般不需要仔细研究。

表 2-1 常温下的典型交流参数

快速参考数据

GND = 0V，T_{amb} = 25℃，$t_r = t_f$ = 6ns。

符号	参数	条件	典型值		单位
			74HC00	74HCT00	
t_{PHL}/t_{PLH}	传输延时	C_L = 15pF，V_{CC} = 5V	7	10	ns
C_1	输入电容		3.5	3.5	pF
C_{PD}	每门的耗能电容	note1①and note2②	22	22	pF

① note1：C_{PD}用于计算动态功耗 P_D，单位为 μW，即 $P_D = C_{PD} \times V_{CC}^2 \times f_i \times N + \sum(C_L \times V_{CC}^2 \times f_o)$。式中，$f_i$ 和 f_o 分别为输入、输出功率，单位为 MHz；C_L 为负载电容；V_{CC}为电源电压；N 为负载门数；$\sum(C_L \times V_{CC}^2 \times f_o)$ 为总的负载功耗。

② note2：对于 74HC00 而言，输入电压 V_I 取值范围在 GND 到 V_{CC}之间；而对于 74HCT00 而言，输入电压 V_I 的取值范围在 GND 到 V_{CC} - 1.5V 之间。

厂商的数据手册中一般都给出推荐的器件工作条件，表 2-2 就是在这种推荐范围内的直流电气参数。表中的符号 V_{IH}、V_{IL}、V_{OH}、V_{OL}、I_{LI}、I_{OZ}、I_{CC}分别表示输入高电平、输入低电平、输出高电平、输出低电平、输入漏电流、三态输出截止时的漏电流以及静态电流。

表 2-2 74HC00 直流参数表

Type 74HC00 型号 74HC00 推荐工作条件：电位为对地电压（地单位为 0）

符号	参数描述	测试参数		最小值	典型值	最大值	单位
		其他	V_{CC}/V				
T_{amb} = -40 ~ +85℃；note 1							
V_{IH}	输入高电平		2.0	1.5	1.2	—	V
			4.5	3.15	2.4	—	V
			6.0	4.2	3.2	—	V
V_{IL}	输入低电平		2.0	—	0.8	0.5	V
			4.5	—	2.1	1.35	V
			6.0	—	2.8	1.8	V

（续）

符号	参数描述	测试参数		最小值	典型值	最大值	单位
		其他	V_{CC}/V				
T_{amb} = −40 ~ +85℃；note 1							
V_{OH}	输出高电平	$V_I=V_{IH}$ or V_{IL}					
		$I_O=-20\mu A$	2.0	1.9	2.0	—	V
		$I_O=-20\mu A$	4.5	4.4	4.5	—	V
		$I_O=-20\mu A$	6.0	5.9	6.0	—	V
		$I_O=-4.0mA$	4.5	3.84	4.32	—	V
		$I_O=-5.2mA$	6.0	5.34	5.81	—	V
V_{OL}	输出低电平	$V_I=V_{IH}$ or V_{IL}					
		$I_O=20\mu A$	2.0	—	0	0.1	V
		$I_O=20\mu A$	4.5	—	0	0.1	V
		$I_O=20\mu A$	6.0	—	0	0.1	V
		$I_O=4.0mA$	4.5	—	0.15	0.33	V
		$I_O=5.2mA$	6.0	—	0.16	0.33	V
I_{LI}	输入漏电流	$V_I=V_{CC}$ or GND	6.0	—	—	±1.0	μA
I_{OZ}	三态输出关断电流	$V_I=V_{IH}$ or V_{IL} $V_O=V_{CC}$ or GND	6.0	—	—	±5.0	μA
I_{CC}	静态电源电流	$V_I=V_{CC}$ or GND；$I_O=0$	6.0	—	—	20	μA

在不同的电源电压下，输入高电平有不同的最小值 V_{IHmin}，同样，输入低电平有不同的最大值 V_{ILmax}，随着电源电压越低，这两个极限值之间的不确定电压范围 $V_{IHmin}-V_{ILmax}$越窄，噪声容限也越小，芯片应用中的抗干扰设计就越应该被重视。

输出电压 V_{OH}和 V_{OL}不仅跟电源电压有关，还和测试条件中的输出电流 I_O 有关，当输出电流 $|I_O|=20\mu A$ 时，输出电压高电平一般只比电源电压低0.1V，低电平只比地电平高0.1V，这和在2.3.1 节中提到的原则是一致的。而当 $|I_O|$ 升高到 4m/A 或 5.2m/A 时，电压偏移理想值（电源电压和地电压）非常大。这显然是负载的电阻效应引起的。本书在2.7.2 节中将更详细地讨论这个问题。

如果是与 TTL 器件兼容的系列，如 HCT 或 AHCT，数据表中还会有一行参数 ΔI_{CC}用来表示附加静态电流。假设 TTL 器件驱动 HCT 或 AHCT 反相器时，由于 TTL 的高电平输出可能会低至2.7V（这将在2.4.3 中详细介绍），这时，图 2-8a 中 VF_2 已经完全导通，而 VF_1 并没有完全关断，而是部分导通，所以引起附加电流。也就是说，附加电流 ΔI_{CC}是由不理想的 TTL 高电平输出引起的。

手册中还会给出芯片、引脚等多维度的尺寸，这可以方便印制电路板的设计。此外，手册中还有器件参数测量的测试电路，以及参数随电源电压、温度、负载等工作条件变化对应的曲线，如果设计电路还有更复杂的环境要求，设计者就应该更仔细地研究选用芯片的数据手册了。

3. CMOS 典型电气特性

表 2-3 给出了常见 CMOS 系列的典型电气特性，在供电电源为 4.5V 时，各系列驱动 CMOS 负载器件时输出高电平均为 4.4V，输出低电平为 0.1V，与 TTL 兼容系列的输入低电平电压较低，而高电平输入电压较高，所以 CMOS 系列自身的噪声容限是比较大的，至于与 TTL 器件的互

联，将在 2.7.2 节详细讨论。从输入漏电流看，无论输入电压多大，$|I_{\mathrm{Imax}}|=1\mu A$，也就是说 CMOS 输入端对驱动它们的电路来说，几乎是没有直流负载的。最大输入电容是一个很重要的参数，器件的功耗和速度等交流参数都与之有关。

表 2-3　CMOS 系列典型电气特性

符号	参数描述	单位	HC	HCT	AHC	AHCT
V_{ILmax}	最大输入低电平	V	1.35	0.8	1.35	0.8
V_{IHmin}	最小输入高电平	V	3.85	2	3.85	2
V_{OLmax}	最大输出低电平	V	0.1	0.1	0.1	0.1
V_{OHmin}	最小输出高电平	V	4.4	4.4	4.4	4.4
I_{Imax}	输入漏电流	μA	1/-1	1/-1	1/-1	1/-1
I_{OLmax}	低电平输出电流	mA	0.02	0.02	0.05	0.05
I_{OHmax}	高电平输出电流	mA	-0.02	-0.02	-0.05	-0.05
C_{INmax}	最大输入电容	pF	10	10	10	10

2.4　TTL 逻辑电路

前两节介绍的 CMOS 电路都是以 MOS 晶体管（MOS 管因其工作电流只由一种载流子引起而被称为单极型晶体管）为基础的门电路，虽然相对于 MOS 晶体管而言，双极型晶体管在集成度和功耗方面没有优势，但以其为基础制作的逻辑器件速度快、驱动能力强，作为成熟产品仍然有一定的市场。

接下来简单了解一下二极管和晶体管逻辑电路。

2.4.1　二极管逻辑电路

二极管的实质就是一个 PN 结加上引线。已知 PN 结有单向导电性，反偏截止，正偏时理论上可以通过无穷大的电流（实际上，电流过大会损坏 PN 结），而管电压降 U_D 变化很小，其近似特性曲线如图 2-27a 所示，所以可以将用于数字电路中的二极管等效成图 2-27b 所示的电路模型。加高电平时开关导通，否则关断。

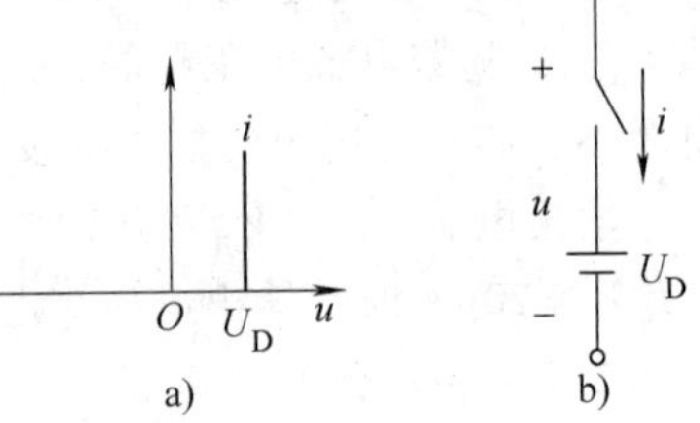

图 2-27　二极管等效模型

a）二极管电压降特性曲线

b）二极管等效电路

根据二极管的开关特性，可以构建逻辑电路。以下以二极管与门为例进行说明。图 2-28a 是二极管与门的电路图，A 和 B 是输入端，Z 为输出，5V 电源供电。这个简单门电路低电平范围是 0～2V，高电平范围是 3～5V，这时，输入信号 A 和 B 可以取 1V 或 4V 表示逻辑 0 和逻辑 1。

当输入信号 A 和 B 都取 4V 时，从电源到两个输入端都有电流流过，假设二极管的管电压降为 0.7V，则输出端 Z 被钳位在 4.7V，属于高电平范围；而当 A、B 中有一个为低电平输入时（1V），由于两个二极管的阳极相连，具有相同的电位，电流必然流过阴极电位较低的二极管，从而将输出端 Z 钳位在 1.7V，即得到逻辑信号

+5V　R　VD₁　VD₂　A　B　Z

a)

A	B	Z
0	0	0
0	1	0
1	0	0
1	1	1

b)

图 2-28　二极管与门

a）二极管与门电路图　b）真值表

0。该电路的逻辑功能可以用图 2-28b 的真值表表示。

显然，二极管逻辑电路结构简单，但是这种电路在级联时会产生电平偏移，如图 2-29 所示，两个与门级联，当输入为一个高电平，一个低电平时，本希望输出端能得到低电平对应的逻辑 0，而 VD1 和 VD3 都有 0.7V 的管电压降，使得输出电压抬高到 2.4V，进入不确定逻辑范围，电路已经不可靠了，所以二极管逻辑电路并不适合应用在集成电路里。但是另一方面，在板级逻辑电路设计时，还是可以适当加入这种电路，以提高电路的噪声容限。

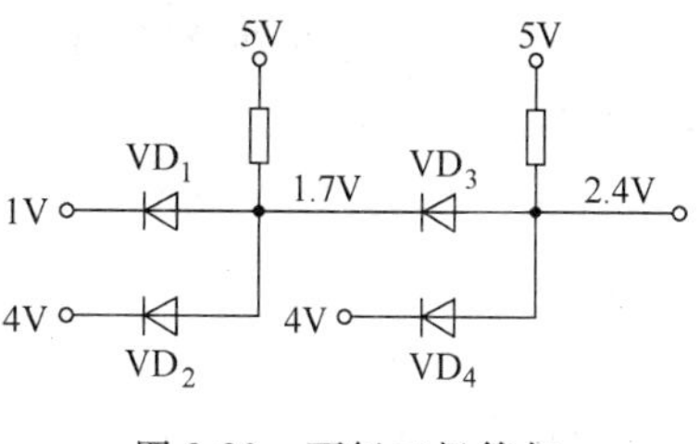

图 2-29　两级二极管与门的电平偏移问题

2.4.2　双极型晶体管的逻辑特性

双极型晶体管有截止、放大和饱和三种工作状态，在数字电路中，晶体管要么工作在截止区，要么就工作在饱和区，由于饱和导通时管电压降较小，因此晶体管可以等效成一个开关。

现在以 NPN 型晶体管构成的反相器为例进行说明，在图 2-30a 电路中，如果输入 A 为低电平，发射结和集电结都反偏，晶体管 VT 截止，此时无输出电流，输出端 Z 点电位等于电源电位；而当输入 A 为高电平时，VT 导通，只要电阻 R_1 和 R_c 的阻值合理，基极电流较大，VT 的输出管电压降会下降到饱和管电压降 $V_{CE(sat)}$，即 VT 进入饱和区，Z 点输出低电平。对应的逻辑功能如图 2-30c 所示。

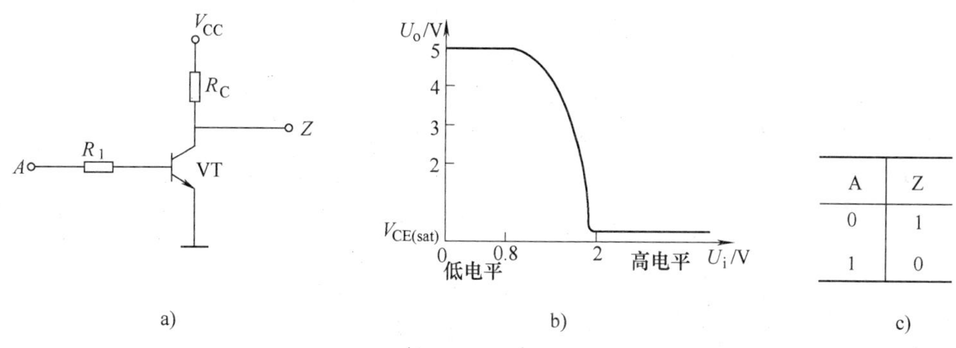

A	Z
0	1
1	0

图 2-30　晶体管反相器

a）三极管反相器逻辑电路　b）特性曲线　c）真值表

2.4.3　TTL 门电路

TTL 电路全称 Transistor – Transistor Logic 门电路，均使用双极型晶体管作为有源开关元件，具有高速度、低功耗和品种多等特点。历史上，第一代真正意义上的集成逻辑芯片就是 TTL 系列，各种不同功能的逻辑门遵循相同的逻辑标准，所以可以兼容、互联。

第一代 TTL 包括 SN54/74 系列，其中 54 系列工作温度范围为 –55 ~ +125℃，而 74 系列工作温度范围为 0 ~ +75℃，低功耗系列简称 LTTL，高速系列简称 HTTL。

普通的晶体管在深饱和态工作时存储电荷多，一旦输入信号改变，晶体管向截止态转换的过程需要较长的时间，为了提高转换速度，减少传输延迟，在第二代 TTL 器件中使用了非常关键的肖特基钳位晶体管（Schottky Control Transistor，SCT），形成了肖特基钳位系列（STTL）和低功耗肖特基系列（LSTTL）。

从图 2-31 中可以看出，肖特基晶体管就是在普通的晶体管基极和集电极之间加上一个肖特基二极管（Schottky Barrier Diode，SBD），SBD 有两个特点：一是存储电荷能力非常小，反向恢复快，所以开关时间很短，只有 0.1ns 左右；二是它的死区很小，阈值电压约为 0.4V。当 BJT 饱和时，由于 SBD 的钳位作用，集电结电压不能再增加，限制了晶体管的饱和深度，从而大大缩短 BJT 开关过程中的存储时间（可缩短 1 个数量级），提高集成电路的工作速度，改善过渡过程的开关特性。当然，另一方面，由于晶体管脱离了深饱和状态，所以导通时的输出管电压降会升高一点，即稳态时的开关特性会稍微差一点。

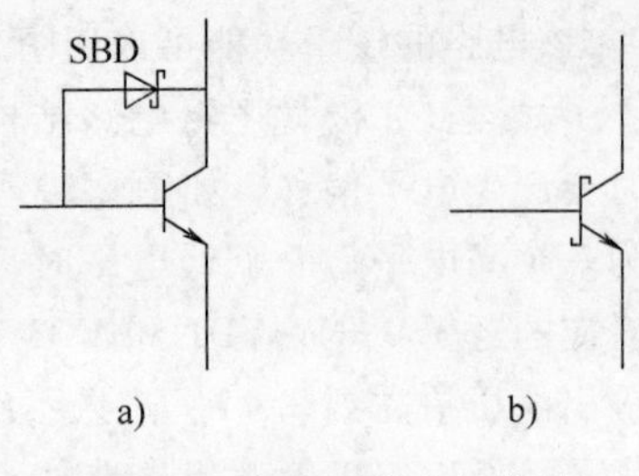

图 2-31 肖特基钳位晶体管
a）电路结构 b）符号

第三代 TTL 电路在第二代的基础上进行了电路改良，而且采用了更先进的等平面工艺制造，高级肖特基 TTL 系列（ASTTL）和高级低功耗 STTL 系列（ALSTTL）由于速度更快，功耗更低，因此获得了广泛的应用。快速系列（FTTL）的速度和功耗是前面两个系列的折中，也是 TTL 电路设计的首选。

下面以肖特基 TTL 与非门电路 74S00 为例，说明 TTL 逻辑电路的基本结构。在图 2-32 中，VT_1 是多发射极的输入耦合肖特基晶体管，VD_1 和 VD_2 是输入钳位肖特基二极管，起到电路保护作用；VT_2 一般被称为“分相器”；VT_3、VT_4 与 VT_6 一起形成输出的“推拉式（Push-Pull）”结构（其中，VT_4 是普通晶体管），这种结构的特点是，在稳定状态下，VT_4 和 VT_6 总是一个导通，另一个就截止，以保证输出端电位要么是高电平，要么是低电平。接下来分析电路的具体工作过程。

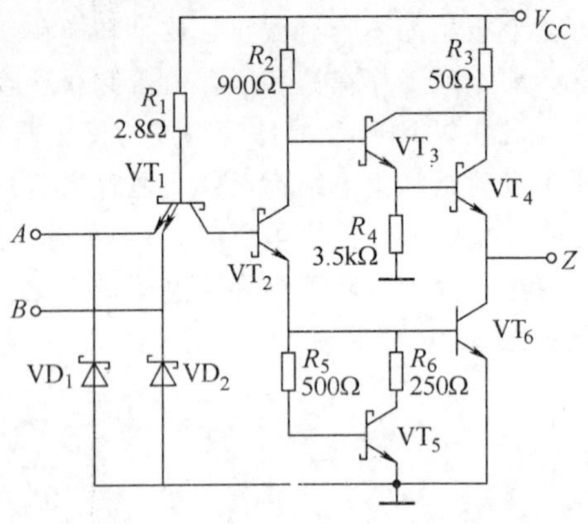

图 2-32 与非门 74S00 电路结构

当输入都是高电平时，VT_1 发射结反偏，而集电结正偏，相当于一个二极管，在电源 V_{cc} 和地之间，形成一条经过 R_1、VT_1 集电结、VT_2 和 VT_6 的电流通路，VT_2 和 VT_6 导通，输出接 VT_6 的集电极，为低电平。同时，VT_2 集电极电压不足以使得 VT_3 和 VT_4 同时开通，即 VT_4 保持截止。

当输入 A 和 B 中有一个是低电平时，VT_1 发射结正偏，而其集电极与 VT_2 的基极相连，所以没有电流，VT_2 截止，VT_5 和 VT_6 也就没有合适的偏置，无法导通。另一方面，VT_3 和 VT_4 构成的复合管提供了从电源到输出的低阻通路，得到一个高电平输出，而复合管的结构也减小了高电平输出时的输出电阻。由于 VT_4 和 VT_3 集电极相连，所以 VT_4 集电结反偏，不可能进入饱和态，所以无需采用抗深饱和的肖特基晶体管。

输入钳位二极管 VD_1 和 VD_2 防止输入负的尖峰电压，以避免损坏晶体管 VT_1。但是，它们的保护作用是有限的，主要用于防护瞬间的负电压，如果电压值过高或持续时间过长，都可能损坏器件。

VT_2 发射极和地之间并非只有一个简单的发射极电阻，R_5、R_6 和 VT_5 构成了有源泄放回路，能够提高电路的开关速度。

当 VT_2 由截止变为导通的瞬间，由于 R_5 的存在，VT_6 的基极必先于 VT_5 的基极导通，使 VT_2 发射极的电流全部流入 VT_6 的基极，从而加速了 VT_6 的导通过程。所以电压传输特性的线性区变窄，曲线得到改善，更接近于理想的开关特性。

而在稳态时，由于 VT_5 已经导通，将会分流掉 VT_6 的基极电流，减轻了 VT_6 的饱和程度，当状态再次翻转时，会加快 VT_6 的关断过程。

而当 VT_2 由导通变为截止之后，由于 VT_5 仍处于导通状态，为 VT_6 的基极提供了一个瞬间低阻泄放回路，又加速了 VT_6 的截止过程。

74LS是低功耗系列，图2-33所示的低功耗肖特基TTL与非门74LS00电路和74S00电路结构非常相似，但是为了大幅度降低功耗，将电路中的电阻阻值提高，从而使得功耗下降到2mW/门的程度，约为74LS00的1/10。可是，由于晶体管PN结的电容效应，电路中电阻阻值的提高，又使得工作速度降低了。

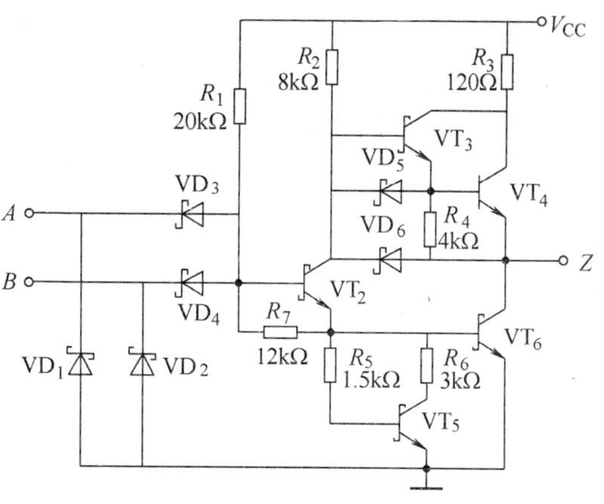

图2-33 74LS00电路结构

为了进一步提高速度，输入直接使用无电荷存储效应的肖特基二极管VD_3和VD_4，另外增加了VD_5、VD_6两个肖特基二极管以及电阻R_7。当输出端由高电平往低电平跳变时，输出端的负载电容可以通过VD_6、VT_2和VT_6组成的一条低阻通路快速放电，既加快了负载电容的放电速度，又为VT_6的基极增加了基极驱动电流，加快了VT_6的导通过程。同时，VT_4的基极也通过VD_5、VT_2组成的另一条低阻通路快速放电，使得VT_4截止得更快。R_7和R_4的作用是分别为晶体管VT_2和VT_4提供附加的基极电荷泄放通路，加快开关速度，减少传输延时。

2.4.4 TTL电路的电气特性

显然，在相同的制作工艺下，对速度和功耗的要求往往不能两全，在进行芯片的选择时，可以参考延时时间（以ns为单位）、功耗（以mW/门为单位）以及两者的乘积（以pJ为单位）等特性参数。在表2-4中列出了几个不同系列的TTL门电路典型特性参数，但是不同厂家、甚至不同测试条件下，这些参数也可能不尽相同，所以具体应用中，还应该参考厂家的器件数据手册。

表2-4 TTL门电路系列的电气特性

符号	参数描述	单位	74s	74LS	74AS	74ALS	74F
t_{PLH}/t_{PHL}	传播延时	ns	3	9	1.7	4	3
—	单位门功耗	mW	19	2	8	1.2	4
—	延时-功耗积	pJ	57	18	13.6	4.8	12
V_{ILmax}	最大输入低电平	V	0.8	0.8	0.8	0.8	0.8
V_{IHmin}	最小输入高电平	V	2	2	2	2	2
V_{OLmax}	最大输出低电平	V	0.5	0.5	0.5	0.5	0.5
V_{OHmin}	最小输出高电平	V	2.7	2.7	2.7	2.7	2.7
I_{ILmax}	低电平输入电流	mA	-2	-0.4	-0.5	-0.2	-0.6
I_{IHmax}	高电平输入电流	mA	0.05	0.02	0.02	0.02	0.02
I_{OLmax}	低电平输出电流	mA	20	8	20	8	20
I_{OHmax}	高电平输出电流	mA	-1	-0.4	-2	-0.4	-1

各TTL系列的输入、输出电压标准一样。把电压逻辑标准重新画在图2-34中，TTL器件都是5V电源供电，横格线部分处于2~5V之间，是高电平区域，表示逻辑1，竖格线部分处于0~0.8V之间，是低电平区域，表示逻辑0，而0.8~2.0V之间是不允许出现的电平区间。另外，2.0~2.7V和0.5~0.8V之间的区域分别代表高、低电平的直流噪声容限。显然，高电平噪声容限有0.7V，而低电平噪声容限只有0.3V，所以，TTL器件对低电平噪声更加敏感。

输入、输出电流决定了器件的功耗。所以相同工艺下，增大电路中的电阻可以使功耗下降。

以 LSTTL 门电路为例，在图 2-33 中，输入端为高电平时，VD_3 和 VD_4 承受反压，应该是截止的，所以表 2-4 中给出的高电平输入电流 I_{IHmax} 数值较小，它只是流过二极管的反向漏电流。

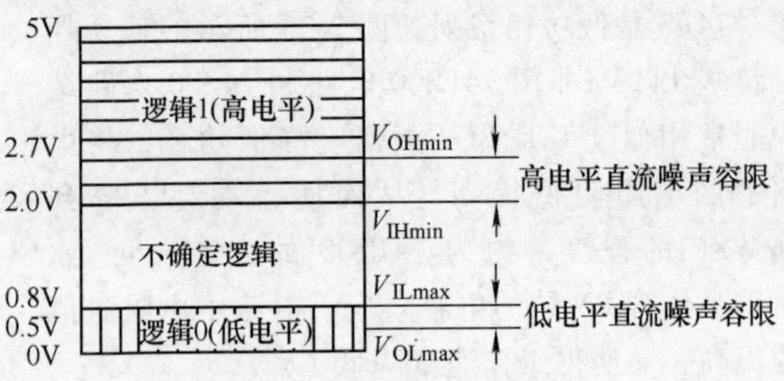

图 2-34 TTL 逻辑电平

从表 2-4 中可以看出，TTL 电路和 CMOS 电路一样有扇出的负载限制。

例 2-3 根据表 2-4 计算 74ALS00 的扇出系数。

解：根据表 2-4，可知 74ALS00 的 $I_{ILmax} = -0.2\text{mA}$、$I_{OLmax} = 8\text{mA}$、$I_{IHmax} = 0.02\text{mA}$、$I_{OHmax} = -0.4\text{mA}$。

所以低电平扇出为 $\left|\dfrac{8\text{mA}}{-0.2\text{mA}}\right| = 40$，高电平扇出为 $\left|\dfrac{-0.4\text{mA}}{0.02\text{mA}}\right| = 20$，取两者中较小的数，即 74ALS00 的扇出为 20，也就是说，一个 74ALS00 与非门能驱动 20 个同型号芯片中的与非门。

在实际电路设计中，不一定全部使用同一型号芯片，这时更需要注意驱动能力。

例 2-4 在一个逻辑电路中，电路设计者使用一个 74ALS00 门连接 10 个 74LS00 门和 10 个 74AS00 门，试分析电路设计是否合理。

解：当 74ALS00 门输出低电平时，共需要提供负载电流为

$$|(-0.4\text{mV}) \times 10 + (-0.5\text{mV}) \times 10| = 9\text{mA} > 8\text{mA}$$

超出了 74ALS00 能提供的最大吸收灌电流，即电路过载，所以电路设计不合理。

例 2-5 有人用 74AS04 驱动发光二极管，设计了两种电路，如图 2-35 所示。试判断哪个电路可以正常工作。

解：发光二极管 LED 需 10mA 左右的电流才能被点亮，根据表 2-4，AS 系列低电平输出电流值能达到 20mA，而高电平输出电流仅能达到 2mA，不足以驱动 LED 正常发光，所以图 2-35a 较合理。

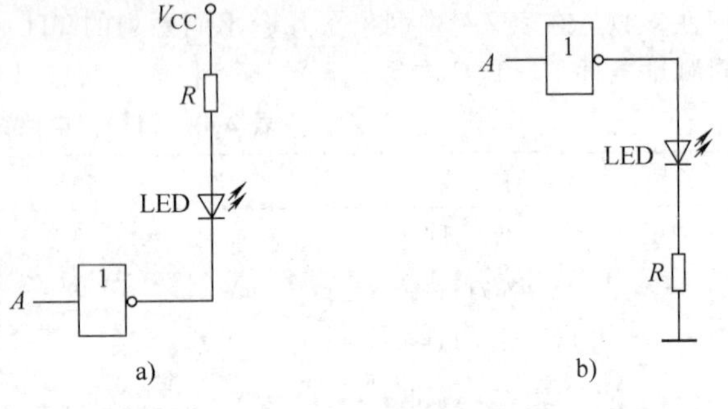

图 2-35 LED 驱动电路
a）门电路低电平驱动 b）门电路高电平驱动

在器件的具体数据手册中，一般除了表 2-4 中的这些数据外，往往还给出不同测试电路以及不同条件下的典型参数值和极限参数值等，这些信息将更为详尽。

2.5 其他高速逻辑电路

2.5.1 发射极耦合逻辑电路

发射极耦合逻辑（Emitter Coupled Logic，ECL）电路是速度最快的一种双极型逻辑电路。它与 TTL 电路中使用肖特基晶体管避免深饱和态的方法不同，而是采用不同的电路结构，选取合理的电路参数避免进入饱和态，其特点是高低电平之间的摆幅非常小，在 1V 以内，速度非常快，但功耗比较大。

图 2-36 所示为 ECL 反相器/缓冲器电路。电源电压 $V_{CC} = 5.0\text{V}$，$V_{BB} = 4.0\text{V}$，$V_{EE} = 0\text{V}$，其中，

基准电源 V_{BB}不是标准电源，一般由内部其他电路获取，在图中没有画出来。A 为输入，高电平电压为4.4V，低电平电压为3.6V，电压摆幅仅为0.8V。电路有两个输出，Z_1 和 Z_2 分别接在晶体管 VT_1 和 VT_2 的集电极，而这两个晶体管以差分对称的形式连接，发射极连在一起，也因此被称为发射极耦合电路。

VT_1 和 VT_2 结构对称，在同一个集成片里容易做到参数基本一致，由于发射极相连，具有相同的电位，在输入 A 为高电平时，显然能做到 VT_1 导通，VT_2 截止，发射极电位 $U_E = U_A - U_{BE} = 4.4V - 0.7V = 3.7V$，所以射极电阻 R_3 上的电流 $I_E = \dfrac{3.7V}{1.3k\Omega} = 2.8mA$，$R_1$ 上的电压降 $U_{R1} = 2.8mA \times 300\Omega \approx 0.8V$，则输出 Z_1 上得到电位约为 $U_{Z1} = V_{CC} - U_{R1} \approx 5V - 0.8V = 4.2V$，属低电平，而 VT_2 截止，从而将 Z_2 上电压上拉到等于电源电压5V，属高电平，可见，输出的高低电平比输入要高0.6V左右，为了能实现方便的逻辑互联，电路中又增加了一个输出级，将输出电平转换成和输入相同的逻辑电平。

同样，如果输入 A 为低电平，能保证 VT_2 导通，VT_1 截止，发射极电位 $U_E = U_{BB} - U_{BE} = 4V - 0.7V = 3.3V$，所以射极电阻 R_3 上的电流 $I_E = 3.3V/1.3k\Omega = 2.5mA$，$R_1$ 上的电压降 $U_{R1} \approx 2.5mA \times 330\Omega = 0.8V$，则输出 Z_2 上得到电位约为 $U_{Z2} = V_{CC} - U_{R2} \approx 5V - 0.8V = 4.2V$，属低电平，而 VT_1 截止，从而将 Z_1 上电压上拉到等于电源电压5V，属高电平。可见，两个输出 Z_1 和 Z_2 上总是输出不同的态，即互补输出。所以该电路既可以作为反相器使用，又可以作为缓冲器使用。

ECL 的另一个特点是输入、输出可以不取绝对电压，即电路的输入端可以采用双线驱动，即差动输入，同样两个互补的输出端正好也构成差动输出。差动信号 $u_{Z1} - u_{Z2} < 0$ 时，表示逻辑信号0，反之，$u_{Z1} - u_{Z2} > 0$ 表示逻辑信号1。差动信号的优点是抗干扰能力强，如电源波动等共模信号对两个输出端的影响是相同的，在差分输出时可以被过滤掉。

ECL 器件的速度非常快，传播延时能小于1ns，但是功耗较大，抑制了它的应用范围，但是在速度要求高的应用场合，如通信装置中，仍有非常重要的地位。

在图2-36的基础上，并联上一些相同的晶体管，就可以得到 ECL 或非门/或门电路了。在图2-37所示的三输入门电路中，任何一个输入为高电平时，都能够将发射极电位钳位在3.7V，使得 Z_1 的输出为低电平，Z_2 输出高电平；只有输入都是低电平的时候，VT_2 才能导通，发射极电位钳位在3.3V，Z_1 输出高电平，而 Z_2 输出低电平。显然，如果输出取自 Z_1，就是或非门电路，而输出取自 Z_2，就得到或门电路。

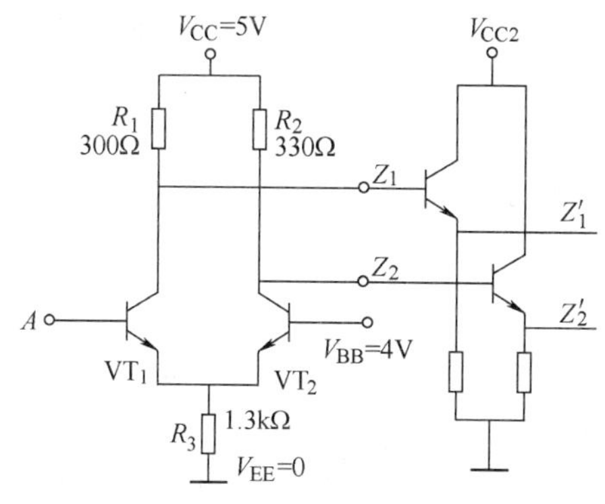

图2-36　ECL 反相器/缓冲器

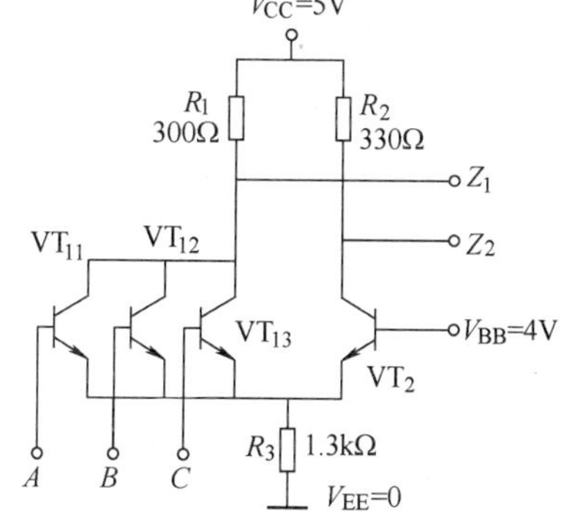

图2-37　ECL 或非门/或门

2.5.2　Bi-CMOS 电路

由于 MOS 管的结构使得器件中存在寄生电容，影响了开关速度，所以早期的 CMOS 电路应用受到限制，虽然 20 世纪 80 年代中期的工艺改进使得 CMOS 器件速度大大提高，已经能够与传统的 TTL 器件媲美，但速度最快的仍然是双极型工艺器件。

Bi-CMOS 电路是将 CMOS 工艺和双极型工艺结合起来的一种电路。其逻辑部分由 CMOS 结构完成，从而有功耗低、集成度高的优点，而输出部分由双极型晶体管完成，又使得器件输出电阻低、速度快、驱动能力强。

图 2-38a 所示为 Bi-COMS 反相器的基本电路。VF_P 和 VF_N 是 MOS 管，它们的栅极相连，接在输入端，这种互补式结构使得无论输入端为高电平还是低电平，这两个 MOS 管都只有一个导通，另一个截止。VT_1 和 VT_2 是双极型晶体管，接成推拉式输出结构，它们的基极分别接有下拉电阻 R_1 和 R_2。当输入为低电平时，VF_P 和 VT_1 导通，而 VF_N 和 VT_2 截止，输出高电平；当输入为高电平时，VF_P 和 VT_1 截止，而 VF_N 和 VT_2 导通，输出低电平。

为了降低功耗，R_1 和 R_2 的阻值应尽量大，而另一方面，阻值高又会使 VT_1 和 VT_2 的截止过程变慢，所以，用两个 NMOS 管 VF_{N1} 和 VF_{N2} 代替下拉电阻 R_1 和 R_2，形成图 2-38b 所示的有源下拉结构。

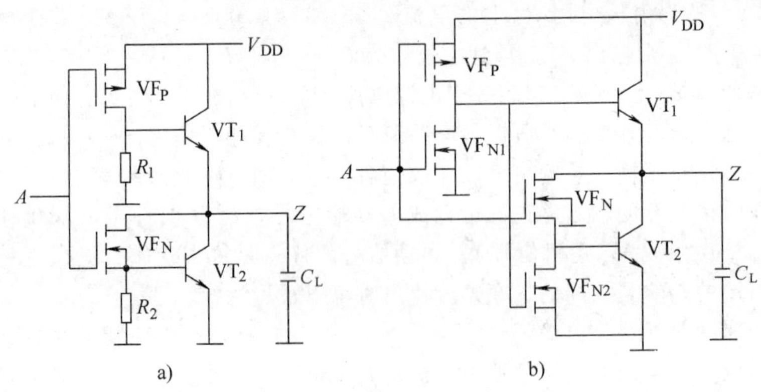

图 2-38 Bi-CMOS 反相器

a）基本电路 b）常用电路

当输入为低电平时，VF_N 和 VT_2 截止，输出端与地断开，而 VF_P 和 VT_1 导通，输出 Z 得到高电平，同时，VF_{N1} 截止，减少了消耗在基本电路中 R_1 上的电能；当输入变为高电平时，VF_{N1} 导通，加速 VT_1 电荷泄放，VT_1 快速截止，输出端与电源断开，而 VF_N 和 VT_2 导通，输出低电平，同时，VF_{N2} 截止，也减少了在基本电路中 R_2 上消耗的电能。输入和输出之间实现非逻辑。

2.5.3 典型电路的比较

在介绍了各种典型电路之后，接下来将它们的速度、功耗等性能做个对比。一些典型芯片性能对比见表 2-5。

表 2-5 典型芯片性能对比

		TTL 系列			CMOS 系列			ECL	Bi-CMOS
性能	单位	74LS	74ALS	74F	74HC	74AC	74AHC	ECL	ABT
传播延时	ns	9	4	3	7	5	3.7	0.22 ~ 1	3
单位门功耗	μW	2000	12000	4000	2.75	0.55	2.75	2500 ~ 7300	1700

CMOS 电路元件少、结构简单，因此集成度高，而且其静态功耗非常小，所以优势非常明显，几乎可以在全领域替代 TTL 电路；高速 ECL 电路速度优势明显，传播延时越小，电路可工作的最大时钟频率就越高，但由于 ECL 电压摆幅小，抗干扰能力差，同时，其功耗非常大，集

成度有限，仅适用于高频开关电路。

2.6　集成门电路的应用和注意事项

2.6.1　CMOS 器件和 TTL 器件的负载特性

由表 2-3 和表 2-4 可知，TTL 电路的低电平输入电流为 0.1～2mA，高电平输入电流为几十微安，所以作为负载时，TTL 相当于阻性负载；CMOS 电路的静态输入电流为漏电流，数值非常小（仅有 1μA），可以认为是无直流负载，而 CMOS 晶体管栅极、漏极、源极以及衬底之间的散在电容效应是作为负载时最重要的动态参数。

如图 2-39 所示（图中未画连线的引脚并非悬空，假设都与其他逻辑电路相连），TTL 负载在驱动门输出高电平时，每个负载门都有电流流入，这些输入电流之和就等于驱动门的拉电流，当拉电流过大时，电路功耗增大，同时，输出电压 V_{OH} 会被拉低，当 V_{OH} 低于 V_{OHmin} 时，高电平噪声容限将会降低，电路不再可靠。同样，在驱动门输出低电平时，从电源经每个负载门都有电流流向驱动门，这些输入电流之和就等于驱动门的灌电流，当灌电流过大时，不仅电路功耗增大，驱动门的输出电压 V_{OL} 会被抬高，当 V_{OL} 高于 V_{OLmax} 时，低电平噪声容限将会降低，电路同样不再可靠。

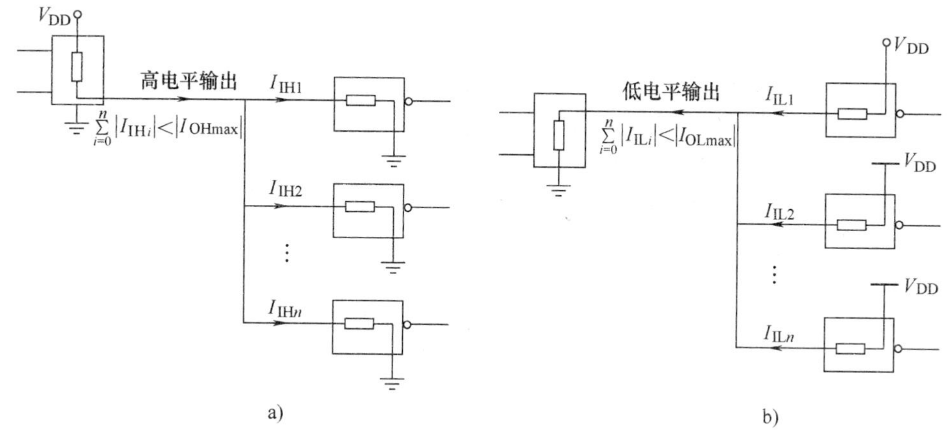

图 2-39　TTL 负载特性

a）高电平驱动　b）低电平驱动

在图 2-40 中，CMOS 负载画成电容性负载。当驱动门输出高电平时，电源通过驱动门输出电阻对负载电容充电，当驱动门输出低电平时，负载电容通过驱动门和地放电。不论高电平输出还是低电平输出，当负载门过多时，相当于多个电容并联，形成大电容，显然会延长充、放电时间。因此，CMOS 门电路的扇出与工作频率有关。负载门越少，最大频率就越高。

另一方面，值得注意的是平时所说的 CMOS 功耗低，实际指的是静态功耗低，而在高频转换过程中，其动态功耗比 TTL 大得多。当然，TTL 也有动态功耗，但是在中低频，其动态功耗比静态功耗小得多。对一个实际系统而言，多数晶体管并不一直工作在最大频率，所以 CMOS 器件在总功耗上的确有明显优势。

2.6.2　集成芯片使用中的问题

1. CMOS 抗静电措施

已知 CMOS 输入阻抗非常高，容易受到噪声干扰，输入端的电容很小，根据电容两端电压公

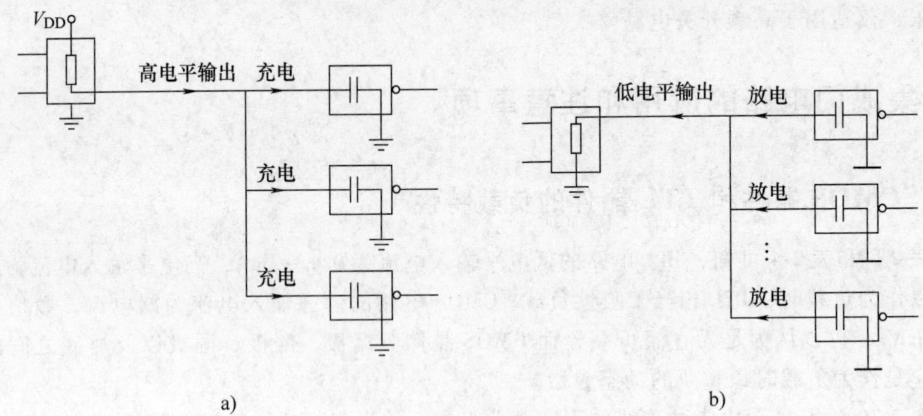

图 2-40 CMOS 的电容性负载特性

a）高电平驱动 b）低电平驱动

式 $u_C=\dfrac{q}{C}$可知，少量静电电荷就有可能烧坏器件。所以，在使用 CMOS 芯片时一定要注意可靠接地，防止静电电荷形成。主要措施可总结如下：

1）运输过程中，要把芯片和制作完成的电路板都放在导电泡沫中保护；

2）工作台接地，所有的设备、工具也都要接地；

3）身体不能碰触芯片引脚；

4）穿上防静电的工作服；

5）上工作台时，手腕上要带上一段串接高电阻的接地电缆；

6）传递 CMOS 器件或电路板之前，最好先接触一下对方的手或身体；

7）使用陶瓷烙铁，防止使用金属烙铁形成静电电流；

8）如果使用金属电烙铁，其金属部分应可靠接地。

2. CMOS 不用输入端的处理

在 CMOS 电路中，不用的输入端绝对不可以悬空，原因还是防止静电损害器件。一般可以按照图 2-41 所示的几种方法连接。

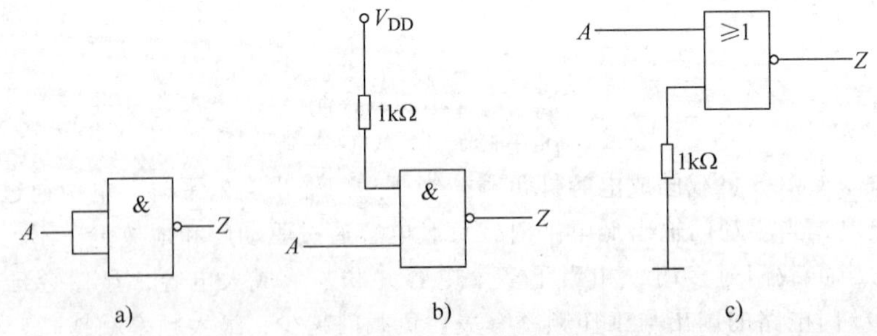

图 2-41 CMOS 电路多余输入端的连接方法

a）多余输入端并接 b）与非门多余输入端接高电平 c）或非门多余输入端接地

图 2-41a 所示的方法结构最简单，但是很少使用。因为虽然将不用的输入端和需要的输入端连在一起，从逻辑上相当于一个非门，不会改变输出，但是增加了驱动信号的电容负载，信号的升降时间变长，速度下降。所以在高速电路中，通常使用图 2-41b、c 所示的两种方法，将不用的端通过上拉电阻或下拉电阻接到电源或地上去，由于 MOS 管输入阻抗非常大，所以外接电阻的电压降可以忽略，这种方法在保证逻辑正确的同时不会影响开关速度。

3. TTL 和 CMOS 扇出

与 CMOS 电路不同，由于 TTL 电路是电阻性负载，如果负载增多，必然使得驱动门的输出电流值增大，所以在图 2-39 中，驱动门的总输出电流（既可以是灌电流，也可以是拉电流）不能超出其允许的最大值，否则就会抬高驱动门的输出低电平或拉低输出高电平，造成逻辑电平落入不允许的区域中，引起电路不可靠。

是不是 CMOS 电路不用考虑扇出了呢？事实上，CMOS 输入端电容对扇出是有影响的。在输入逻辑动态变化时，电容有充放电电流流过，所以，CMOS 输出也不是可以任意接很多 CMOS 负载的，一般控制在 50 左右。

4. TTL 门电路不用的输入端

以图 2-33 所示 74LS00 电路结构为例，如果将不用端像图 2-41a 那样连接，逻辑上也不会出错，而且在低电平输入的时候，由于二极管 VD_3 和 VD_4 导通电阻很小，导通电流仅取决于电阻 R_1，不会增加总的输入电流，但是在高电平输入的时候还是会增加总的漏电流，影响驱动门的扇出。如果直接把不用端悬空，则对应输入端开路，相当于接高电平，对与非门可行，而对或非门则逻辑错误。所以，TTL 不用的输入端可以按图 2-41a、b 连接，除此之外，还可以参考图 2-42 所示的两种连接方法。

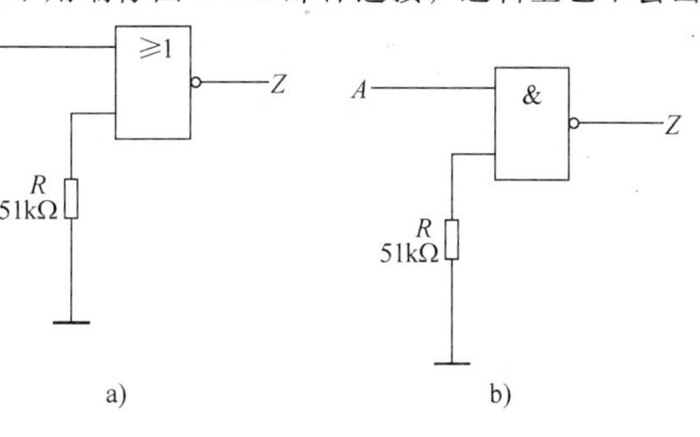

图 2-42　TTL 电路多余输入端的连接方法

a）或非门多余输入端经小电阻接地

b）与非门多余输入端经大电阻接地

仍以图 2-33 所示 74LS00 电路结构为例，假设 TTL 输入端 A 外接电阻 R 到地时，如果 R 的阻值较小，从电源经电阻 R_1、二极管 VD_3 和电阻 R 到地形成一条电流通路，输入电压等于电阻 R 在这条支路上的串联分压，假设 VD_3 的导通管电压降为 0.4V，$V_{CC}=5V$，由于 R_1 的阻值为 20 kΩ，则 A 点电压可以表示为 $\frac{R}{20\times10^3+R}\times(5-0.4)<V_{ILmax}$，由于 TTL 器件的 $V_{ILmax}=0.8V$，可计算得到保证输入为低电平时 R 的极限阻值约为 4.2kΩ。当 R 的阻值加大时，R 上分得的电压就越高，到一定程度时，VT_2 和 VT_6 将导通，流过电阻 R 的电流减小，经过实验可知，当 R 大于 10kΩ 时，VD_3、R 到地的支路关断，输入端开路，相当于接高电平。可见，TTL 电路输入端接小电阻到地相当于低电平输入，而接大电阻到地相当于接高电平输入。因此或非门不用的输入端可以按图 2-42a 连接，而与非门不用的输入端可以按图 2-42b 方法连接。

5. 旁路电容

数字集成电路的输入信号跳变时，往往伴随瞬间冲击电流，如果电源距离较远，电流供给延迟，电路可能会出现误动作。如果在集成电路旁接电容，即可提供所需冲击电流。旁路电容有两类：

1）每个集成芯片各用一个，容量为 0.1μF 左右。

2）总电路用旁路电容，容量为几十到几百微法。

6. 其他注意事项

1）注意不要带电作业。

2）设计电路时门电路输出端原则上不能互连。

3）对于 TTL 器件来说，由于其阻性特征，在门电路连接时，不要串接电阻，否则会使得总的负载阻值增大，进一步拉低输出高电平或抬高输出低电平。

2.6.3 输出开路门的应用

在2.2.4节中已经介绍了CMOS漏极开路门，输出晶体管的漏极在非低电平输出时是开路的。其实，对于TTL电路来说也是一样的，如果输出集电极与芯片内部电源断开，就构成了集电极开路门（Open Collector Gate)，简称OC门。这样的输出结构都必须外接上拉电阻才能正常工作，而外接电阻的阻值一般比晶体管的导通电阻高，对漏极开路门来说，会降低电路开关速度，对集电极开路门来说，也会失去输出电阻低的优势。那么，漏极开路门和集电极开路门都应用在哪些场合呢?

1. 线与的实现

前面说过，原则上不能将门电路的输出端直接相连，但是漏极开路门和集电极开路门可以实现“线与”，也就是说可以将门的输出端直接连在一起，其逻辑功能相当于“与”。

以漏极开路与非门为例，在图2-43中，n个门的输出端连在同一根总线上，再通过上拉电阻连接电源。显然，开路的输出门对总电路没有影响，如果有一个门输出为低电平，就会把整个总线上的电位拉成低电平。只有当所有输出门都是开路时，输出端会被上拉成高电平。所以，实现了“与”逻辑。

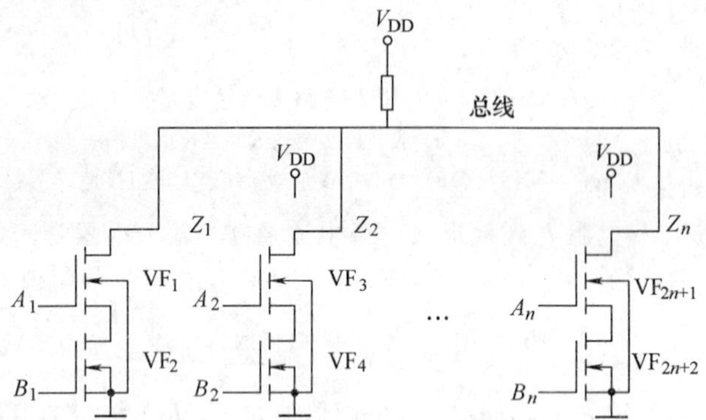

图2-43 漏极开路与非门实现线与逻辑

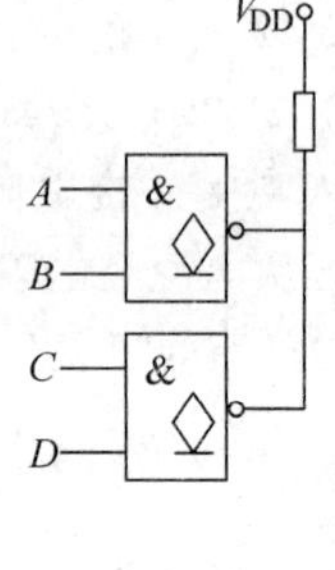

图2-44 例2-6图

例2-6 用漏极开路门实现逻辑$\overline{AB}\,\overline{CD}$。

解：选用漏极开路与非门，电路结构如图2-44所示。

例2-7 如图2-45所示，三个集电极开路反相器（非门）组成线与电路后还要驱动74LS00内部两个与非门。如果每个开路门的I_{OLmax}是30mA，V_{OLmax}是0.4V，V_{OHmin}是3.0V，试写出输出逻辑表达式，并给外接上拉电阻确定合适的阻值。

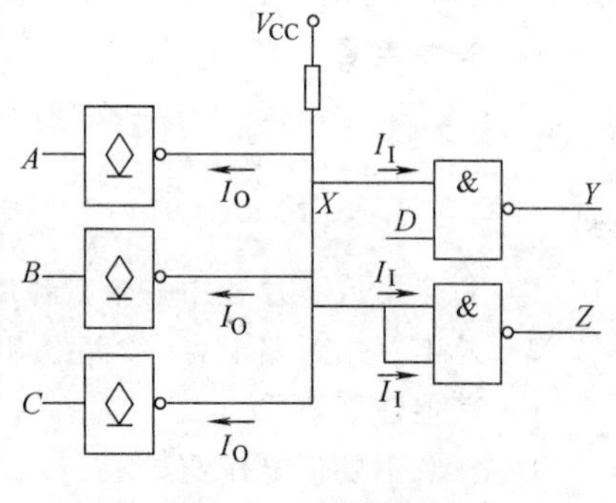

图2-45 例2-7图

解：$Y=\overline{\overline{A}\,\overline{B}\,\overline{C}D}$，$Z=\overline{A}\,\overline{B}\,\overline{C}$

根据表2-4可知，该电路中与非门电路的$I_{ILmax}=-0.4mA$，$I_{IHmax}=0.02mA$，当线与输出低电平时，从电源流过上拉电阻的总电流为（$3\times30-3\times0.4$）mA = 88.8mA，又因为V_{OLmax}是0.4V，即X的电位应小于0.4V，TTL标准电源是5V，所以上拉电阻上压降应大于4.6V。故

$$R\geqslant4.6V/88.8mA\approx51\Omega$$

线与输出高电平时，输出集电极开路，不考虑OC门漏电流的话，则流过电阻的总电流就是

与非门输入电流，为 $3\times0.02\text{mA}=0.06\text{mA}$，而 X 电位大于 3V，即上拉电阻上压降小于 2V。故上拉电阻为

$$R\leqslant2\text{V}/0.06\text{mA}\approx33\text{k}\Omega$$

$$故\ 51\Omega\leqslant R\leqslant33\text{k}\Omega$$

2. 总线驱动

如果是普通的两个门，输出是不能直接相连的。如图 2-46 所示，假设两个门单独应用时一个输出高电平，另一个输出低电平，现在将它们的输出端简单相连，VF_1 和 VF_4（或 VT_1、VT_4）提供了从电源到地的低阻通道，就会有很大的电流流过这两个门电路的输出级，造成器件损坏。因此，线与是输出开路门特有的连接方式，利用这个特性，可以实现数据总线。

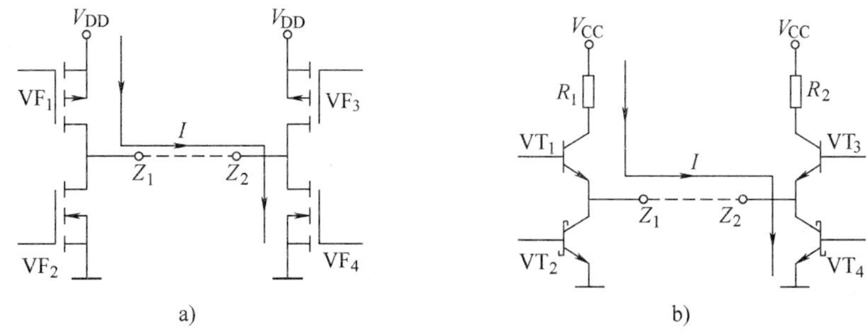

图 2-46　普通门电路的直接输出不能相连

a）CMOS 互补式输出　b）TTL 推拉式输出

图 2-47 所示为用漏极开路与非门驱动的 8 位数据总线。假设有 8 个设备，每个设备都有 8 根数据线，可以通过两输入漏极开路门将每个设备对应的数据位连在一起，公用一个上拉电阻，8 个数据位需要 ×8 的排阻。每个门的输入端，一个可以作为数据输入线，一个可以作为控制线，连接设备选通信号（任何时候只能有一个控制线有效）。当某个设备被选中时，其对应 8 个门电路的输入数据的反码就被送到数据总线 $D_0\sim D_7$ 上，而其他的门都开路，不会发生数据冲突。这样，用最简单的结构实现了多源总线。

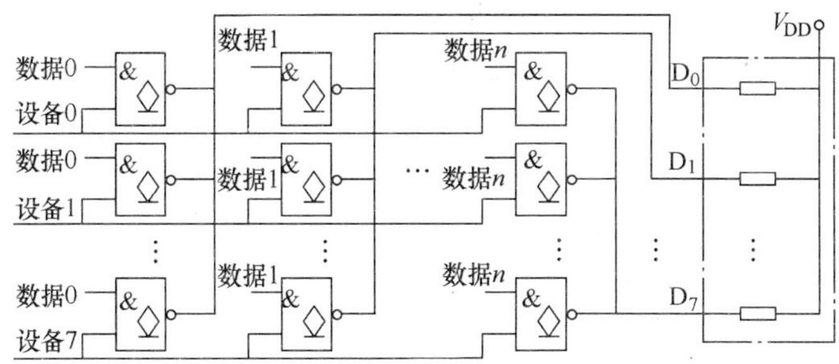

图 2-47　漏极开路门驱动 8 位数据总线

3. 驱动大电流负载

一般情况下，输出开路门的低电平输出电流最大值比较大，负载能力比普通 CMOS 电路或 TTL 电路强。比如说发光二极管，这是最简单的输出设备之一，但是点亮它至少需要 10mA 左右的电流，常用的 HC 和 HCT 系列 CMOS 门电路输出端电流（可以流出门电路，也可以流入门电路）只有 5mA 以内，这是不能够直接驱动发光二极管的。如果使用输出开路门，驱动电流可达 30mA，就可以得到简单方便的电路了。图 2-48 所示为用漏极开路与非门实现 LED 控制的一个例子。

A 和 *B* 中有一个为低电平时，串联的一个 N 沟道 MOS 管关断，输出开路，没有电流流经

LED，而 A 和 B 同时为高电平时，门电路输出低电平，只要 LED 所需电流不超过 I_{OLmax}，就会被点亮，从而实现 A、B 输入对 LED 的控制。

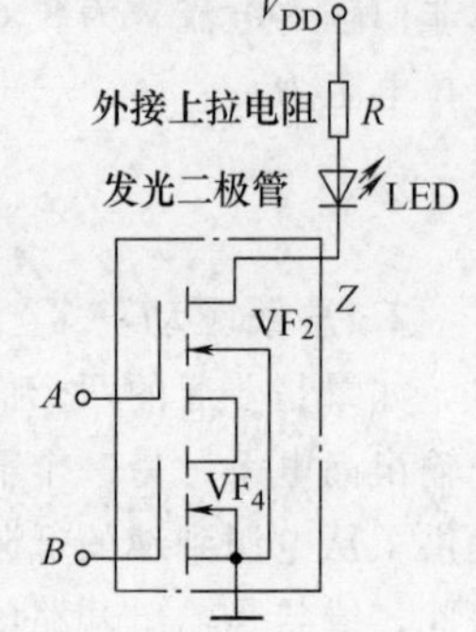

图 2-48 OD 门驱动 LED

例 2-8 为图 2-48 所示电路选择合适的上拉电阻。

解：普通发光二极管导通时的管电压降大概为 1.9V 左右，假设 OD 门 V_{OLmax} 为典型值 0.37V，而供电电压 $V_{DD}=5V$，这时上拉电阻上的电压降约为 $(5-0.37-1.9)V=2.73V$。

按照流过 LED 的典型电流 10～25mA 来计算，电阻 R 的阻值应为

$$\frac{2.73V}{25mA}\leqslant R\leqslant\frac{2.73V}{10mA}$$

即 $109\Omega\leqslant R\leqslant 273\Omega$。随着阻值的增大，电流减小，LED 会稍微暗一点。

4. 总结

输出开路门的缺点是使用起来比较麻烦，必须外接上拉电阻，但是也有以下三条优点：

1）外接上拉电阻可以连接更高的电源电压；

2）低电平输出时吸收电流增大；

3）线与功能使电路结构简单。

2.7 接口电路

一般情况下，电路选用同系列的集成芯片，有相同的逻辑和电气标准，只要注意前面讲过的一些问题，就可以互联，以实现复杂逻辑。但有些情况下，为了功耗、速度、价格等方面的需求，还要选择一些不同系列的芯片，甚至连电源都不相同，把两种不同电路之间的连接部分称为接口电路。

接口电路要注意的问题主要有两方面，一是逻辑电平应匹配，二是要注意扇出问题，如果过载，可能会导致速度变慢或电路可靠性降低等问题。

驱动门的输出电压应在负载门所要求的输入电压范围内，即

$$\begin{aligned}V_{OHmin}&\geqslant V_{IHmin}\\ V_{OLmax}&\leqslant V_{ILmax}\end{aligned}\tag{2-11}$$

驱动门对负载门所提供的足够大的灌电流和拉电流分别为

$$\begin{aligned}|I_{OHmax}|&\geqslant\sum|I_{IHmax}|\\ |I_{OLmax}|&\geqslant\sum|I_{OLmax}|\end{aligned}\tag{2-12}$$

2.7.1 低电压接口

1. 不同的 CMOS 直流供电电压

通用集成门属小规模集成电路，内部一般有几个门，但是公用一个电源，即内部的电源线是相连的，地线也是一样，所以芯片外部只有一个电源引脚和一个地引脚。

在 2.3.6 节的表 2-2 里，可以发现 CMOS 芯片可以在不同的电源下工作，这是为什么呢？根据式（2-10）可知芯片的功耗与工作频率、等效电容以及电压摆幅的平方成正比，而 CMOS 输出电压摆幅很大，几乎等于电源电压，所以降低电源电压可以非常显著地降低功耗。

另一方面，随着工艺的不断发展，电子产品除了功耗更低外，集成度也更高，MOS 管内氧化物绝缘层也越薄，更容易被高电压击穿，所以，对集成芯片的供电电压要求也越来越低。现在的工业标准选择了 3.3V、2.5V、1.8V、1.5V 甚至 1.2V 的标准供电电压。随着电源电压的降低，

所对应的逻辑电平阈值也都降低，而噪声容限也随之减小。

2. 不同电压的 CMOS 接口

3.3V 是从 5V 标准电源向低电压电源的第一步迈进，一般称为低电压 CMOS 逻辑（LVC）。

（1）5V CMOS 驱动 3.3V 的 LVC

一般情况下，3.3V 电源器件的输入信号不能高于电源电压，也就不能使用 5V 供电的门电路驱动了。但是也有些 3.3V 电路允许 5V 输入。

和 TTL 电路一样，CMOS 的输入端也用一些钳位二极管进行瞬间超限输入电压的保护。图 2-49 画出了 HC 和 AHC 两种 CMOS 电路的输入端结构，HC 电路使用了两个钳位二极管，大于电源电压 V_{DD} 的输入电压被 VD_2 钳位，而低于地电位的输入电压被 VD_1 钳位，但是 AHC 电路中将二极管 VD_2 去掉了，这样有一个好处，就是输入电压可以大于电源电压。在数据手册中，参数 V_{Imax} 给出的输入端允许最大电压等于 5.5V。即 3.3V 供电的 AHC 仍然允许不超过 5.5V 的高输入电压，所以 AHC 器件能够被 5V 供电门驱动。即 3.3V 电源供电的 CMOS 电路如果允许 5V 输入，就可以被 5V 电源供电的 CMOS 电路直接驱动。当然，这也对 AHC 电路中的晶体管有了更高的耐压要求。

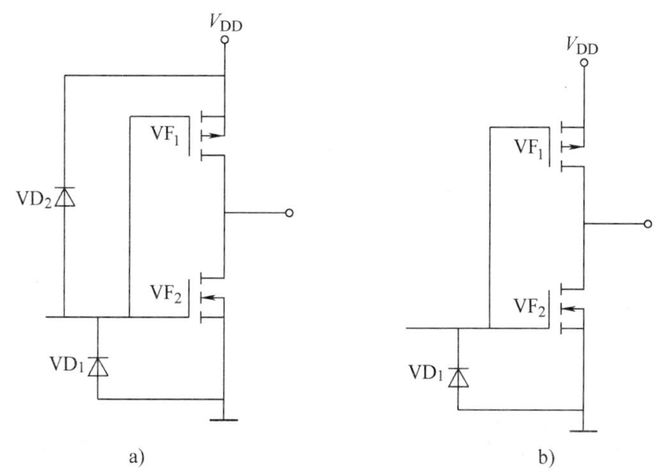

图 2-49　CMOS 输入电压保护

a）HC 系列输入结构　b）AHC 系列输入结构

（2）3.3V CMOS 驱动 5V CMOS

反过来，由于 3.3V 器件的输出高电平不能达到 5V 器件的 V_{IHmin}，所以用 3.3V 器件驱动 5V 器件的电路是不可靠的。

显然，HC 系列是不允许 3.3V 与 5V 混用的，而 5V AHC 系列就能驱动 3.3V 负载。

（3）其他低电压接口

当电源电压继续降低时，其标准逻辑电压之间的失配问题就会更明显。但是接口原则还是一样的，即当低电压器件允许高电压输入时，可以用高电压器件驱动低电压器件，而不能用低电压器件驱动高电压器件。

为了解决低电压器件互联问题，一般都使用电平移位器或电平转换器将较低的逻辑电平抬高到较高的电平上再实现互联。

3. 不同电源的三态门输出接口

假如将一个 5V 和一个 3.3V 三态门的输出接在同一个总线上会怎样呢？在图 2-50 中，当左侧3.3V器件输出高阻时，右侧的5V器件驱动总线，如果VF_3导通、VF_4截止，5V电压就出现在3.3V器件输出端；结果使得VF_1的栅极电位低于漏极电位，则VF_1导通，从VF_3到VF_1出现低阻通路，流过大电流。

如果在VF_1的栅极和漏极之间再接一个P沟道MOS管VF_5，就能够防止上述情况的发生。在图2-51所示的电路结构中，总线上的5V使得VF_5导通，将5V电压传递到VF_1的栅极，保证VF_1仍处于截止状态，从而消除了从V_{DD2}到V_{DD1}的低阻电流通路。

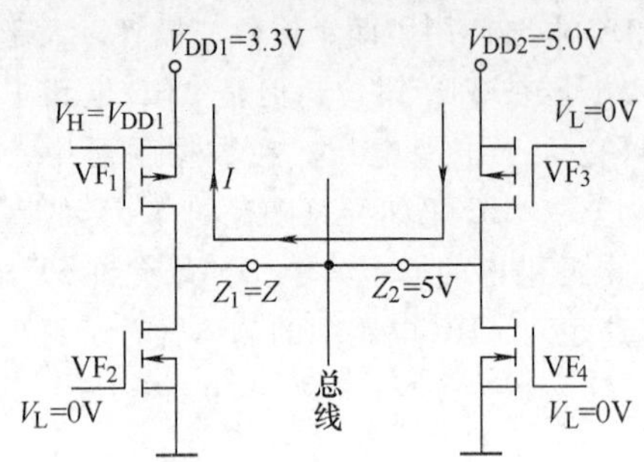

图2-50 不同电源CMOS输出互联

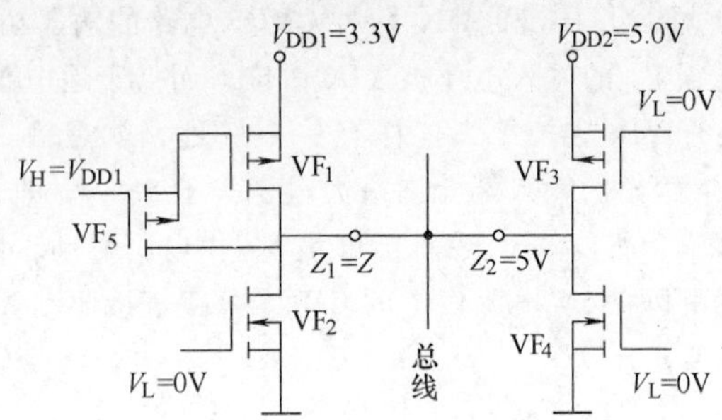

图2-51 允许5V输出的LVC三态输出结构

4. 5V TTL和3.3V TTL的接口

5V TTL和3.3V TTL的逻辑电平定义标准相同，即V_{OHmin}、V_{IHmin}、V_{OLmax}和V_{ILmax}都相等，所以没有电压失配问题，容易互联。但是仍然要注意器件安全性问题，所以在5V TTL驱动3.3V TTL时，3.3V器件必须是允许5V输入电压的；同样，如果3.3V TTL允许5V电压输出，就可以用TTL和LVTTL驱动同一个总线。

2.7.2 CMOS与TTL接口

1. TTL驱动CMOS

从电流角度看，CMOS输入漏电流极小，不会超过TTL的拉电流和灌电流最大值，所以是没有问题的。

但是TTL和普通CMOS阈值电压不同。参考表2-3和表2-4，TTL输出低电平时，实际输出低于0.5V（V_{OLmax}），肯定小于CMOS的最大低电平输入电压（$V_{ILmax}=1.5V$），所以满足互联原则；而TTL输出高电平时，实际输出仅高于2.7V（V_{OHmin}），即有可能小于CMOS能正确识别的最低高电平输入电压（$V_{IHmin}=3.5V$），所以直接相连出现电压失配，可能出现逻辑错误。

CMOS器件也有与TTL兼容的系列，如HCT、VHCT和FCT等，它们的逻辑电平标准已经下移到可以与TTL完全匹配，可以被TTL驱动。

如果一定要用TTL驱动普通CMOS器件，在两种器件电源电压相等时，可以用图2-52a所示方法实现接口电路。电路中使用了上拉电阻，R的阻值一般为几十千欧，可以将TTL输出高电平拉高到5V左右，从而满足CMOS输入电平的要求。

如果CMOS电源电压不是5V，可以用TTL集电极开路门驱动。在图2-52b中，集电极开路门的上拉电阻也可以接不同的电源。

2. CMOS驱动TTL

已知CMOS器件可以有两种不同的负载，对应不同的电流和电压。

在表2-6中列出了常见CMOS电路驱动TTL负载的部分典型电气特性参数（下标中加上大写

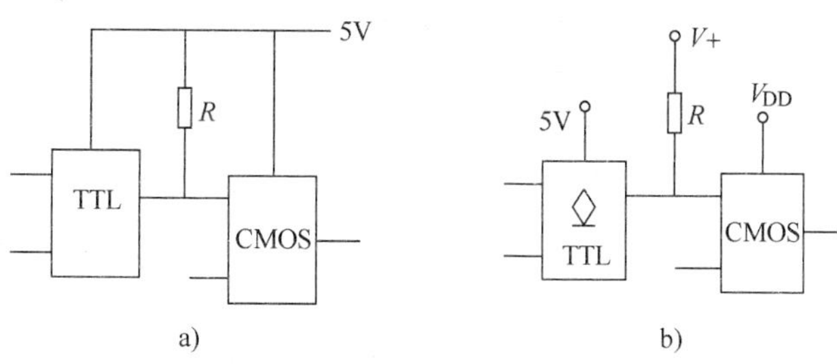

图 2-52　TTL-CMOS 接口电路

a）接上拉电阻　b）集电极开路

表 2-6　TTL 负载的 CMOS 典型参数

符号	参数描述	单位	HC	HCT	AHC	AHCT
V_{OLmaxT}	最大输出低电平	V	0.33	0.33	0.44	0.44
V_{OHminT}	最小输出高电平	V	3.84	3.84	3.8	3.8
I_{OLmaxT}	低电平输出电流	mA	4	4	8	8
I_{OHmaxT}	高电平输出电流	mA	-4	-4	-8	-8

字母 T，表示 TTL 负载），可以将其与表 2-3 中对应部分进行对比。

首先看电流，与 CMOS 负载不同，TTL 负载输入电流大，在 CMOS 驱动时，必须要靠 CMOS 器件提供较大的电流，数据手册中会给出完全不同的输出电流以及对应的高低电平额定值。

以 74HC 系列为例，根据表 2-3 接 CMOS 负载时，输出电流（不论是拉电流还是灌电流）不超过 20μA，而根据表 2-6 驱动 TTL 负载时，输出电流额定值达到 4mA。

假定驱动 74LS 系列负载，负载的输入电流 I_{IH} 和 I_{IL} 分别是 -20μA 和 0.4mA，所以高电平扇出是 $\left|\frac{4\text{mA}}{-0.02\text{mA}}\right|=200$，而低电平扇出仅 $\left|\frac{-4\text{mA}}{0.4\text{mA}}\right|=10$，取两者之中较小值，即一个 74HCT00 与非门最多只能接 10 个 74LS00 与非门。

另一方面，由于输出电流较大，驱动 TTL 电路的 CMOS 输出电压已经不能够保持在电源电压或地电位附近了，高电平输出最小值 V_{OHmin} 降低到 3.84V，低电平输出最大值 V_{OLmax} 升高到 0.33V，而 TTL 最低输入高电平 V_{IHmin} 是 2V，最高输入低电平 V_{ILmax} 是 0.8V，仍然满足式（2-11）的要求。

如果这里的驱动 CMOS 电路是 4000 系列器件，其低电平输出电流值非常小，仅为 0.4mA，这样，它最多只能驱动一个 74LS 负载。

当负载要求加重时，可以使用电流放大器（让晶体管工作在放大态）或多用几个同型号 CMOS 门并联的方法提高带负载能力。以 CMOS 与非门为例，可以画出对应的连接方法如图 2-53 所示。

3. 光电耦合电路

CMOS 和 TTL 电路之间还可以通过光电耦合的方法设计接口电路，两侧电路在电气上完全隔离，就可以避免前面讨论的各种电气匹配问题，就算是两侧电源电压不同也没有关系。

光电耦合器输入侧是发光二极管，输出侧为光敏晶体管，通过光电转换实现信号的获取。图 2-54a 所示为 TTL 驱动 CMOS 的接口电路，由于输出低电平时驱动电流大，所以发光二极管通过电阻上接电源。图 2-54b 所示为 CMOS 驱动 TTL 的接口电路，由于 CMOS 输出电流较小，加上晶体管作为电流放大器才能驱动 LED。

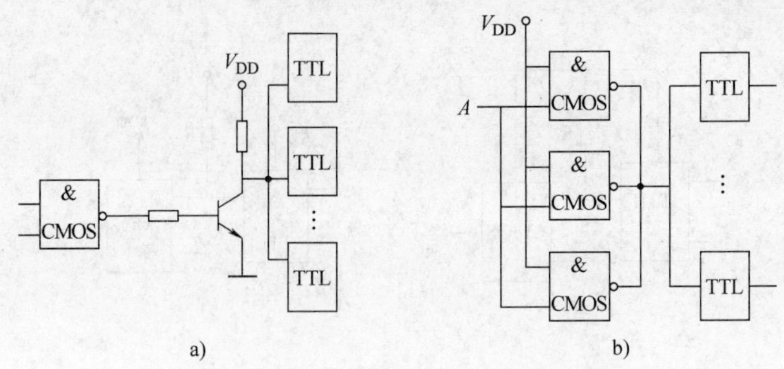

图 2-53 增大驱动能力的 CMOS 接口电路

a）电流放大器作接口 b）并联 CMOS 增大驱动电流

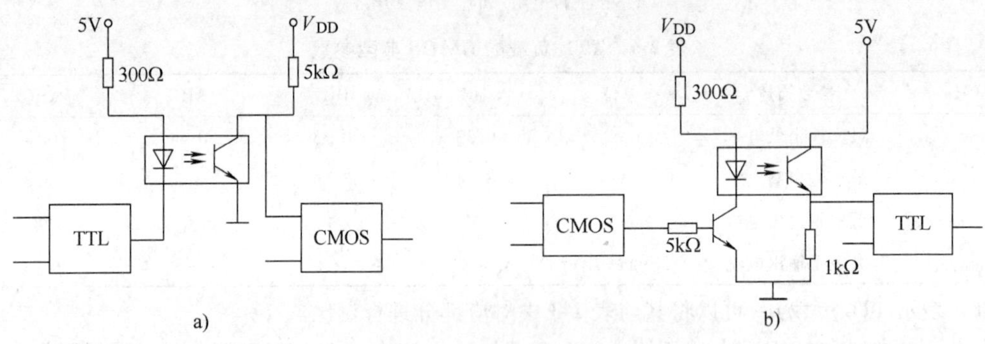

图 2-54 光电耦合接口电路

a）TTL 驱动 CMOS b）CMOS 驱动 TTL

本章小结

门电路是数字电路的基础，任何复杂逻辑都是以门电路为基础构建起来的。要能够设计出实用的数字系统，除了了解数字逻辑的意义、各种芯片的基本功能外，还必须掌握本章讲述的数字电路电气特性。

本章从电路的角度介绍了各种基本逻辑的可实现性。重点是现在应用最广泛的 CMOS 集成门电路。从 MOS 管的结构、工作原理、开关特性到由其构成的各种结构、功能的逻辑电路都做了详细描述，读者应该掌握不同电路结构的工作原理、输入、输出之间的逻辑关系以及它们的电气特性与使用方法。

一般情况下，只要掌握了不同晶体管的开关特性，电路的逻辑功能分析就会比较简单，所以，难点在电路的电气性能上，尤其是其中的动态特性上。理解这部分知识，还需要有较好的电路分析基础能力，只有理解了这些电气特性，才能真正掌握这些器件的应用，解决设计过程中遇到的各种问题。同样，这些基础知识还可以推广到更复杂的集成芯片中去，因为它们有相似的输入、输出结构，其电气特性也是相似的。

本章中还有小部分内容介绍了双极型电路，尤其是 TTL 电路，这是因为 TTL 技术非常成熟，现今还没有完全被 CMOS 取代，但是由于电气标准不同，所以两种电路混用时要注意接口问题。

希望通过本章的学习，能建立起数字电路的模拟概念，从而设计出实用、可靠的数字系统。

习 题

2-1 按照图 2-1a 所示的电平标准，指出以下电平属于什么范围，对应什么逻辑。

（1）4V；（2）2V；（3）1V。

2-2　三输入与或非门需要多少只 MOS 晶体管？画出电路图。

2-3　按照正逻辑习惯，说明如图 2-55 所示 TTL 电路是什么输出逻辑？图中 V_{IH} 和 V_{IL} 分别表示输入高电平和输入低电平。

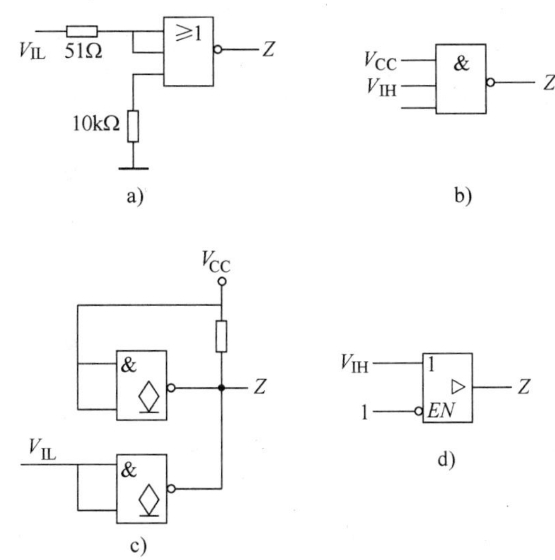

图 2-55　题 2-3 图

2-4　判断图 2-56 所示 CMOS 逻辑电路中对不用引脚处理是否合理（图中 V_{IN} 表示输入信号）。

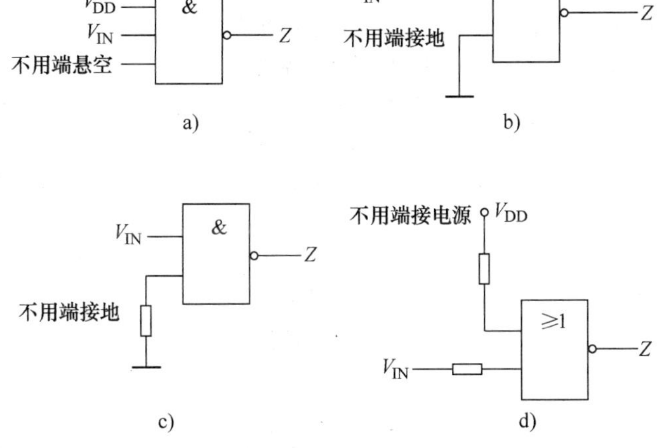

图 2-56　题 2-4 图

2-5　某同学自制的电路板实验很成功，但是拿到另一个实验台就坏掉了，经检查无虚焊，实验过程中也无连错线、上错电的情况，结合本章内容，试推测可能导致实验失败的原因。

2-6　用最少的晶体管设计 CMOS 电路，实现逻辑功能 $Z=\overline{\overline{A}}\;\overline{\overline{B+C}}$。

2-7　判断图 2-57 中各电路的逻辑功能。

2-8　试分析扇入和扇出有什么不同。

2-9　某集成芯片最大输出低电平 $V_{OLmax}=0.1V$，最小输出高电平 $V_{OHmin}=4.9V$，最大输入低电平 $V_{ILmax}=1.5V$，最小输入高电平 $V_{IHmin}=3.5V$，求其低电平噪声容限 V_{NL}。

2-10　逻辑缓冲放大器和电流放大器有何不同？

2-11　参看 74HC00 的直流参数表（见表 2-2），判断在以下负载情况时 74HC00 的驱动特性是否超出商用范围。

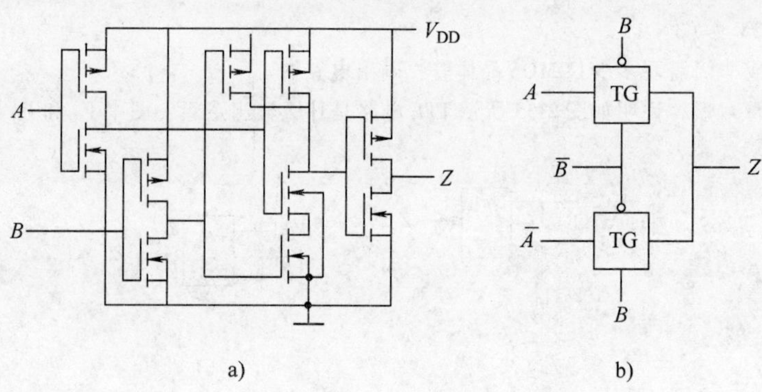

图 2-57 题 2-7 图

（1）120Ω 到电源；

（2）820kΩ 到地；

（3）4.7kΩ 到电源；

（4）1.2kΩ 到电源，1kΩ 到地。

2-12 如果电源电压增加 5%，或者内部和负载电容增加 5%，试分析哪种情况会对 CMOS 电路的功耗产生影响较大。

2-13 用漏极开路门驱动 LED，应该如何连接？要求画出电路图。如果改用普通 CMOS 反相器驱动 LED，电路又该如何设计？

2-14 在图 2-48 中，如果外接上拉电阻阻值为 390Ω，门电路输出电压 0.3V，求 LED 工作电流及上拉电阻上消耗的功率。

2-15 如果用 74HCT 驱动 74ALS，计算噪声容限和扇出能力。

2-16 CMOS 电路和 TTL 电路，哪一个更适于工作在高噪声条件下？

2-17 分别计算 2.5V CMOS 和 1.8V CMOS 驱动相同器件的直流噪声容限。

2-18 分别用 74LS 门和 74HC 门实现图 2-58 所示逻辑电路，假设 74LS 门有 20pF 的内部耗能电容和 3pF 的输入电容，电路中还有 20pF 寄生连线电容，而 74HC 门有 7pF 输入电容，假设输入 A 由频率为 f 的 CMOS 电平方波驱动，且 A、B、C 总是输入高电平。f 为多大时，TTL 比 CMOS 电路功耗更小？

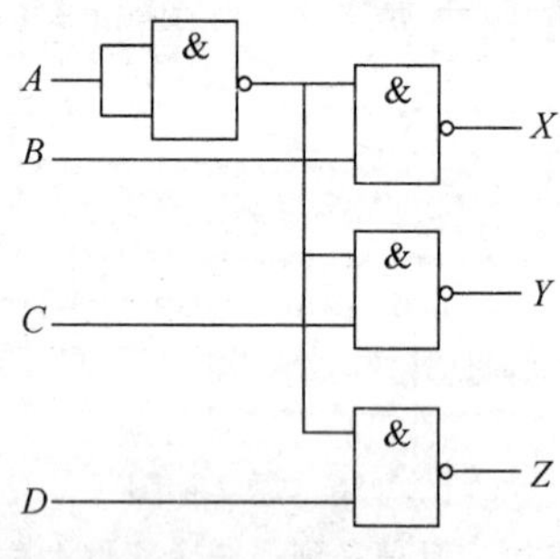

图 2-58 题 2-18 图

第3章　组合逻辑电路

3.1　引言

数字电路是由各种功能的逻辑部件组成的，这些逻辑部件按其结构可分为组合逻辑电路和时序逻辑电路两大类。由门电路组成且无反馈的逻辑电路称为组合逻辑电路，门电路是组合逻辑电路的最基本单元。本章主要介绍组合逻辑电路的分析方法和设计方法以及编码器、译码器、数据选择器、加法器、数值比较器等常用的中规模组合逻辑器件。最后简单介绍组合逻辑电路中的竞争冒险问题。

3.2　组合逻辑电路的分析和设计

组合逻辑电路的分析就是根据给定的逻辑电路图找出输出函数与输入变量之间的逻辑关系，最后得到电路实现的逻辑功能。组合逻辑电路的设计就是通过对实际问题的分析，确定输入、输出变量及其逻辑关系，最后得到能实现其逻辑功能的逻辑电路图。

3.2.1　组合逻辑电路的定义和特点

图3-1所示为组合逻辑电路的示意图。

图3-1　组合逻辑电路示意图

1. 组合逻辑电路的定义

在图3-1中，I_0，I_1，…，I_{n-1}是输入逻辑变量，Y_0，Y_1，…，Y_{m-1}是输出逻辑变量。任何时刻电路的稳定输出，仅仅决定于该时刻各个输入变量的取值，将这样的逻辑电路称为组合逻辑电路，简称组合电路。输入变量和输出变量之间的逻辑关系可以表示为

$$Y_0(t_n) = f[I_0(t_n), I_1(t_n), \cdots, I_{n-1}(t_n)]$$
$$Y_1(t_n) = f[I_0(t_n), I_1(t_n), \cdots, I_{n-1}(t_n)]$$
$$\vdots$$
$$Y_{m-1}(t_n) = f[I_0(t_n), I_1(t_n), \cdots, I_{n-1}(t_n)]$$

也可写为

$$Y(t_n) = f[I(t_n)]$$

上式表示t_n时刻电路的稳定输出$Y(t_n)$仅决定于t_n时刻的输入$I(t_n)$，$Y(t_n)$与$I(t_n)$的逻辑关系用函数$Y(t_n) = f[I(t_n)]$表示，此函数称为组合逻辑函数。

2. 组合逻辑电路的特点

组合逻辑电路具有如下特点：

1)输入、输出之间没有反馈延迟通路;

2)电路中不含具有记忆功能的元件，即任何时刻电路的输出只与该时刻电路的输入有关，而与电路以前的状态无关。

3. 组合电路逻辑功能的表示方法

组合逻辑电路是组合逻辑函数的电路实现，真值表、卡诺图、逻辑表达式、时序图都可以用来表示组合逻辑电路的逻辑功能。在后面组合逻辑电路的分析和设计中，这几种方法会经常用到。

3.2.2 组合逻辑电路的分析

组合逻辑电路的分析就是根据给定的逻辑电路图，分析其逻辑功能。分析组合逻辑电路的步骤如下:

1)根据逻辑电路图，从输入到输出写出逻辑函数表达式;

2)将得到的逻辑函数表达式进行化简和变换;

3)根据化简后的逻辑函数表达式列出真值表;

4)根据真值表和化简后的逻辑函数表达式对逻辑电路进行分析，最后确定其逻辑功能。

下面举例说明组合逻辑电路的分析方法。

例 3-1 分析如图 3-2 所示逻辑电路的逻辑功能。

表 3-1 真值表

A	B	C	Z
0	0	0	0
0	0	1	0
0	1	0	0
0	1	1	1
1	0	0	0
1	0	1	1
1	1	0	1
1	1	1	1

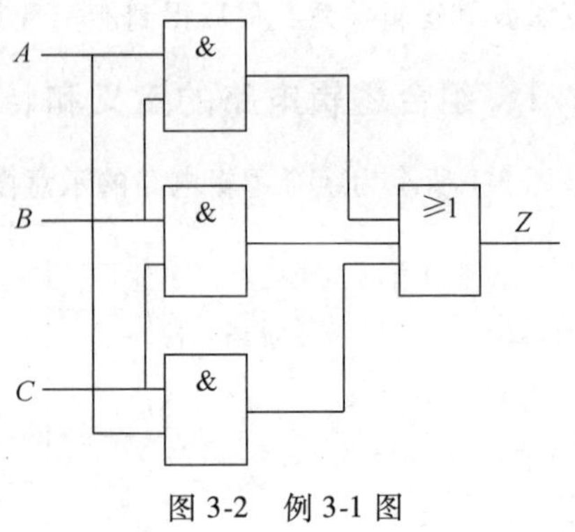

图 3-2 例 3-1 图

解: 根据已知电路图写出函数表达式为

$$Z = AB + BC + AC$$

此逻辑表达式已是最简。列真值表，见表 3-1。由真值表可以看出电路的逻辑功能为当 A、B、C 三个输入中有两个或三个输入取值为 1 时，输出为 1，否则输出为 0，即输入多数为 1 时输出为 1。此为三输入的多数表决器电路。

例 3-2 分析如图 3-3 所示逻辑电路图。

解: 从输入端开始，逐级写出各级逻辑门的逻辑函数表达式，并用前一级门的输出作为后一级门的输入代入各逻辑门的函数表达式，得到给定逻辑电路的逻辑函数表达式为

$$P_1 = \overline{ABC}$$

$$P_2 = \overline{A \cdot P_1} = \overline{A \cdot \overline{ABC}}$$

$$P_3 = \overline{B \cdot P_1} = \overline{B \cdot \overline{ABC}}$$

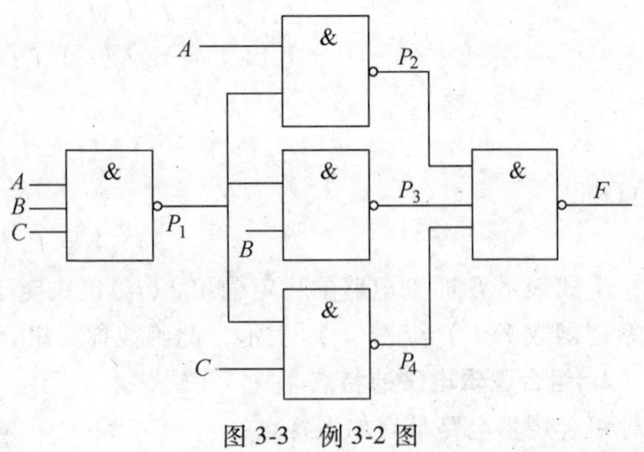

图 3-3 例 3-2 图

$$P_4 = \overline{C \cdot P_1} = \overline{C \cdot \overline{ABC}}$$

$$F = \overline{P_2 \cdot P_3 \cdot P_4} = \overline{\overline{A \cdot \overline{ABC}} \cdot \overline{B \cdot \overline{ABC}} \cdot \overline{C \cdot \overline{ABC}}}$$

采用公式法化简逻辑表达式为

$$\begin{aligned} F &= A \cdot \overline{ABC} + B \cdot \overline{ABC} + C \cdot \overline{ABC} \\ &= \overline{ABC}(A + B + C) \\ &= ABC + \overline{A + B + C} \\ &= ABC + \overline{A}\ \overline{B}\ \overline{C} \end{aligned}$$

根据化简后的逻辑函数表达式列出逻辑电路的真值表，见表 3-2。

表 3-2　真值表

A	B	C	F
0	0	0	0
0	0	1	1
0	1	0	1
0	1	1	1
1	0	0	1
1	0	1	1
1	1	0	1
1	1	1	0

从表 3-2 可以看出，当电路的输入 A、B、C 取值为 $A = B = C$ 时，电路输出 F 为 0，否则均为 1。也就是说，当电路输入全 0 或全 1 时，输出为 0，而输入不统一时，输出为 1。这表明电路具有判断输入信号是否统一的逻辑功能。

3.2.3　组合逻辑电路的设计

组合逻辑电路的设计就是根据给出的实际逻辑问题，设计出能实现这一逻辑功能的最简逻辑电路，它与组合逻辑电路的分析过程刚好相反。

1. 组合逻辑电路的设计方法

1)根据给定的实际问题分析其因果关系，确定输入变量和输出变量。一般把引起事件的原因定为输入变量，而把事件的结果作为输出变量。

2)逻辑状态赋值，用 0、1 两种状态分别代表输入变量和输出变量的两种不同状态。至于 0、1 的具体含义完全由设计者根据实际问题确定。

3)根据确定的输入变量和输出变量以及逻辑赋值列出真值表。

4)根据真值表写出逻辑函数表达式并进行化简。根据真值表写出逻辑函数表达式一般遵循的原则是：将逻辑函数取值为 1 对应的自变量取值组合写为一个乘积项，其中自变量取值为 0 用反变量表示，自变量取值为 1 用原变量表示，然后将这样的乘积项加起来即得逻辑函数表达式。

5)根据实际问题的要求将化简后的逻辑函数表达式进行变换。对于一个具体的逻辑电路，在进行设计时，要考虑实际拥有的器材特性，即逻辑门的种类、逻辑门的输入端个数、逻辑门的数量等，还要考虑逻辑电路的传输时间以及逻辑门的带负载能力等。

6)根据逻辑函数表达式，或变换后的逻辑函数表达式，画出逻辑电路图。

以上步骤可以根据实际问题灵活处理，有时可以跳过其中某一个设计步骤。

2. 单输出函数组合逻辑电路的设计

单输出函数组合逻辑电路是指在同一组输入变量下具有一个输出的逻辑电路。

例 3-3　拳击比赛中由一名主裁判和两名副裁判共同对运动员的比赛结果进行判定，比赛规则规定只有主裁判和至少一位副裁判同时判定运动员获胜时，才能最终判定该运动员获胜。试设计一个由三名裁判对某运动员最终比赛结果进行判决的逻辑电路。

解：根据题意，输入为三名裁判，分别用 A、B、C 表示，其中 A 为主裁判，B、C 为副裁判。输出为对某运动员判决的结果，用 F 表示。

逻辑状态赋值，裁判认为该运动员获胜用 1 表示，否则用 0 表示，最终判定该运动员获胜用 1 表示，否则用 0 表示。

根据实际问题列真值表见表 3-3。

表 3-3 真值表

A	B	C	F
0	0	0	0
0	0	1	0
0	1	0	0
0	1	1	0
1	0	0	0
1	0	1	1
1	1	0	1
1	1	1	1

根据真值表写出逻辑函数表达式为

$$F = A\overline{B}C + AB\overline{C} + ABC = AC + AB$$

画出逻辑电路图如图 3-4 所示。

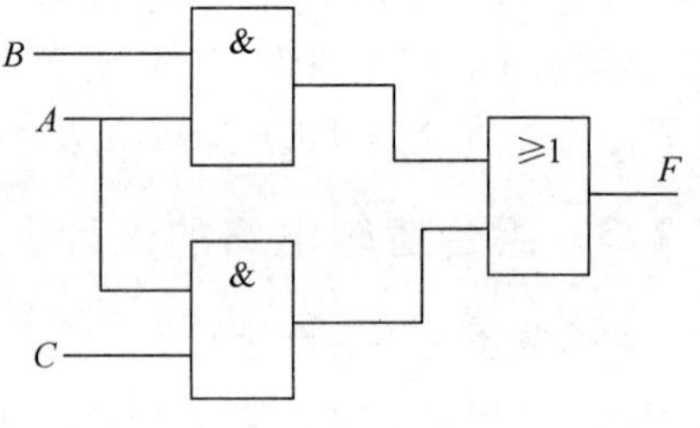

图 3-4 例 3-3 图

例 3-4 李四参加四门课程考试。规定如下：

1）化学：及格得 1 分，不及格得 0 分。

2）生物：及格得 2 分，不及格得 0 分。

3）英语：及格得 4 分，不及格得 0 分。

4）数学：及格得 5 分，不及格得 0 分。

若总得分为 8 分以上（包括 8 分）就可结业。试用与非门设计一个判决李四是否能结业的逻辑电路。

解：输入为数学、英语、生物、化学，分别用 A、B、C、D 表示，其中及格用 1 表示，不及格用 0 表示。输出为李四是否结业，用 F 表示，其中结业用 1 表示，不能结业用 0 表示。

列真值表见表 3-4。

表 3-4 真值表

A	B	C	D	F
0	0	0	0	0
0	0	0	1	0
0	0	1	0	0
0	0	1	1	0
0	1	0	0	0
0	1	0	1	0
0	1	1	0	0
0	1	1	1	0
1	0	0	0	0
1	0	0	1	0
1	0	1	0	0
1	0	1	1	1
1	1	0	0	1
1	1	0	1	1
1	1	1	0	1
1	1	1	1	1

根据真值表画出卡诺图见图 3-5 所示。

用卡诺图对逻辑函数表达式进行化简得

$$F = ACD + AB$$

由于要求用与非门实现逻辑电路，故将逻辑函数表达式变换为与非—与非形式为

$$F = \overline{\overline{ACD + AB}} = \overline{\overline{ACD} \cdot \overline{AB}}$$

根据变换后的逻辑函数表达式画出逻辑电路图如图 3-6 所示。

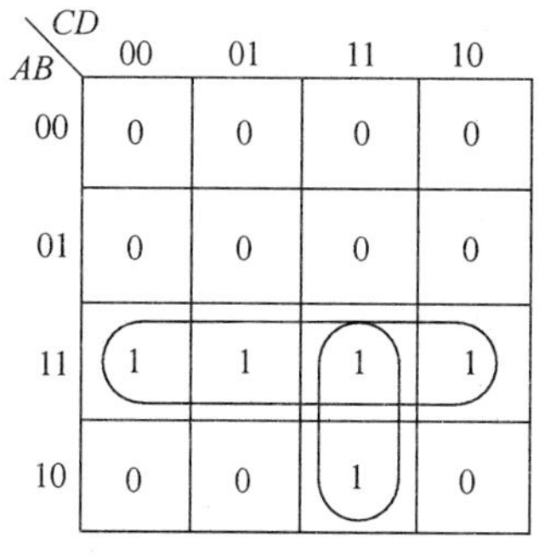

图 3-5　卡诺图

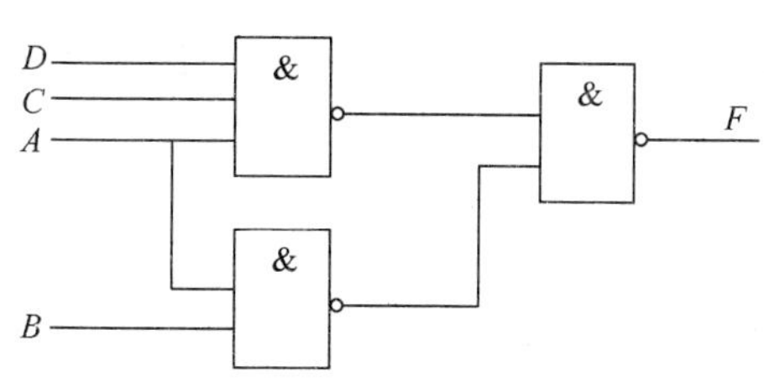

图 3-6　逻辑电路图

例 3-5　已知 $A = A_1A_2$ 和 $B = B_1B_2$ 是两个两位二进制数，设计一个能判别 $A > B$ 的逻辑电路。

解：根据题意，该电路有四个输入变量，即 A_1，A_2，B_1，B_2。输出为一个标志输出 F。当 $A_1A_2 > B_1B_2$ 时，$F = 1$；当 $A_1A_2 \leqslant B_1B_2$ 时，$F = 0$。比较 A_1A_2 和 B_1B_2；当 $A_1 = 1$，$B_1 = 0$ 时可以看出，不管 A_2 和 B_2 为何值，总满足 $A_1A_2 > B_1B_2$；当 $A_1 = B_1$ 时，只有在 $A_2 = 1$，$B_2 = 0$ 的情况下才满足 $A_1A_2 > B_1B_2$；除上述情况外，A_1A_2 总是小于等于 B_1B_2。列出简化以后的真值表见表 3-5，与完整的真值表相比，表 3-5 只列出了 $F = 1$ 的项，表中的"×"符号表示变量任意取值(0 或 1 均可)。

表 3-5　真值表

A_1	A_2	B_1	B_2	F
1	×	0	×	1
0	1	0	0	1
1	1	1	0	1

根据真值表写出逻辑函数表达式为

$$F = A_1\overline{B_1} + \overline{A_1}A_2\overline{B_1}\,\overline{B_2} + A_1A_2B_1\overline{B_2}$$

逻辑电路图如图 3-7 所示。

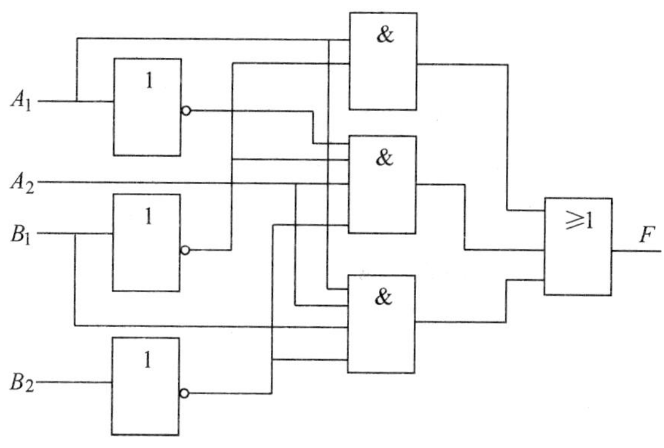

图 3-7　例 3-5 图

例 3-6 某民航客机的安全起飞装置在同时满足下列条件时，发出允许滑跑信号：(1)发动机开关接通；(2)飞行员入座，且座位保险带已扣上；(3)乘客入座，且座位保险带已扣上，或座位上无乘客。试写出允许发出滑跑信号的逻辑表达式。

解：输入变量有发动机启动信号 S(发动机启动时 $S=1$，否则 $S=0$)、飞行员入座信号 A(飞行员入座时 $A=1$，否则 $A=0$)、飞行员座位保险带已扣上信号 B(飞行员座位保险带已扣上时，$B=1$，否则 $B=0$)、乘客座位状态信号 M_i(有乘客时 $M_i=1$，无乘客时 $M_i=0$，其中 $i=1$，2，3，…，n)；乘客座位保险带扣上信号 N_i(乘客座位保险带扣上时 $N_i=1$，否则 $N_i=0$，其中 $i=1$，2，3，…，n)；输出变量为 F，当允许飞机滑跑时 $F=1$，否则 $F=0$。

分析逻辑关系，写出逻辑函数表达式为

$$F = f(S,A,B,M_i,N_i)$$

$$= S \cdot A \cdot B(M_1N_1 + \overline{M_1})(M_2N_2 + \overline{M_2})\cdots(M_nN_n + \overline{M_n})$$

本例题中由于输入变量较多，无法用列真值表的方式得到逻辑函数表达式，因此必须通过分析输入输出之间的逻辑关系直接写出逻辑函数表达式。

3. 多输出函数组合逻辑电路的设计

多输出函数组合逻辑电路是指在同一组输入变量下具有多个输出的逻辑电路，其框图如图 3-8 所示。图中表示的组合电路有 $m(m>1)$个输出，在设计输出电路时，如果把每个输出相对一组输入单独地看作一个组合电路，那么其设计方法如前所述。但是多输出电路是一个整体，这样设计虽然从局部来看，每个输出电路是最简的，但从全局来看，多输出电路并不是最简的。

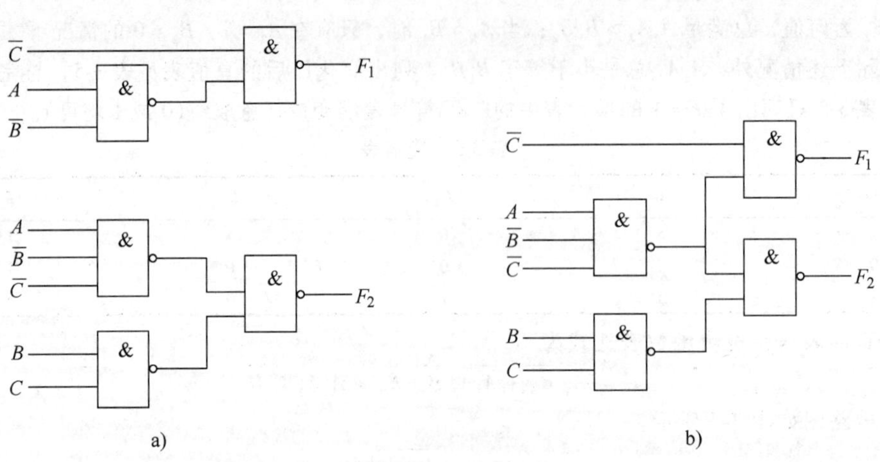

图 3-8 多输出逻辑函数

设计多输出电路的特殊问题是确定各输出函数的公用项以使整个电路为最简，而不是片面的追求每个输出函数为最简。多输出函数的公用项可通过卡诺图法求得。

例 3-7 用与非门实现下列多输出函数：

$$F_1 = \sum(1, 3, 4, 5, 7)$$

$$F_2 = \sum(3, 4, 7)$$

解：用卡诺图化简得

$$F_1 = C + A\overline{B}$$

$$F_2 = BC + A\overline{B}\overline{C}$$

按化简结果可画出电路图如图 3-8a 所示。

如果从全局出发统一考虑 F_1 和 F_2 的各项组成，尽量使它们具有公用项 $A\bar{B}\bar{C}$，即

$$F_1 = C + A\bar{B}\bar{C}$$
$$F_2 = BC + A\bar{B}\bar{C}$$

按此表达式画出逻辑电路图如图 3-8b 所示，比较后可以发现，图 3-8b 比图 3-8a 中少用一个与非门且少两条连线。也就是说，此时 F_1 表达式虽然不是最简表达式，但由于它和 F_2 之间存在公用项，从而使整个电路反而简单了。

4. 考虑级数的组合逻辑电路的设计

前面所有组合逻辑电路的设计都以追求电路最简单为目标，而没有考虑所设计的电路的速度是否满足要求以及电路中门电路的扇入或扇出系数是否超出现有集成电路产品的技术指标。下面讨论这两个问题。

当电路的级数增多时，输出相对输入的传输时延就增大，以致造成电路的工作速度不能满足要求，此时就要设法压缩电路的级数，或者说，使所设计电路在满足速度的条件下为最简。

当所设计电路的扇入或扇出系数超出现有的器件的技术指标时，需要采用增加级数的办法来降低对门电路的扇入或扇出系数的要求，或者说，使所设计的电路在满足现有器件的扇入或扇出系数要求下为最简。

上述两种考虑级数的设计思路是互斥的，因此，在设计电路时，应全面考虑级数问题。对于只要满足其中某一个要求的电路，则可以大胆地压缩级数或增加级数；而对于要同时满足上述两个要求的电路，则要反复协调，以获得一个比较好的折中方案，甚至可以采取其他措施来补救。

电路的级数反映在逻辑函数表达式中就是与、或、非运算的层次数。因此，压缩级数可以采取对逻辑函数求反或展开来减少运算层次。

例 3-8　用与非门、与或非门分别实现函数 $F = AB + \bar{B}C$。

解： 对上式两次求反，可得到“与非—与非”形式，即

$$F = \overline{\overline{AB + \bar{B}C}} \qquad (3\text{-}1)$$

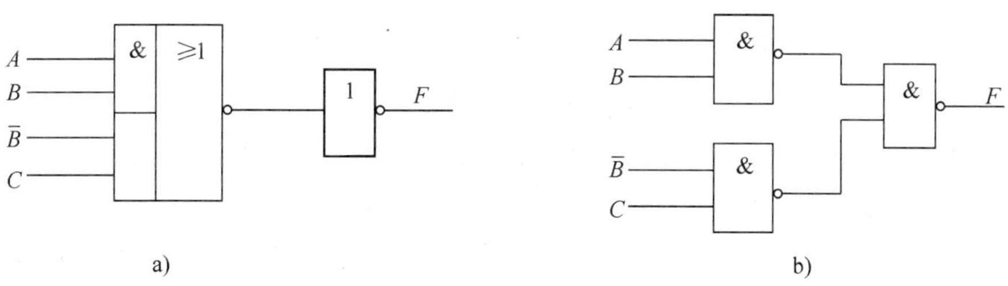

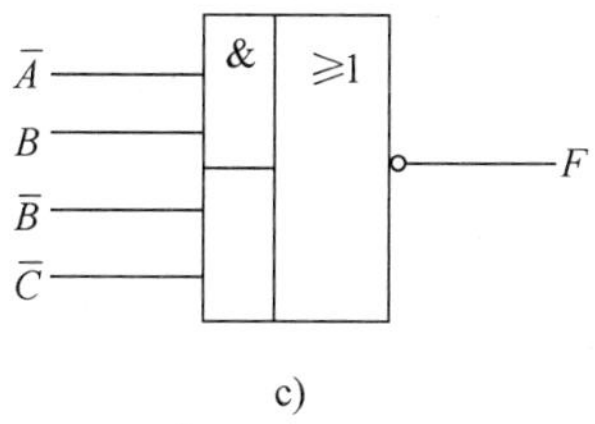

图 3-9　例 3-8 图

a) 对应式(3-1)　b) 对应式(3-2)　c) 对应式(3-3)

$$F = \overline{\overline{AB} \cdot \overline{\bar{B}C}} \tag{3-2}$$

将式(3-2)变换可得与或非形式为

$$\begin{aligned} F &= \overline{\overline{AB} \cdot \overline{\bar{B}C}} = \overline{(\bar{A} + \bar{B})(B + \bar{C})} \\ &= \overline{\bar{A}B + \bar{B}\ \bar{C}} \end{aligned} \tag{3-3}$$

画出式(3-1)、式(3-2)、式(3-3)的电路图如图 3-9a、b、c 所示。

假设非门和与非门的平均传输时延为 t_d，与或非门的平均传输时延为 $1.5t_d$。则图 3-9a 的传输时延为 $2.5t_d$，图 3-9b 的传输时延为 $2t_d$，图 3-9c 的传输时延为 $1.5t_d$，即图 3-9c 电路的传输时延最短，速度最快。

3.3 组合逻辑电路的竞争与冒险

前面讨论组合逻辑电路的设计时，只研究电路输出与输入稳态值之间的关系，没有考虑信号传输时延的影响。实际上，信号通过门电路和导线都会产生时间延迟。例如，一个二输入与非门，假定其时间延迟为 t_{pd}，其输入、输出波形如图 3-10 所示。

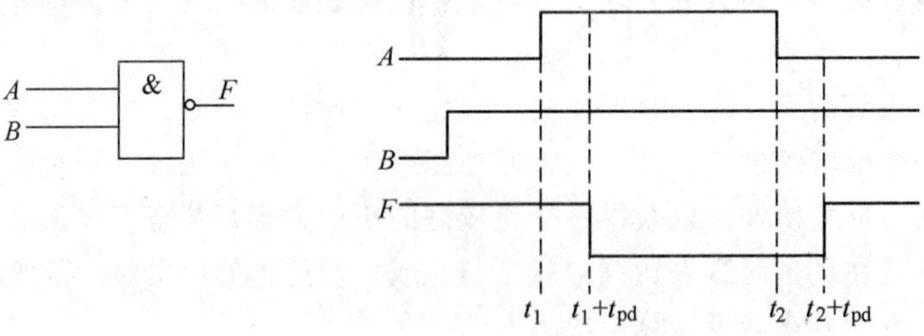

图 3-10 二输入与非门输入、输出波形

由图 3-10 可以看出，输入 A 由 0 变为 1 时，输出 F 没有马上跟着变化，而是延迟 t_{pd}后才由 1 变为 0，也就是说，输出对输入的响应滞后了 t_{pd}。

3.3.1 竞争、冒险现象

在实际逻辑电路中，由于组成电路的逻辑门和导线延迟时间的影响，输入信号通过不同的路径到达输出端的时间就有先后，这一现象称为竞争。竞争的结果是随机的，有时竞争不影响电路的逻辑功能，有时竞争会导致逻辑错误，使电路产生错误输出。

通常把不会使电路产生错误输出的竞争称为非临界竞争，而使电路产生错误输出的竞争称为临界竞争。如果组合逻辑电路出现错误输出，说明此电路存在临界竞争的风险。

组合逻辑电路的冒险是一种瞬态现象，它表现为在电路的输出端产生了不该出现的尖脉冲，暂时破坏了电路的正常逻辑关系。但当瞬态过程结束后，又恢复了电路的正常逻辑关系。

例如，如图 3-11 所示的组合逻辑电路。由逻辑图可写出逻辑函数表达式为

$$F = \overline{\overline{AB}\ \overline{\bar{A}C}} = AB + \bar{A}C$$

设输入 $B = C = 1$，则上述表达式为

$$F = A + \bar{A}$$

由上式可以看出，当 $B = C = 1$ 时，无论 A 怎样变化，函数 F 的值都应该保持为 1，然而这是一种理想状态下的结论，考虑到实际电路中存在时延，当 $B = C = 1$ 时，电路的输入、输出关系可用图 3-12 的波形图来说明。

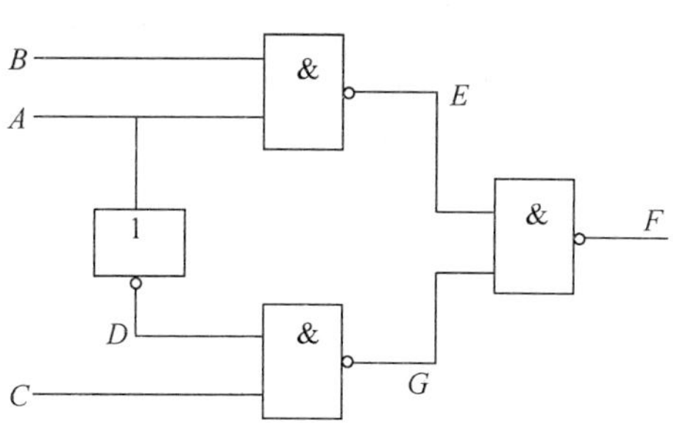

图 3-11 组合逻辑电路

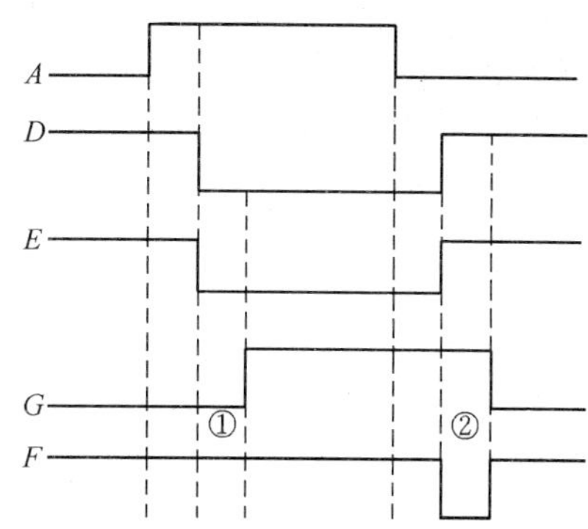

图 3-12 电路的输入、输出关系

由图 3-12 可以看出，当 A 由 0 变为 1 时，在图①处存在一次非临界竞争，输出 F 仍保持为 1，没有出现错误。但当 A 由 1 变为 0 时，在图②处存在一次临界竞争，输出 F 产生了错误，也就是说，竞争的结果产生了冒险。

组合逻辑电路的冒险分为静态冒险和动态冒险。如果在输入变化而输出不应发生变化的情况下产生了短暂的错误输出，这种冒险称为静态冒险。如果在输入变化而输出应该发生变化时，在变化的过程中产生了短暂的错误输出，这种冒险称为动态冒险。

图 3-12 中出现的冒险为静态冒险，是在输入变化而输出应为 1 的情况下出现瞬时的 0，即 1→0→1 型的输出，这种冒险通常称为偏 1 型冒险。反之，在输入变化而输出应当为 0 的情况下，出现瞬时的 1，即有 0→1→0 型的输出，这种冒险则称为偏 0 型冒险。

动态冒险也有偏 1 型冒险和偏 0 型冒险之分。如果输入变化，而输出在正常情况下应由 0 变为 1，但在变化过程中又出现了瞬时的 0，即有 0→1→0→1→1 型的输出，这种冒险称为动态偏 1 冒险。同样，如果输入变化，输出在正常情况下应由 1 变为 0，但在变化过程中又出现了瞬时的 1，即有 1→0→1→0→0 型输出，这种冒险称为动态偏 0 冒险。

组合逻辑电路的动态冒险一般由静态冒险引起，因此，消除了电路的静态冒险也就消除了动态冒险。

不管哪种类型的冒险，尽管出现的错误是暂时的，但仍可能引起电路工作不可靠，因此，必须识别并消除组合逻辑电路中的冒险。

3.3.2 冒险现象的识别

判断一个电路是否存在冒险有代数判别法和卡诺图判别法两种方法。

1. 代数判别法

在逻辑函数表达式中，假如不同的“与”项彼此包含着互补变量，这样，在某种输入变量组合下，函数表达式可能形成互补“或”项，该函数表达式所对应的逻辑电路就有可能出现冒险。同理，对于函数表达式，假如不同的“或”项彼此包含着互补变量，这样，在某种输入变量组合下，函数表达式可能形成互补“与”项，该函数表达式所对应的逻辑电路就有可能出现冒险。但冒险究竟会不会产生，还要结合电路的时间延迟，通过时间图仔细观察和分析。

代数判别法是从函数表达式的结构来判别是否具有产生冒险的条件。若函数表达式中某个变量 A 同时以原变量和反变量形式存在，则将函数表达式中其他变量的各种取值组合依次代入，把它们从函数表达式中消去，仅保留被研究的变量 A。如果函数表达式出现 $A+\overline{A}$ 或 $A\cdot\overline{A}$ 的形式，说明对应的逻辑电路可能会产生冒险。

例如，给定组合逻辑电路的函数为

$$F = \overline{A}\ \overline{C} + \overline{A}B + AC$$

从函数表达式可知，变量 A 和 C 同时以原变量和反变量形式出现在函数表达式中，则在 A 或 C 发生变化时，与该函数表达式对应的组合逻辑电路可能由于竞争而产生冒险。现在对 A、C 两个变量分别进行分析。

将 B 和 C 的各种取值组合分别代入函数表达式中，得：当 $BC=00$ 时，$F=\overline{A}$；当 $BC=01$ 时，$F=A$；当 $BC=10$ 时，$F=\overline{A}$；当 $BC=11$ 时，$F=A+\overline{A}$。

由此可见，当 $BC=11$ 时，变量 A 改变状态可能使逻辑电路产生偏 1 型冒险。

同样，将 A 和 B 的各种取值组合分别代入函数表达式中，得：当 $AB=00$ 时，$F=\overline{C}$；当 $AB=01$ 时，$F=\overline{C}+1$；当 $AB=10$ 时，$F=C$；当 $AB=11$ 时，$F=C$。

由此可见，当 AB 在各种取值组合时，变量 C 改变状态均不会使逻辑电路产生冒险。

2. 卡诺图判别法

将函数用卡诺图表示，并画出能合并项的对应圈；若发现两个圈"相切"，即两个圈之间存在被不同圈包含的相邻最小项，该逻辑电路就可能产生冒险。

例如，某逻辑电路对应的函数表达式为

$$F = \overline{A}D + \overline{A}C + AB\overline{C}$$

将函数表示在卡诺图上，并画出函数表达式中各合并项对应的圈，如图 3-13 所示。

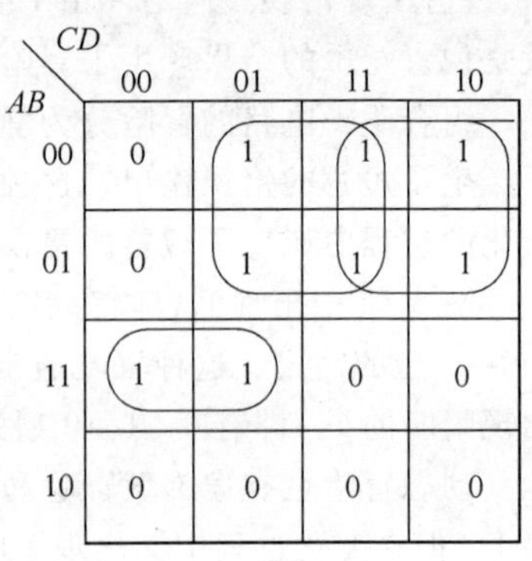

图 3-13　$F=\overline{A}D+\overline{A}C+AB\overline{C}$卡诺图

观察卡诺图可发现，"与"项$\overline{A}D$ 包含最小项 m_1、m_3、m_5、m_7；"与"项 $AB\overline{C}$包含最小项 m_{12}和 m_{13}。它们分别被各"与"项对应的圈包含，当变量 $ABCD$ 由 1101 变为 0101，即由 m_{13} 转移到 m_5时，由于 m_5和 m_{13} 被不同的"与"项所包含，当两个"与"项的值都发生变化时，就有可能产生冒险。在卡诺图上，最小项 m_5和 m_{13}相邻，分别被不同的圈包含，两个圈彼此"相切"，这种情况下，函数表达式所对应的电路就可能产生冒险。

3.3.3　冒险现象的消除

当判别出所设计的组合逻辑电路存在冒险时，就必须采取适当的措施来消除它。

1. 修改逻辑设计，增加冗余项

当竞争、冒险是由单个变量改变状态引起时，通常的办法是在逻辑函数最简"与—或"表达式(或"或—与"表达式)中增加冗余项，该项应包含而且只能包含彼此相邻但属于不同"与"项(或者"或"项)的相邻最小项(或最大项)，使原函数不可能在某些条件下出现 $A+\overline{A}$或 $A\cdot\overline{A}$的形式，从而消除可能产生的冒险。

例如，给定逻辑电路的函数表达式为

$$F = AB + \overline{A}C$$

将该函数表示在卡诺图上，如图 3-14 所示。

由图 3-14 可以看出，若增加冗余项 BC，则冗余项 BC 正好包含最小项 m_3 和 m_7，且只包含最小项 m_3 和 m_7。函数的表达式变为

$$F = AB + \overline{A}C + BC$$

对该函数表达式，当变量 ABC 由 111 变到 011，或者由 011 变到 111 时，是否产生冒险，可进行如下验证。

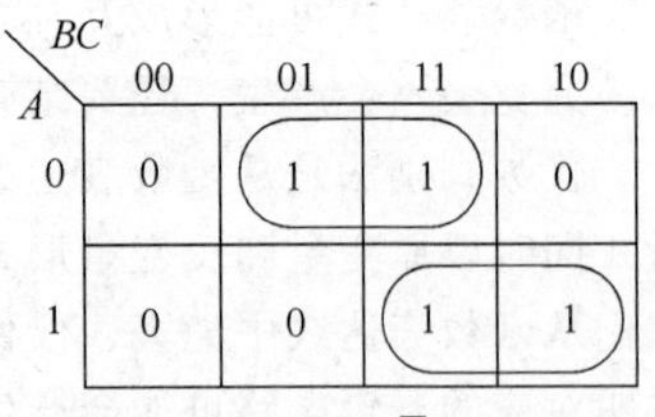

图 3-14　$F=AB+\overline{A}C$ 卡诺图

由于变量 A 具备竞争条件，将 BC 的各种取值组合代入函数表达式中，得：当 $BC=00$ 时，$F=0$；当 $BC=01$ 时，$F=\overline{A}$；当 $BC=10$ 时，$F=A$；当 $BC=11$ 时，$F=1$。

可见，加入冗余项 BC 后，消除了可能出现的冒险。

在函数表达式中，加入冗余项并不影响原函数的逻辑功能，但所加入的冗余项应尽可能简单。

2. 接入滤波电容

因为竞争、冒险产生的干扰脉冲一般很窄，所以可以采用在输出端并接一个不大的滤波电容的方法消除干扰脉冲。

3. 加入选通脉冲

加入选通脉冲控制可能产生竞争冒险的逻辑门，使其在产生竞争冒险期间门电路被封死，而在竞争、冒险过后，门电路被打开，允许正常输出。

设计组合逻辑电路时，不可能一开始就设计出没有竞争、冒险的最简电路，实际的设计步骤是在不考虑冒险的情况下，首先获得最简电路，然后再判别可能存在的冒险，并采用适当的办法消除冒险。

3.4　常用组合逻辑电路模块

随着微电子技术的发展，许多常用的组合逻辑电路被制成了中规模集成芯片。由于这些器件具有标准化程度高、通用性强、体积小、功耗小、设计灵活等特点，广泛应用于数字系统的设计中。本节介绍的编码器、译码器、数据选择器、数据分配器、加法器、数值比较器等就是典型的中规模组合逻辑器件。

3.4.1　编码器

新生入学，学校管理者会给每个学生一个学号；孩子出生，家长会给孩子取一个名字，这就是编码。总的来说，编码就是用文字、符号或者数字表示特定的对象的过程。在数字电路中，用二进制代码表示特定含义的信息称为编码，编码器就是将有特定意义的输入的数字信号、文字信号等编成相对应的若干位二进制代码形式输出的组合逻辑电路。

1. 普通编码器

4 线-2 线编码器真值表如表 3-6 所示，四个输入 $I_0 \sim I_3$ 为高电平有效信号，输出是两位二进制代码 Y_1Y_0，任何时刻 $I_0 \sim I_3$ 中只能有一个取值为 1，并且有一组对应的二进制代码输出。除表中列出的四个输入变量的四种取值组合有效外，其余 12 种组合所对应输出均为 0。

表 3-6　4 线-2 线编码器真值表

输　入				输　出	
I_0	I_1	I_2	I_3	Y_1	Y_0
1	0	0	0	0	0
0	1	0	0	0	1
0	0	1	0	1	0
0	0	0	1	1	1

在真值表中，无论输入变量还是输出变量，凡取值为 1 的用原变量表示，取值为 0 的用反变量表示，则可得逻辑函数表达式为

$$Y_1 = \overline{I_0}\,\overline{I_1}I_2\overline{I_3} + \overline{I_0}\,\overline{I_1}\,\overline{I_2}I_3$$

$$Y_0 = \overline{I_0}I_1\overline{I_2}\,\overline{I_3} + \overline{I_0}\,\overline{I_1}\,\overline{I_2}I_3$$

根据逻辑表达式画出逻辑图，如图 3-15 所示。

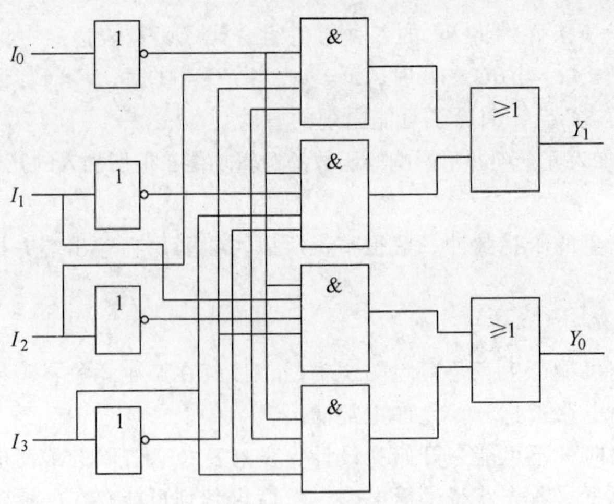

图 3-15 4 线-2 线编码器逻辑图

上述编码器中，如果 $I_0 \sim I_3$ 中有两个或两个以上的取值同时为 1 时，输出会出现错误编码。例如 I_1 和 I_2 同时为 1 时，输出 Y_1Y_0 为 00，这既不是对 I_1 的编码，也不是对 I_2 的编码。对于此类问题，可以用优先编码器解决。

2. 优先编码器

在优先编码器电路中，允许同时输入两个或两个以上的编码信号。设计优先编码器时，将所有输入信号按优先顺序排队，在同时存在两个或两个以上输入信号时，优先编码器只按优先级别高的输入信号编码，优先级别低的信号则不起作用。74148 是一个 8 线-3 线优先编码器。图 3-16 是 74148 的常用符号。

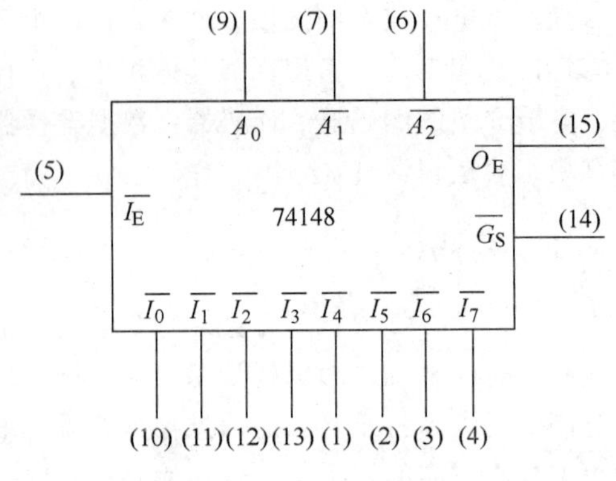

图 3-16 74148 常用符号

74148 优先编码器是 16 脚的集成芯片，除电源脚 $V_{CC}(16)$ 和 GND(8) 外，其余输入、输出脚的作用和脚号如图 3-16 所示。其中 $\overline{I_0} \sim \overline{I_7}$ 为输入信号，$\overline{A_0}$、$\overline{A_1}$、$\overline{A_2}$ 为三位二进制编码输出信号，$\overline{I_E}$ 是使能输入端，$\overline{O_E}$ 是使能输出端，$\overline{G_S}$ 为片选优先编码输出端。

74148 的真值表见表 3-7，其输入、输出信号均是用反码表示的。

表 3-7 74148 优先编码器真值表

输入									输出				
$\overline{I_E}$	$\overline{I_0}$	$\overline{I_1}$	$\overline{I_2}$	$\overline{I_3}$	$\overline{I_4}$	$\overline{I_5}$	$\overline{I_6}$	$\overline{I_7}$	$\overline{A_2}$	$\overline{A_1}$	$\overline{A_0}$	$\overline{G_S}$	$\overline{O_E}$
1	×	×	×	×	×	×	×	×	1	1	1	1	1
0	1	1	1	1	1	1	1	1	1	1	1	1	0
0	×	×	×	×	×	×	×	0	0	0	0	0	1
0	×	×	×	×	×	×	0	1	0	0	1	0	1
0	×	×	×	×	×	0	1	1	0	1	0	0	1
0	×	×	×	×	0	1	1	1	0	1	1	0	1
0	×	×	×	0	1	1	1	1	1	0	0	0	1
0	×	×	0	1	1	1	1	1	1	0	1	0	1
0	×	0	1	1	1	1	1	1	1	1	0	0	1
0	0	1	1	1	1	1	1	1	1	1	1	0	1

由真值表写出逻辑表达式为

$$\begin{cases}\overline{A_0} = \overline{(I_1\overline{I_2}\,\overline{I_4}\,\overline{I_6} + I_3\overline{I_4}\,\overline{I_6} + I_5\overline{I_6} + I_7)I_E} \\ \overline{A_1} = \overline{(I_2\overline{I_4}\,\overline{I_5} + I_3\overline{I_4}\,\overline{I_5} + I_6 + I_7)I_E} \\ \overline{A_2} = \overline{(I_4 + I_5 + I_6 + I_7)I_E}\end{cases}$$

使能输出端的逻辑表达式为

$$\overline{O_E} = \overline{\overline{I_0}\,\overline{I_1}\,\overline{I_2}\,\overline{I_3}\,\overline{I_4}\,\overline{I_5}\,\overline{I_6}\,\overline{I_7}I_E}$$

当使能输入$\overline{I_E}=1$时，禁止编码，输出$\overline{A_0}$、$\overline{A_1}$、$\overline{A_2}$全为 1(见表 3-7 第一行)。

当使能输入$\overline{I_E}=0$时，允许编码，在$\overline{I_0}\sim\overline{I_7}$输入中，输入$\overline{I_7}$优先级别最高，其余依次降低，$\overline{I_0}$的优先级别最低。

$\overline{O_E}$为使能输出端，它只在允许编码($\overline{I_E}=0$)而本片又没有编码输入时为 0(见表 3-7 第二行)，即$\overline{O_E}$的低电平输出信号表示电路工作，但无编码输入。

片选优先编码输出端$\overline{G_S}$的逻辑表达式为

$$\overline{G_S} = \overline{(I_0 + I_1 + I_2 + I_3 + I_4 + I_5 + I_6 + I_7)I_E}$$

$\overline{G_S}$为片优先编码输出端，它在允许编码($\overline{I_E}=0$)且有编码输入信号时为 0(见表 3-7 第三至七行)；若允许编码而无编码输入信号时为 1(见表 3-7 第二行)；在不允许编码($\overline{I_E}=1$)时，它也为 1(见表 3-7 第一行)。

$\overline{I_E}$、$\overline{O_E}$、$\overline{G_S}$均为进行功能扩展时用。

当有两个或更多个数码输入时，总是按出现的最高级别输入端编码，而不管其余输入端。如出现$\overline{I_7}=0$，则$\overline{I_0}\sim\overline{I_6}$无论哪一个出现 0 均不起作用，此时编码器只按$\overline{I_7}$编码，输出$\overline{A_2}$、$\overline{A_1}$、$\overline{A_0}$为 000(反码)，见表 3-7 第三行。

例 3-9　用两片 8 线-3 线优先编码器 74148 组成 16 线-4 线优先编码器，其逻辑图如图 3-17 所示，试分析其工作原理。

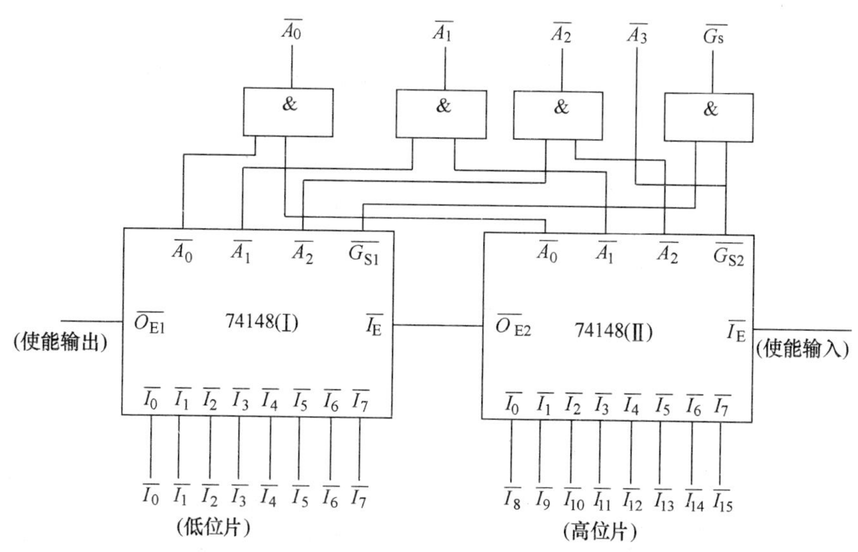

图 3-17　16 线-4 线优先编码器逻辑图

解：根据 74148 的真值表，对图 3-17 分析如下：

若高位片Ⅱ的使能端$\overline{I_E}=0$，则整个编码器允许编码，否则就不允许编码。若高位片Ⅱ的输入信号$\overline{I_8}\sim\overline{I_{15}}$中有信号输入，则输出信号$\overline{A_3}=\overline{G_{S2}}=0$；其他三位输出$\overline{A_2}$、$\overline{A_1}$、$\overline{A_0}$则由高位片Ⅱ的$\overline{I_0}\sim\overline{I_7}$端输入信号$\overline{I_8}\sim\overline{I_{15}}$决定；若$\overline{I_8}\sim\overline{I_{15}}$中无输入信号，则输出信号$\overline{A_3}=\overline{G_{S2}}=1$，高位片Ⅱ的使能输出端$\overline{O_{E2}}=0$，使低位片Ⅰ的使能输入$\overline{I_E}=0$，允许低位片编码，此时低三位输出$\overline{A_2}$、$\overline{A_1}$、$\overline{A_0}$就由输入信号$\overline{I_0}\sim\overline{I_7}$决定。若$\overline{I_0}\sim\overline{I_7}$也无输入，则整个编码器输出$\overline{A_3}$、$\overline{A_2}$、$\overline{A_1}$、$\overline{A_0}$全为 1，表示没有进行编码。

优先编码器常用在计算机接口系统中，用来给外部设备中断申请信号进行不同编码，通常，在外部设备中事先分配好优先级别，当有两个以上的设备要求中断申请编码时，给优先级别最高的设备编码。

3. 二—十进制编码器

二—十进制编码就是用四位二进制代码来表示 0 ~ 9 这十个数字。如果任意取其中的十个状态并按不同的次序排列，则可以得到许多不同的编码。

计算机键盘输入逻辑电路就是由编码器组成的。图 3-18 所示是用十个按键和门电路组成的 8421BCD 码编码器，其真值表见表 3-8。

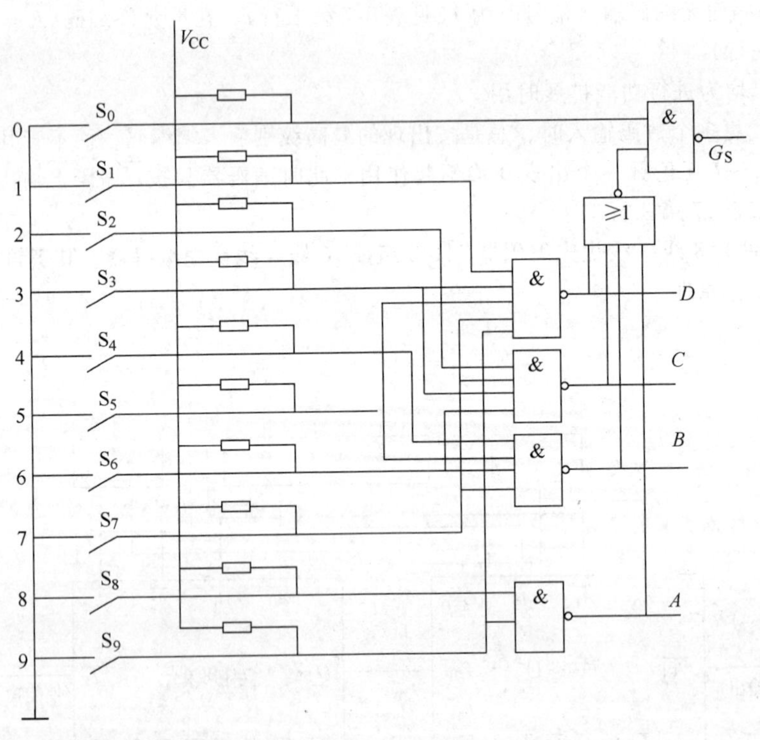

图 3-18 8421BCD 码编码器逻辑电路

由真值表和电路图可知该编码器为低电平有效，当按下 $S_0\sim S_9$ 中的任意一个键时，即输入信号中有一个低电平时，$G_S=1$，表示有信号输入，此时的输出是编码输出。而 $S_0\sim S_9$ 都为高电平时，表示没有信号输入，$G_S=0$，此时的输出是非编码输出。

表 3-8　十个按键 8421BCD 码编码器真值表

输入										输出				
S_9	S_8	S_7	S_6	S_5	S_4	S_3	S_2	S_1	S_0	A	B	C	D	G_S
1	1	1	1	1	1	1	1	1	1	0	0	0	0	0
1	1	1	1	1	1	1	1	1	0	0	0	0	0	1
1	1	1	1	1	1	1	1	0	1	0	0	0	1	1
1	1	1	1	1	1	1	0	1	1	0	0	1	0	1
1	1	1	1	1	1	0	1	1	1	0	0	1	1	1
1	1	1	1	1	0	1	1	1	1	0	1	0	0	1
1	1	1	1	0	1	1	1	1	1	0	1	0	1	1
1	1	1	0	1	1	1	1	1	1	0	1	1	0	1
1	1	0	1	1	1	1	1	1	1	0	1	1	1	1
1	0	1	1	1	1	1	1	1	1	1	0	0	0	1
0	1	1	1	1	1	1	1	1	1	1	0	0	1	1

3.4.2　译码器

译码是编码的逆过程，在编码时，每一种二进制代码都赋予了特定的含义，即表示了一个确定的信号或者对象。译码器就是将每一组输入代码译为一个特定输出信号，以表示代码原意的组合逻辑电路。

一个 n 位二进制代码可以有 2^n 个不同的组合，译码器将 n 个输入变量转换成 2^n 个输出函数，并且每个函数对应于 n 个输入变量的一个最小项。

1. 二进制译码器

将二进制代码的各种状态按其原意翻译成对应输出信号的电路叫二进制译码器。

（1）2 线-4 线译码器

2 线-4 线译码器两个输入变量 A_1、A_0 共有四种不同状态组合，因而译码器有四个输出信号 $\overline{Y_0}\sim\overline{Y_3}$，并且输出为低电平有效，真值表见表 3-9。

表 3-9　2 线-4 线译码器真值表

输入			输出			
$\overline{E}$	A_1	A_0	$\overline{Y_0}$	$\overline{Y_1}$	$\overline{Y_2}$	$\overline{Y_3}$
1	×	×	1	1	1	1
0	0	0	0	1	1	1
0	0	1	1	0	1	1
0	1	0	1	1	0	1
0	1	1	1	1	1	0

根据真值表写出逻辑表达式为

$$\overline{Y_0}=\overline{\overline{\overline{E}}\,\overline{A_1}\,\overline{A_0}}\qquad\overline{Y_1}=\overline{\overline{\overline{E}}\,\overline{A_1}A_0}$$

$$\overline{Y_2}=\overline{\overline{\overline{E}}A_1\,\overline{A_0}}\qquad\overline{Y_3}=\overline{\overline{\overline{E}}A_1A_0}$$

根据逻辑表达式画出逻辑电路图如图 3-19 所示。

使能端$\overline{E}$为 1 时，无论$\overline{A_1}$、$\overline{A_0}$为何种状态，输出全为 1，译码器处于非工作状态。而当使能端$\overline{E}$为 0 时，对应于$\overline{A_1}$、$\overline{A_0}$的某种状态组合，其中只有一个输出变量为 0，其余变量输出均为 1。由此可见，译码器是通过输出端的逻辑电平来区别不同代码的。

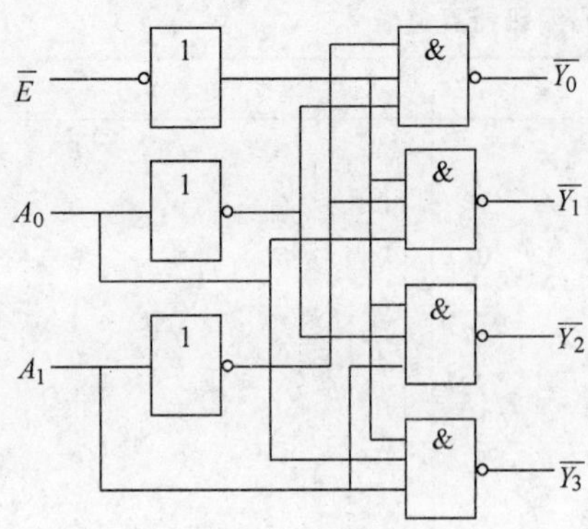

图 3-19　2 线-4 线译码器逻辑电路

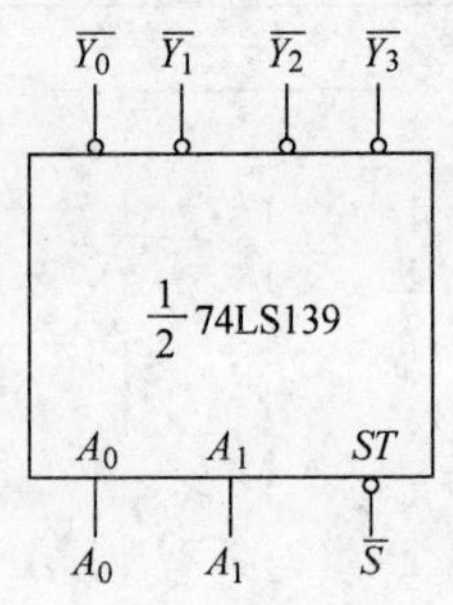

图 3-20　74LS139 逻辑示意图

图 3-20 所示为集成的双 2 线-4 线译码器 74LS139 逻辑示意图，表 3-10 是其真值表。

表 3-10　74LS139 译码器真值表

输　入			输　出			
$\overline{S}$	A_1	A_0	$\overline{Y_0}$	$\overline{Y_1}$	$\overline{Y_2}$	$\overline{Y_3}$
1	×	×	1	1	1	1
0	0	0	0	1	1	1
0	0	1	1	0	1	1
0	1	0	1	1	0	1
0	1	1	1	1	1	0

由真值表可得

$$\overline{Y_0} = \overline{\overline{\overline{S}}\,\overline{A_1}\,\overline{A_0}} = \overline{S\,\overline{A_1}\,\overline{A_0}} \qquad \overline{Y_1} = \overline{\overline{\overline{S}}\,\overline{A_1}A_0} = \overline{S\,\overline{A_1}A_0}$$

$$\overline{Y_2} = \overline{\overline{\overline{S}}A_1\overline{A_0}} = \overline{SA_1\overline{A_0}} \qquad \overline{Y_3} = \overline{\overline{\overline{S}}A_1A_0} = \overline{SA_1A_0}$$

当选通控制端 $\overline{S}=1$ 时，译码器被禁止，$\overline{Y_0}\sim\overline{Y_3}$均为 1；当选通控制端 $\overline{S}=0$ 时，译码器工作，此时有

$$\overline{Y_0} = \overline{\overline{A_1}\,\overline{A_0}} \qquad \overline{Y_1} = \overline{\overline{A_1}A_0}$$

$$\overline{Y_2} = \overline{A_1\overline{A_0}} \qquad \overline{Y_3} = \overline{A_1A_0}$$

由上可以看出，74LS139 的输出表达式为输入变量最小项反函数的形式，由此可以推出二进制译码器输出表达式的一般形式为

$$\overline{Y_i} = \overline{m_i}$$

由于任何组合逻辑函数都可以表示为最小项之和的形式，所以可以将逻辑函数最小项之和的形式取两次反，得到由其最小项构成的“与非—与非”表达式，例如：

$$F = AB + BC + \overline{A}\,\overline{B}C$$

其标准最小项与或表达式为

$$F = AB\overline{C} + ABC + \overline{A}BC + \overline{A}\,\overline{B}C = m_1 + m_3 + m_6 + m_7$$

对上式取两次反得

$$F = \overline{\overline{m_1 + m_3 + m_6 + m_7}} = \overline{\overline{m_1}\;\overline{m_3}\;\overline{m_6}\;\overline{m_7}}$$

由此可见，可以利用二进制译码器和与非门实现逻辑函数，只需将逻辑函数包含的变量加到译码器的输入端，将逻辑函数最小项对应的译码器的输出端接到与非门的输入端，则与非门的输出即为此逻辑函数。在应用中需注意译码器变量输入端的个数决定着能实现的逻辑函数所含有的变量的个数。

（2）集成 3 线-8 线译码器

图 3-21 所示为中规模集成电路 3 线-8 线译码器 74138 的逻辑电路图，由图可知，当 $EN=0$ 时，八个与非门输入端被封死，使输出 $\overline{Y_0}\sim\overline{Y_7}$ 均为 1，此时译码器不工作；当 $S_1=1$，$\overline{S_2}+\overline{S_3}=0$ 时，$EN=1$，八个与非门输入端被打开，译码器处于工作状态，此时由输入变量 A_2、A_1、A_0 来决定 $\overline{Y_0}\sim\overline{Y_7}$ 的状态。

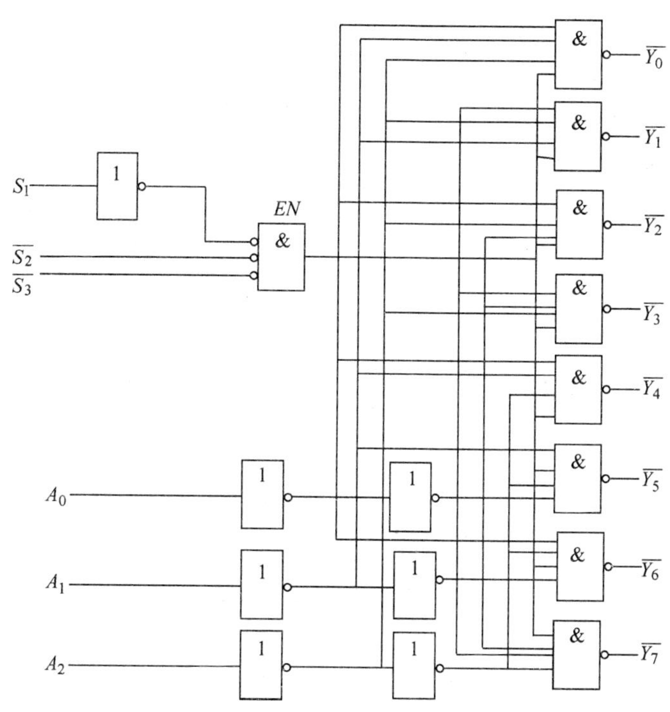

图 3-21　74138 的逻辑电路图

74138 的逻辑示意图如图 3-22 所示，真值表见表 3-11，由表可以得出

$$\overline{Y_0}=\overline{\overline{A_2}\,\overline{A_1}\,\overline{A_0}}=\overline{m_0}$$
$$\overline{Y_1}=\overline{\overline{A_2}\,\overline{A_1}A_0}=\overline{m_1}$$
$$\overline{Y_2}=\overline{\overline{A_2}A_1\overline{A_0}}=\overline{m_2}$$
$$\overline{Y_3}=\overline{\overline{A_2}A_1A_0}=\overline{m_3}$$
$$\overline{Y_4}=\overline{A_2\overline{A_1}\,\overline{A_0}}=\overline{m_4}$$
$$\overline{Y_5}=\overline{A_2\overline{A_1}A_0}=\overline{m_5}$$
$$\overline{Y_6}=\overline{A_2A_1\overline{A_0}}=\overline{m_6}$$
$$\overline{Y_7}=\overline{A_2A_1A_0}=\overline{m_7}$$

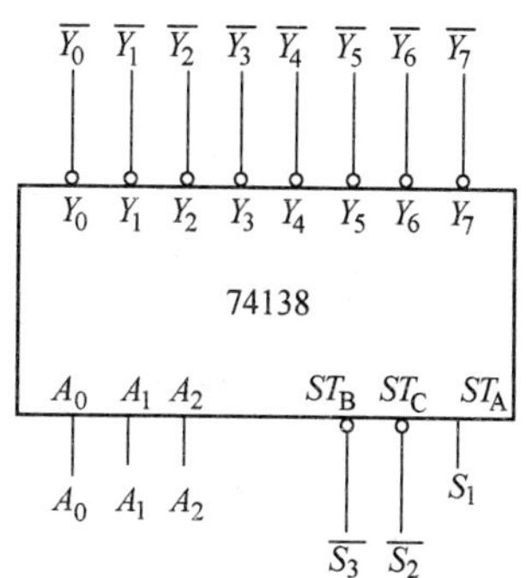

图 3-22　74138 的逻辑示意图

例 3-10　用两片 74138 级联起来构成 4 线-16 线译码器。

解： 根据表 3-11，画出 4 线-16 线译码器的电路图如图 3-23 所示。

当控制端 $\overline{S_0}=1$ 时，两片译码器都不工作；当控制端 $\overline{S_0}=0$ 时，输入四位二进制代码中，若高位 $A_3=0$ 时，片（1）的 $\overline{S_3}=0$，片（1）工作，片（2）的 $S_1=0$，片（2）不工作，输出 $\overline{Y_0}\sim\overline{Y_7}$ 是 $0A_2A_1A_0$ 的译码；若高位 $A_3=1$ 时，片（1）的 $\overline{S_3}=1$，片（1）不工作，片（2）的 $S_1=1$，片（2）工作，输出 $\overline{Y_8}\sim\overline{Y_{15}}$ 是 $1A_2A_1A_0$ 的译码。

表 3-11 3 线-8 线译码器 74138 真值表

输入					输出							
S_1	$\overline{S_2}+\overline{S_3}$	A_2	A_1	A_0	$\overline{Y_0}$	$\overline{Y_1}$	$\overline{Y_2}$	$\overline{Y_3}$	$\overline{Y_4}$	$\overline{Y_5}$	$\overline{Y_6}$	$\overline{Y_7}$
×	1	×	×	×	1	1	1	1	1	1	1	1
0	×	×	×	×	1	1	1	1	1	1	1	1
1	0	0	0	0	0	1	1	1	1	1	1	1
1	0	0	0	1	1	0	1	1	1	1	1	1
1	0	0	1	0	1	1	0	1	1	1	1	1
1	0	0	1	1	1	1	1	0	1	1	1	1
1	0	1	0	0	1	1	1	1	0	1	1	1
1	0	1	0	1	1	1	1	1	1	0	1	1
1	0	1	1	0	1	1	1	1	1	1	0	1
1	0	1	1	1	1	1	1	1	1	1	1	0

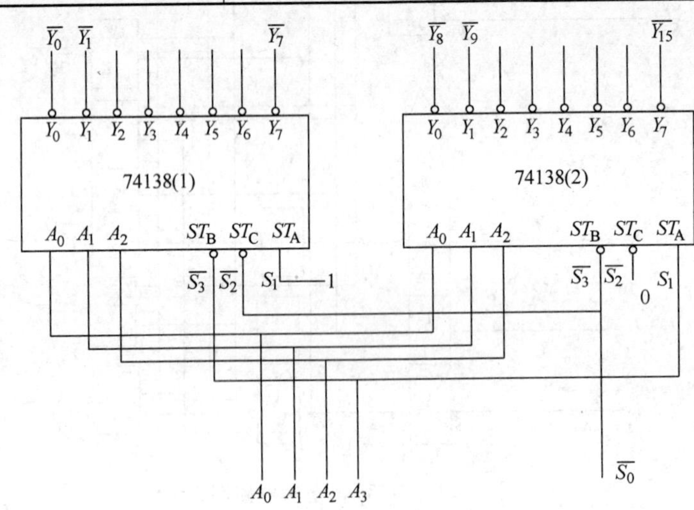

图 3-23 用 74138 构成的 4 线-16 线译码器

图 3-24 是用三片 74138 构成的 5 线-24 线译码器，读者可以自己分析一下电路的工作原理。

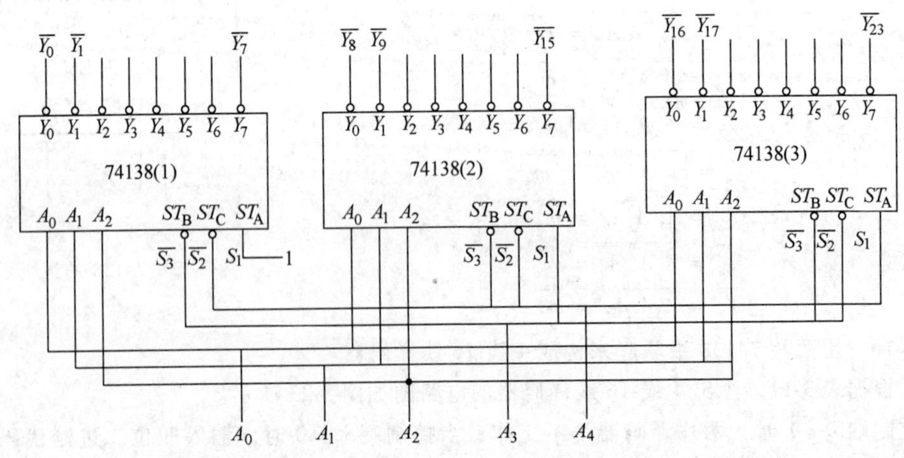

图 3-24 用 74138 构成的 5 线-24 线译码器

例 3-11 用 74138 和适当的门电路设计一个一位的二进制全减器。

解： 设被减数为 A_i，减数为 B_i，低位向本位的借位为 C_{i-1}，本位向高位的借位为 C_i，差为

S_i，根据题意写出真值表见表 3-12。根据真值表写出逻辑函数表达式为

$$S_i = \overline{A_i}\,\overline{B_i}C_{i-1} + \overline{A_i}B_i\overline{C_{i-1}} + A_i\overline{B_i}\,\overline{C_{i-1}} + A_iB_iC_{i-1}$$
$$= m_1 + m_2 + m_4 + m_7$$
$$C_i = \overline{A_i}\,\overline{B_i}C_{i-1} + \overline{A_i}B_i\overline{C_{i-1}} + \overline{A_i}B_iC_{i-1} + A_iB_iC_{i-1}$$
$$= m_1 + m_2 + m_3 + m_7$$

对上式取两次反得

$$S_i = \overline{\overline{m_1}\;\overline{m_2}\;\overline{m_4}\;\overline{m_7}} \qquad C_i = \overline{\overline{m_1}\;\overline{m_2}\;\overline{m_3}\;\overline{m_7}}$$

表 3-12　全减器真值表

输入			输出	
A_i	B_i	C_{i-1}	S_i	C_i
0	0	0	0	0
0	0	1	1	1
0	1	0	1	1
0	1	1	0	1
1	0	0	1	0
1	0	1	0	0
1	1	0	0	0
1	1	1	1	1

由于译码器能产生逻辑函数的所有最小项，所以将全减器的输入变量 A_i、B_i、C_{i-1}分别与译码器的输入 A_2、A_1、A_0 相连，译码器的使能端接固定信号，即 $S_1=1$、$\overline{S_2}+\overline{S_3}=0$。这样，译码器的输出端可得到所需输入变量的最小项，再将相应最小项送至与非门，即可得所需输出 S_i 和 C_i。逻辑图如图 3-25 所示。

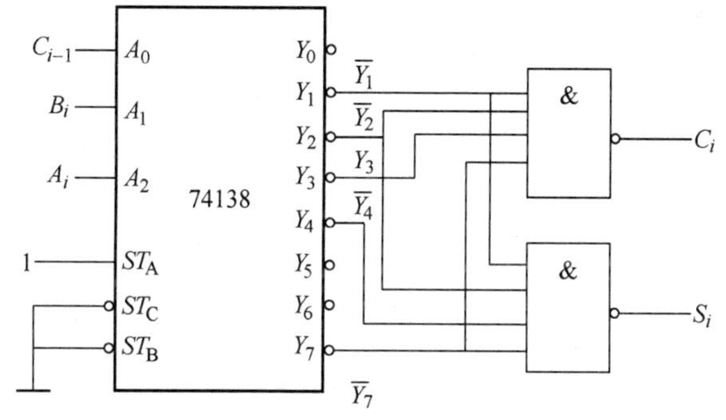

图 3-25　例 3-11 图

例 3-12　用 74138 和适当的门电路实现逻辑函数

$$F = \sum m(2,\ 4,\ 6,\ 8,\ 10,\ 12,\ 14)$$

解： 给出的逻辑函数有四个逻辑变量，显然需用 4 线-16 线译码器来实现。将给定的逻辑函数进行变换得

$$F = \overline{\overline{m_2}\;\overline{m_4}\;\overline{m_6}\;\overline{m_8}\;\overline{m_{10}}\;\overline{m_{12}}\;\overline{m_{14}}}$$

利用 74138 的使能端，用两片 74138 扩展为 4 线-16 线译码器，将逻辑变量 B、C、D 分别接至译码器芯片(1)和译码器芯片(2)的输入端 A_2、A_1、A_0，逻辑变量 A 接至译码器芯片(1)的使能端$\overline{S_2}$和芯片(2)的使能端 S_1。逻辑图如图 3-26 所示。

2. 二—十进制译码器

将表示 0～9 十个数字的 BCD 码翻译成对应的十个输出的电路称为二—十进制译码器。二—十进制译码器有四个输入，十个输出，所以也叫 4 线-10 线译码器。表 3-13 是 8421BCD 码输入 4 线-10 线译码器的真值表。

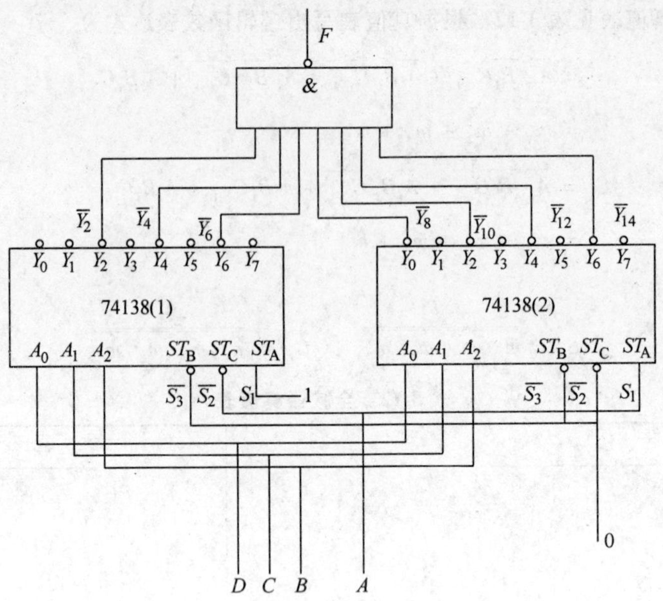

图 3-26　例 3-12 图

表 3-13　8421BCD 码输入 4 线-10 线译码器的真值表

输入				输出									
A_3	A_2	A_1	A_0	$\overline{Y_0}$	$\overline{Y_1}$	$\overline{Y_2}$	$\overline{Y_3}$	$\overline{Y_4}$	$\overline{Y_5}$	$\overline{Y_6}$	$\overline{Y_7}$	$\overline{Y_8}$	$\overline{Y_9}$
0	0	0	0	0	1	1	1	1	1	1	1	1	1
0	0	0	1	1	0	1	1	1	1	1	1	1	1
0	0	1	0	1	1	0	1	1	1	1	1	1	1
0	0	1	1	1	1	1	0	1	1	1	1	1	1
0	1	0	0	1	1	1	1	0	1	1	1	1	1
0	1	0	1	1	1	1	1	1	0	1	1	1	1
0	1	1	0	1	1	1	1	1	1	0	1	1	1
0	1	1	1	1	1	1	1	1	1	1	0	1	1
1	0	0	0	1	1	1	1	1	1	1	1	0	1
1	0	0	1	1	1	1	1	1	1	1	1	1	0
1	0	1	0	1	1	1	1	1	1	1	1	1	1
1	0	1	1	1	1	1	1	1	1	1	1	1	1
1	1	0	0	1	1	1	1	1	1	1	1	1	1
1	1	0	1	1	1	1	1	1	1	1	1	1	1
1	1	1	0	1	1	1	1	1	1	1	1	1	1
1	1	1	1	1	1	1	1	1	1	1	1	1	1

由真值表可以看出，8421BCD 码输入集成的 4 线-10 线译码器拒绝伪码输入，即当输入端出现未使用的代码状态 1010～1111 时，电路不予响应，输出$\overline{Y_0}$～$\overline{Y_9}$全为 1，也就是说均为无效状态。

图 3-27 是集成的 4 线-10 线译码器 7442 的逻辑示意图。

3. 显示译码器

在数字测量仪表和各种数字系统中，为了便于读取测量、运算的结果和监视数字系统的各种状态，人们常用数字显示电路将数字量直接显示出来，因此数字显示电路是数字系统的重要组成部分，它一般由数码显示器和译码器/驱动器组成。

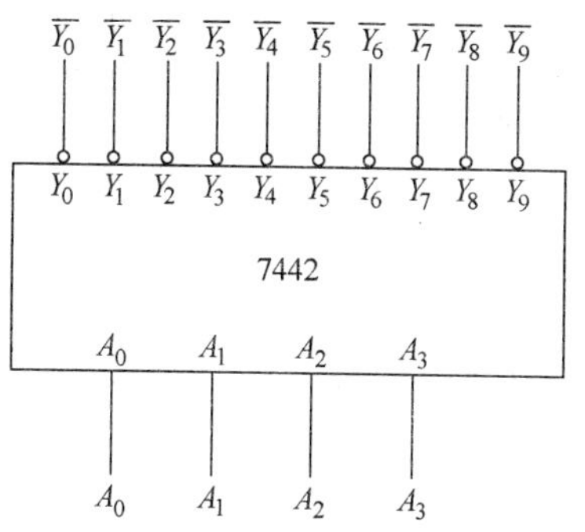

图 3-27　集成的 4 线-10 线译码器 7442 的逻辑示意图

(1)数码显示器

数码显示器是用来显示数字、文字或符号的器件，按显示方式分为三种：第一种是字形重叠式，将电极做成字符的形状，然后重叠起来，要显示某字符，只需使相应的电极发亮即可，如辉光放电管、边光显示管等；第二种是分段式显示，数码是由分布在同一平面上若干段发光的笔画组成，如荧光数码管等，目前数字显示方式以分段式七段显示器和八段显示器应用最广，如图 3-28 所示；第三种是点阵式，将可发光的点按一定的规律排列成点阵，利用光点的不同组合来显示不同的数码，如球场的大屏幕 LED 显示器。

按发光物质的不同，数码显示器可分为下列几类：第一种是半导体显示器，即发光二极管(LED)显示器；第二种是荧光数字显示器，如荧光数码管等；第三种是液体数字显示器，如液晶显示器、电泳显示器等；第四种是气体放电显示器，如辉光数码管、等离子体显示板等。下面简单介绍目前运用最广的半导体显示器和液晶显示器。

一些特殊的半导体材料(例如磷砷化镓)做成的 PN 结，当外加正向电压时，可以将电能转化成光能，发出清新悦目的光线。这样的材料做成的二极管就是发光二极管(LED)。发光二极管可以分装成分段式显示器和点阵式显示器。

发光二极管可以用晶体管或 TTL 与非门驱动，如图 3-29 所示。图中 VL 为发光二极管(或数码管中的一段)，VT 导通时 VL 发光。VL 的工作电压一般为 1.5 ~ 3V，工作电流为几到几十毫安，调节 R，可以改变 VL 上的电压和流过的电流，从而控制发光二极管的亮度。

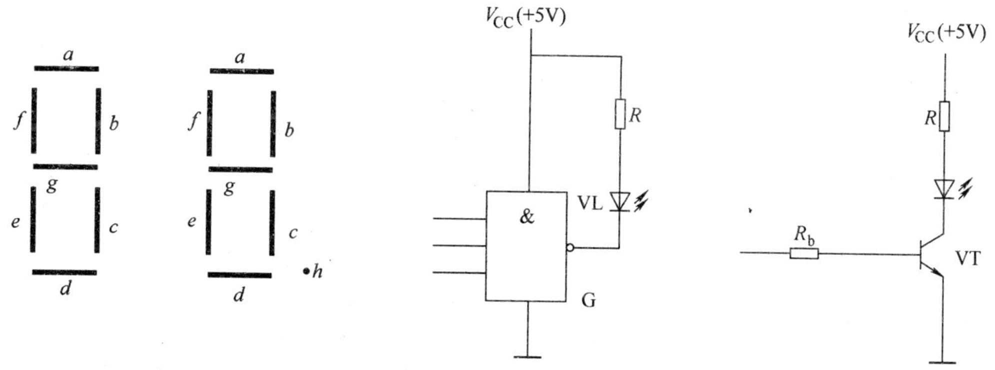

图 3-28　分段式显示器

图 3-29　发光二极管用晶体管或 TTL 与非门驱动

发光二极管构成的七段显示器有共阴极和共阳极两种，如图 3-30 所示，共阴极电路中，七个发光二极管的阴极连在一起接低电平，如果需要某一段发光，就将相应发光二极管的阳极接高电平。共阳极显示器则刚好相反。

半导体显示器的特点是工作电压低(1.5 ~ 3V)、体积小、寿命长(大于 1000h)、响应速度快(1 ~ 10ns)、颜色丰富(有红、绿、黄等颜色)、工作可靠。

液晶是一种介于液体和晶体之间的有机化合物，常温下既有液体的流动性和连续性，又有晶体的某些光学特性。液晶显示器件本身不发光，在黑暗中不能显示数字，它依靠在外界电场作用下产生的光电效应，调制外界光线使液晶不同部位显示出反差，从而显示字形。

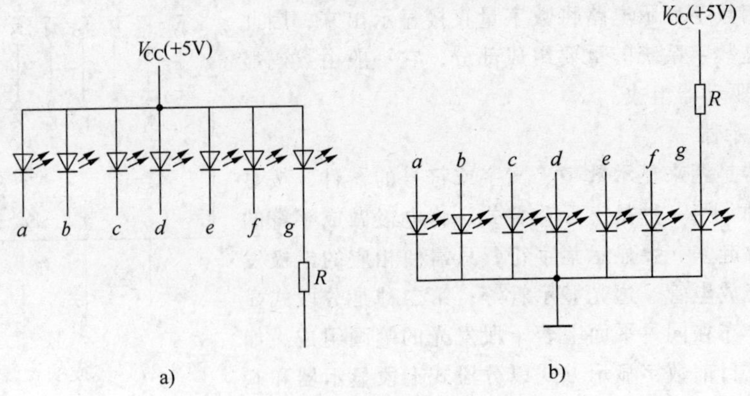

图 3-30 七段发光二极管的两种接法

a)共阳极接法 b)共阴极接法

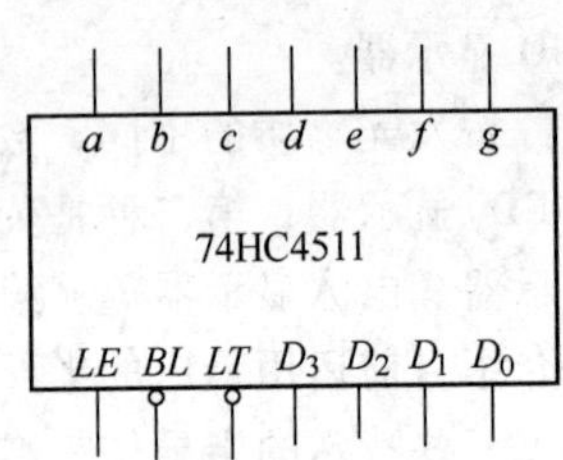

图 3-31 74HC4511 逻辑符号

液晶显示器(LCD)是一种平板薄型显示器件，其驱动电压很低、工作电流很小，与 CMOS 电路结合起来可以组成微功耗系统，广泛地应用于电子钟表、电子计算器和各种仪器仪表中。

(2)译码/驱动器

显示器需译码/驱动器配合才能完成其显示功能。下面是典型七段译码/驱动器 74HC4511 的逻辑符号(如图 3-31 所示)，其功能表(见表 3-14)。

表 3-14 74HC4511 功能表

功能	输入							输出							显示
	LE	$\overline{BL}$	$\overline{LT}$	D_3	D_2	D_1	D_0	a	b	c	d	e	f	g	
0	0	1	1	0	0	0	0	1	1	1	1	1	1	0	0
1	0	1	1	0	0	0	1	0	1	1	0	0	0	0	1
2	0	1	1	0	0	1	0	1	1	0	1	1	0	1	2
3	0	1	1	0	0	1	1	1	1	1	1	0	0	1	3
4	0	1	1	0	1	0	0	0	1	1	0	0	1	1	4
5	0	1	1	0	1	0	1	1	0	1	1	0	1	1	5
6	0	1	1	0	1	1	0	1	0	1	1	1	1	1	6
7	0	1	1	0	1	1	1	1	1	1	0	0	0	0	7
8	0	1	1	1	0	0	0	1	1	1	1	1	1	1	8
9	0	1	1	1	0	0	1	1	1	1	1	0	1	1	9
10	0	1	1	1	0	1	0	0	0	0	0	0	0	0	熄灭
11	0	1	1	1	0	1	1	0	0	0	0	0	0	0	熄灭
12	0	1	1	1	1	0	0	0	0	0	0	0	0	0	熄灭
13	0	1	1	1	1	0	1	0	0	0	0	0	0	0	熄灭
14	0	1	1	1	1	1	0	0	0	0	0	0	0	0	熄灭
15	0	1	1	1	1	1	1	0	0	0	0	0	0	0	熄灭
灯测试	×	×	0	×	×	×	×	1	1	1	1	1	1	1	8
灭灯	×	0	1	×	×	×	×	0	0	0	0	0	0	0	熄灭
锁存	1	1	1	×	×	×	×				*				*

* 此时输出状态取决于 LE 由 0 跳变 1 时 BCD 码的输入。

74HC4511 七段显示译码器当输入 8421BCD 码时，输出高电平有效，驱动共阴极显示器。当输入为 1010 ~ 1111 六个状态时，输出全为低电平，显示器无显示。该集成显示译码器设有三个辅助控制端 LE、$\overline{BL}$、$\overline{LT}$，现介绍如下。

(1)灯测试输入$\overline{LT}$

当$\overline{LT}=0$时，无论其他输入端是什么状态，所有各段输出 $a\sim g$ 均为 1，显示字形 8。该输入端常用于检查译码器本身及显示器各段的好坏。

(2)灭灯输入$\overline{BL}$

当$\overline{BL}=0$，并且$\overline{LT}=1$时，无论其他输入端是什么电平，所有各段输出 $a\sim g$ 均为 0，字形熄灭。该输入端用于将不必要显示的零熄灭。例如一个五位数字 031.20，将首尾多余的 0 熄灭，则显示为 31.2，使显示结果更加清楚。

(3)锁存使能输入 LE

在$\overline{BL}=\overline{LT}=1$的条件下，当 $LE=0$ 时，锁存器不工作，译码器的输出随输入码的变化而变化，但当 LE 由 0 跳变为 1 时，输入码被锁存，输出只取决于锁存器的内容，不再随输入端变化而变化。

例 3-13　图 3-32 所示为用四片 74HC4511 构成的电子表译码电路，试分析小时高位是否具有灭零功能。

解：根据 74HC4511 功能表可知，译码器正常工作时，LE 接低电平，$\overline{BL}=\overline{LT}=1$。如果小时的高位输入的 8421BCD 码为 0000，或门输出为 0，使$\overline{BL}=0$，此时 $LE=0$，$\overline{LT}=1$，查功能表可知小时高位零不显示。

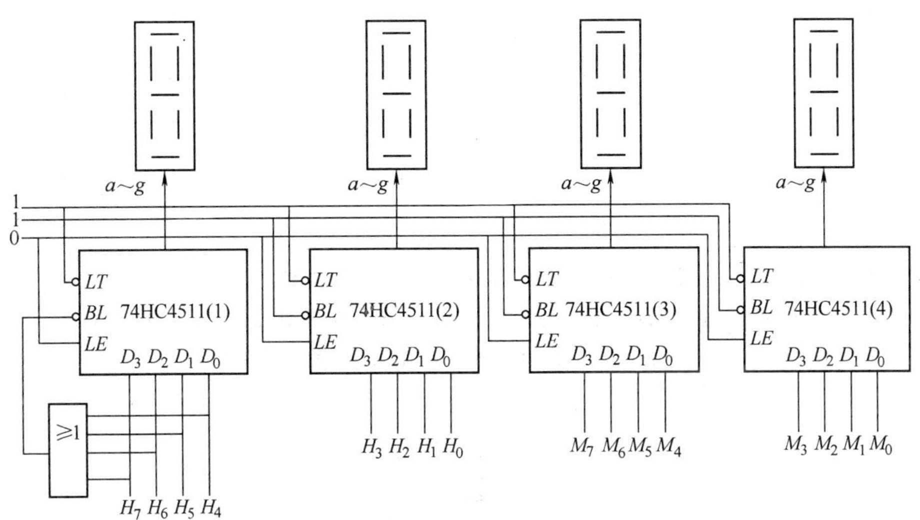

图 3-32　用四片 74HC4511 构成的电子表译码电路

3.4.3　数据选择器

数据选择器是指把多路输入的数据中的某一路数据传送到公共数据线上输出的逻辑电路。

1. 四选一数据选择器

图 3-33 所示为四选一数据选择器的示意图和逻辑电路图，表 3-15 是四选一数据选择器的功能表。

由图 3-33 和表 3-15 可知，使能端 $\overline{E}=1$ 时，选择器与门全被封堵，输入信号到不了输出端，此时输出 $Y=0$。当 $\overline{E}=0$ 时，选择器与门全被打开，地址输入 S_1S_0 为 00 时，$Y=D_0$；地址输入 S_1S_0 为 01 时，$Y=D_1$；地址输入 S_1S_0 为 10 时，$Y=D_2$；地址输入 S_1S_0 为 11 时，$Y=D_3$。即根据输入地址，将对应的输入信号送到输出端输出。

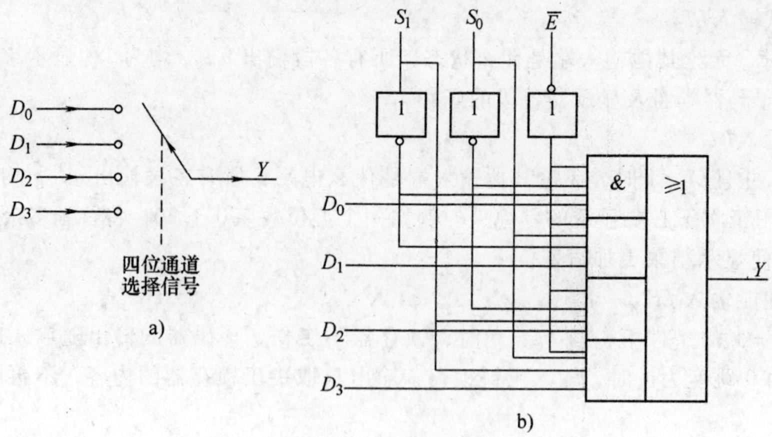

图 3-33 四选一数据选择器

a)示意图 b)逻辑电路图

表 3-15 四选一数据选择器功能表

输入			输出
使能	地址		
$\overline{E}$	S_1	S_0	Y
1	×	×	0
0	0	0	D_0
0	0	1	D_1
0	1	0	D_2
0	1	1	D_3

例 3-14 用两片四选一数据选择器扩展成八选一数据选择器。

解：利用四选一数据选择器的使能端 $\overline{E}$ 扩展出一条地址线 A_3，当 $A_3=1$ 时，片(1)不工作，片(2)工作，故片(1)为低位片，片(2)为高位片，电路如图 3-34 所示。

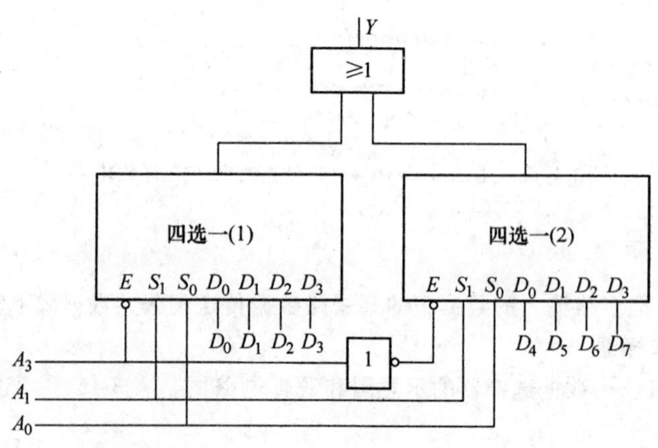

图 3-34 用两片四选一数据选择器扩展成八选一数据选择器

2. 集成数据选择器

集成八选一数据选择器 74HC151 的逻辑示意图如图 3-35 所示，其功能表见表 3-16。

表 3-16　八选一功能表

输入					输出	
D_i	$\overline{E}$	A_3	A_2	A_0	Y	$\overline{Y}$
×	1	×	×	×	0	1
D_0	0	0	0	0	D_0	$\overline{D_0}$
D_1	0	0	0	1	D_1	$\overline{D_1}$
D_2	0	0	1	0	D_2	$\overline{D_2}$
D_3	0	0	1	1	D_3	$\overline{D_3}$
D_4	0	1	0	0	D_4	$\overline{D_4}$
D_5	0	1	0	1	D_5	$\overline{D_5}$
D_6	0	1	1	0	D_6	$\overline{D_6}$
D_7	0	1	1	1	D_7	$\overline{D_7}$

图 3-35 所示八选一数据选择器有八个数据输入端 $D_0 \sim D_7$，三个地址输入端 $A_0 \sim A_2$，一个选通控制端$\overline{E}$，两个互补输出端 Y 和$\overline{Y}$。当$\overline{E}=1$ 时，选择器被禁止，输入数据和地址都不起作用；当$\overline{E}=0$ 时，选择器被选中，正常工作。

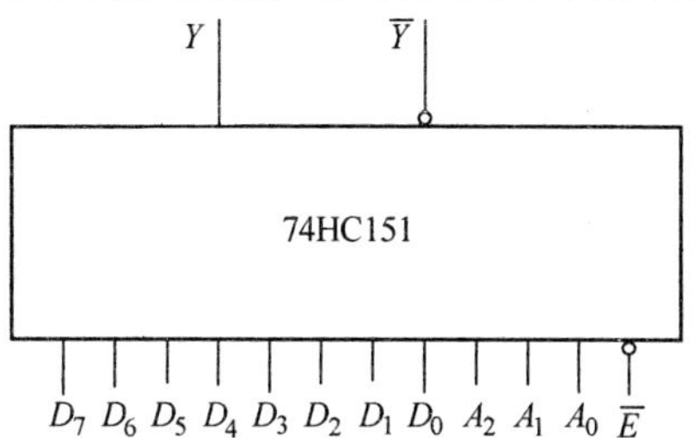

图 3-35　74HC151 逻辑示意图

由真值表可得输出表达式为

$$Y = D_0\overline{A_2}\,\overline{A_1}\,\overline{A_0} + D_1\overline{A_2}\,\overline{A_1}A_0 + \cdots + D_7A_2A_1A_0$$
$$= D_0m_0 + D_1m_1 + \cdots + D_7m_7 = \sum_{i=0}^{7} D_im_i$$

3. 数据选择器的应用

(1)用数据选择器实现逻辑函数

八选一数据选择器输入输出的关系为

$$Y = D_0m_0 + D_1m_1 + \cdots + D_7m_7 = \sum_{i=0}^{7} D_im_i$$

由上式可以看出，此时的输出 Y 是输入地址 $A_0 \sim A_2$ 和输入数据 $D_0 \sim D_7$ 的与或函数，式中 m_i 是地址 $A_0 \sim A_2$ 构成的最小项，当 $D_i=0$ 时，对应的最小项就不出现；当 $D_i=1$ 时，对应的最小项就出现，利用这个特点，可以用数据选择器实现逻辑函数。

例 3-15　利用八选一数据选择器 74HC151 实现逻辑函数 $F = AB\overline{C} + A\overline{B}C + \overline{A}\,\overline{B}C + ABC$。

解： 令 $A=A_2$，$B=A_1$，$C=A_0$，则上式可以写为

$$F = AB\overline{C} + A\overline{B}C + \overline{A}\,\overline{B}C + ABC$$
$$= A_2A_1\overline{A_0} + A_2\overline{A_1}A_0 + \overline{A_2}\,\overline{A_1}A_0 + A_2A_1A_0$$
$$= m_1 + m_5 + m_6 + m_7$$
$$= D_1m_1 + D_5m_5 + D_6m_6 + D_7m_7$$

由上式可以看出，将函数变量 A、B、C 分别接八选一数据选择器的地址端 A_2、A_1、A_0。数据输入端 $D_1=D_5=D_6=D_7=1$，$D_0=D_2=D_3=D_4=0$，且使选通控制端$\overline{E}=0$，输出即为逻辑函数 F。如图 3-36 所示。

(2)数据选择器的扩展

1)字扩展是指利用合适的逻辑器件，通过数据选择器的选通控制端控制数据选择器交替工作，从而实现输入地址端的扩展。

例 3-16　用四片八选一数据选择器 74LS151 和一片 2 线-4 线译码器构成一个 32 选 1 数据选择器。

解： 将 2 线-4 线译码器的两位输入作为地址高位输入，输出分别接四片八选一数据选择器的选通控制端，控制四片八选一数据选择器交替工作；将四片八选一数据选择器的三个地址线对应接在一起作为低三位地址输入，电路图如图 3-37 所示。

2）位扩展是指将几个一位的数据选择器选通控制端连接在一起作为总的选通控制端，地址端分别连接在一起作为总的地址输入端，则可实现数据选择器的位扩展。

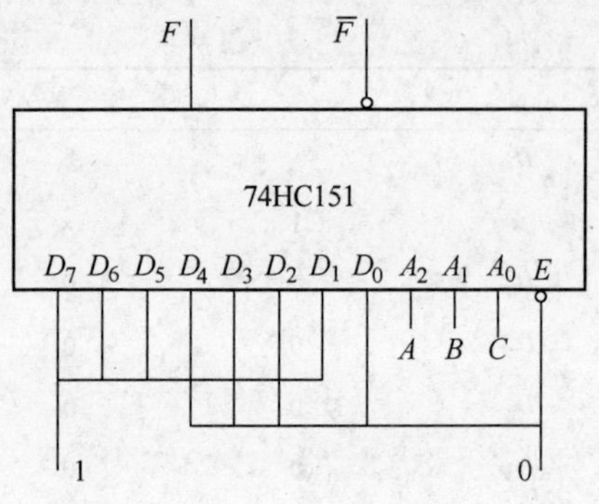

图 3-36　例 3-15 图

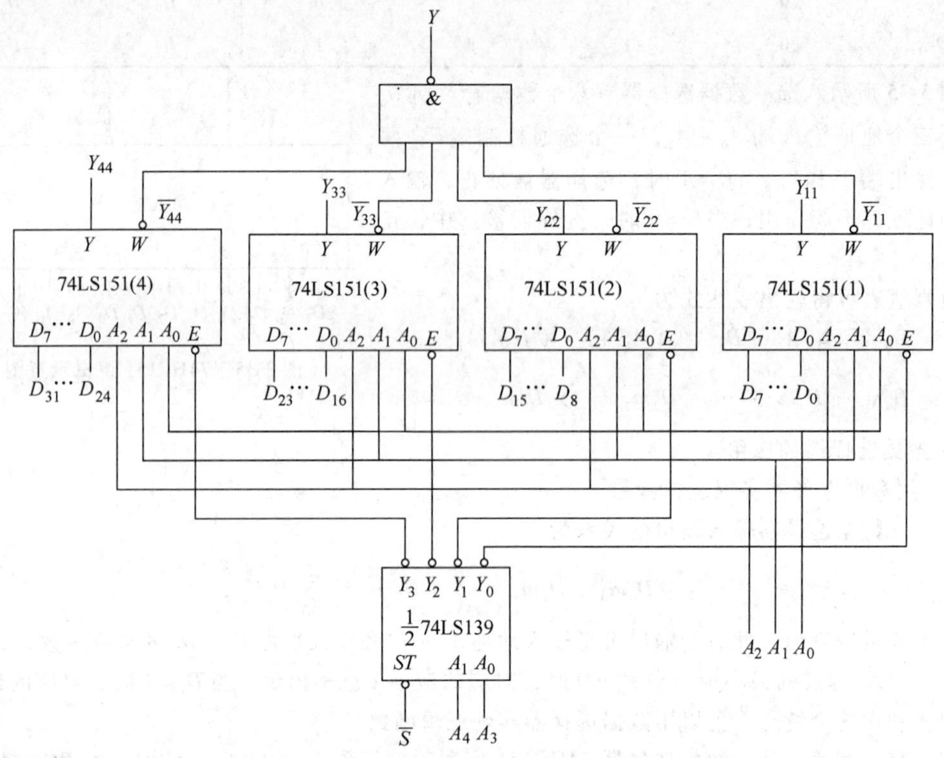

图 3-37　例 3-16 图

例 3-17　用一位八选一数据选择器构成一个两位的八选一数据选择器。

解： 将两片一位八选一数据选择器的选通控制端作为总的选通控制端，三个地址端分别连接在一起作为总的地址输入端，构成的一个两位的八选一数据选择器如图 3-38 所示。

（3）实现并行数据到串行数据的转换

图 3-39 所示为由八选一数据选择器构成的并/串行转换电路图，地址输入端 $A_2A_1A_0$ 依次从 000 变到 111 时，并行送到输入端 D_0 ~ D_7 的数据依次从输出端输出，即实现了将输入的并行数据变为串行数据输出。

4. 数据分配器

数据分配器是将公共数据线上的数据根据需要送到不同的输出端输出。实现数据分配功能的

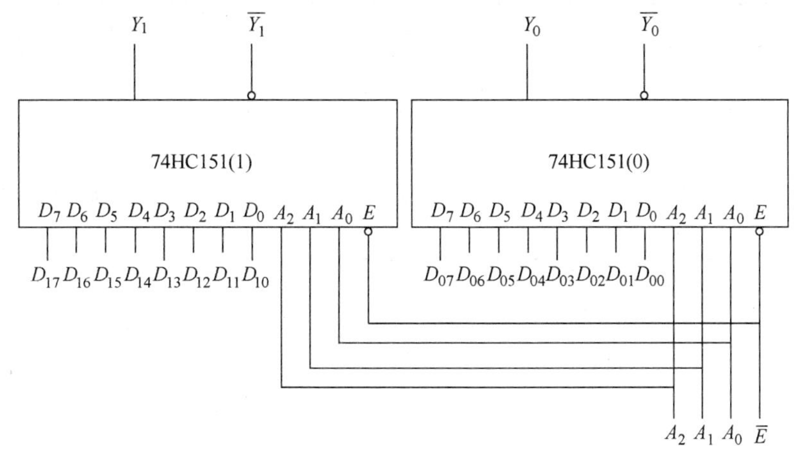

图 3-38　例 3-17 图

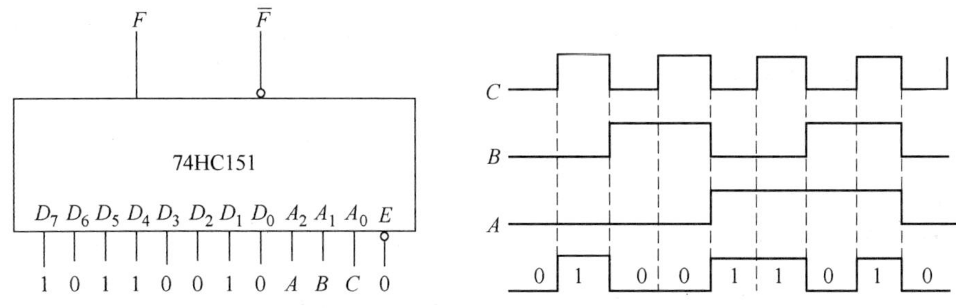

图 3-39　由八选一数据选择器构成的并/串行转换电路图

逻辑电路称为数据分配器。数据分配器的功能刚好和数据选择器相反，它实现的是将一路输入根据地址送到 m 个输出端的一个输出端输出。图 3-40 是一分四数据分配器的示意图和逻辑电路图。

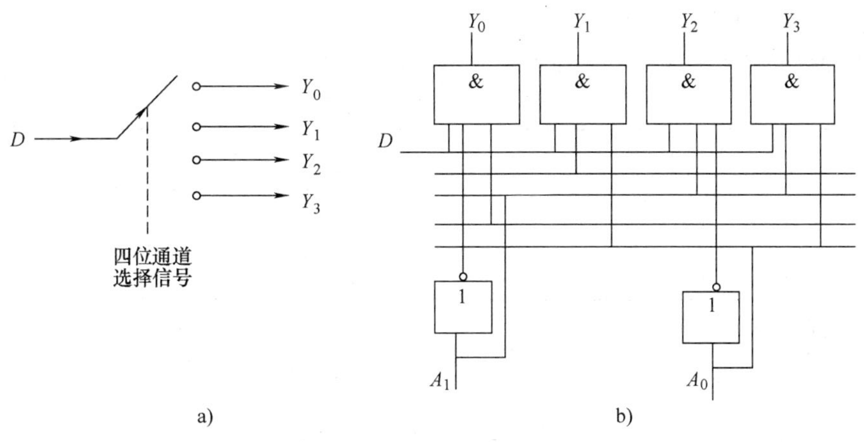

图 3-40　一分四数据分配器

a）示意图　b）逻辑电路图

一分四数据分配器的功能表见表 3-17。

表 3-17 一分四数据分配器功能表

输入			输出			
	A_1	A_0	Y_0	Y_1	Y_2	Y_3
	0	0	D	0	0	0
D	0	1	0	D	0	0
	1	0	0	0	D	0
	1	1	0	0	0	D

由功能表写出逻辑表达式为

$$Y_0 = D\overline{A_1}\,\overline{A_0} = Dm_0$$

$$Y_1 = D\overline{A_1}A_0 = Dm_1$$

$$Y_2 = DA_1\overline{A_0} = Dm_2$$

$$Y_3 = DA_1A_0 = Dm_3$$

从逻辑表达式可以看出，分配器的一个输出是输入和地址的一个最小项相与，这样，可以用译码器实现数据分配器的功能。图 3-41 所示为用 3 线-8 线译码器构成的一分八数据分配器。

将数据 D 送到 3 线-8 线译码器的$\overline{S_3}$输入端，译码器的输入端 $A_0 \sim A_2$ 作为分配器的地址输入端，S_1 作为片选控制端，$\overline{S_2}$接地，即构成了一分八数据分配器。

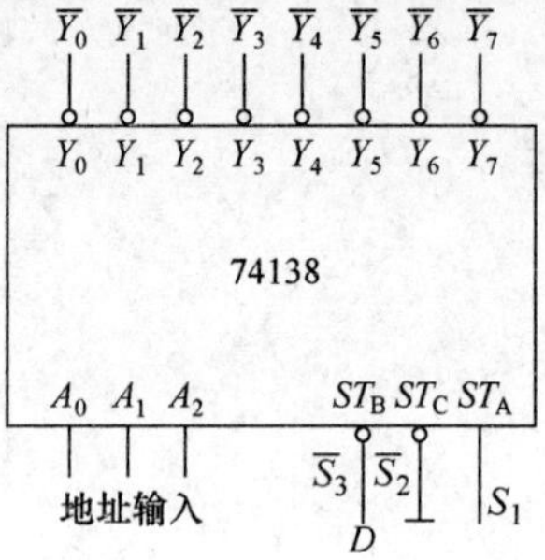

图 3-41 用 3 线-8 线译码器构成的一分八数据分配器

数据分配器也可以进行扩展，方法和数据选择器相似。

3.4.4 加法器

常见的加、减、乘、除运算，在数字系统中都要通过加法器来实现，所以加法器是数字系统中不可或缺的组成单元。

1. 半加器和全加器

(1)半加器

两个一位二进制数相加，只考虑两个加数本身，而不考虑低位进位的加法运算称为半加。实现半加运算的逻辑电路称为半加器。

设两个加数分别为 A_i 和 B_i，半加和为 S_i，向高位的进位为 C_i，半加器的真值表见表 3-18。

表 3-18 半加器真值表

A_i	B_i	S_i	C_i
0	0	0	0
0	1	1	0
1	0	1	0
1	1	0	1

半加器的逻辑表达式为

$$S_i = \overline{A_i}B_i + A_i\overline{B_i} = A_i \oplus B_i$$

$$C_i = A_iB_i$$

半加器的逻辑电路图和符号如图 3-42 所示。

(2)全加器

如果用 A_i 和 B_i 分别表示 A、B 两个二进制数中的第 i 位，用 C_{i-1}表示低位(第 $i-1$ 位)向本位(第 i 位)的进位，用 C_i 表示本位(第 i 位)向高位(第 $i+1$ 位)的进位，S_i 表示全加和。全加器

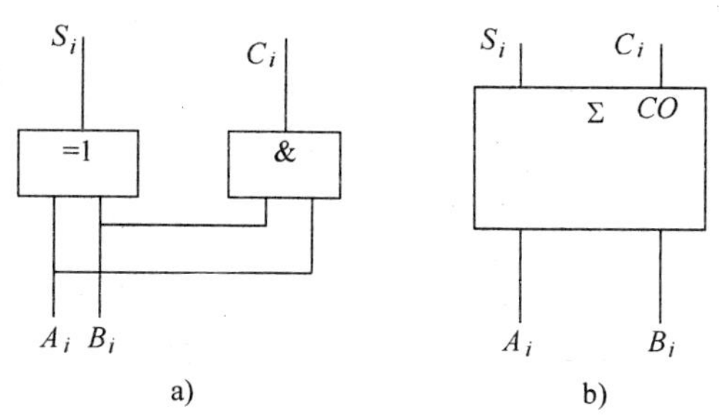

图 3-42　半加器

a）逻辑图　b）国际符号

的真值表见表 3-19。

表 3-19　全加器真值表

A_i	B_i	C_{i-1}	S_i	C_i
0	0	0	0	0
0	0	1	1	0
0	1	0	1	0
0	1	1	0	1
1	0	0	1	0
1	0	1	0	1
1	1	0	0	1
1	1	1	1	1

全加器的逻辑表达式为

$$S_i = \overline{A_i}\ \overline{B_i}C_{i-1} + \overline{A_i}B_i\overline{C_{i-1}} + A_i\overline{B_i}\ \overline{C_{i-1}} + A_iB_iC_{i-1} = A_i \oplus B_i \oplus C_{i-1}$$

$$C_i = A_iB_i + A_i\overline{B_i}C_{i-1} + \overline{A_i}B_iC_{i-1} = A_iB_i + (A_i \oplus B_i)C_{i-1}$$

全加器的逻辑电路图和符号如图 3-43 所示。

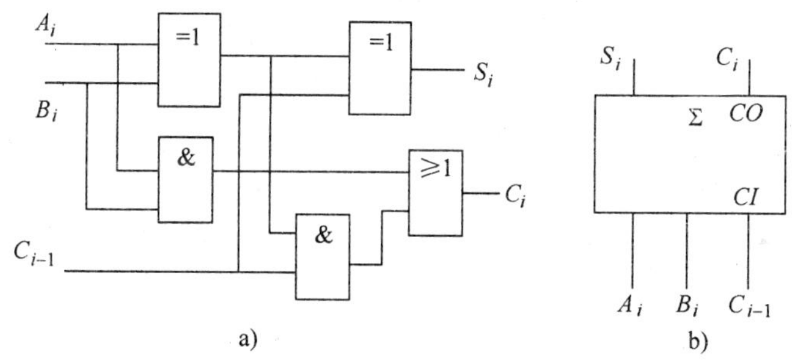

图 3-43　全加器

a）逻辑图　b）国际符号

2. 多位数加法器

（1）串行进位加法器

若有两个四位的二进制数 $A_3A_2A_1A_0$ 和 $B_3B_2B_1B_0$ 相加，可以将四个全加器进位串接起来，组成一个四位串行进位加法器，如图 3-44 所示。

串行进位加法器就是将低位的进位输出信号接到高位的进位输入端，这样，任意一位的加法运算必须在低一位的运算完成之后才进行，因此这种加法器的逻辑电路虽然简单，但运算速度不高。为了提高运算速度，常采用超前进位加法器。

（2）超前进位加法器

全加器的全加和 S_i 和进位 C_i 的逻辑表达式为

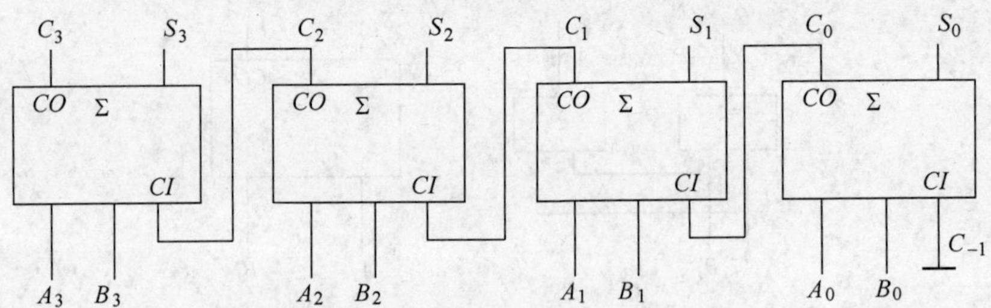

图 3-44 四位串行进位加法器

$$S_i = A_i \oplus B_i \oplus C_{i-1} \tag{3-4}$$

$$C_i = A_iB_i + (A_i \oplus B_i)C_{i-1} \tag{3-5}$$

定义两个中间变量 G_i 和 P_i，且

$$G_i = A_iB_i \tag{3-6}$$

$$P_i = A_i \oplus B_i \tag{3-7}$$

因为当 $A_i = B_i = 1$ 时，$G_i = 1$，由式(3-5)得 $C_i = 1$，即产生了进位，故 G_i 称为进位产生变量；若 $P_i = 1$ 时，则 $A_iB_i = 0$，由式(3-5)得 $C_i = C_{i-1}$，即 $P_i = 1$ 时，低位的进位能传输到高位的进位输出端，故 P_i 称为进位传输变量。

引入进位产生变量 G_i 和进位传输变量 P_i 后，全加器的逻辑表达式为

$$S_i = P_i \oplus C_{i-1} \tag{3-8}$$

$$C_i = G_i + P_iC_{i-1} \tag{3-9}$$

由式(3-9)可得四位加法器各位进位信号的逻辑表达式为

$$C_0 = G_0 + P_0C_{-1}$$

$$C_1 = G_1 + P_1C_0 = G_1 + P_1G_0 + P_1P_0C_{-1}$$

$$C_2 = G_2 + P_2C_1 = G_2 + P_2G_1 + P_2P_1G_0 + P_2P_1P_0C_{-1}$$

$$C_3 = G_3 + P_3C_2 = G_3 + P_3G_2 + P_3P_2G_1 + P_3P_2P_1G_0 + P_3P_2P_1P_0C_{-1}$$

由上式可以看出，进位信号只与 G_i、P_i 和 C_{-1} 有关，而 C_{-1} 是向最低位的进位信号，其值为 0，G_i、P_i 可以由每位的两个加数直接产生，不需要等待低位的进位信号，这就是超前进位。这样可以大大提高加法器的运算速度。

图 3-45 所示为用集成的四位超前进位加法器 74HC283 构成的八位加法器。

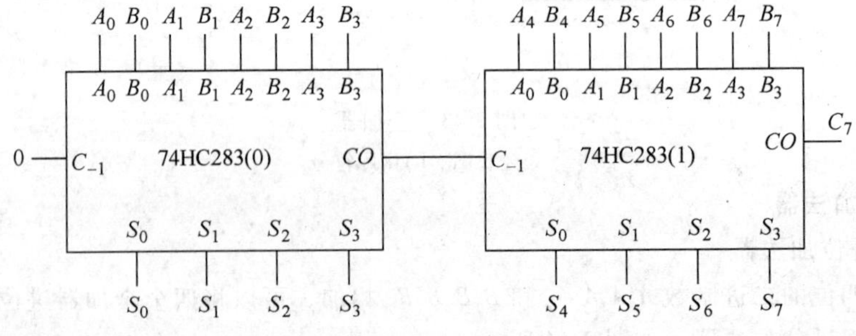

图 3-45 用 74HC283 构成的八位加法器

由图 3-45 可以看出，每片超前进位加法器 74HC283 内部虽然是并行进位，但片与片之间的进位却是串行进位，当级联数目增加时，会降低运算速度，为解决此问题，专门设计出了超前进位产生器，并用它将加法器以并行进位的方式级联起来，大大地提高了加法器的运算速度。有关超前进位产生器，限于篇幅，这里不再介绍。

3.4.5 数值比较器

数字系统中，有时需要比较两个数值的大小，数值比较器就是能对两个二进制数的大小进行比较的逻辑电路。两个数比较的结果有三种情况，即 $A>B$、$A<B$、$A=B$。

1. 一位数值比较器

A 和 B 是一位二进制数，它们的取值有 0 和 1 两种情况，它们比较的结果有三种情况，分别为 $A>B$、$A<B$ 和 $A=B$，一位比较器的真值表见表 3-20。

表 3-20 一位数值比较器真值表

输入		输出		
A	B	$F_{A>B}$	$F_{A<B}$	$F_{A=B}$
0	0	0	0	1
0	1	0	1	0
1	0	1	0	0
1	1	0	0	1

由真值表写出逻辑表达式为

$$F_{A>B}=A\overline{B}$$

$$F_{A<B}=\overline{A}B$$

$$F_{A=B}=\overline{A}\ \overline{B}+AB=\overline{A\overline{B}+\overline{A}B}$$

由逻辑表达式画出逻辑电路图如图 3-46 所示。

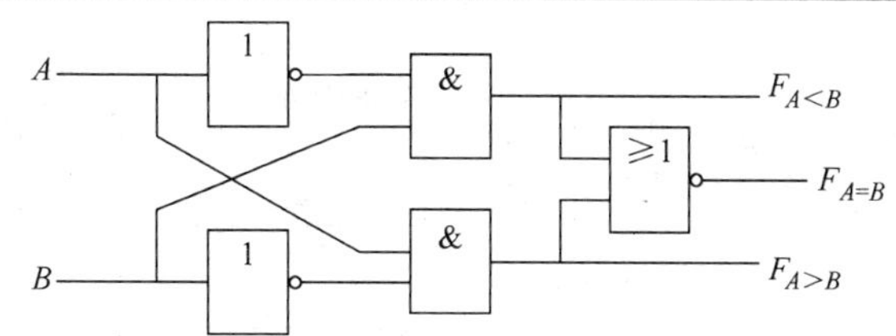

图 3-46 一位数值比较器逻辑电路图

2. 四位数值比较器

两个四位的二进制数 $A=A_3A_2A_1A_0$ 和 $B=B_3B_2B_1B_0$，比较它们大小的方法是从高位开始比较，依次逐位进行，直到比较出结果为止。集成的四位数值比较器 74LS85 的真值表见表 3-21。

表 3-21 四位数值比较器真值表

输入				级联输入			输出		
A_3B_3	A_2B_2	A_1B_1	A_0B_0	$I_{A>B}$	$I_{A<B}$	$I_{A=B}$	$F_{A>B}$	$F_{A<B}$	$F_{A=B}$
$A_3>B_3$	×	×	×	×	×	×	1	0	0
$A_3<B_3$	×	×	×	×	×	×	0	1	0
$A_3=B_3$	$A_2>B_2$	×	×	×	×	×	1	0	0
$A_3=B_3$	$A_2<B_2$	×	×	×	×	×	0	1	0
$A_3=B_3$	$A_2=B_2$	$A_1>B_1$	×	×	×	×	1	0	0
$A_3=B_3$	$A_2=B_2$	$A_1<B_1$	×	×	×	×	0	1	0
$A_3=B_3$	$A_2=B_2$	$A_1=B_1$	$A_0>B_0$	×	×	×	1	0	0
$A_3=B_3$	$A_2=B_2$	$A_1=B_1$	$A_0<B_0$	×	×	×	0	1	0
$A_3=B_3$	$A_2=B_2$	$A_1=B_1$	$A_0=B_0$	1	0	0	1	0	0
$A_3=B_3$	$A_2=B_2$	$A_1=B_1$	$A_0=B_0$	0	1	0	0	1	0
$A_3=B_3$	$A_2=B_2$	$A_1=B_1$	$A_0=B_0$	×	×	1	0	0	1
$A_3=B_3$	$A_2=B_2$	$A_1=B_1$	$A_0=B_0$	1	1	0	0	0	0
$A_3=B_3$	$A_2=B_2$	$A_1=B_1$	$A_0=B_0$	0	0	0	1	1	0

由真值表可以看出，四位数值比较时，由高位开始比较可知：

当 $A_3>B_3$ 时，不管低位以及级联的情况如何，直接可以得出 $A>B$；

当 $A_3=B_3$，而 $A_2>B_2$ 时，不管 A_1A_0 和 B_1B_0 以及级联的情况如何，直接可以得出 $A>B$；

当 $A_3=B_3$，$A_2=B_2$，而 $A_1>B_1$ 时，不管 A_0 和 B_0 以及级联的情况如何，直接可以得出 $A>B$；

当 $A_3=B_3$，$A_2=B_2$，$A_1=B_1$，而 $A_0>B_0$ 时，不管级联的情况如何，直接可以得出 $A>B$；

当 $A_3=B_3$，$A_2=B_2$，$A_1=B_1$，$A_0=B_0$，而级联 $I_{A>B}=1$ 时，可以得出 $A>B$；

当 $A_3=B_3$，$A_2=B_2$，$A_1=B_1$，$A_0=B_0$，而级联 $I_{A=B}=1$ 时，可以得出 $A=B$；

当 $A_3=B_3$，$A_2=B_2$，$A_1=B_1$，$A_0=B_0$，而级联 $I_{A<B}=1$ 时，可以得出 $A=B$；

$A<B$ 的比较和 $A>B$ 的比较相似，这里不再赘述。

3. 数值比较器的位扩展

数值比较器的位扩展有串联和并联两种。图 3-47 所示为由两个四位比较器串联而成的八位数值比较器。图中低四位的输出与高四位比较器的 $I_{A>B}$、$I_{A<B}$、$I_{A=B}$ 连接，总的比较结果由高四位的输出端输出。

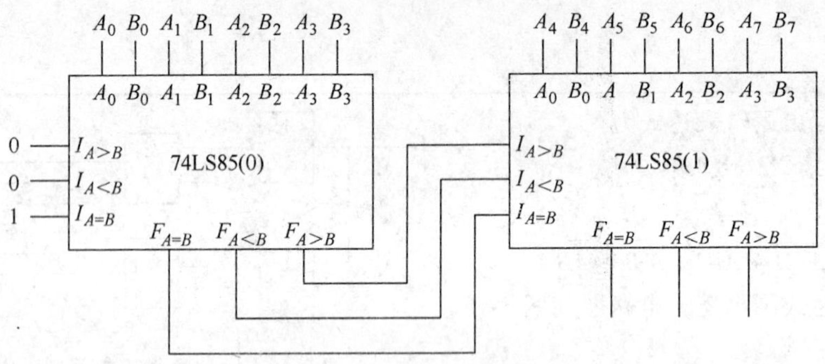

图 3-47 由两个四位比较器串联而成的八位数值比较器

当位数较多而且要求满足一定的速度要求时，可以采用并联方式。图 3-48 所示为 16 位并联数值比较器原理图，共用了五片四位数值比较器 74LS85，前四片是并联方式，后边一片与前四片是串联方式。

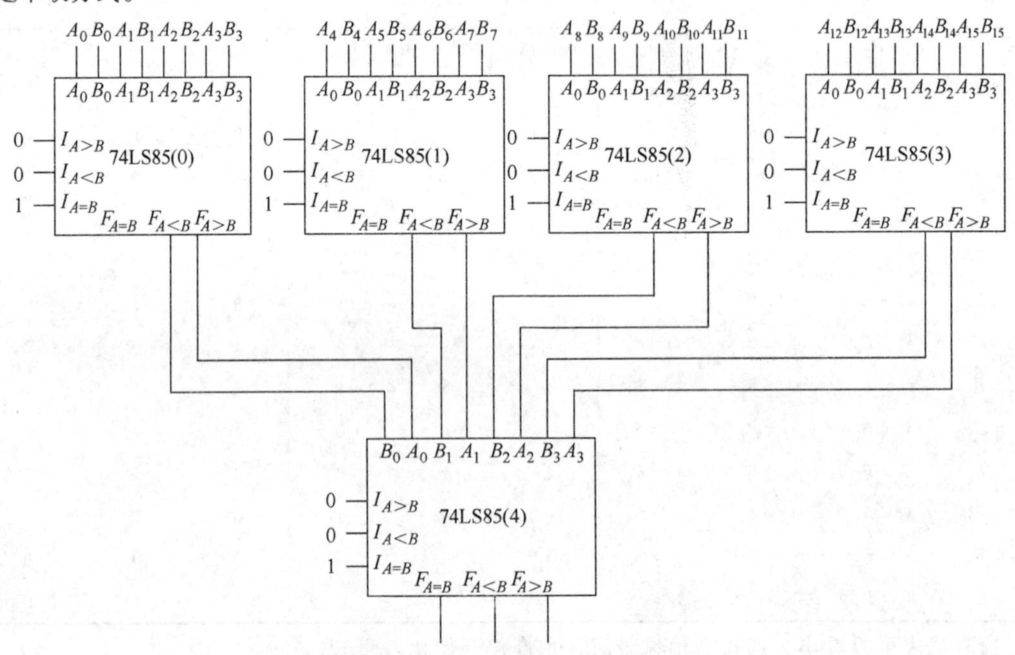

图 3-48 16 位并联数值比较器原理图

本章小结

组合逻辑电路由若干个门电路组合而成，它的特点是不论何时，输出信号仅仅取决于当时的输入信号，而与电路原来所处的状态无关。

组合逻辑电路的分析就是根据给定的逻辑电路图找出输出函数与输入变量之间的逻辑关系。步骤是先写出整个电路的输出函数逻辑表达式并进行化简，再根据逻辑函数表达式列出真值表，最后根据逻辑函数表达式或真值表判断出实现的逻辑功能。

组合逻辑电路的设计就是根据给定的实际问题，分析其中的逻辑关系，确定输入、输出变量，列出真值表，再根据真值表写出逻辑函数表达式并进行化简和变换，最后根据化简或变换后的逻辑函数表达式画出逻辑电路图。

本章介绍了编码器、译码器、数据选择器、数据分配器、加法器、数值比较器等几种常用的中规模组合逻辑器件。重点介绍了译码器、数据选择器、数据分配器、加法器、数值比较器的扩展及应用。

当负载电路对脉冲信号比较敏感时，电路中的竞争冒险将会引起电路的逻辑错误。本章对竞争冒险的产生进行了分析，并提出了判断和消除竞争冒险的方法。

习　题

3-1　分析如图 3-49 所示的组合逻辑电路。

3-2　分析如图 3-50 所示的组合逻辑电路。

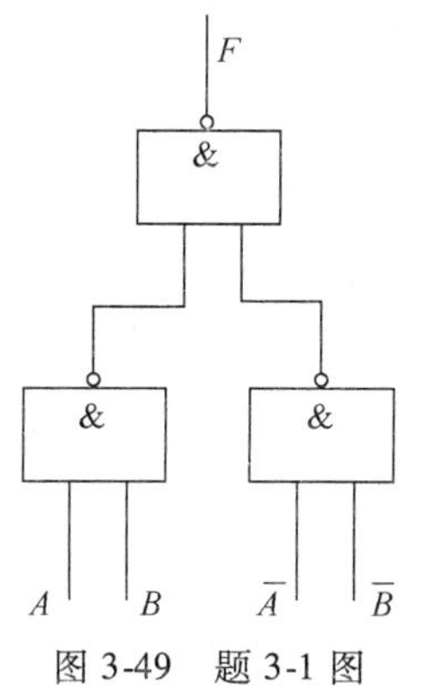

图 3-49　题 3-1 图

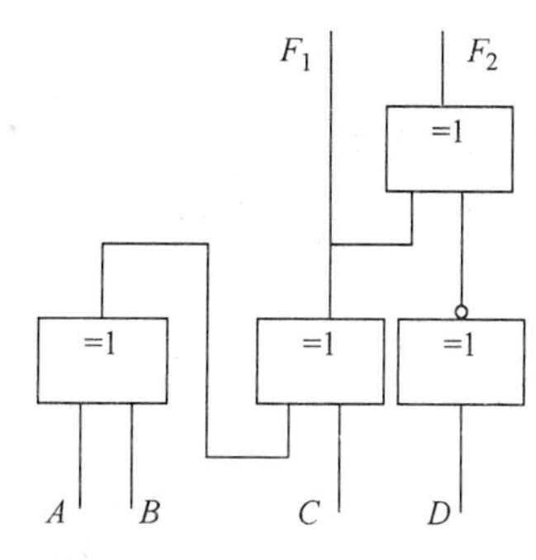

图 3-50　题 3-2 图

3-3　写出如图 3-51 所示电路输出信号的逻辑表达式，并说明其功能。

3-4　写出图 3-52 所示电路输出信号的逻辑表达式，并说明其功能。

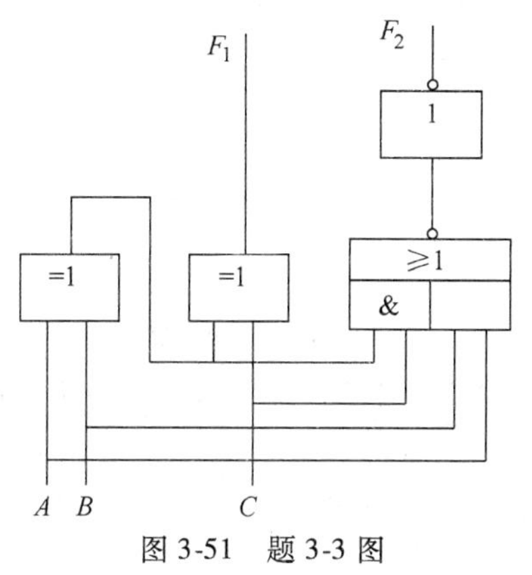

图 3-51　题 3-3 图

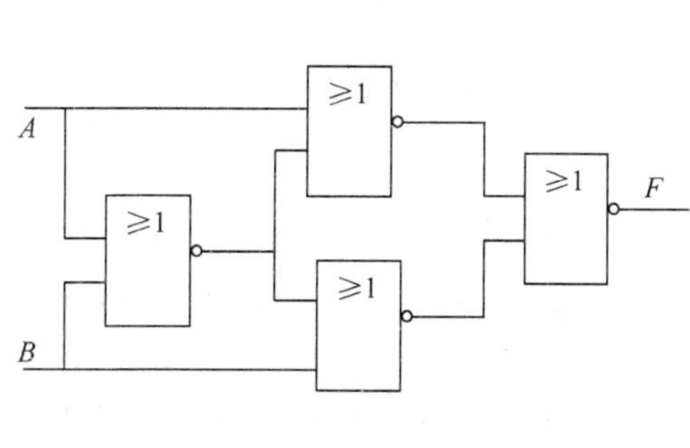

图 3-52　题 3-4 图

3-5 分析如图 3-53 所示逻辑电路的功能。

3-6 分析如图 3-54 所示逻辑电路的功能。

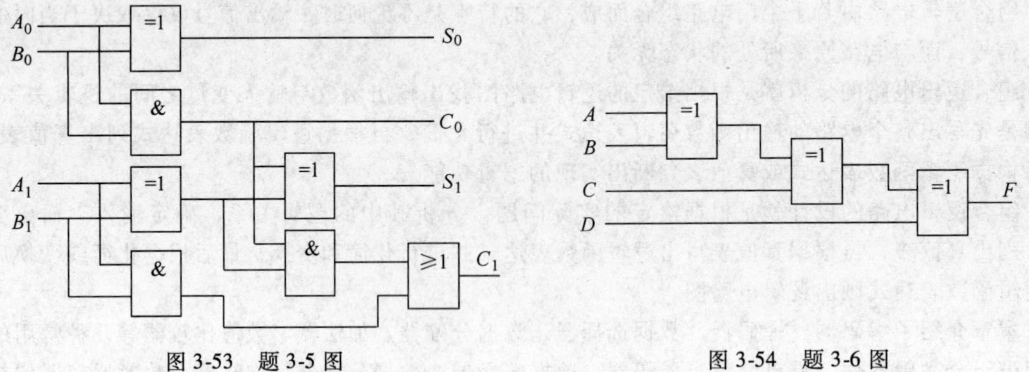

图 3-53 题 3-5 图 图 3-54 题 3-6 图

3-7 分析如图 3-55 所示逻辑电路的功能。

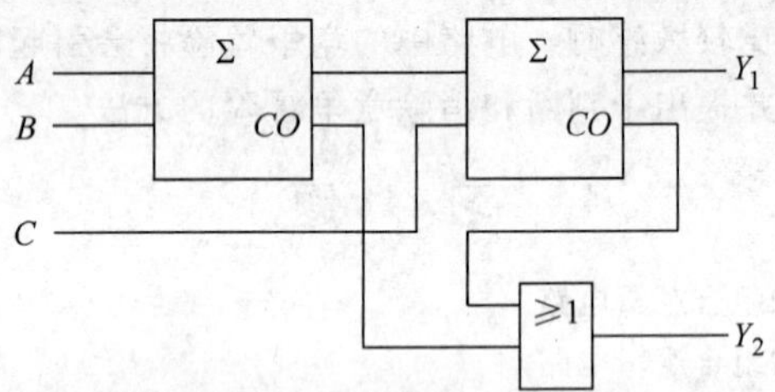

图 3-55 题 3-7 图

3-8 已知图 3-56 所示为一个受 M_1、M_2 控制的原码、反码和 0、1 转换器，试分析该转换器各在 M_1、M_2 的什么状态下实现上述转换。

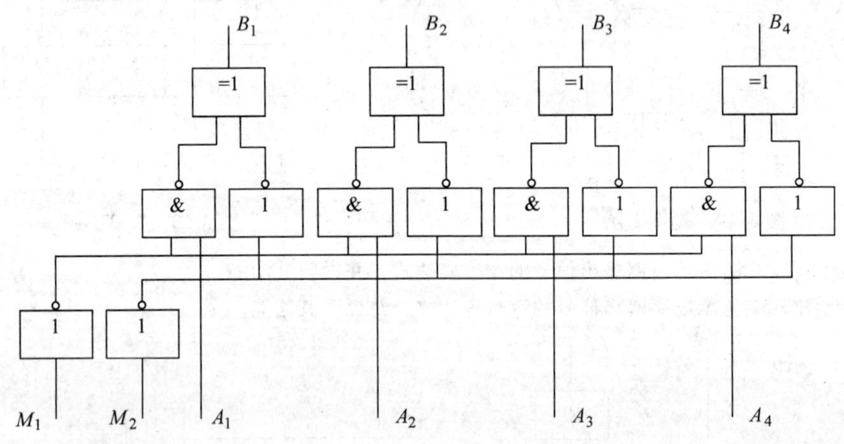

图 3-56 题 3-8 图

3-9 试用与非门设计一个能判别 8421 码所表示的十进制数之值是否大于等于 5 的逻辑电路。

3-10 现有四台设备，每台设备用电均为 10kW。若这四台设备由 A、B 两台发电机供电，其中 A 的功率为 10kW，B 的功率为 20kW；四台设备的工作情况是：四台设备不可能同时工作，但至少有一台工作。试设计一个供电控制逻辑电路，以达到节约用电的目的。

3-11 设计一个检测电路，检测输入的四位二进制码中的 1 的个数是否为奇数，若 1 的个数为奇数则输出为 1，否则输出为 0。

3-12　某足球评委会由一位教练和三位球迷组成，对裁判员的判罚进行表决。当满足以下条件时表示同意：有三人或三人以上同意；或者有两人同意，但其中一人是教练。要求使用两输入与非门设计该表决电路。

3-13　宿舍里只有一盏灯，同住在此宿舍里的三位同学要求在各自床头安装开关，均能独立的控制灯的关或开。用最少的门电路设计一个控制电路满足三位同学的要求。

3-14　某雷达站有三部雷达 A、B、C，其中 A 和 B 功率消耗相等，C 的功率是 A 的两倍。这些雷达由两台发电机 X 和 Y 供电，发电机 X 的最大输出功率等于雷达 A 的功率消耗，发电机 Y 的最大输出功率是 X 的三倍。试设计一个逻辑电路，能够根据各雷达的起动和关闭信号，以最大节约电能的方式起、停发电机。

3-15　试设计一个逻辑电路，它能检测出输入的九位二进制数中 1 的个数是否为奇数个。

3-16　设计一个五人表决电路，参加表决的五个人，同意为 1，不同意为 0；同意过半则表决通过，绿灯亮，否则红灯亮。

3-17　某药房有药材 35 种，编号为 1 ~ 35。在配方时必须遵守下列规定：第 3 号与第 16 号不能同时使用；第 5 号与第 21 号不能同时使用；第 12、22、30 号不能同时使用；用第 7 号时，必须同时配用第 17 号；当第 10 号和第 20 一起使用时，必须同时配用第 6 号。

设计一个组合电路，要求在违反上述任何一项规定时，都能给出指示信号。

3-18　试设计一个组合逻辑电路，能够对输入的四位二进制数进行求反且加 1 运算。

3-19　判断下列函数是否存在竞争冒险，并消除可能出现的冒险。

(1) $F_1 = AB + \bar{A}CD + BC$；

(2) $F_2 = AB\bar{C} + \bar{A}\;\bar{C}D + \bar{A}BC + ACD$。

3-20　判断下列逻辑函数是否有可能产生竞争冒险，如果可能产生竞争冒险，请想办法消除。

(1) $L_1(A,B,C,D) = \sum(5,7,13,15)$；

(2) $L_2(A,B,C,D) = \sum(5,7,8,9,10,11,13,15)$；

(3) $L_3(A,B,C,D) = \sum(0,2,4,6,8,10,12,14)$；

(4) $L_4(A,B,C,D) = \sum(0,2,4,6,12,13,14,15)$。

3-21　判断图 3-57 所示电路是否存在竞争冒险，如存在，请修改电路消除它。

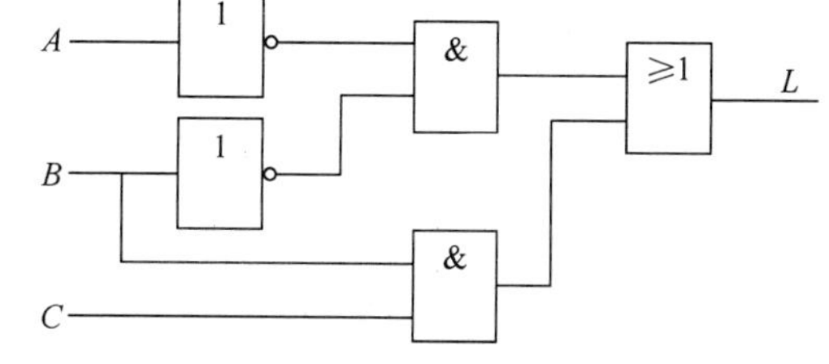

图 3-57　题 3-21 图

3-22　使用与非门设计一个四输入的优先编码器，要求输入、输出及工作状态均为高电平有效。

3-23　试用 2 线-4 线译码器 74X139 构成一个 4 线-16 线译码器。

3-24　使用 74138 和适当的逻辑门实现函数 $F = \bar{A}\,\bar{B}\,\bar{C} + A\bar{B}\,\bar{C} + AB\bar{C} + \bar{A}BC$。

3-25　使用 74138 和门电路设计一个地址译码器，地址范围为 00H ~ 3FH。

3-26　试用 74138 实现下列逻辑函数：

(1) $F(A,B,C,D) = ABD + AB\bar{C} + \bar{A}CD$；

(2) $F = \sum m(0,3,6,9)$；

(3) $F = \sum m(0,2,3,6,7,8) + \sum d(10,11,12,13,14,15)$。

3-27　使用 74138 和必要的门电路设计一个乘法器电路，能实现两位二进制数相乘，并输出结果。（提示：先构成 4 线-16 线译码器）

3-28　用 74HC151 实现下列函数：

(1) $L(A,B,C) = \sum(0,2,4,6,7)$；

(2) $F(A,B,C,D) = \sum(0,3,4,5,7,13,15)$；

(3) $F = AB\bar{C} + \bar{A}\bar{B}\bar{C} + A\bar{B}\bar{C}D + \bar{A}\bar{B}D + ABC + A\bar{B}C\bar{D}$；

(4) $\begin{cases} F = A\bar{B} + BC + CD + DA \\ AB + AC = 0 \end{cases}$。

3-29　使用四选一数据选择器 74HC153 产生逻辑函数 $L(A,B,C) = \sum m(1,2,5,7)$。

3-30　用若干片 74HC151 构成一个两位十六选一数据选择器。

3-31 应用中规模组合逻辑电路设计一个数据传输电路，其功能为在 8 位通道选择信号的控制下，能将 16 个输入数据中的任何一个数据传送到 16 个输出端的任何一个输出端。示意图如图 3-58 所示。

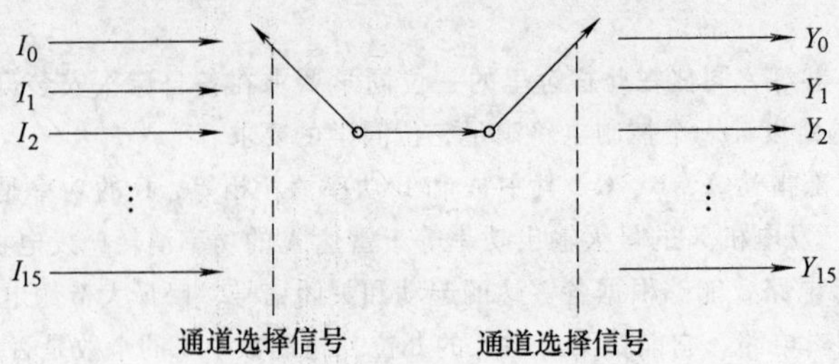

图 3-58 题 3-31 图

3-32 使用数值比较器 74HC85 设计一个能比较两个 6 位数值大小的数值比较器。

3-33 使用数值比较器 74HC85 设计一个能比较两个 12 位数值大小的数值比较器。

3-34 使用与非门和或门设计一个两位的数值比较器。

第 4 章　Verilog HDL 与软件实现

4.1　Verilog HDL 的特点与基本结构

Verilog HDL（Hardware Description Language）是目前应用最为广泛的硬件描述语言之一。Verilog HDL 可以进行系统级、行为级、RTL（Register Transfer Level）级、门级和开关级等各个层次的电路设计和描述。由于代码描述与具体工艺实现无关，因此便于设计标准化，提高设计的可重用性。如果有 C 语言的编程经验，只需很短的时间就能学会和掌握 Verilog HDL。设计者只需在 EDA 工具的支持下，通过 Verilog HDL 在每个抽象层次的描述上，对设计进行仿真验证，及时发现可能存在的设计错误，缩短设计周期，并保证整个设计过程的正确性。

1. 模块的结构

Verilog HDL 将一个数字系统描述为一组模块（Module），每个模块代表硬件电路中的一个逻辑单元，有自己独立的结构和功能以及用于与其他模块之间相互通信的端口。一个模块可以代表一个简单的门电路，或者一个计数器，甚至是一个系统。下面给出模块的基本结构。

```
module <模块名>(<端口列表>)
    <I/O 声明>
    <变量类型声明>
    <功能描述>
endmodule
```

例 4-1　用 Verilog HDL 描述一位加法器。

解：

```
module adder(a,b,sum);
    input a,b;
    output [1:0] sum;
    wire a,b;
    reg [1:0] sum;
    always@ (a or b)   begin
      sum = a + b;
    end
  endmodule
```

从例 4-1 可以看出，一段基本的模块代码主要由三部分组成。

第一部分是模块定义行，定义模块名称和模块的输入、输出端口列表（对应集成电路的引脚）。模块定义的格式为 **module 模块名称（端口 1，端口 2，……，端口 N）**。

模块名称必须与文件名称相同，模块的端口列表必须全部列出放在括号内。例 4-1 中，adder 是模块名，a、b 是模块的输入端口，sum 是模块的输出端口。

第二部分是模块的端口状态、端口位宽和数据类型的说明部分，说明端口是输入端口（input）、输出端口（output）还是双向端口（inout），同时定义端口的数据类型是线网型还是寄存器型以及其他参数的定义等。模块中没有说明的变量，默认为 wire 型，有关 wire 型和 reg 型变量的内容将在后面章节作详细介绍。例 4-1 中，a 和 b 输入端口被定义为 wire 型，sum [1: 0] 输出端口被定义为 reg 型。这些定义和描述可以分散于模块的任何位置，但是变量、寄存器、线网和参数等的说明必须在使用前出现。

第三部分是功能描述的主体部分，对设计的模块进行逻辑功能描述，实现设计要求。例 4-1 中，功能描述部分由 always 语句和 begin-end 串行块构成，只要输入信号中任意一个发生变化时，两个输入的值相加，并将结果赋值给输出信号。

最后一行是结束行，用关键词 endmodule 表示模块的结束。

2. 模块例化

Verilog HDL 的模块例化也称为程序调用，指将已存在的 Verilog HDL 模块作为当前设计的一个组件，设计人员直接送给输入信号即可得到相应的输出信号。通过程序调用，可在顶层模块中将各底层元件用 Verilog HDL 连接起来，逐次封装，形成最终的顶层文件，满足系统设计要求。

Verilog HDL 中模块例化（程序调用）的方法有三种，分别为位置映射法、信号名称映射法和混合映射法。其中信号名称映射法在良好的代码中被广泛采用。其例化语法为

模块名 例化名
(. 端口 1 信号名（连接端口 1 信号名），
. 端口 2 信号名（连接端口 2 信号名），
. 端口 3 信号名（连接端口 3 信号名），……
);

显然，信号名称映射法，利用“.”符号，表明原模块定义时的端口名。将信号名和被引用端口名列出来，不必严格遵守端口顺序，不仅降低了代码易错性，还提高了程序的可读性和可移植性。例如：

```
module compare_app1(result0, a0, b0, result1, a1, b1);
    input [7:0] a0,b0,a1,b1;
    output result0,result1;
//第一次调用比较器子模块，利用信号名称映射法
    compare_core inst_compare_core0(
      .result(result0),.a(a0),.b(b0)
      );
//第二次调用比较器子模块，利用信号名称映射法
    compare_core inst_compare_core1(
        .a(a1),.b(b1),.result(result1)
      );
endmodule
```

4.2 Verilog HDL 要素

4.2.1 标识符与注释

Verilog HDL 源代码是由大量的基本语法元素构成，其中包括标识符、注释、数值、数据类型、运算符和表达式等。

1. 标识符

标识符（Identifier）是赋给对象的唯一名称，通过标识符可以提及相应的对象。标识符必须由字母（a ~ z，A ~ Z）或者下画线开头，字母区分大小写，且后续部分可以是字母、数字、下

划线和 “$” 符号的组合，总长度要小于 1024 个字符长度。下面给出标识符的几个例子。

sdfj-kiu　　　//允许在标识符内部包含下画线

_sdfji　　　//允许以下画线开头，字母区分大小写

与 C 语言一样，Verilog HDL 中也有转义标识符。转义标识符是指以反斜杠 “\” 开头，以空白符（空白符可以是一个空格、一个 Tab 键、一个制表符或者一个换行符等）结尾的任意字符串序列。转义标识符本身没有意义。下面给出几个转义标识符的例子。

\n　　\t　　\\　　\"

\(* +7u)

\23kie　　//可以以任意可打印的字符开头

Verilog HDL 和其他计算机语言一样，有自己的关键字。标识符不能和关键词重复，关键词是小写字母定义的，用户命名时要避免使用。表 4-1 给出了 Verilog HDL 中所有的关键字。

表 4-1　Verilog HDL 中的关键字

always	and	assign	automatic	begin	buf
bufif ( )	bufif1	case	casex	casez	cell
cmos	config	deassign	default	defparam	design
disable	edge	else	end	endcase	endconfig
endfunction	endgenerate	endmodule	endprimitive	endspecify	endtable
endtask	event	for	force	forever	fork
function	generate	genvar	highz ( )	highz1	if
ifnone	incdir	include	initial	inout	input
instance	integer	join	large	liblist	library
localparam	macromodule	medium	module	nand	negedge
nmos	nor	noshowcancelled	not	notif ( )	notif1
or	output	parameter	pmos	posedge	primitive
pull0	pull1	pulldown	pullup	pulsestyle_onevent	pulsestyle_ondetect
rcmos	real	realtime	reg	release	repeat
rnmos	rpmos	rtran	rtranif ( )	rtranif1	scalared
showcancelled	signed	small	specify	specparam	strong ( )
strong1	supply ( )	supply1	table	task	time
tran	tranif ( )	tranif1	tri	tri ( )	tri1
triand	trior	trireg	unsigned	use	vectored
wait	wand	weak ( )	weak1	while	wire
wor	xnor	xor			

2. 注释

在代码中添加注释（Comment）行可以提高代码的可读性和可维护性。Verilog HDL 中有以下两种形式的注释。

1）第一类是单行注释，以 “//” 开始到本行行末结束，不允许续行。

2）第二类是多行注释，以 “/ *” 开始，以 “ * /” 结束，两个符号之间的语句都是注释语句，可扩展到多行。

4.2.2 数据类型

Verilog HDL 的数据类型（Data Types）分常量和变量。Verilog HDL 有整数型、实数型和字符串型三种常量。Verilog HDL 的变量分为线网型和寄存器型两种，这两种变量在定义时要设置位宽，默认为一位，两者在驱动方式、保持方式和对应的硬件实现都不相同。本节主要介绍几种常用的数据类型，其他数据类型可以参考 Verilog HDL 语法手册。

1. 逻辑数值

Verilog HDL 有下列四种基本的逻辑数值（Number）：

1）0 表示逻辑 0 或假；

2）1 表示逻辑 1 或真；

3）x 表示未知；

4）z 表示高阻。

其中 x、z 是不区分大小写的，也可以用？表示 z。

2. 常量

Verilog HDL 中有三类数值常量（Constants），即整数型、实数型和字符串型。

（1）整数型（integer）

Verilog HDL 的整数型可以是十进制、十六进制、八进制或二进制。

整数型定义的格式为 <位宽>'<基数> <数值>。

位宽是常量的位数。基数可以用 b（B）、o（O）、d（D）、h（H）分别表示二进制、八进制、十进制和十六进制，基数默认为十进制数。位宽与基数之间用单引号“'”分隔。数值是基于基数的数字序列。

如果基数定义为 b 或 B，数值可以是 0、1、x（X）、z（Z）。对于基数是 d 或 D 的情况，数值可以是从 0 ~ 9 的任何十进制数，但不可以是 X 或 Z。下面给出一些具体实例。

8'b1100_0001	（8 位二进制数）
9'd6	（9 位十进制数）
8'h3F	（8 位十六进制数）
15	（十进制 15）
'h15	（十六进制 15）
'b01x	（二进制 01x）

需要注意的是，数值常量中的下画线“_”是为了增加可读性，可以忽略，如“8'b1100_0001”是 8 位二进制数。数值常量中的“?”表示高阻状态，如“2'B1?”表示两位二进制数，其中的一位是高阻状态。

（2）实数型（reals）

Verilog HDL 中实数可以用下列两种形式定义：十进制计数法，例如，0.5，128.78329；科学计数法，例如：1.7e8（指数符号可以是 e 或 E）。

实数可以根据四舍五入的原则转换为整数，将实数赋值给一个整数时，这种转换会自行发生。例如，在转化成整数时，实数 25.5 和 25.8 都变成 26，而 25.2 则变成 25。

（3）字符串型（strings）

在 Verilog HDL 中字符串必须写在双引号内，不能分成多行书写。在表达式和赋值语句中，若用字符串作为操作数，其数据类型转换成无符号整数型常量，取值为对应字符的 ASCII 码（一个字符用 8 位二进制数表示）。例如为存储字符串“counter”，变量需要 8 × 7 位。

```
reg[1:8 * 7] Char;
```

Char = "canter"

如果输出特定格式特殊字符，需要一些特殊字符配合。特殊字符见表 4-2。

表 4-2　特殊字符

特殊字符	含　义
\ n	换行
\ t	Tab 键
\ \	反斜杠 \
\ "	引号"
\ 101	用八进制数（101）表示 ASCII 码（41H）
% %	%

例 4-2　字符串

```
module string_test;
    reg[8 * 14 - 1:0] stringvar;
    initial  begin
      stringvar = "hello world";
      $display("% s is stores as % h",stringvar,stringvar);
      stringvar  = {stringvar,"!!!  "};
      $display("% s is stores as % h",stringvar,stringvar);
    end
endmodule
```

结果输出:

Hello world is stord as 00000048656c6c6f20776f726c64

Hello world!!! is stord as 48656c6c6f20776f726c64212121

在 Verilog HDL 字符串赋值过程中，如果字符串的位数超出字符串变量的位数，截掉字符串的高位部分，低位对齐；反之，如果字符串的位数少于字符串变量的位数，高位部分用 0 补齐。例 4-2 中，stringvar 的位宽是 8 × 14 位，即 112 位，而 Hello world 是 8 × 11 位，所以，输出结果的第一行出现三个空格；同理，输出数据的前六位用 0 代替。

3. 参数

参数（Parameters）是一个特殊的常量，经常用来定义时延和变量的宽度等。参数定义的格式为

parameter　参数名 1 = 表达式 1，参数名 2 = 表达式 2，参数名 2 = 表达式 2，…；

例 4-3　参数定义

```
module example_for_parameters(reg_a,bus_addr,…);
        parameter msb = 7,lsb = 0,delay = 10,bus_width = 32;
        reg[msb:lsb]      reg_a;
        reg[bus_width - 1:0]   bus_addr;
        and #delay(out,and1,and2);
        …
endmodule
```

例中用参数 delay 代替延时常数 10，用 bus_width 代替总线宽度常数 32，用 msb 和 lsb 分别代替最高有效位 7 和最低有效位 0，增加了代码的可读性，并方便修改设计。

4. 线网型变量

线网型变量（Nets）的值由驱动元件的值决定，并具有实时更新性。通常表示硬件电路中元

器件间的物理连接。变量的每一位可以是 0、1、x 或 z。

Verilog HDL 提供了多种线网型变量，与电路中各种类型的连线相对应，具体见表 4-3。各种线网型变量在没有驱动源的情况下呈现高阻态（trireg 保持在不定态）。

表 4-3 常用线网型变量及说明

线网型变量	功能说明
wire，tri	标准连线
wor，trior	多重驱动时，具有线或特性的连线
wand，triand	多重驱动时，具有线与特性的连线
tri1，tri0	上拉电阻、下拉电阻
supply1，suply0	电源线、地线
trireg	具有电荷保持特性的连线

wire 型变量是常用的线网型变量，其赋值（也就是驱动）只能通过 assign 语句来完成，不能用于 always 语句中。Verilog HDL 模块的输入、输出端口的默认值就是 wire 型。其定义的格式为：

```
wire in1,in2;                //inl、in2 默认为 1 位宽的线网型变量
wire[7:0] local_bus;         //local_bus 定义为 8 位宽的线网型变量
```

5. 寄存器型变量

寄存器型变量（Registers）具有“寄存”性，即在接受下一次赋值前，保持原值不变。寄存器型变量的默认值是不定值 x。寄存器型变量只能在 always 语句和 initial 语句中被赋值。寄存器型变量没有强度之分，且所有寄存器类变量都必须明确给出类型说明（无默认状态）。寄存器型变量的分类见表 4-4，其中，integer、real 和 time 主要用于纯数学的抽象描述，不对应任何具体的硬件电路。

表 4-4 常用寄存器型变量及说明

寄存器型变量	功能说明
reg	常用的寄存器型变量
integer	32 位带符号整数型变量
real	64 位带符号实数型变量
time	无符号时间变量

reg 型变量是常用的寄存器型变量。寄存器型变量的定义方式为

```
reg in3, in4;           //in3、in4 默认为 1 位宽的寄存器型变量
reg [7: 0] local_bus;   //local_bus 为 8 位宽的寄存器型变量
```

6. 存储器

Verilog HDL 通过对 reg 型变量建立数组来对存储器（Memories）建模，可以描述 RAM、ROM 存储器和寄存器数组。数组中的每一个单元通过一个证书索引进行寻址。Memory 型通过扩展 reg 型数据的地址范围来达到二维数组的效果。其定义的格式为

```
reg[wordsize-1:0] memory_name[memsize-1:0];
```

例如：

```
parameter wordsize = 16, memsize = 1024;
reg[wordsize-1:0] mem_ram[memsize-1:0];
```

定义了一个由 1024 个 16 位寄存器构成的存储器，即存储器的字长为 16 位，容量为 1KB。

尽管 memory 类型变量和 reg 类型变量的定义格式很相似，但要注意其不同之处。例如，一个由 n 个 1 位寄存器构成的存储器组是不同于一个 n 位寄存器的。

reg[n-1:0]　rega;　　　　//一个 n 位寄存器

reg mema[n-1:0]　　　　//一个由 n 个 1 位寄存器构成的存储器组

如果想对 memory 中的存储单元进行读/写操作，则必须指定该单元在存储器中的地址。例如：

mema[4]=0;　　　　//将 memory 中的第四个存储单元赋值为 0

进行寻址的地址索引可以是表达式，这样就可以对存储器中的不同单元进行操作。

4.2.3　运算符

运算符是 Verilog HDL 预定义的函数符号，这些函数符号对被操作的对象（即操作数）进行规定的运算。在 Verilog HDL 中，按运算符所带操作数的个数，运算符可分为三种：

1）单目运算符（Unary Operator），可以带一个操作数，操作数放在运算符的右边；

2）双目运算符（Binary Operabr），可以带两个操作数，操作数放在运算符的两边；

3）三目运算符（Ternary Operator），可以带三个操作数，操作数被运算符隔开。

Verilog HDL 中运算符可以分为九类，见表 4-5。

表 4-5　Verilog HDL 的运算符

运算符分类	所含运算符
1. 算术运算符	+，-，*，/，%
2. 逻辑运算符	!，&&，||
3. 位运算符	~，&，|，^，^~或~^
4. 缩位运算符	&，~&，|，~|，^~或~^
5. 关系运算符	<，>，<=，>=
6. 相等与全等运算符	==，!=，===，!==
7. 逻辑移位运算符	<<，>>
8. 连接运算符	{} 例如 {exp1，exp2，…，expN}
9. 条件运算符	? 例如 cond_exp? exp1：exp2

1. 算术运算符

在 Verilog HDL 中，算术运算符（Arithmetic Operators）又称为二进制运算符，包括：

1）“+”为加法运算符，或正值运算符，如 a+b，+3；

2）“-”为减法运算符，或负值运算符，如 a-3，-3；

3）“*”为乘法运算符，如 a*3；

4）“/”为除法运算符，如 5/3；

5）“%”为求余运算符，要求“%”两边均为整型数据，如 7%3 的值为 1。

2. 逻辑运算符

在 Verilog 中有三种逻辑运算符（Logical Operators）：

1）“&&”为逻辑与，例如 a&&b 表示 a 和 b 相与；

2）“‖”为逻辑或，例如 b‖c 表示 a 和 b 相或；

3）“!”为逻辑非，例如！a 表示 a 的非。

“&&”和“‖”是双目运算符，“!”是单目运算符。在逻辑运算符的运算中，若操作数是 1 位的，逻辑运算的真值表见表 4-6。

若操作数不止一位，应将操作数作为一个整体来对待，即如果操作数的各位全是 0，则相当于逻辑 0，只要某一位是 1，则操作数整体看作逻辑 1。逻辑运算符的运算结果是一位的。例如 a

的数值是 4'b0110，b 的数值是 4'b0000，则！ a = 0，! b = 1，a&&b = 0，a ‖ b = 1。

表 4-6 逻辑运算真值表

a	b	! a	! b	a&&b	a ‖ b
0	0	1	1	0	0
0	1	1	0	0	1
1	0	0	1	0	1
1	1	0	0	1	1

3. 位逻辑运算符

电路中信号的与、或、非运算，对应于 Verilog HDL 中操作数的位运算。位逻辑运算符（Bit-wise Operators）是对两个操作数按位依次进行逻辑运算。Verilog HDL 有五种位逻辑运算符："~"为按位取反（非运算），"&"为按位与，"|"为按位或，"^"为按位异或，"^~"或"~^"为按位同或（异或非）。

位运算符中除了"~"是单目运算符以外，其余均为双目运算符。两个长度不同的数据进行位运算时，系统会自动地将两者按右端对齐。位数少的操作数会在相应的高位用 0 填满，以使两个操作数按位进行操作。例如，设 A = 8'b11010001，B = 5'b11001，则有

~A = 8'b00101110，A&B = 8'b00010001，A | B = 8'b11011001，A^B = 8'b11001000，A^~B = 8'b00110111。

4. 缩位运算符

Verilog HDL 有六种缩位运算符（Reduction Operators），即"&"（与）、"~&"（与非）、"|"（或）、"~|"（或非）、"^"（异或）、"^~"或"~^"（同或）。

缩位运算符是单目运算符，对单个操作数的各位进行与、或、非等操作。操作符放在操作数的前面，运算的结果是一位逻辑值 0 或 1。其具体运算过程如下：先将操作数的第一位与第二位进行逻辑运算，再将运算结果与第三位进行逻辑运算，依次类推，直至最后一位。

&A 等效于（(A [0] &A [1]) &A [2]) &A [3]。例如：若 a = 5'b1000l，b = 4'b1111，则有 | a 的数值等于 1，&b 的数值等于 1。

5. 关系运算符

关系运算符（Relational Operators）有四种，即">"（大于）、"> ="（大于等于）、"<"（小于）、"< ="（小于等于）。

其中"< ="操作符也用于表示信号过程赋值语句。在进行关系运算时，如果操作数之间的关系成立，返回值为 1；反之关系不成立返回值为 0。若某一个操作数的值不定，则关系是模糊的，返回值是不定值 x。

6. 等式运算符

等式运算符（Equality Operators）有四种，即"= ="（相等）、"! ="（不相等）、"= = ="（全等）、"! = ="（不全等）。

等式运算符都是双目远算符，得到的结果是一位逻辑值。等式运算符的比较是按位进行的，不同之处在于不定态或高阻态的运算。在进行相等运算（= =）时，如果任何一个操作数中存在 x 或 z，结果为 x；不含 x 和 z 时，与普通比较相同。而在全等运算（= = =）时，将含有 x 和 z 的位也进行比较，两个操作数必须完全一致，其结果为 1，否则，结果为 0。相等与全等运算符见表 4-7。

例如，设 A = 8'b1101xx01，B = 8'b1101xx01，则 A = = B 的结果为 x；A = = = B 的结果为 1。

表 4-7　相等与全等运算符

运算符	运算规则
a = = = b	按位比较，含 x 或 z 的位参与比较，a 与 b 完全相等，结果为 1
a! = = b	按位比较，含 x 或 z 的位参与比较，a 与 b 不相等，结果为 1
a = = b	a 和 b 中含有 x 或 z，结果为 x a 和 b 中不含有 x 或 z，完全相等，结果为 1
a! = b	a 和 b 中含有 x 或 z，结果为 x；a 和 b 中不含有 x 或 z，不相等，结果为 1

7. 逻辑移位运算符

逻辑移位运算符（Shift Operators）包括"< <"（左移）和"> >"（右移）。

其用法如下：

```
a > >n;          //a 右移 n 位,从左边开始用 0 填补移出的位数
b < <n;          //b 左移 n 位,从右边开始用 0 填补移出的位数
```

例如，设 A = 8'b11010001，则 A > >4 的结果是 A = 8'b00001101；A < <4 的结果是 A = 8'b00010000。移位操作符常用于移位寄存器的设计。

8. 位连接运算符

位连接运算符（Concatenations）是将两个或多个信号的某些位拼接起来，其操作符为"{}"，使用格式为{exp1,exp2,…,expN},例如,{a[1:0],b[3:2]}　等于{a[1],a[0],b[3],b[2]}。

9. 条件运算符

条件运算符（Conditional Operater）是唯一的一个三目运算符，其符号为"?:"，使用格式为**操作数 = <条件表达式>? <条件为真表达式>: <条件为假时的表达式>**，即当条件为真（条件结果为 1）时，操作数 = 表达式 1；条件为假（条件结果为 0）时，操作数 = 表达式 2。例如对二选一的 MUX 采用如下描述：

```
Out1 = select ? input1 : input2;
```

即 select = 1 时，输出为 input1，否则为 input2。

在 Verilog HDL 中，不同的操作符具有不同的优先等级，见表 4-8。如果同一个表达式中包含多个不同的操作符，则需要遵从优先级的顺序。可以通过添加括号的方式，使运算次序清晰，提高代码的可读性。

表 4-8　运算符的优先级顺序表

<table>
<tr><th colspan="2">运算符</th><th>优先级</th></tr>
<tr><td>+、-</td><td>正、负</td><td rowspan="2">最高</td></tr>
<tr><td>!、~</td><td>单目</td></tr>
<tr><td>&、~&、^、~^、|、~|</td><td>缩位运算符</td><td rowspan="6">↓</td></tr>
<tr><td>*、/、%、+、-</td><td>算术运算符</td></tr>
<tr><td>< <、> ></td><td>逻辑移位运算符</td></tr>
<tr><td><、< =、>、> =</td><td>关系运算符</td></tr>
<tr><td>= =、! =、= = =、! = =</td><td>相等与全等运算符</td></tr>
<tr><td>&、^、~^、|</td><td>位逻辑运算符</td></tr>
<tr><td>&&、||</td><td>逻辑运算符</td><td rowspan="2">最低</td></tr>
<tr><td>?:</td><td>条件运算符</td></tr>
</table>

4.2.4 编译预处理语句

编译预处理是 Verilog HDL 编译系统的一个组成部分，编译系统会对一些特殊命令进行预处理，然后将预处理结果和源代码一起进行编译处理。以“`”（反引号）开始的某些标识符是编译预处理语句，且结束时没有分号。在使用 Verilog HDL 编译时，特定的编译器指令在整个编译过程中有效（编译过程可跨越多个文件），直到遇到其他的不同编译程序指令。Verilog HDL 完整的编译预处理语句如下：

`define `undef `ifdef `else `endif `default_nettpe

`include `resetall `timescale `unconnected_drive `nounconnected_drive

`celldefine `endcelldefine

本小节主要介绍常用的编译指令，其他编译指令的使用可以参考 Verilog HDL 语法手册。

1. 宏定义`define

`define 指令是一个宏定义命令，通过一个指定的标识符来代表一个字符串，可以增加程序的可读性和可维护性。和 C 语言的#defne 类似，可以用于模块的任意位置，通常写在模块的外面，有效范围是从宏定义开始到源代码描述结束。此外，建议采用大写字母表示宏名，以便于与变量名相区别。宏定义的格式为

`define <宏名> <宏定义的文本内容>

每条宏定义语句只可以定义一个宏替换，且结束时没有“;”，否则，分号也将作为宏定义内容。在调用宏定义时，也需要用反引号“`”作开头，后面跟随宏定义的宏名。通过下面的示例可知，采用宏定义能够提高代码的可读性和可移植性。

```
`define  WORDSIZE  8
reg[1:`WORDSIZE]   data;
`define sum ina + inb + inc
    ...
assign out = `sum + ind
```

parameter 也能进行文本替换，但是二者的不同之处在于，parameter 只能对常数进行参数定义，而`define 则能够对任意内容进行替换。使用宏替换的作用是仅仅局限在替换能够提高程序的可读性上。

2. 条件编译命令`if

条件编译指令包括`ifdef、`else、`endif。其应用格式有下列两类：

```
(1)`ifdef MacroName
        语句块;
   `endif
(2)`ifdef MacroName
        语句块1;
   `else
        语句块2;
   `endif
```

可以看出，`else 程序指令对于`ifdef 指令是可选的。条件编译语句可以在程序的任何地方调用，其规则如下：

1) 如果宏的名字已经用了`define 定义，那么只编译 Verilog 代码的第一个块；

2) 如果没有定义宏的名字而且出现`else 伪指令，那么只编译 Verilog 代码的第二个块；

3）这些伪指令可以嵌套；

4）不被编译的代码都应是有效的 Verilog 代码。

3. 仿真时间尺度`timescale

仿真时间尺度定义仿真器的时间单位和时间精度。在仿真时间尺度中，时间单位用来定义模块内部仿真时间和延迟时间的基准单位；时间精度用来声明该模块仿真时间的精确程度。其格式为

`timescale <时间单位>/<时间精度>

时间单位和时间精度都是由整数和计时单位组成的。合法的整数有 1、10、100；合法的计时单位为 s、ms(10^{-3}s)、μs(10^{-6}s)、ns(10^{-9}s)、ps(10^{-12}s)和 fs(10^{-15}s)。例如`timescale 1 ns/100ps 表示以 1ns 作为仿真的时间单位，时延精度为 100ps。

时间精度和时间单位的差别最好不要太大，因为在仿真过程中，仿真时间是以时间精度累计的，两者差异越大，仿真花费的时间就越长。另外，时间精度值不能大于时间单位值。如果一个设计中存在多个`timescale，则采用最小的时间单位。

下面给出几种常用延时模型的表示方法：

（1）门延时

```
and # 10gatea(out,a1,b1);    //门延时是指从门的输入端发生变化到输出发生变化的延迟时间
```

（2）assign 赋值延时

```
assign #10y = c|d;           //等号右端变量发生变化到等号左端发生相应变化的延迟时间
```

（3）寄存器变量的仿真延时

```
initial   begin
     #10   y =0;             //从仿真开始在 10ns 时刻执行该语句
     #20   y =1;             //从仿真开始在 30ns 时刻执行该语句
     …
end
```

4. 文件包含`include

`include 编译器指令的作用是在文件编译过程中，将语句中指定的源代码全部包含到另外一个文件中。格式为

`include“文件名”

例如：`include “global. v”

　　`include “c:/library/mux. v”

其中，文件名中可以指定包含文件的路径，既可以是相对路径名，也可以是完整的路径名。每条文件包含语句只能够用于一个文件的包含，但是允许嵌套包含，即包含的文件中允许再去包含另外一个文件。

例 4-4　文件包含`include 的应用。

```
`include “adder. v”,
module adderl6(cout,sum,a,b,cin);
     output cout;
     parameter my_size = 16;
     output[my_size - 1:0] sum;
     input[my_size - 1:0] a,b;
     input cin;
     adder my_adder(cout,sum,a,b,cin);
```

```
endmodule

module adder(cout,sum,a,b,cin);
    parameter size = 16;
    output cout;
    output[size - 1:0] sum;
    input cin;
    input[size - 1:0] a,b;
    assign{cout sum} = a + b + cin;
endmodule
```

4.2.5 系统任务与系统函数

在 Verilog HDL 中,以“$”字符开始的标识符表示系统任务或系统函数。系统任务和函数是在语言中预定义的任务和函数,和用户自定义任务和函数类似(自定义任务和函数将在 4.3.5 节中介绍),系统任务可以返回 0 个或多个值,且系统任务可以带有延迟。系统任务功能非常强大,主要分为以下几类:

1) 显示任务;

2) 文件输入、输出任务;

3) 时间标度任务;

4) 仿真控制任务;

5) 时序验证任务;

6) 仿真时间函数;

7) 实数变化函数;

8) 概率分布函数。

下面介绍在设计和仿真过程中常用的系统任务与系统函数功能。

1. 系统任务$display 与$write

$display 与$write 都属显示类系统任务(Display System Tasks),主要用于仿真过程中,将一些基本信息或仿真的结果按照用户指定的格式输出。两者的区别是$display 在数据结束后可以自动换行,而$write 需要使用换行符才能实现换行。

两者的调用格式为

$display (“显示格式控制符”,输出变量列表)

$write (“显示格式控制符”,输出变量列表)

表 4-9 给出了常用显示格式控制符。使用$display 可以显示字符串,设计者只需将要显示的内容用双引号括起来就可以了,例如:

$display (“error accurs here\n”);

其中的“\n”是转义符,表示输出结束后换行。

表 4-9 常用显示格式控制符

格式控制符	输出格式
% h 或 % H	以十六进制数的形式输出
% d 或 % D	以十进制数的形式输出
% o 或 % O	以八进制数的形式输出

（续）

格式控制符	输出格式
% b 或 % B	以二进制数的形式输出
% c 或 % C	以 ASCII 进制数的形式输出
% s 或 % S	以字符串的形式输出
% v 或 % V	输出线网型数据的驱动强度
% m 或 % M	输出模块的名称

例 4-5　显示系统任务的调用。

```
module disp_exp;
reg[31:0]   rval;
initial     begin
        rval = 101;
        $display("rval = % h hex % d decimal",rval,rval);
        $display("rval = % o octal\nrval = % b bin",rval,rval);
        $display("rval has % c ascii character value",rval);
        $display("current scope is % m");
        $display("% s is ascii value for 101\n",101);
        $wirte("rval = % h hex % d decimal",rval,rval);
        $wirte("rval = % o octal\nrval = % b bin",rval,rval);
        $wirte("rval has % c ascii character value\n",rval);
        $wirte("current scope is % m");
        $wirte("% s is ascii value for 101\n",101);
      end
endmodule
```

显示结果为

```
rval = 00000065 hex     101 decimal
rval = 00000000145 octal
rval = 00000000000000000000000001100101 bin
rval has e ascii character value
current scope is disp_exp
e is ascii value for 101
rval = 00000065 hex     101 decimalrval = 00000000145 octal
rval = 00000000000000000000000001100101 binrval has e ascii character value
current scope is disp_exp e is ascii value for 101
```

2. 系统任务$monitor

系统任务$monitor 也属于显示类系统任务，同样用于仿真过程中基本信息或仿真结果的输出。其使用格式为

$monitor（"显示格式控制符"，输出变量列表）;

这里的显示格式控制符与$display 和$write 中定义的完全相同，不同之处在于$display 和$write 只有执行到该语句时才进行相应的显示操作，而$monitor 就像一个独立的监视器，具有监控功能，每当输出变量列表中的变量发生变化，$monitor 任务就执行一次，即整个参数列表中变量或表达式的值都将输出显示。

3. 系统任务$readmem

系统任务$readmem 常用于存储器的初始化，可以将一个文本文件中的数值赋予存储器。$readmem 可以在仿真的任何时刻被执行。文本文件中的数值可以是二进制的（使用$readmemb 读取数值），也可以是十六进制的（使用$readmemh 读取数值）。系统任务调用的格式为

$readmemb(“<数据文件名>”,<存储器名>,<起始地址>,<结束地址>);

$readmemh (“<数据文件名>”,<存储器名>,<起始地址>,<结束地址>);

使用这两个系统任务时需要注意以下三点：

1）起始地址和结束地址可以省略。如果省略起始地址，那么表示从首地址开始存储；如果省略结束地址，那么表示一直存储到存储器的结束地址。

2）数据文件中的数据宽度应与存储器的位宽保持一致，并且用空格分隔属于不同存储单元的数据。

3）数据文件中的第一个数据对应存储到存储器的起始地址中，也可以使用“@地址”的方式在数据文件中指明数据所属的存储单元，这里的地址是十六进制数。

例 4-6 八位 MCU 测试代码以及数据文件的部分内容。

```
//RAM 的定义
reg     [7:0]     mn[0:65535];
write   [7:0]     data_in
reg     [7:0]     data_out  //输出数据的设计
//输出数据的设计
always@(posedge clk)begin
     if(RW)    data_out = #4 ram[ADDRESS];
     else      data_out = #4 8'h22;
end
//输入数据的设计
always @ (negedge CLK) begin  //@(negedge CLK)行为语句 是信号跳变沿事件语句
        if( ~ RW) #4 ram[ADDRESS] = data_in;
end
//测试矢量库的调入
initial  begin
        $readmemh("c:/SimFile/00_test_all. txt",ram);
        //$readmemh("c:/SimFile/01_test_lda. txt",ram);
        //$readmemh("c:/SimFile/02_test_ldxldy. txt",ram);
...
end
```

数据文件"c:/SimFile/00_test_all. txt"的内容为

```
@0000
23
23
23
45
65
67
```

```
…
@ fff0
23
34
54
67
…
```

例 4-6 中调用的系统任务是$readmemh，因此数据文件中采用十六进制数据。此外，RAM 的存放过程是按照定义中指定的顺序变化的，即从 0 开始到 65535 结束。

4. 系统任务$stop 与$finish

$stop 与$finish 用于控制仿真过程。$stop 表示暂停当前仿真过程，$finish 表示结束当前仿真过程。两者的调用格式为

$finish;

$finish (N);

$stop;

$stop (N);

这里的 N 可以取 0，1 或 2，0 表示不打印显示任何信息；1 表示打印显示仿真时间和具体位置，这也是默认取值；2 表示打印显示仿真时间和具体位置，同时给出仿真过程中内存和 CPU 占有时间情况。

例如：** Note : $finish: time. v(13)

Time: 300ns Iteration: 0 Instance: /test

5. 系统函数$time 与$realtime

$time 与$realtime 是显示仿真时间类系统函数（Simulation Time System Functions），被调用时，返回当前的仿真时刻值。两者的区别在于$time 返回的是整数时间值，$realtime 返回的是实数时间值。这两个系统任务经常与显示任务配合使用。

例 4-7　$time 与$monitor 应用示例。

```
`timescale 1 ns/1 ps
module show1;
    parameter DELAY = 10.1;
    integer a;
    initial  begin
        #delay a = 1;
        #delay a = 2;
    end
    initial  $monitor($time,"a = ",a);
endmodule
```

仿真后输出显示结果为

```
#0     a = x
#10    a = 1
#20    a = 2
```

如果将$time 改为$realtime，那么仿真后输出显示为

```
#0      a = x
```

#10.1　　a = 1.0

#20.2　　a = 2.0

需要注意的是，使用$realtime时仿真时间精度必须同时给予支持，例如这里如果选取`timescale 1 ns/1 ns，那么使用$realtime也无法正确显示。

6. 系统函数$random

$random是一个随机数产生系统任务，它的使用格式为

$random% ［数值］;

如果省略数值，则执行任务将返回一个32位的等概率有符号随机数。若给出一个具体数值m，则返回一个在 -m+1 到 m-1 之间的等概率随机数，例如：

$random%16　//m=16，可以用于产生一个 -15 到 +15 之间的随机数

它的本质是通过$random产生一个32位随机数，然后对它进行模16运算，运算结果就是希望得到的数值。

由于位拼接操作返回的是无符号数，可以利用位拼运算符产生0～m-1之间的随机数，例如：

reg[9:0] data;

data = {$random}%1024　//m=1024，可以用于产生一个0～1023之间的等概率随机数

4.3 Verilog HDL基本语句

语句是构成Verilog HDL程序不可缺少的部分，可以用于仿真、综合的语句只是Verilog HDL的一个子集。不同的仿真器、综合器支持的HDL语句集不同。Verilog HDL的语句包括赋值语句（Assignments）、条件语句（Conditional Statement）、循环语句、块语句（Block Statements）、结构化语句（Structured Procedures）、task语句和function函数。其中，赋值语句又包括连续赋值语句（Continuous Assignments）和过程赋值语句（Procedural Assignments），条件语句包括If-else语句和case语句，循环语句包括for，repeat，while，forever，块语句包括串行块和并行块，结构化语句包括initial语句和always语句。

在这些语句中，有些语句属于顺序执行语句，有些属于并行执行语句。顺序语句与传统计算机编程语句类似，是按程序书写的顺序自上而下一条一条地执行。并行语句是Verilog HDL最具有特色的语句结构，它在设计模块中的执行是同时进行的，或者说是并行运行的，其执行方式与语句书写的顺序无关。当多条并行语句都满足执行条件时，它们同时运行。

4.3.1 赋值语句

Verilog HDL中赋值语句是对线网型和寄存器型变量赋值，分为连续赋值语句和过程赋值语句。两者主要区别如下：

（1）赋值对象不同。连续赋值语句用于对线网型变量赋值，过程赋值语句用于对寄存器变量赋值。

（2）赋值实现方式不同。线网型变量被连续赋值语句赋值后，赋值语句右端表达式中信号有任何变化，都会立即对左端的线网型变量进行更新操作；而过程赋值语句只在语句被执行到时，赋值过程才能够进行，赋值过程的具体执行时间还受到各种因素的影响。

（3）语句结构不同。连续赋值语句以关键词assign为先导，过程赋值语句不需要任何先导关键词，但是，过程赋值语句的赋值分为阻塞型和非阻塞型。

（4）语句出现的位置不同。连续赋值语句不能出现在过程块中，过程赋值语句只能出现在

过程块中。

下面分别介绍连续赋值语句和过程赋值语句的具体应用。

1. assign 连续赋值语句

assign 连续赋值语句只能用于对线网型变量进行赋值。其基本的语法格式为

线网型变量类型 [线网型变量位宽] 线网型变量名;

assign # [delay] <线网型变量名> = <赋值表达式>; //delay 是赋值延时时间

例 4-8　四位加法器的 verilog 描述。

```
module adder(sum_out,carry_out,carry_in,ina,inb);
    output[3:0] sum_out;
    output carry_out;
    input[3:0] ina,inb;
    input carry_in;
    wire carry_out,carry_in;
    wire [3:0] sum_out,ina,inb;
    assign {carry_out,sum_out} = ina + inb + carry_in;
    //通过连续赋值语句对需要进位的位和运算结果统一赋值
endmodule
```

2. 过程赋值语句

过程赋值语句主要用于 initial 模块和 always 模块中，对寄存器型变量赋值。它有两种赋值形式，分别为阻塞型过程赋值（Procedural Assignments）和非阻塞型过程赋值（Nonblocking Procedural Assignments），其赋值语句的基本格式分别为

<寄存器型变量> = <表达式>;　　//阻塞型过程赋值

<寄存器型变量> < = <表达式>;　　//非阻塞型过程赋值

例如：

```
reg c;
always @ (a)     begin          //@ (a) 行为语句是电平触发事件控制语句
    c = 1'b0;                   //阻塞型过程赋值语句
end
```

3. 阻塞型过程赋值与非阻塞型过程赋值的深入理解

阻塞型过程赋值和非阻塞型过程赋值的主要区别如下：

1）阻塞型过程赋值语句由符号“=”来完成，“阻塞”即在当前的赋值完成前阻塞其他类型的赋值任务，但是如果右端表达式中含有延时语句，则在延时没有结束前不会阻塞其他赋值任务。阻塞型过程赋值语句的执行受到前后顺序的影响，只有在第一条阻塞型过程赋值语句执行完之后才可以执行第二条阻塞型过程赋值语句。不同的阻塞型过程赋值顺序会有不同的结果。

2）非阻塞型过程赋值语句由符号“< =”来完成，“非阻塞型过程赋值”即在一个时间步的开始估计右端表达式的值，并在这个时间步结束时用等式右边的值更新取代左端表达式。在估计右端表达式和更新左端表达式的中间时间段，其他的对左端表达式的非阻塞型过程赋值可以被执行。即“非阻塞型过程赋值”从估计右端表达式开始并不阻碍执行其他的非阻塞型过程赋值任务。从某个角度讲，非阻塞型过程赋值语句的执行顺序与并行块的执行十分相似。非阻塞型过程赋值语句的结果与语句出现顺序无关。

实践表明，遵循以下编码风格可以大大减少设计中的错误和提高设计效率。

①　对组合逻辑建模采用阻塞型过程赋值。

② 对时序逻辑建模采用非阻塞型过程赋值。

③ 用多个 always 块分别对组合和时序逻辑建模。

④ 不要在同一个 always 块里面混合使用阻塞型过程赋值和非阻塞型过程赋值，如果在同一个 always 块里面既为组合逻辑又为时序逻辑建模，应使用非阻塞型过程赋值。

⑤ 当为锁存器（Latch）建模时，使用非阻塞型过程赋值。

例 4-9 阻塞型过程赋值语句与非阻塞型过程赋值语句的比较。

```
module blk_nonblk(out_a, out_b, out_c, out_d, data_in, clock);
    input  data_in, clock;
    output  out_a, out_b, out_c, out_d;
    reg  out_a, out_b, out_c, out_d;
    always@ (posedge clock)     begin
        out_a = data_in;            //block assignment
        out_b = out_a;              //block assignment
    end
    always@ (posedge clock)     begin
        out_c  <= data_in;          //nonblock assignment
        out_d  <= out_c;            //nonblock assignment
    end
endmodule
```

在例 4-9 中，分别通过阻塞型过程赋值语句对 out_a、out_b 赋值，非阻塞型过程赋值语句对 out_c、out_d 赋值。从图 4-1 中可以看到，out_a、out_b 和 out_c 的波形图完全一致，但是 out_d 比 out_c 晚了一个时钟周期。

图 4-1 例 4-9 的仿真波形图

例 4-10 例 4-9 的测试程序。

```
module test_blk_nonblk;
    reg  data_in,clock;
    wire  out_a, out_b, out_c, out_d;
    blk_nonblk blk_nonblk(out_a, out_b, out_c, out_d, data_in, clock);
    initial  begin
        clock = 0; data_in = 0;
        #40       data_in = 1;
    end

    always #50 clock = ~clock;
    always #100 data_in = ~data_in;
```

```
    initial  begin
    #1000   $stop;
    #20     $finish;
    end
endmodule
```

例 4-10 中两种赋值语句的综合结果如图 4-2、图 4-3 所示。

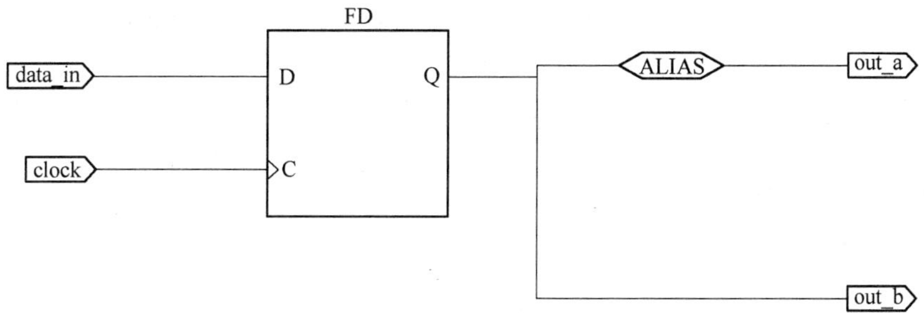

图 4-2　例 4-9 阻塞型过程赋值语句的综合结果

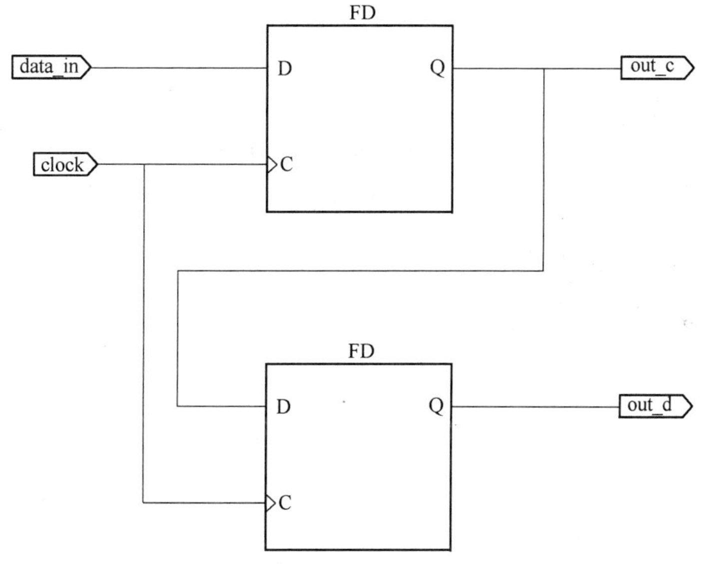

图 4-3　例 4-9 非阻塞型过程赋值语句的综合结果

4.3.2　条件语句

1. if 语句

Verilog HDL 中的 if 语句与 C 语言中的十分类似，使用起来也很简单，其使用方法有以下三种。

(1) if (条件 1)　　语句块 1;

(2) if (条件 1)　　语句块 1;
else　语句块 2;

(3) if (条件 1)　　　语句块 1;
else if (条件 2)　　语句块 2;
…
else if (条件 n)　　语句块 n;

```
else                    语句块 n+1;
```

在上面三种方式中，“条件”一般为逻辑表达式或者关系表达式，也可以是一位的变量。如果表达式的值出现0，x，z，则全部按照“假”处理；若为1，则按“真”处理。

第三种情况下，如果条件1的表达式为真，那么执行语句块1，否则语句块1不被执行，然后依次判断条件2至条件n是否满足，如果满足就执行相应的语句块，最后跳出if语句，模块结束。如果所有的条件都不满足，则执行最后一个else分支。

在多重if语句嵌套时，语句块中无论是单句还是多句，都通过“begin-end”块括起来，这样便于检查if与else的匹配。

在应用中，else if分支的语句数目由实际情况决定；else分支可缺省，但在组合逻辑中可能导致设计功能失败，因此，尽量保持if语句分支的完整性。

例4-11 一个四路数据选择器的设计。

```
module sel_4(sel_in, data_a_in, data_b_in, data_c_in, data_d_in, data_out);
    input [1:0]   sel_in;
    input [4:0]   data_a_in, data_b_in, data_c_in, data_d_in;
    output [4:0]  data_out;

    reg [4:0]     data_out;

    always@ ( data_a_in or data_b_in or data_c_in or data_d_in or sel_in) begin
      if(sel_in==2'b00) begin
        data_out <= data_a_in;
      end
      else if(sel_in==2'b01) begin
        data_out <= data_b_in;
      end
      else if(sel_in==2'b10) begin
        data_out <= data_c_in;
      end
      else begin
        data_out <= data_d_in;
      end
    end
endmodule
```

上述程序在ISE Simulator中的仿真结果如图4-4所示，验证了设计的正确性。

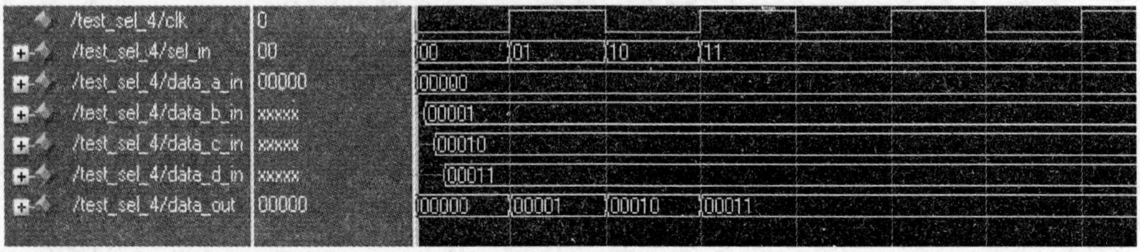

图4-4 例4-10的仿真结果

2. case 语句

case 语句是一个多路条件分支形式，常用于多路译码器、状态机以及微处理器的指令译码等场合，有 case、casez 和 casex 三种形式。

（1） cace 语句

case 语句的语法格式为

case（<条件表达式>）

值 1：　语句块 1；

值 2：　语句块 2；

……

值 n：　语句块 n

default：　语句块 n+1；

endcase

case 语句首先对条件表达式求值，然后与给定的值 1、值 2、……、值 n 进行比较，当与某个给定值相等时，执行该给定值后面相应的语句块。如果与所有给定的值都不等时，执行 default 值后面的语句块。

例 4-12　case 语句实现 3 线-8 线译码器

```
module decode3_8(data_in,data_out);
  input[2:0] data_in;
  output[7:0] data_out;
  reg[7:0]  data_out;
  always@ (data_in)  begin
    case(data_in)
      3'b000: data_out = 8'b00000001;
      3'b001: data_out = 8'b00000010;
      3'b010: data_out = 8'b00000100;
      3'b011: data_out = 8'b00001000;
      3'b100: data_out = 8'b00010000;
      3'b101: data_out = 8'b00100000;
      3'b110: data_out = 8'b01000000;
      3'b111: data_out = 8'b10000000;
    endcase
  end
endmodule
```

（2） casez 和 casex 语句

Verilog HDL 针对电路的特性提供了 case 语句的另外两种形式 casez 和 casex，用来处理分支项中存在 z 和 x 的情况。casez 语句的语法格式为

casez（<条件表达式>）

值 1：　语句块 1；

值 2：　语句块 2；

……

值 n：　语句块 n；

default：　语句块 n+1；

endcase

casez 语句认为，如果给定的值中有某一位（或某几位）是高阻态（z），则认为该位为“真”，条件表达式与给定值比较时不予判断，只需比较其他位。当其他位也为“真”时，执行该给定值后面相应的语句块命令。若条件表达式按上述方法与所有给定值比较都不为“真”时，执行 default 值后面的语句块。

casex 语句的语法格式为

```
casex（<条件表达式>）
    值1：   语句块1;
    值2：   语句块2;
    ……
    值n：   语句块n;
    defaut：   语句块n+1;
    endcase
```

casex 语句认为，如果给定的值中有某一位（或某几位）是高阻态（z）或不定态（x），同样认为该位为“真”，条件表达式与给定值比较时不予判断，只需比较其他位。当其他位比较也为“真”时，执行该给定值后面相应的语句块命令。若条件表达式按上述方法与所有给定值比较都不为“真”时，执行 default 值后面的语句块。

例 4-13 casez 语句使用示例。

```
reg[1:0] a,b;
casez(b)
    2'b1z: a=2'b00;
    2'bz1: a=2'b11;
endcase
```

例 4-14 首“1”位置检测电路。

```
//该电路用于检测输入数据中从低位到高位第一个“1”出现的位置
module first_one_location (data_in,location);
    input[3:0] data_in;
    output[2:0] location;
    reg[2:0] location;
    always@(data_in)  begin
      casex(data_in)
        4'bxxx1: location=1;
        4'bxx10: location=2;
        4'bx100: location=3;
        4'b1000: location=4;
        default: location=0;
      endcase
    end
endmodule
```

4.3.3 循环语句

Verilog HDL 中有 for、repeat、while、forever 四种类型的循环语句，其中前三种语句是“可综合”的，而 forever 语句是不可综合的。

1. for 语句

与 C 语言中完全相同，for 循环语句实现的循环是一种“条件循环”，其描述格式为

for（循环变量赋初值；循环执行条件；循环变量增值）

循环体语句的语句块；

例如：for（i = 0；i< =6；i=i+1），即在第一次循环开始前，对循环变量赋初值；循环开始后，判断初值是否符合循环条件，如果符合，执行块语句，然后给循环变量增值；再次判断是否符合循环条件，如果不符合循环条件，循环过程终止。

可以看出，“循环变量赋初值”语句只在第一次循环开始之前被执行一次，“循环执行条件”在每次循环开始之前都会被执行，“循环变量增值”语句在每次循环结束之后被执行。

例 4-15　采用 for 语句统计输入数据中包含零比特的个数。

```
module counter_zero(data_in. count);
    input[7:0] data_in;
    output[2:0] count;
    reg[2:0] count;
    reg[2:0] count_aux;
    always@ (data_in) begin
      count_aux = 3'b000;
      for(i = 0;i < 8;i = i + 1) begin
        if(! a[i])
          count_aux count_aux + 1;
      end
      count = count_aux;
    end
endmodule
```

2. repeat 语句

repeat 循环语句的语法形式为

repeat（循环次数表达式]　begin

语句块；

end

该语句中的表达式是常量表达式，给出了语句块的循环次数。

例 4-16　采用 repeat 语句实现两个 8 位二进制数乘法。

```
module mult_8b_repeat(data_a,data_b,data_out);
    parameter bsize = 8;
    input[bsize - 1:0] data_a, data_b;
    output[2 * bsize - 1:0] data_out;

    reg[2 * bsize - 1:0] data_a _temp,data_out;
    reg[bsize - 1:0] data_b_temp;

    always@ ( data_a or data_b) begin
        data_out = 0;
```

```
        data_a_temp = data_a;
        data_b_temp = data_b;
        repeat (bsize) begin
        if(data_b_temp [0])
          data_out = data_out + temp_a;
            data_a_temp = data_a_temp <<1;
          data_b_temp = data_b_temp <<1;
    end
  end
endmodule
```

3. while 语句

while 循环语句的描述格式为

while（循环执行条件表达式） begin

语句块；

end

while 语句在执行时，首先判断循环执行表达式是否为真，如果为真，执行后面的语句块，然后再返回判断循环执行条件表达式是否为真，依据判断结果确定是否继续执行。while 语句是不停地执行某一条语句，直至循环条件不满足时退出。如果循环执行表达式在开始不为真，那么语句块将永远不会被执行。

例 4-17 通过 while 语句实现从 0 到 10 的求和。

```
initial begin
    sum =0;
    count =0;
    while(count <11) begin
      count = count + sum;
      count = count +1;
    end
end
```

4. forever 语句

forever 语句可以无条件地连续执行语句，其描述格式为

forever 语句块；

forever 语句多用在 initial 块中，经常用在测试代码中，以产生时钟或其他周期性波形，是不可综合语句。

例 4-18 通过 forever 语句生成 50MHz 的时钟信号。

```
`timescale 1 ns/100ps
initial  begin
        clock = 0;
        forever #10 clock = ~clock;
      end
```

4.3.4 块语句

块语句用来将两条或多条语句组合在一起，使其在格式上更像一条语句。块语句有串行块

(begin-end) 和并行块 (fork-join) 两种，begin-end 语句通常用来启动按照给定顺序执行的串行激励 (Sequential Block)，fork-join 语句用来启动多个任务同时并行执行的并行激励 (Parallel Block)。

1. 串行块

串行块的特点如下：

1) 串行块中的每条语句都依据块中的排列次序顺序执行。

2) 串行块中每条语句的延时都是相对于前一条语句执行结束的相对时间。

3) 串行块的起始执行时间是块中第一条语句开始执行的时间，结束时间是最后一条语句执行结束的时间。

2. 并行块

并行块的特点如下：

1) 并行块内的语句是同时开始执行的，当仿真进程进入到并行块之后，块内各条语句同时独立地开始执行，与排列次序无关。

2) 并行块中每条语句的延时都是相对于整个并行块开始执行时刻的绝对延时。

3) 当并行块所有语句都执行完后，仿真程序才跳出并行块。整个并行块的执行时间等于执行时间最长的那条语句所执行的时间。

4) 并行块可以和串行块混合嵌套使用。内层语句块可以看成外层语句块中的一条普通语句，内层语句块在什么时候执行由外层语句块的规则决定；而在内层语句块开始执行后，其内部各条语句的执行要遵守内层语句块的规则。

例 4-19 串行块与并行块。

```
`timescale 1 ns/100ps
module sequential_parallel;
    parameter delay = 50;
    reg[7:0] data_a, data_b;
    initial
    begin
      #delay  data_a = 8'h35;
      # delay  data_a = 8'hE2;
      # delay  data_a = 8'h00;
      # delay  data_a = 8'hF7;
    end

    initial
    fork
      #50     para = 8'h35;
      #100    para = 8'hE2;
      #150    para = 8'h00;
      #200    para = 8'hF7;
    join

    initial
    begin
```

```
        #400    $stop;
        #30     $finish;
    end
endmodule
```

例 4-18 的仿真波形如图 4-5 所示。

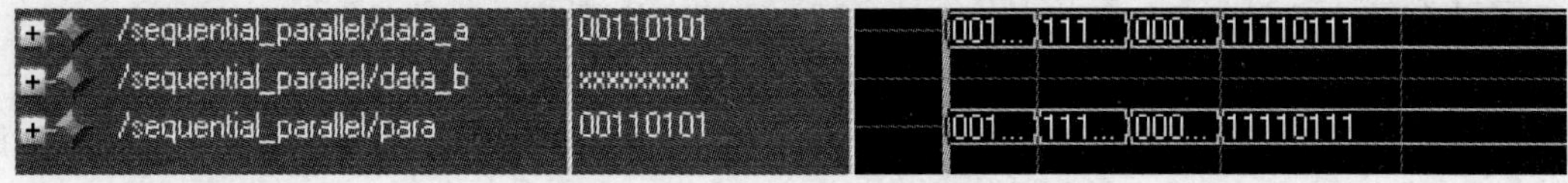

图 4-5 例 4-18 的仿真波形图

4.3.5 结构声明语句

Verilog HDL 中，对具有某种独立功能的电路，都是放在过程块中描述的，而任何过程块都是放在结构声明语句中的。结构声明语句包括 initial 语句、always 语句、task（任务）语句和 function（函数）语句四种结构。

1. initial 语句

initial 语句的语法格式为

```
initial  begin
    语句 1;
    语句 2;
    ……
    语句 n;
end
```

initial 语句本身是并行语句，在一个模块内部可以有任意多个 initial 语句。块内由顺序语句组成，块中被赋值的对象是 reg 型，块语句只执行一次。initial 语句主要用于电路仿真建立测试模块和变量的初始化。下面介绍几种 initial 语句。

（1）无时延控制的 initial 语句

```
reg  a;
...
initial
  a = 4;          //initial 语句从 0 时刻开始执行，寄存器变量 a 在 0 时刻被赋值为 4
...
```

（2）带时延控制的 initial 语句

```
reg b;
...
intial
  #5 b = 3;   // initial 语句从 0 时刻开始执行，寄存器变量 b 在时刻 5 被赋值为 3
  ...
```

（3）带顺序过程块（begin-end）的 initial 语句

```
reg c;
...
initial   begin
```

```
        c = 0;          // initial 语句从 0 时刻开始执行，寄存器变量 c 在 0 时刻时被赋值为 0
    #10c =1;            //寄存器变量 c 在时刻 10 时又被赋值为 1
end
```

2. always 语句

always 语句在仿真过程中是不断重复执行的，其语法格式为

always <时序控制>　begin

　　语句块;

end

always 语句本身是并行语句，在一个模块内部可以有任意多个 always 语句，都是从仿真的起始时刻开始执行的。块内由顺序语句组成，块中被赋值的对象是 reg 型，与 initial 语句不同的是，always 语句循环地重复执行后面的语句块，直到仿真结束。下面介绍几种 always 语句。

（1）不带时序控制的 always 语句

```
always clock = ~ clock;                 //always 语句在 0 时刻无限循环
```

（2）带时延控制的 always 语句

```
always
#100 clock = ~clock;                    //产生一个时钟信号
```

（3）带事件控制的 always 语句

```
always@ (a) begin                       //带电平触发的事件控制
    data = data_in;
end

always@ (posedge clock)                 //在时钟上升沿,对数据赋值
    data_a = data_in;
always@ (negedge clock)                 //在时钟下降沿,对数据赋值
    data_b = datai_in;
always@ (negedge clock or posedge reset)
                                        //在时钟下降沿或者在 reset 上升沿,对数值赋值
begin
...
end
```

Verilog HDL 模块中，可以将一些重复描述或功能比较单一的部分作为一个相对独立模块进行描述，在设计中可以被其他模块多次调用。任务和函数能够实现这种结构化的设计。

3. task 语句

在 Verilog HDL 模块中，task 语句可用来定义单独完成某个具体任务，并被模块或其他任务调用。任务的定义与调用都在一个模块内部完成，任务内部可以包含时序控制，即时延控制，并且任务也能调用任何任务（包括其本身）和函数。

可以被调用的任务必须事先用 task 语句定义，定义的格式为

task 任务名称;

　　<端口声明语句>

　　<数据类型声明语句>

　　<语句 1>

<语句 2>

…

<语句 n>

endtask

任务定义与模块定义的格式相同，区别在于任务用 task - endtask 语句来定义，而且没有端口名列表。

任务调用语句可以在 initial 和 always 语句中使用，任务调用的格式为

任务名称（端口名列表）;

使用任务时，需要注意以下几点：

1）任务的定义和调用必须在同一个模块内。

2）定义任务时，没有端口名列表，但要进行端口和数据类型声明。

3）当任务被调用时，任务被激活。任务名称与被调用的任务名称相同，调用时，需要列出端口列表，端口名和类型必须与任务定义中的排序和类型一致。

4）任务调用中接收数据的端口的数据类型必须是寄存器类型。

5）一个任务可以调用别的任务或函数，且个数不限。

例 4-20 通过任务调用实现 3 位全加器电路。

```
module three_bits_full_adder(data_in_a,data_in_b,data_in_c,sum,data_out_c);
    input[2:0] data_in_a,data_in_b;
    input data_in_c;
    output[2:0] sum;
    reg[2:0] sum;
    output data_out_c;
    reg[3:0] c_temp;
    integer J;

    task one_bit_full_adder;
         input A,B,CarryIn;
        output Sum,CarryOut;
        begin
           Sum = A^B^CarryIn;
           CarryOut = (A&B) | (A& CarryIn) | (B& CarryIn);
        end
    endtask

    always@( data_in_a or data_in_b or data_in_c)
        begin
           c_temp[0] = data_in_c;
        for(J = 0;J < 3;J = J + 1)
           one_bit_full_adder(data_in_a[J],data_in_b[J],c_temp[J],sum[J],c_temp[J + 1]);
        end
    assign cout = c_temp[3];
```

```
endmodule
```

4. function 语句

function 语句与 task 语句一样，也可以在模块中的不同位置执行同一段代码；不同之处是函数只能返回一个数值，它不能包含任何时间控制语句。函数定义的格式为

```
function <返回值的类型或范围>(函数名称);
    <输入端口与数据类型说明>
    <局部变量说明>
    begin
        <语句 1>
        <语句 2>
        …
        <语句 n>
    end
endfunction
```

其中，“输入端口与数据类型说明”语句是一个可选项，若没有该语句，则返回值为 1 位 reg 型数据。

函数的调用是将函数作为表达式中的操作数来实现的。其调用格式为

函数名称 (<表达式 1>，<表达式 2>，…<表达式 n>)；

函数的定义与调用需注意以下几点：

1）函数的定义和调用必须在同一个模块内，函数名称与要调用的函数名称相同，表达式 1、表达式 2、……、表达式 n 的值是按顺序传递给在函数定义中的输入端口。

2）定义函数时至少有一个输入变量。

3）函数定义中不能包含任何时间控制语句。

4）函数定义时，隐含声明了一个与函数名同名的 reg 型变量，函数的值返回给该 reg 型变量。

5）函数可以调用其他函数，但不能调用任务。

例 4-21　通过函数的调用实现阶乘运算。

```
module  try_factorial;
    function[31:0] factorial;              //define the function
        input[3:0] operand;
        reg[3:0] i;
        begin
        factorial = 1;
        for(i = 2; i < = operand; i = i + 1)
        factorial = i * factorial;
        end
    endfunction
    integer result,n;  //test the function
    initial  begin
        for(n = 0;n < =7;n = n +1)  begin
          result = factorial(n);
          $display("%d factorial = %d", n , result );
```

```
        end
    end
endmodule
```

输出显示结果为

```
0 factorial = 1
1 factorial = 1
2 factorial = 2
3 factorial = 6
4 factorial = 24
5 factorial = 120
6 factorial = 720
7 factorial = 5040
```

5. 任务与函数的区别

1）函数需要在一个仿真时间单位内完成，而任务定义中可以包含任意类型的定时控制语句。

2）函数不能调用任务，而任务可以调用任何任务和函数。

3）任务只可在过程语句中使用，不能在连续赋值语句中使用，而函数在过程语句和连续赋值语句中都可以使用。

4）函数只允许有输入变量且至少有一个，不能够有输出端口和输入输出端口，而任务可以没有任何端口，也可以包括各种类型的端口。

5）启动任务需要用一条完整的语句，不向表达式返回值，而启动函数只需要将函数名包含在表达式中即可，函数通过函数名返回一个值，并且只返回一个结果。例如：

```
task1 (output, inputl, input2);        //调用任务 task1
assign y = function1 (x);              //调用函数 function1
```

4.4 Verilog HDL 门元件和结构描述方式

4.4.1 门元件

Verilog HDL 可以在系统级、行为级、RTL 级、门级和开关级等多层次对数字系统进行描述，前三种属于行为描述方式，是常用的描述方式，而门级和开关级都属于低层次的结构描述方式，类似于传统的手工设计模式，常用于描述结构简单的逻辑电路。

Verilog HDL 定义了 12 个基本门元件，分为多输入门、多输出门和三态门三大类。结构描述的每一语句都是模块例化语句，是 Verilog HDL 本身提供的功能模块。

1. 多输入门

多输入门有一个或多个输入端口，只有一个输出端口。Verilog HDL 有六个多输入门，分别是与门（and）、与非门（nand）、或门（or）、或非门（nor）、异或门（xor）和同或门（nxor）。其调用格式为

门类型 <例化门的名称>（输出端口，输入端口列表）;

例如：　nand　na01 (na_out, a, b, c);

表示一个名称为 na01 的与非门，输出为 na_out，输入为 a，b，c。

多输入门的共同点有：

1）只有一个输出端口，有一个或多个输入端口；

2）第一个端口是输出，其他端口是输入；

3）各输入端口是对等的，无位置、优先级等区别。

多输入门的真值表见表 4-10 ~ 表 4-15。真值表的第一行和第一列的各项分别表示两个输入端的输入，其他项为输出端的输出；在输入端的 z 和 x 的处理相同；多输入门的输出不可能是 z。

表 4-10　and 真值表

and	0	1	x	z
0	0	0	0	0
1	0	1	x	x
x	0	x	x	x
z	0	x	x	x

表 4-11　nand 直值表

nand	0	1	x	z
0	1	1	1	1
1	1	0	x	x
x	1	x	x	x
z	1	x	x	x

表 4-12　or 真值表

or	0	1	x	z
0	0	1	x	x
1	1	1	1	1
x	x	1	x	x
z	x	1	x	x

表 4-13　nor 真值表

nor	0	1	x	z
0	1	0	x	x
1	0	0	0	0
x	x	0	x	x
z	x	0	x	x

表 4-14　xor 真值表

xor	0	1	x	z
0	0	1	x	x
1	1	0	x	x
x	x	x	x	x
z	x	x	x	x

表 4-15　xnor 真值表

xnor	0	1	x	z
0	1	0	x	x
1	0	1	x	x
x	x	x	x	x
z	x	x	x	x

2. 多输出门

多输出门有一个或多个输出端口，只有一个输入端口。Verilog HDL 有缓冲器（buf）和非门（not）两个多输出门。

多输出门的调用格式为

门类型 <例化门的名称>（输出端口列表，输入端口）；

例如：　not B1（out1，out2，int）；

表示该门类型为非门，单元名为 B1，有两个输出端口，一个输入端口。

这两种多输出门的共同特点有：

1）只有一个输入端口，但有一个或多个输出端口；

2）最后一个端口是输入端口，其他端口是输出端口。

多输出门的真值表见表 4-16 和表 4-17。

表 4-16　buf 真值表

输入	0	1	x	z
输出	0	1	x	x

表 4-17　not 真值表

输入	0	1	x	z
输出	1	0	x	x

3. 三态门

三态门有一个输入端口、一个输出端口和一个使能控制端口。Verilog HDL 有四个三态门，分别是低电平使能的缓冲器（bufif0）、高电平使能的缓冲器（bufif1）、低电平使能的非门（notif0）、高电平使能的非门（notif1）。

三态门的的调用格式为

门类型 <例化门的名称>（输出端口，输入端口，使能控制端口）；

例如：bufif0 C1（out，int1，en）；

表示该门类型为低电平使能的缓冲器，单元名为 C1，int1 是一个输入端口，out 是一个输出端口，en 是一个使能控制端口。

三态门的真值表见表 4-18 ~ 表 4-21。

表 4-18　bufif0 真值表

输入 \ 控制端	0	1	x	z
0	0	z	z	z
1	1	z	z	z
x	x	z	x	x
z	x	z	x	x

表 4-19　bufif1 真值表

输入 \ 控制端	0	1	x	z
0	z	0	z	z
1	z	1	z	z
x	z	x	x	x
z	z	x	x	x

表 4-20　notif0 真值表

输入 \ 控制端	0	1	x	z
0	1	z	z	z
1	0	z	z	z
x	x	z	x	x
z	x	z	x	x

表 4-21　notif1 真值表

控制端 / 输入	0	1	x	z
0	z	1	z	z
1	z	0	z	z
x	z	x	x	x
z	z	x	x	x

4.4.2　Verilog HDL 电路设计描述方式

Verilog HDL 程序设计有四种描述方式，即结构描述方式、数据流描述方式、行为描述方式和混合设计描述方式。

1. 结构描述方式

结构描述方式基于基本门元件的设计，要求设计者首先将电路功能转换成逻辑组合，再搭建门电路来实现，是数字电路最底层的设计手段。下面给出一些门级数字电路设计的实例。

例 4-22　一位全加器的门级电路设计。

```
module one_bit_add1(data_a,data_b,in_c,sum, out_c);
        input   data_a, data_b, in_c;
        output  sum, out_c;
        wire  S1, T1, T2, T3;
        xor  X1(S1, A, B),
             X2(sum,S1, in_c);
        and  A1(T3, A, B),
             A2(T2, B, in_c),
             A3(T1, A, in_c);
        or   O1(out_c ,T1,T2,T3);
endmodule
```

例 4-23　如图 4-6 所示，三态门的门级描述及读写操作。

```
module sram(data_out,data_in, r_enable, w_enable);
     onput data_out;
     iutput data_in,r_enable,w_enable;
     tire net1,net2;
     bufif1 gate1 (net1,data_in,w_enable);
     notif1 gate4 (data_out,net2,r_enable);
     not #(pull0,pull1) gate2(net2,net1),gate3(net1,net2);
endmodule
```

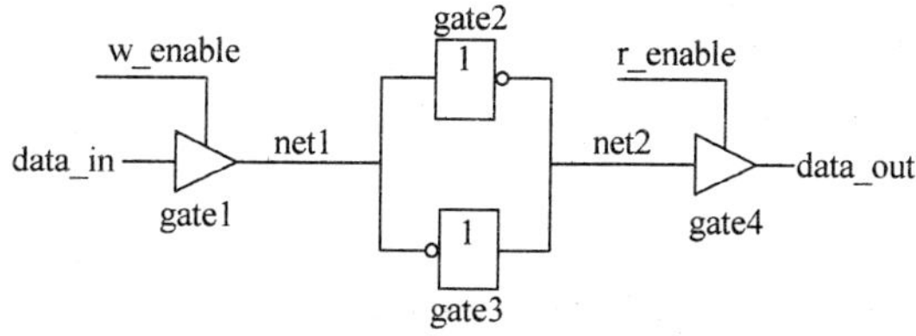

图 4-6　例 4-22 的门级描述电路图

2. 数据流描述方式

流控制描述一般都采用 assign 连续赋值语句对线网型变量赋值，主要用于完成简单的组合逻辑功能。其基本语法格式为

assign #[delay] 变量名 = 表达式；

例 4-24 一位全加器的数据流描述。

```
module one_bit_add2(data_a,data_b,in_c,sum, out_c);
    input  data_a, data_b, in_c;
    output  sum, out_c;
    assign sum = data_a ^ data_b ^ in_c;
    assign out_c = ( data_a & data_b)|( data_b & in_c)|( in_c & data_a);
endmodule
```

3. 行为描述方式

Verilog HDL 中经常使用 initial 语句和 always 语句进行行为功能描述，它们的语法结构在 4.3.1 节中已做介绍。在整个仿真过程中，initial 模块语句只执行一次，而 always 模块语句则执行多次。initial 模块是面向仿真的，是不可综合的，通常用来描述测试模块的初始化、信号和波形生成等功能；always 模块是可综合的，主要对硬件功能的行为进行描述。

例 4-25 一位全加器的行为描述。

```
module one_bit_add3(data_a,data_b,in_c,sum, out_c);
    input  data_a, data_b, in_c;
    output  sum, out_c;
    reg  sum, out_c;
    reg T1,T2,T3;
    always @ (data_a or data_b or in_c)  begin
        sum = (data_a^ data_b)^ in_c;
        T1 = data_a& data_b;
        T2 = data_b& in_c;
        T3 = data_a& in_c;
        out_c = (T1|T2)|T3;
    end
endmodule
```

4. 混合设计描述方式

上面三种描述方式在一个模块中可以同时存在。来自 always 语句和 initial 语句（寄存器类型由过程赋值语句驱动）的值能够驱动门开或关，而来自于门或连续赋值语句（用来驱动线网）的值能够反过来用于触发 always 语句和 initial 语句。

例 4-26 一位全加器的混合描述。

```
module one_bit_add4 (data_a,data_b,in_c,sum, out_c);
    input  data_a, data_b, in_c;
    output  sum, out_c;
    reg out_c,T1,T2,T3;
    wire S1;
    always @ (data_a or data_b or in_c)  begin
        T1 = data_a& data_b;
```

```
            T2 = data_b&in_c;
            T3 = data_a&in_c;
            out_c = (T1|T2)|T3;
        end
        xor x1(S1, data_a , data_b);
        assign sum = S1^ in_c;
    endmodule
```

4.5　仿真验证与可综合设计

4.5.1　仿真验证

仿真（Simulation）是对所设计的电路或系统输入测试信号，然后根据其输出信号和期望值是否一致得到设计正确与否的结论。即对硬件描述和设计结果进行调试（Debug）、验证（Verification）的方法之一。

Verilog HDL 不仅可以描述设计，还能提供对激励、控制、存储响应和设计验证的建模能力。Verilog HDL 测试代码主要用于产生测试激励波形以及输出响应数据的收集。要对设计进行仿真验证，必须有仿真软件的支持。按照 HDL 类型，可将仿真软件分为 Verilog HDL 仿真器、VHDL 仿真器和混合仿真器三大类。常用的仿真工具有 Mentor Graphic 公司的 ModelSim、Cadence 公司的 NC-Verilog 和 Verilog-XL 以及 Xilinx 公司的 ISE Simulator 等，这些工具都能提供 Verilog HDL 和 VHDL 的混合仿真。其中，ModelSim 和 ISE Simulator 能快速完成功能和时序仿真。

传统的仿真过程是建立测试矢量（Test Vector）——仿真——与标准数据文件（Golden File）比较。但是 Verilog HDL 更倾向于把上述过程集中在一个统一的测试文件（Test File 或 Test Fixture）里，对待测电路（Design Under Vertification，DUV）施加仿真输入矢量，通过观察该设计在仿真输入矢量作用下的反应（如波形图，与期望的仿真输出矢量比较）来判断是否达到设计目标。仿真示意图如图 4-7 所示。

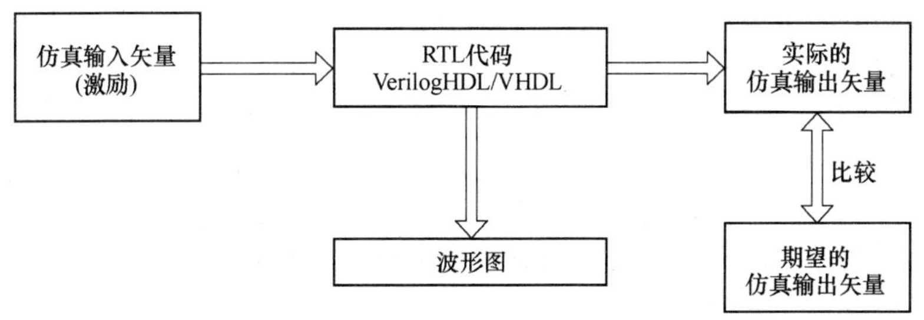

图 4-7　仿真示意图

测试文件是一个没有输入和输出的顶层模块，包括被测模块的实例化以及通过 initial 行为描述施加的测试矢量，仿真结果的显示或输出以及辅助模块的例化和各种必须环境的建立。典型的测试文件结构形式为

```
module   module_name;
    //数据类型声明
    //被测模块的例化
    //施加测试矢量
    //显示仿真结果
```

```
endmodule
```

例 4-27 典型测试模块的代码编写风格。

```
`timescale  1 ns/100ps
module tb_cmultip;
//输入信号向量
reg clk;
reg[15:0] ar, ai, br, bi;
//输出信号向量
wire [31:0] qr, qi;
//例化待测模块单元
cmultip uut(
  .clk(clk), .ar(ar), .ai(ai), .qr(qr), .br(br), .bi(bi), .qi(qi)
);

initial  begin
  clk=0; ar=0; ai=0; br=0; bi=0;  //初始化输入向量
  #100     //100ns 后,全局 reset 信号有效
  ar=20; ai=10; br=10; bi=10;
  #20  $finish
end

initial begin    //跟踪显示信号变化
  $monitor("ar=%d, ai=%d, br=%d, bi=%d", ar, ai, br, bi);
end

always #5 clk = ~clk;
always #10 ar=ar+1;
always #10 ai=ai+1;
always #10 br=br+1;
always #10 bi=bi+1;
endmodule
```

下面分别给出简单组合逻辑电路和时序逻辑电路的设计及测试实例。

例 4-28 四位全加器设计

```
module four_bits_full_add (out_carry, sum, data_in_a, data_in_b, in_carry);
  output[3:0] sum;
  output out_carry;
  input[3:0] data_in_a, data_in_b;
  input  in_carry;
  assign{out_carry, sum} = data_in_a + data_in_b + in_carry;
endmodule
```

例 4-29 四位全加器的仿真测试

```
`timescale 1ns/1ns
```

```
'include " four_bits_full_add. v"
module tb_ four_bits_full_add;                       //测试模块的名字
    reg[3:0] data_in_a, data_in_b;                   //测试输入信号定义为 reg
    reg   in_carry;
    wire[3:0] sum;                                   //测试输出信号定义为 wire
    wire   out_carry;
    integer i,j;

    initial   begin
      data_in_a = 0; data_in_b = 0; in_carry = 0;
      for(i = 1;i < 16;i = i + 1)
        #10    data_in_a  = i;                       //设定 a 的取值
    end
    initial   begin
      for(j = 1;j < 16;j = j + 1)
        #10    data_in_b = j;                        //设定 b 的取值
    end

    initial    begin
        $ monitor ($ time,,,"% d + % d + % b = {% b,% d}", data_in_a, data_in_b, in_carry,
    out_carry, sum);                                 //定义结果显示格式
      #160   $ finish;
    end
    //调用测试模块
    four_bits_full_add four_bits_full_add _1(out_carry, sum, data_in_a, data_in_b, in_carry);
    always #5 in_carry  =  ~  in_carry;              //设定 in_carry 的取值
endmodule
```

图 4-8 所示为四位全加器的仿真波形图。

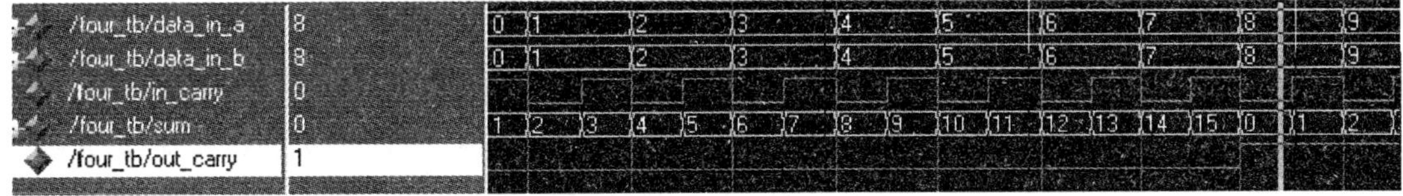

图 4-8　四位全加器的仿真波形图

同步计数器按时钟的节拍计数，可以设置异步或同步使能端和清零端。下面是一个具有同步使能/清零端的八位二进制同步计数器的 Verilog HDL 描述，其符号如图 4-9 所示。

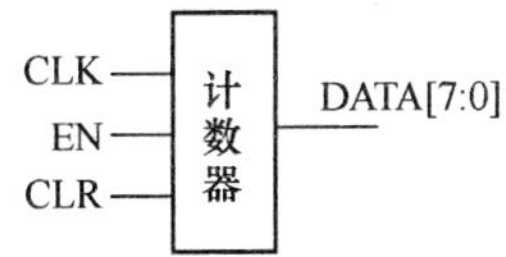

图 4-9　计数器结构示意图

例 4-30 八位二进制同步计数器的 Verilog HDL 描述。

```
module counter( clk, en, clr, result) ;
    input clk , en , clr;
    output[ 7:0 ] result;
    reg[ 7:0 ] result;
    always@ ( posedge clk)   begin
        if ( en)
        if ( clr || result = = 8'b1111_1111) result < = 8'b0000_0000;
        else result < = result + 1;
    end
endmodule
```

例 4-31 八位二进制同步计数器的测试文件。

```
'timescale 1ns/10ps                 //定义时间精度
'include "counter. v"
module tb_ counter;
    reg clk, en, clr;
    wire[ 7:0 ] result;
    counter counter_1( clk , en , clr , result) ;      //调用被测模块
    initial   begin
        #10   clk = 1;
        forever #50 clk = ~ clk;     //产生时钟信号,周期为 100 个时间单位
    end
    initial      begin              //测试使能功能
        #10          en = 0;
        #190         en = 1;
        #150         en = 0;
        #240         en = 1;
        #19400       en = 0;
        #140         en = 1;
    end
    initial        begin        //测试清零功能
        #10          clr = 0;
        #130         clr = 1;
        #150         clr = 0;
    end
    initial      begin
        #20000     $ stop;                        //经过 20000 个时间单位,停止运行
        #200       $ finish                     //再经过 200 个时间单位,结束
    end
endmodule
```

从图 4-10 的同步计数器仿真波形图上可以看到使能信号和清零信号的作用。图 4-11 所示为同步计数器的综合结果。

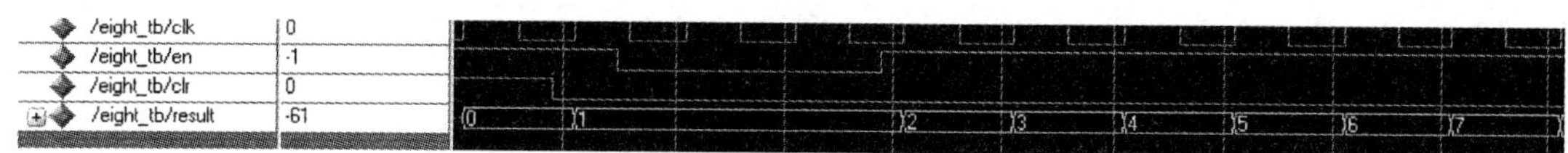

图 4-10　同步计数器仿真波形图

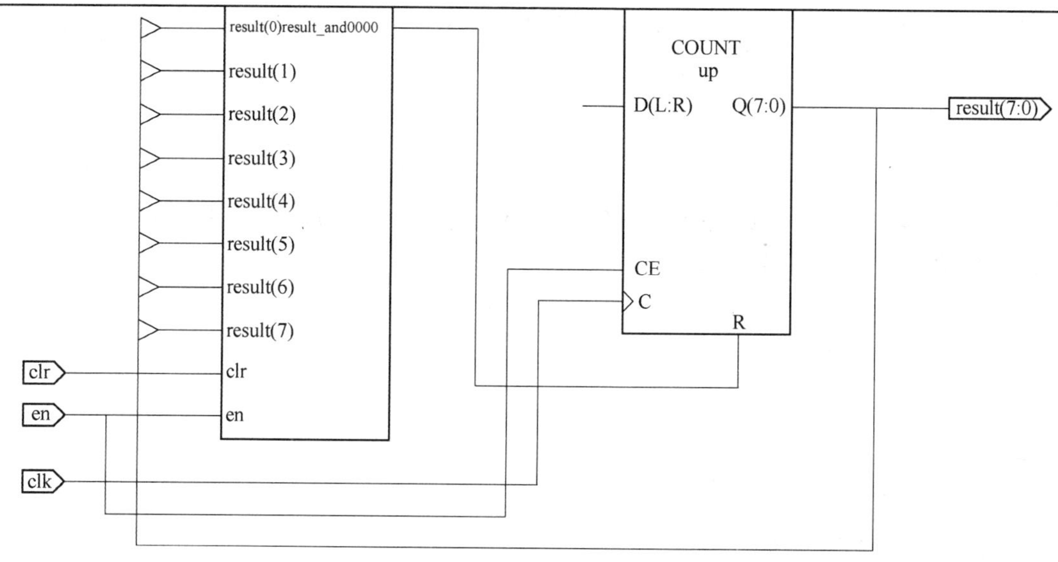

图 4-11　同步计数器的综合结果

4.5.2　可综合性设计

硬件描述语言诞生的初衷是用于设计逻辑电路的建模和仿真，直到 HDL 综合器出现后，才能使 HDL 直接用于电路设计。综合是一种将硬件描述语言（Verilog HDL 或 VHDL 源代码）转换成网表的过程。网表是使用硬件描述语言对门级电路的描述，即原理图的语言描述，是单纯的结构性描述，与网表相对应的是门级电路原理图。EDA 工具的综合过程包括映射（Maping）和优化（Optimization）两部分。在映射完成后，EDA 工具按照设计者提供的约束条件（Constraint）对设计完成优化，以达到设计要求。约束条件有面积、速度、功耗和可测性等。

可综合性是指电路描述的综合收敛性，也就是说，一个电路的描述在多大程度上可以由 EDA 工具自动生成合情合理的电路实现。如果设计采用不可综合语句描述，综合器将无法映射，也就无法生成原理图和网表。因此，可综合性是设计中必须考虑的因素之一。

通过前面的学习可知，Verilog HDL 分为面向综合和面向仿真两大类语句，且可综合语句远少于仿真语句。可综合设计是用来构架硬件平台的，因此对设计的指标要求很高，包括资源、频率和功耗，都需要通过代码来体现；所有的仿真语句只是为了可综合设计的验证而存在。因此，在实际开发中要利用基本 Verilog HDL 完成种类繁多的硬件开发，给设计人员带来了很大的挑战。

由于不同的综合工具支持不同的可综合性描述语句，不同的代码描述对设计可综合性有很大影响。因此，在设计中，常用的可综合性描述原则如下：

1）在时序电路中，采用非阻塞语句代替阻塞语句，即

```
always@ (posedge clock)
q < =d;
```

2）在组合逻辑电路中，采用阻塞语句，即

```
always @ (a or b or s1)
if(s1)
```

```
        d = a;
else
        d = b;
```

3）确保敏感信号的完整性，即

```
always@ (a or b)               // 敏感信号列表缺少 s1
        if(s1)
           d = a;
        else
           d = b;
```

4）添加适当的注释。如果将代码删掉，依然能够识别出设计的内容，则这是一个完美的注释。作为初学者，可以适当添加部分注释，并逐步完善。

```
//example of bad comments
//add a and b together
always @ (a or b)
      c = a + b;
//Good commenting
//8 bit unsigled adder for data signals' a' and 'b'
//output is sent to UART2
always@ (a or b)
      c = a + b;
```

在设计中，通常要求芯片面积小、速度快。因此，综合器提供了优化功能，但是，设计者在代码描述中也要注意描述对于面积的影响，读者可以通过查阅 EDA 公司提供的有关综合方面的资料，更多地了解资源共享、优化算法和可综合性描述。

4.6 组合逻辑电路设计实践

本节将选用一些典型电路进行 Verilog HDL 描述，以便更好地理解语言的使用。由于加法器在前几节中已有描述，因此本节只介绍下列四种组合逻辑电路设计。

4.6.1 编码器

这里首先介绍一个具有优先级的编码器，使用 if-else 语句描述，其中，输入端 0 具有最高优先级，而输入端 7 的优先级最低。

例 4-32 8 线-3 线优先编码器的 Verilog HDL 描述。

```
module encoder(data_in, data_out, enable);
      input[7:0] data_in;
      input enable;
      output[2:0] data_out;
      wire[7:0] data_in;
      reg[2:0] data_out;
      always @ (data_in or enable)  begin
          if (enable)                    data_out = 3'bz;
          else if ( ~ data_in[0])        data_out = 3'b000;
```

```
        else if ( ~ data_in[1])        data_out = 3'b001;
        else if ( ~ data_in[2])        data_out = 3'b010;
        else if ( ~ data_in[3])        data_out = 3'b011;
        else if ( ~ data_in[4])        data_out = 3'b100;
        else if ( ~ data_in[5])        data_out = 3'b101;
        else if ( ~ data_in[6])        data_out = 3'b110;
        else if ( ~ data_in[7])        data_out = 3'b111;
        else                           data_out = 3'bz;
    end
endmodule
```

二—十进制编码器也称为 BCD 编码器。BCD 编码器有 10 个输入端 Y0 ~ Y9 代表一位十进制数的 0 ~ 9 的 10 个数字（按键），有 4 个输出端 D、C、B、A 作为编码结果。BCD 编码有多种编码方式，如 8421BCD、2421BCD、余 3BCD 等。下面介绍 8421BCD 编码器的设计。

例 4-33　8421BCD 编码器的 Verilog HDL 描述。

```
module bcd8421(Y0,Y1,Y2,Y3,Y4,Y5,Y6,Y7,Y8,Y9,D,C,B,A);
    input  Y0,Y1,Y2,Y3,Y4,Y5,Y6,Y7,Y8,Y9;
    output  D,C,B,A;
    reg  D,C,B,A;
    always@ ( Y0 or Y1 or Y2 or Y3 or Y4 or Y5 or Y6 or Y7 or Y8 or Y9)  begin
        case({Y0,Y1,Y2,Y3,Y4,Y5,Y6,Y7,Y8,Y9})
        'b1000000000: {D,C,B,A} =0;
        'b0100000000: {D,C,B,A} =1;
        'b0010000000: {D,C,B,A} =2;
        'b0001000000: {D,C,B,A} =3;
        'b0000100000: {D,C,B,A} =4;
        'b0000010000: {D,C,B,A} =5;
        'b0000001000: {D,C,B,A} =6;
        'b0000000100: {D,C,B,A} =7;
        'b0000000010: {D,C,B,A} =8;
        'b0000000001: {D,C,B,A} =9;
        default:      {D,C,B,A} =4'bx;
        endcase
    end
endmodule
```

4.6.2　译码器

由于 3 线-8 线译码器在例 4-11 中有过介绍，这里将介绍 8421BCD 译码器。

例 4-34　8421BCD 译码器的 Verilog HDL 描述。

```
module decode_8421bcd (D,C,B,A ,Y0,Y1,Y2,Y3,Y4,Y5,Y6,Y7,Y8,Y9);
  input  D,C,B,A;
  output  Y0,Y1,Y2,Y3,Y4,Y5,Y6,Y7,Y8,Y9;
  reg  Y0,Y1,Y2,Y3,Y4,Y5,Y6,Y7,Y8,Y9;
```

```
always@ ( D or C or B or A)   begin
  if ({D,C,B,A} =0)          {Y0,Y1,Y2,Y3,Y4,Y5,Y6,Y7,Y8,Y9} = 'b1000000000;
  elseif ({D,C,B,A} =1)      {Y0,Y1,Y2,Y3,Y4,Y5,Y6,Y7,Y8,Y9} = 'b0100000000;
  elseif ({D,C,B,A} =2)      {Y0,Y1,Y2,Y3,Y4,Y5,Y6,Y7,Y8,Y9} = 'b0010000000;
  elseif ({D,C,B,A} =3)      {Y0,Y1,Y2,Y3,Y4,Y5,Y6,Y7,Y8,Y9} = 'b0001000000;
  elseif ({D,C,B,A} =4)      {Y0,Y1,Y2,Y3,Y4,Y5,Y6,Y7,Y8,Y9} = 'b0000100000;
  elseif ({D,C,B,A} =5)      {Y0,Y1,Y2,Y3,Y4,Y5,Y6,Y7,Y8,Y9} = 'b0000010000;
  elseif ({D,C,B,A} =6)      {Y0,Y1,Y2,Y3,Y4,Y5,Y6,Y7,Y8,Y9} = 'b0000001000;;
  elseif ({D,C,B,A} =7)      {Y0,Y1,Y2,Y3,Y4,Y5,Y6,Y7,Y8,Y9} = 'b0000000100;
  elseif ({D,C,B,A} =8)      {Y0,Y1,Y2,Y3,Y4,Y5,Y6,Y7,Y8,Y9} = 'b0000000010;;
  elseif ({D,C,B,A} =9)      {Y0,Y1,Y2,Y3,Y4,Y5,Y6,Y7,Y8,Y9} = 'b0000000001;
  else:                      {Y0,Y1,Y2,Y3,Y4,Y5,Y6,Y7,Y8,Y9} = 'b0000000000;
 end
endmodule
```

4.6.3 数据选择器

下面介绍八选一数据选择器的设计。其中 D7 ~ D0 是八位数据输入端，A2 ~ A0 是地址输入端，Y 为同相数据输出端，WN 是 Y 的反相输出，EN 是低电平使能控制输出端。

例 4-35 八选一数据选择器的 Verilog HDL 描述。

```
module mux_8_1(A2,A1,A0,EN,D7,D6,D5,D4,D3,D2,D1,D0,Y,WN);
  input A2,A1,A0,EN;
  input D7,D6,D5,D4,D3,D2,D1,D0;
  output Y,WN;
  reg Y,WN;

  always@ ( A2 or A1 or A0 or EN or D7 or D6 or D5 or D4 or D3 or D2 or D1 or D0)
   begin
    if(EN = =1'b0)   begin
      case({A2,A1,A0})
      'b000: Y = D0;
      'b001: Y = D1;
      'b010: Y = D2;
      'b011: Y = D3;
      'b100: Y = D4;
      'b101: Y = D5;
      'b110: Y = D6;
      'b111: Y = D7;
      endcase
    end
    else   Y = 1'b1;
    WN = ~Y;
  end
```

```
    endmodule
```

4.6.4　数值比较器

下面介绍四位数值比较器设计。其中 A3 ~ A0 和 B3 ~ B0 是两个四位二进制数的输入信号；ALBI（即 $I_{A<B}$）是 A 小于 B 级联输入信号，AEBI（即 $I_{A=B}$）是 A 等于 B 级联输入信号，AGBI（即 $I_{A>B}$）是 A 大于 B 级联输入信号；ALBO（即 $I_{A<B}$）是 A 小于 B 输出信号，AEBO（即 $I_{A=B}$）是 A 等于 B 输出信号，AGBO（即 $I_{A>B}$）是 A 大于 B 输出信号。

例 4-36　四位数据比较器的 Verilog HDL 描述。

```
module compare_4(A3,A2,A1,A0,B3,B2,B1,B0,ALBI,AEBI,AGBI,ALBO,AEBO,AGBO);
    input   A3,A2,A1,A0,B3,B2,B1,B0,ALBI,AEBI,AGBI;
    output   ALBO,AEBO,AGBO;
    reg      ALBO,AEBO,AGBO;
    wire[3:0] A_SIGNAL, B_SIGNAL;
    assign    A_SIGNAL = {A3,A2,A1,A0};
    assign    B_SIGNAL = {B3,B2,B1,B0};
    always@( A3 or A2 or A1 or A0 or B3 or B2 or B1 or B0)    begin
        if(A_SIGNAL > B_SIGNAL)    begin
          ALBO =0; AEBO =0; AGBO =1;
        end
        if(A_SIGNAL =  B_SIGNAL)    begin
          ALBO = ALBI; AEBO = AEBI; AGBO = AGBI;
        end
        if(A_SIGNAL < B_SIGNAL)    begin
          ALBO =1; AEBO =0; AGBO =0;
        end
    end
endmodule
```

*4.7　有限状态机的设计

4.7.1　有限状态机的概念

有限状态机是组合逻辑和状态寄存器逻辑的特殊组合。一般包括组合逻辑和寄存器逻辑两部分。寄存器逻辑用于存储状态，组合逻辑用于状态译码和产生输出信号。状态机的下一个状态及输出不仅与输入信号有关，还与寄存器当前状态有关。

根据输出信号的特点，状态机分为米里（Mealy）型和穆尔（Moore）型两种。Mealy 型状态机的输出信号不仅和当前状态有关，同时还和输入信号有关。Moore 型状态机的输出只和当前状态有关，除时钟脉冲以外，没有其他输入信号。Mealy 型和 Moore 型状态机的内部结构如图 4-12 所示。

常用的状态机由三部分组成，即当前状态（Current State，CS）寄存器，下一状态（Next State，NS）组合逻辑和输出逻辑（Output Logic，OL）组合。

当前状态寄存器的任务是保存当前状态。当前状态的实现是在状态时钟信号 CP 发生有效变

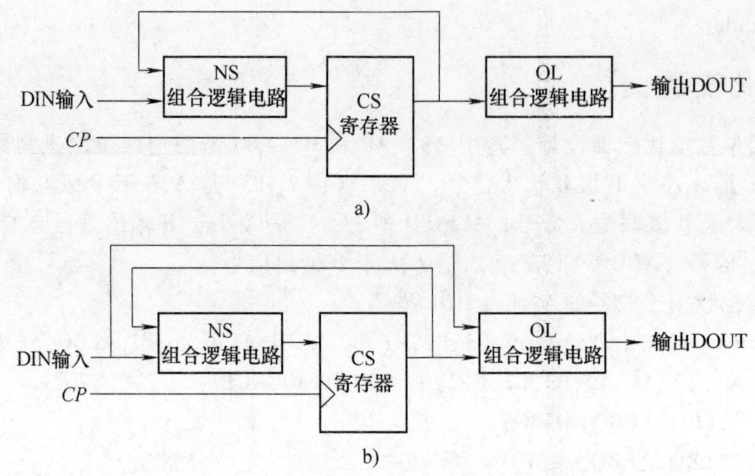

图 4-12 Mealy 型和 Moore 型状态机的内部结构

a）Moore 型 b）Mealy 型

化时，通过对寄存器进行赋值，其输入信号是 NS 组合逻辑电路的输出信号，输出将作为输出组合逻辑和 NS 组合逻辑电路的输入。

NS 组合逻辑电路的作用是根据状态机的输入信号 DIN 和当前状态确定下一个状态的取值。

输出组合逻辑电路的任务是确定状态机的对外输出信号 DOUT。在 Moore 型状态机中，输出组合逻辑电路的输入信号是状态机的当前状态，因此，在 CP 发生有效变化时，则输出信号变化。而在 Mealy 型状态机中，输出组合逻辑电路的输入信号是状态机的当前状态和状态机的输入信号 DIN。因此，当 CP 发生有效变化和输入信号 DIN 改变时，输出信号都可能改变。

4.7.2 可综合有限状态机设计

对于要解决的问题，首先按照时间逻辑关系划分出状态；其次，明确各状态的输入、输出及其相互关系；最后，得到系统的抽象状态转移图，并通过 Verilog HDL 实现。

状态机的编码方式很多，如二进制编码码、格雷码、one-hot 码（对任意给定的状态，状态向量中只有 1 位为 1，其余位为 0）以及自定义码等，每种编码方式均有各自的特点，如 one-hot 码，尽管编码电路较大，但是需要的状态译码电路较少。

可综合有限状态机设计准则很多，下面给出常用的注意事项。

1）单独用一个 Verilog HDL 模块来描述一个有限状态机，这样可以简化状态的定义、修改和调试，还可以利用 EDA 工具进行优化和综合，以达到更优的效果。

2）使用代表状态名的参数 parameter 来给状态赋值，不用宏定义（`define）。因为宏定义产生的是全局定义，而参数定义了一个模块内的局部常量。这样，当一个设计具有多个有重复状态名的状态机时也不会发生太多冲突。

3）在组合逻辑 always 块中使用阻塞赋值，在时序逻辑 always 块中使用非阻塞赋值，这样可以使软件仿真的结果和真实硬件的结果相一致。

状态机由当前状态（CS）、下一状态（NS）和输出逻辑（OL）三部分组成，可以依据状态机的不同结构采用不同的 Verilog 描述方法，常用的方法有：将 CS、NS 与 OL 分别描述；将 CS、NS 与 OL 混合描述；将 NS 与 OL 混合描述，CS 单独描述；将 CS 与 NS 混合描述，OL 单独描述；将 CS 与 OL 混合描述，NS 单独描述。

下面给出不同描述风格的状态机设计实例。

例 4-37 序列检测器 1。

设计一个序列检测器，用于从串行的数据流中检测 1111。当输入为 1111 时，输出为 1，如果输入出现长连 1，那么输出也保持长连 1 输出。

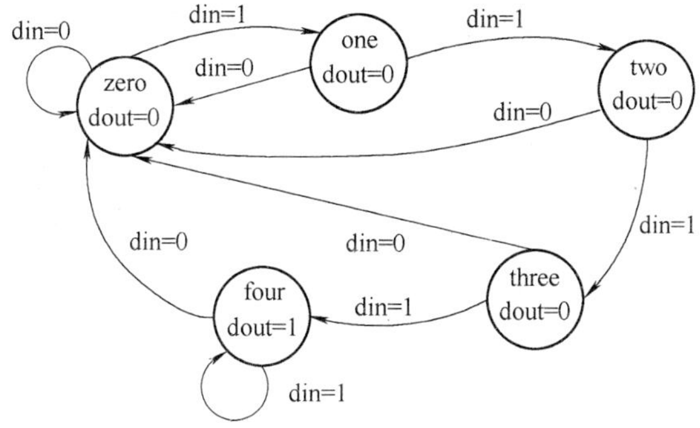

图 4-13　序列检测器 1 的状态转移图

图 4-13 所示为序列检测器 1 的状态转移图。图中有 5 个状态，分别命名为 zero，one，two，three 和 four，对应于检测到的连续的 1 的个数。

```
module sequence_check_1(clk, reset, din, dout);
   input clk, reset, din;
   output dout;
   reg   dout;
   reg[2:0] current_state, next_state;
   parameter   zero = 0, one = 1, two = 2, three = 3, four = 4;
   //------时序逻辑部分------
   always@ (posedge clk)
         if(reset) current_state < = zero;
      else      current_state < = next_state;
   //------组合逻辑部分---------
   always@ (din, current_state)
      case(current_state)
      zero: begin
         dout = 0;
         if(din == 0)    next_state = zero;
         else            next_state = one;
         end
      one: begin
         dout = 0;
         if(din == 0)    next_state = zero;
         else            next_state = two;
         end
      two: begin
         dout = 0;
         if(din == 0)    next_state = zero;
         else            next_state = three;
         end
```

```
        three: begin
                dout = 0;
                if(din == 0)    next_state = zero;
                else            next_state = four;
                end
        four: begin
                dout = 1;
                if(din == 0)    next_state = zero;
                else            next_state = four;
                end
        default: begin
                dout = 0;
                next_state = zero;
                end
        endcase
endmodule
```

在这个例子代码的组合逻辑部分中,输出不取决于当前输入,而是由当前状态决定的,因此输出是自动同步的,即该状态机为 Moore 型。

下面给出序列检测器的测试代码和仿真结果。序列检测器 1 的仿真结果如图 4-14 所示。

```
'timescale  1 ns/1ps
module tb_sequence_check_1;
    reg clk, reset, din;
    wire dout;
    always begin
        #10 clk = 0;
        #10 clk = 1;
        end
     initial begin
          clk = 0;
          reset = 1;
          din = 0;
          #100;
          reset = 0;
          #20 din = 0;     #20 din = 0;     #20 din = 1;     #20 din = 1;
          #20 din = 1;     #20 din = 1;     #20 din = 1;     #20 din = 1;
          #20 din = 0;     #20 din = 1;     #20 din = 0;     #20 din = 0;
          #20 din = 1;     #20 din = 1;     #20 din = 1;     #20 din = 1;
          #20 din = 1;     #20 din = 1;     #20 din = 0;     #20 din = 1;
          end
     sequence_check_1
 sequence_check_1(.clk(clk), .reset(reset), .din(din), .dout(dout));
 endmodule
```

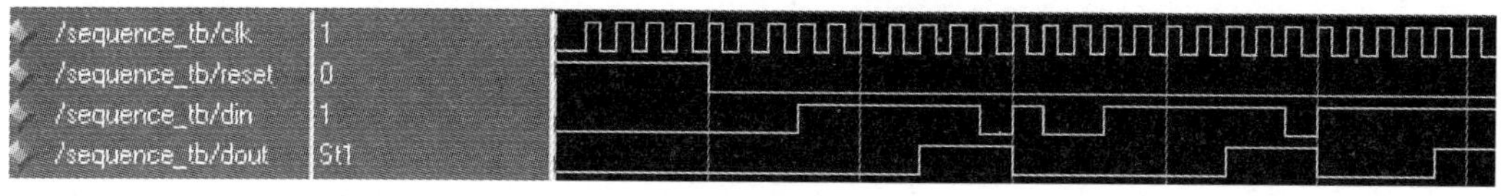

图 4-14　序列检测器 1 的仿真结果

下面给出另外一种风格设计的序列检测器 2。

例 4-38　序列检测器 2。

```
module sequence_check_2(clk, reset, din, dout);
  input clk, reset, din;
  output dout;
  reg    dout;
  reg[2:0]   state;
  parameter   zero =0, one =1, two =2, three =3, four =4;
  always@ (posedge clk)
     if(reset) begin
        state < = zero;
        dout < =0;
     end
     else
        case(state)
        zero: if(din = =0) begin
                 state < = zero;
                 dout < =0;
              end
              else    begin
                 state < = one;
                 dout < =0;
              end
        one: if(din = =0) begin
                 state < = zero;
                 dout < =0;
              end
              else    begin
                 state < = two;
                 dout < =0;
              end
        two: if(din = =0) begin
                 state < = zero;
                 dout < =0;
              end
              else    begin
                 state < = three;
```

```
            dout < =0;
        end
    three: if(din = =0) begin
            state < = zero;
            dout < =0;
        end
        else    begin
            state < = four;
            dout < =1;
        end
    four: if(din = =0) begin
            state < = zero;
            dout < =0;
        end
        else    begin
            state < = four;
            dout < =1;
        end
    endcase
endmodule
```

序列检测器 2 采用同样的测试序列，得到的仿真结果如图 4-15 所示。对比图 4-14，可以看出输出结果是相同的。

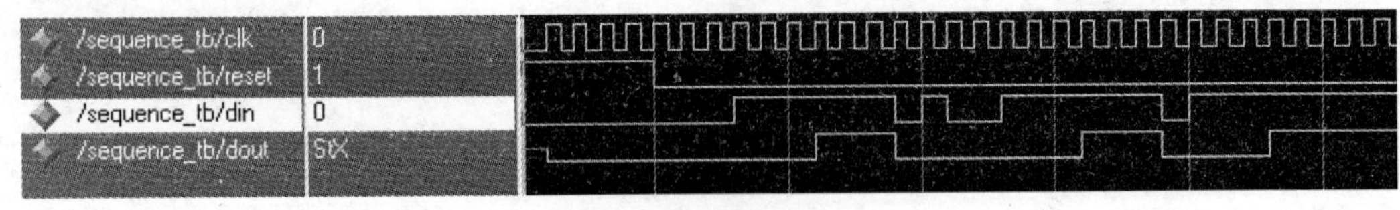

图 4-15 序列检测器 2 的仿真结果

本章小结

本章主要介绍了 Verilog HDL（硬件描述语言），包括 Verilog HDL 的特定及基本模块结构以及 Verilog HDL 的语言要素（基本语法、数据类型、运算符、编译预处理语句、系统函数和系统任务等）。在 Verilog HDL 基本语句中，详细介绍了面向仿真和综合的基本语句，包括赋值语句、条件语句、循环语句、块语句和结构声明语句等。

介绍了 Verilog HDL 门元件和结构描述，对 Verilog HDL 程序设计的四种描述方式进行了详细地展开论述。在 Verilog HDL 结构描述之后，介绍了 Verilog HDL 的仿真验证实例以及 Verilog HDL 可综合设计思想等。

最后，列举了若干常用组合逻辑电路的 Verilog HDL 描述，并且对时序逻辑的有限状态机的类型、设计风格进行了介绍，通过实例了解状态机的不同编码风格。

习　题

4-1 写出与下列常量对应的二进制位宽和十进制数值。

(1) 8'b001001010；(2) 12'b1100_1110_1000；(3) 20'd6432；10'o134；(4)'B11_0001_1110；

（5）'d71；（6）'H3f；（7）64。

4-2　写出与下列常量对应的二进制展开后的数值。

（1）16'hfabx；（2）8'hzx；（3）10'd?；（4）4'dx；（5）4'dz。

4-3　编写代码，定义一个位宽为 16 的寄存器和一个位宽为 1 且深度为 16 的存储器，说明二者在使用上的不同。

4-4　顺序块和并行块的语法特点有哪些？

4-5　为下面的代码编写测试代码，在 Modelsim 中进行代码仿真，并对比分析阻塞赋值和非阻塞赋值的差异。

```
module blocking_analysis(clk,a,b1,c1,b2,c2);
    input clk, a;
    output b1,b2,c1,c2;
    reg b1,b2,c1,c2;
    always@ (posedge clk)
      begin
        b1 = a;
        c1 = b1;
        b2 < = a;
        c2 < = b2;
      end
endmodule
```

4-6　定义下列信号：

```
reg a;
a = 1;
reg[3:0] b;
b = 4'b1010;
reg[3:0] c;
c = 4'b0110;
reg[7:0] d;
d = 8'b11000110;
```

写出下列运算的结果为

```
x1 = a&b;          = >       x1 = ____________;
x2 = c&b;          = >       x2 = ____________;
x3 = b^c;          = >       x3 = ____________;
x4 = a|b[2];       = >       x4 = ____________;
x5 = {c,b};        = >       x5 = ____________;
x6 = c >> 2;       = >       x6 = ____________;
x7 = c << 2;       = >       x7 = ____________;
x8 = ^d;           = >       x8 = ____________;
x9 = b&&c;         = >       x9 = ____________;
x10 = (a)? b:c;    = >       x10 = ____________;
x11 = d% c;        = >       x11 = ____________;
x12 = ~d;          = >       x12 = ____________。
```

4-7　设计一个通用逻辑运算单元，其输入和输出位宽由 N（parameter 类型常量）给出，电路需要进行下面四种逻辑运算：

（1）~（按位取反）；（2）&（按位与）；（3）|（按位或）；（4）^（按位异或）。

编写电路设计代码和测试代码，取 N=8，对电路进行综合与仿真，并观察电路综合结果。

4-8 设计一个通用偶校验电路。要求：输入信号 din 位宽由 N（parameter 类型常量）给出，dout 位宽为 N+1，电路采用寄存器输出。编写测试代码，取 N=8，对电路进行综合与仿真，并观察电路综合结果。

4-9 使用 if-else 语句设计一个二输入四位无符号二进制数排序电路。要求：

（1）输入数据为 din_a [3：0]，din_b [3：0]；

（2）输出数据为 dout_a [3：0]，dout_b [3：0]；

（3）dout_a [3：0] 输出两个输入数据中数值较大的数据，dout_b [3：0] 输出两个输入数据中数值较小的数据；

（4）采用组合逻辑实现。

4-10 设计一个两位十进制循环计算器，从 00 计数到 99，然后再回到 00。输入信号为 clk 和 reset（低电平复位），输出为 out1 和 out0，位宽为 4，分别表示十进制的高位和低位。并使用$monitor 显示计数器每次翻转时的时钟、复位信号和输出的数值。

4-11 采用 repeat 语句设计一个对输入位宽为 8 的信号（din [7：0]）中 1 的个数进行统计的电路。输出统计结果（cnt [3：0]），电路采用组合逻辑实现。编写设计代码和测试代码，并对电路进行仿真。

4-12 采用 for 语句实现一个对输入位宽为 8 的信号（din [7：0]）中 1 的个数进行统计的电路，在时钟上升沿到达时输出统计结果（cnt [3：0]）。

4-13 分析下面代码，编写测试代码并进行仿真验证。

```
module mux4_1casez(dout,a,b,c,d,sel);
    output dout;
    input a,b,c,d;
    input[3:0]sel;
    reg dout;
    always@ (sel or a or b or c or d )
      begin
         casez(sel)
         4'b??? 1: dout = a;
         4'b?? 1?: dout = b;
         4'b? 1??: dout = c;
         4'b1???: dout = d;
         endcase
      end
endmodule
```

4-14 任务和函数在定义和使用上有哪些相同之处，有哪些不同之处？

4-15 设计一个串行序列检测器，每当检测到 011 时就输出一个 1。首先画出电路的状态转移图，然后编写相应的代码。

4-16 `timescale 的作用是什么？如果多个电路模块的`timescale 定义不同，那么在仿真时会出现怎样的情况？编写代码进行实际仿真分析。

第 5 章　时序逻辑电路

5.1　引言

与组合逻辑电路不同，时序逻辑电路的输出不完全取决于电路的输入，因此导致时序逻辑电路的分析和设计方法与组合逻辑电路也不一样。时序逻辑电路有很多，常用的时序逻辑电路有寄存器、计数器、序列信号发生器等。触发器是构成时序逻辑电路的基本单元。

5.2　触发器

触发器是一个具有两个稳定状态的单元电路，两个稳定状态决定了触发器具有记忆功能，也就是存储功能。在一定的条件下，这两个稳定状态可以相互转化。

触发器按电路结构可分为基本 RS、同步 RS、主从型、维持阻塞型和边沿型等；按逻辑功能又可分为 RS、JK、D、T 和 T′等。触发器的逻辑功能与电路结构之间没有必然联系，同一结构的电路可做成不同功能的触发器，同一功能的触发器可有不同的电路结构。下面以功能为线索来讨论触发器。

5.2.1　基本 RS 触发器

基本 RS 触发器，也称 RS 锁存器，在实际中应用并不多，但它却是构成其他触发器的基础，深入理解它的工作原理有助于更好地掌握其他触发器。

1. 电路结构

基本 RS 触发器的电路结构如图 5-1 所示，其中图 5-1a 是用与非门构成的，图 5-1b 是用或非门构成的。以下均以图 5-1a 为例来加以说明。

电路有两个输入端$\overline{R_D}$和$\overline{S_D}$，均为低电平有效，有两个互补的输出端 Q 和 $\overline{Q}$。电路的输出有两个稳定状态，即 $Q=0$、$\overline{Q}=1$ 和 $Q=1$、$\overline{Q}=0$。为叙述方便，通常规定用 Q 端的状态来表示触发器的状态，比如，若 $Q=1$，就说触发器处于 1 状态。

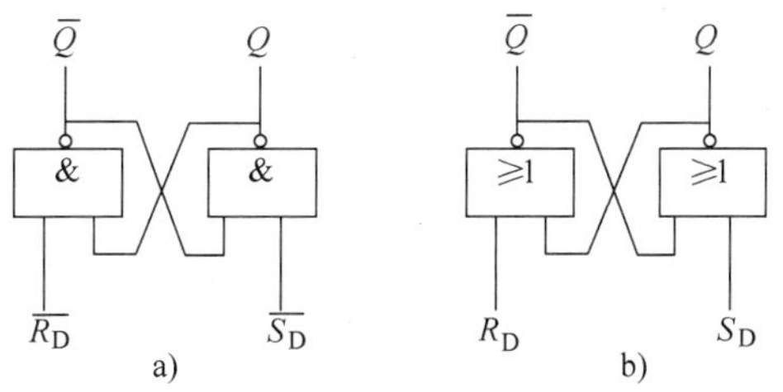

图 5-1　基本 RS 触发器的电路结构
a）用与非门构成　b）用或非门构成

2. 工作原理

当$\overline{R_D}=1$、$\overline{S_D}=0$ 时，则 $Q=1$、$\overline{Q}=0$。在$\overline{S_D}$端输入信号变为无效（即由 0 变为 1）时，触发器将保持 1 状态不变。

当$\overline{R_D}=0$、$\overline{S_D}=1$ 时，则 $Q=0$、$\overline{Q}=1$。在$\overline{R_D}$端输入信号变为无效时，触发器将保持 0 状态不变。

当$\overline{R_D}=1$、$\overline{S_D}=1$ 时，两输入端信号均无效，触发器将保持原有状态不变。

当$\overline{R_D}=0$、$\overline{S_D}=0$ 时，两输入端信号均有效，则 $Q=1$、$\overline{Q}=1$。此时触发器并不是处在两个正常的稳定状态（0 或 1）下，即破坏了触发器的正常工作。因此，这组输入信号是不允许加入的，属于约束项。此时触发器的状态称为不定状态，说它不定，是因为当两输入信号同时变为无效时，触发器状态是 0 还是 1 将无法确定。究竟处于哪个状态下，完全取决于两个与非门平均延迟时间的相对大小，平均延迟时间小的那个门的输出首先变为0，另一门的输出就只能保持1而不会改变了。如果两输入信号只有一个变为无效，另一个仍有效，那么触发器的状态还是确定的。

基本RS触发器的动作特点是输入对输出的影响具有即时性，即输入信号每时每刻都影响着输出状态。

把对工作原理的分析归纳为表格就是功能表（也称特性表或真值表）了，见表5-1。触发器的原来状态叫原态（或现态），用Q^n来表示。一组输入信号作用后触发器的状态叫新态（或次态），用Q^{n+1}来表示。由表5-1可知，只要$\overline{R_D}=0$（有效）、$\overline{S_D}=1$（无效），则不论触发器原态如何，触发器都将变为0状态，因此称$\overline{R_D}$为直接复位端。只要$\overline{S_D}=0$（有效）、$\overline{R_D}=1$（无效），则不论触发器原态如何，触发器都将变为1状态，因此称$\overline{S_D}$为直接置位端。

表5-1 基本RS触发器的功能表

$\overline{R_D}$	$\overline{S_D}$	Q^n	Q^{n+1}	功能说明	$\overline{R_D}$	$\overline{S_D}$	Q^n	Q^{n+1}	功能说明
1	1	0	0	维持	0	1	0	0	置0
1	1	1	1		0	1	1	0	
1	0	0	1	置1	0	0	0	1*	约束
1	0	1	1		0	0	1	1*	

基本RS触发器的时序图如图5-2所示，其图形符号如图5-3所示。

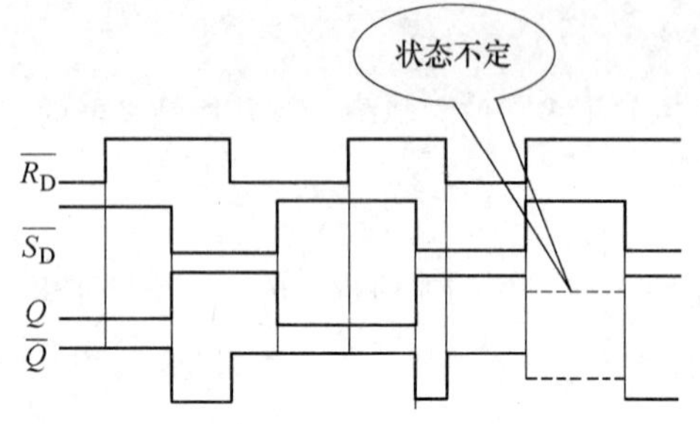

图5-2 基本RS触发器的时序图

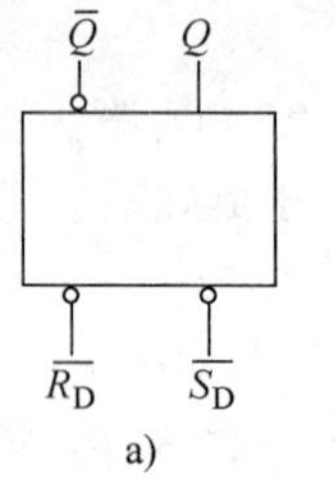

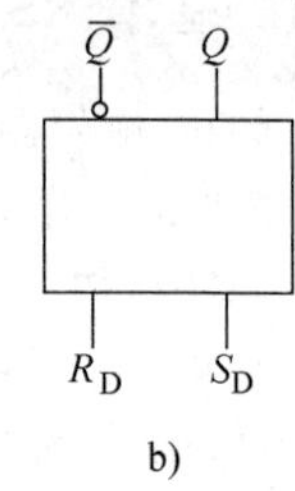

图5-3 基本RS触发器图形符号
a）输入低电平有效 b）输入高电平有效

5.2.2 同步RS触发器

在数字系统中，有时要求各触发器的状态能在同一信号作用下发生改变，这个信号称为同步信号，也叫时钟脉冲（CP），简称时钟。因为基本RS触发器动作特性的即时性，所以是不能满足这一要求的。

1. 电路结构

同步RS触发器由基本RS触发器和引导门组成，如图5-4所示。R、S为输入信号，高电平有效，CP为时钟，$\overline{R_D}$、$\overline{S_D}$分别称为异步复位、置位端，低电平有效，利用这两端可将触发器直接触发成预期状态，而不受时钟的影响，触发器正常工作时应让这两端无效。

2. 工作原理

由图5-4可知，当$CP=0$时，引导门被封锁，输入信号R、S不能通过引导门影响触发器的状态，当$CP=1$时，引导门开放，此时，触发器的状态才由输入信号决定。可见，触发器状态的改变（也称翻转）必定发生在 $CP=1$ 期间。

表 5-2 为同步 RS 触发器的功能表，由表知，同步 RS 触发器与基本 RS 触发器功能相同，同时也存在有约束。图 5-5 所示为同步 RS 触发器的时序图。图 5-6 所示为同步 RS 触发器的逻辑符号。

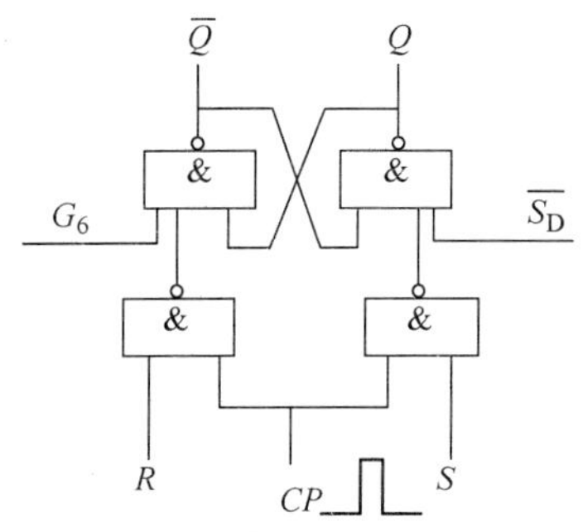

图 5-4　同步 RS 触发器

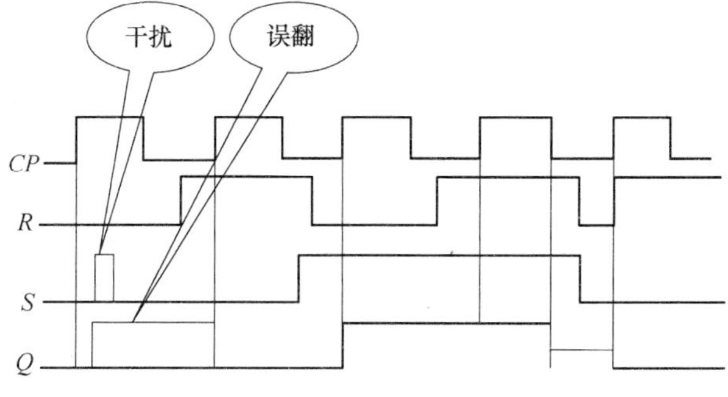

图 5-5　同步 RS 触发的时序图

表 5-2　同步 RS 触发器的功能表

CP	R	S	Q^n	Q^{n+1}	功能说明
1	0	0	0	0	维持
1	0	0	1	1	
1	1	0	0	0	置 0
1	1	0	1	0	
1	0	1	0	1	置 1
1	0	1	1	1	
1	1	1	0	1*	约束
1	1	1	1	1*	

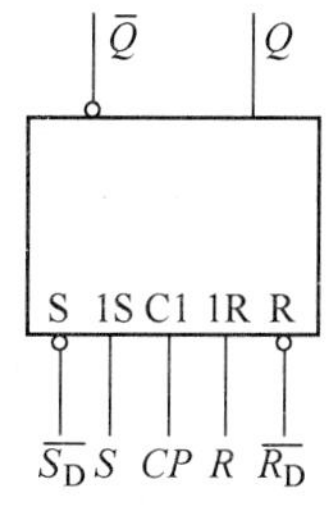

图 5-6　同步 RS 触发器的逻辑符号

3. 动作特点

同步 RS 触发器的动作特点是在时钟脉冲等于低电平（无效）时不接收输入信号，在时钟脉冲等于高电平（有效）时才接收。

这一动作特点要求输入信号在时钟脉冲为高电平期间能保持稳定不变，否则，有可能会导致触发器误翻转，如图 5-5 所示的那样。

5.2.3　触发器逻辑功能的描述方法

触发器的逻辑功能有功能表、时序图、特性方程和状态转换图四种描述方法。其中功能表、时序图已经介绍过，下面仅介绍特性方程和状态转换图。

特性方程是用函数式的形式描述触发器的逻辑功能，通常以触发器的次态为函数，以触发器的现态和输入信号为变量。现以同步 RS 触发器为例来说明特性方程的求法。将表 5-2 转化为卡诺图如图 5-7 所示。通过化简得函数式即特性方程为

$$\begin{cases} Q^{n+1}=S+\overline{R}Q^n \\ RS=0 \end{cases} \tag{5-1}$$

根据表 5-2 可画出同步 RS 触发器的状态转换图如图 5-8 所示。图中圆圈表示触发器的状态，箭头表示触发器的转换方向，箭头旁边的输入信号表示转换条件。

触发器逻辑功能的这四种描述方法各有千秋，功能表一目了然，时序图清楚地反映了时序关系，特性方程简洁紧凑，高度概括，状态转换图形象直观。

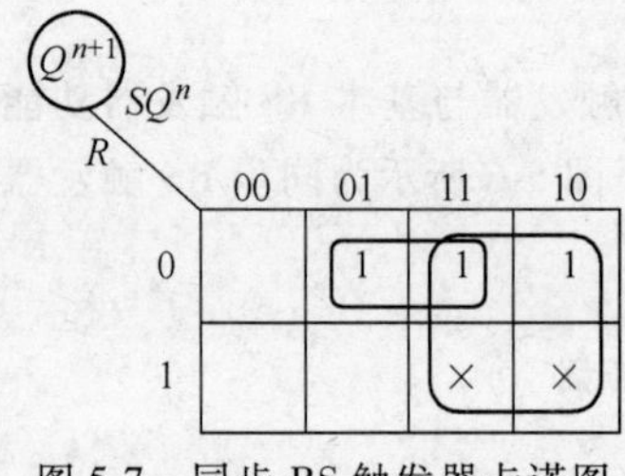

图 5-7 同步 RS 触发器卡诺图

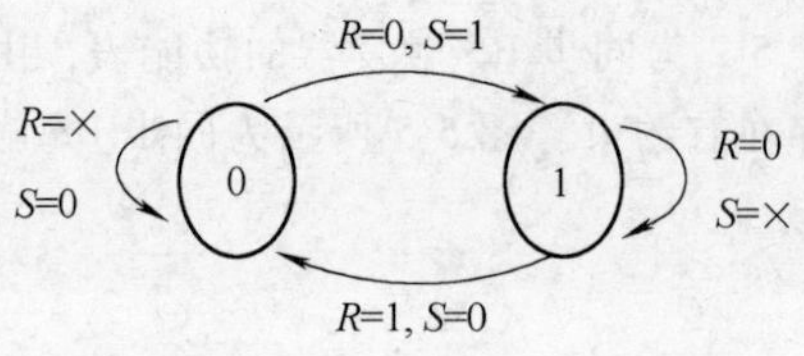

图 5-8 同步 RS 触发器状态转换图

5.2.4 D 触发器

1. D 锁存器

D 锁存器（也称钟控 D 触发器）电路如图 5-9 所示。比较同步 RS 触发器和 D 锁存器的电路结构会发现，若令 $S=D$，$R=\overline{D}$，则同步 RS 触发器就变成 D 锁存器了。

当 $CP=0$ 时，D 锁存器不接收输入信号，当 $CP=1$ 时才接收。这一动作特点使得 D 锁存器在 CP 为高电平期间，如果输入信号 D 受到干扰，会导致误翻，所以 D 锁存器的抗干扰能力也是很差的。

D 锁存器的功能表见表 5-3，由表知，D 锁存器的次态与输入信号 D 相同且不存在约束。

将 $S=D$，$R=\overline{D}$ 代入式（5-1），就可得到 D 锁存器的特性方程为

$$Q^{n+1}=D \tag{5-2}$$

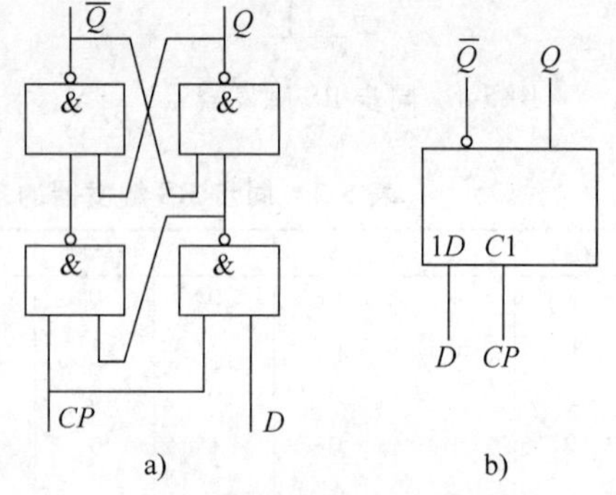

图 5-9 D 锁存器
a）电路结构 b）逻辑符号

当然，根据表 5-3 可画出 D 锁存器的状态转换图。

表 5-3 D 锁存器的功能表

CP	D	Q^n	Q^{n+1}	功能说明	CP	D	Q^n	Q^{n+1}	功能说明
1	0	0	0	置 0	1	1	0	1	置 1
1	0	1	0		1	1	1	1	

2. 边沿型触发器

同步 RS 触发器、D 锁存器的抗干扰能力都很弱，究其原因就是它们在时钟脉冲为高电平的整个时段内始终接收输入信号。边沿型触发器则有效地解决了抗干扰问题。

（1）CMOS 传输门边沿型触发器

CMOS 传输门边沿型触发器电路结构如图 5-10a 所示，其中 TG_1、TG_2、G_1 和 G_2 组成主触发器，TG_3、TG_4、G_3 和 G_4 组成从触发器。

设输入 $D=1$ 且触发器原态为 0，则可推得 $G_3=0$，$G_4=1$，$G_1=1$，$G_2=0$。

当 $CP=0$ 时，TG_1 开通，主触发器接收输入信号，$TG_1=1$，$G_1=0$，即主触发器被触发成 0 状态。TG_2 关闭，$G_2=1$ 的信号不会影响到 TG_1 的输出。TG_3 关闭，切断了主、从触发器之间的通道，从而保证了从触发器状态不受主触发器的影响。TG_4 开通，$TG_4=1$，以维持从触发器状态（$Q=0$）不变。

当 CP 由 0 变为 1（脉冲上跳沿或上升沿）时，TG_1 关闭，切断输入和主触发器之间的联系，保证输入信号变化时不会影响到主触发器的状态。TG_2 开通，$TG_2=1$，以维持主触发器状态为 0 不变。TG_3 开通，$TG_3=0$，使 $G_3=1$，即将从触发器置为 1 状态。TG_4 关闭，保证 G_4 的输出不影

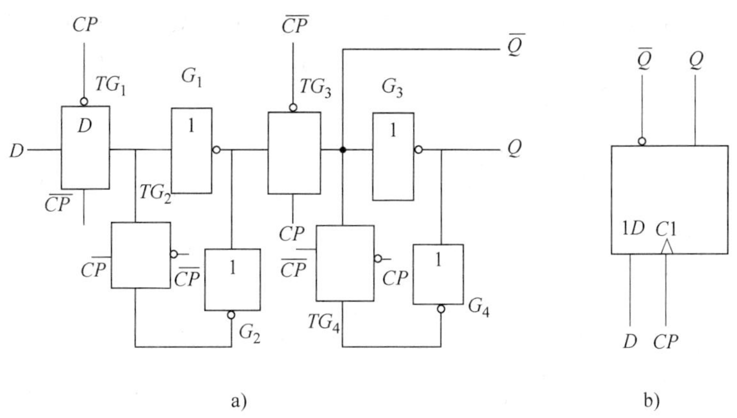

图 5-10　CMOS 传输门边沿型触发器
a）电路结构　b）逻辑符号

响到 TG_3 的输出。

由 CMOS 传输门边沿型触发器的工作原理不难看出：其一，在时钟脉冲为低电平时，TG_1 开通，此时，主触发器的状态随输入信号的变化而变化，但由于 TG_3 是关闭的，所以从触发器的状态不会改变，也就是 Q 端的状态保持不变。在时钟脉冲上升沿到来时，TG_1 关闭，切断了输入和主触发器之间的通道，此时，主触发器中所储存的信息就是时钟脉冲发生上跳变的一瞬间所对应的输入信号。TG_3 开通，把主触发器中储存的信息接收到从触发器中。这就是这种触发器的动作特点。其二，触发器的翻转必定对应于时钟脉冲发生上跳变（有些是下跳变）的那一瞬间。这种触发器之所以具有很强的抗干扰能力就是由这一工作特点决定的。凡是具有这一工作特点的触发器都存在这种共性，即输入信号决定着触发器的翻转方向，时钟脉冲决定着触发器的翻转时刻。

CMOS 传输门边沿型触发器的逻辑符号和功能表分别如图 5-10b、表 5-4 所示。

表 5-4　CMOS 传输门边沿型 D 触发器的功能表

CP	D	Q^n	Q^{n+1}	功能说明	CP	D	Q^n	Q^{n+1}	功能说明
↑	0	0	0	置 0	↑	1	0	1	置 1
↑	0	1	0		↑	1	1	1	

（2）维持阻塞型触发器

维持阻塞型 D 触发器电路结构如图 5-11a 所示，图中①线称为置 0 维持线，②线称为置 1 阻塞线，③线称为置 0 阻塞线，④线称为置 1 维持线。正是利用这四根线的维持阻塞作用提高了触发器的抗干扰能力。

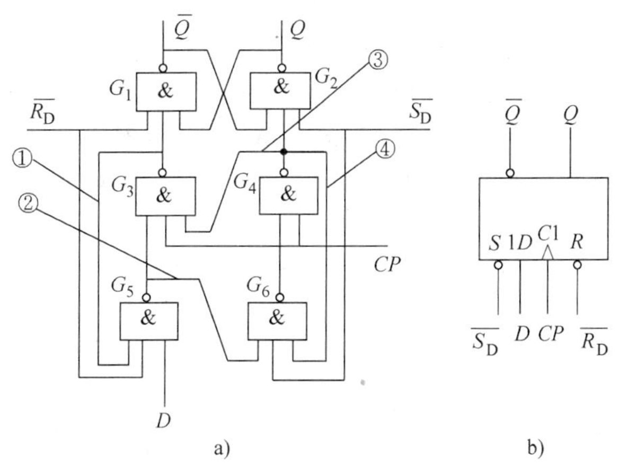

图 5-11　维持阻塞型 D 触发器
a）电路结构　b）逻辑符号

由图 5-11a 可知，当门 G_4 输出为 0 时，触发器就被置成 1 状态，故称 $G_4=0$ 为置 1 信号。同理，当 $G_3=0$ 时，触发器被置成 0 状态，故称 $G_3=0$ 为置 0 信号。

设 $D=1$，当 $CP=0$ 时，门 G_3、G_4 被封锁而关闭，$G_3=G_4=1$，因此，触发

器的状态不会改变。同时，$G_5=0$，$G_6=1$。当 CP 由 0 变 1 时，G_3、G_4 开通，因为 $G_5=0$，$G_6=1$，所以，$G_3=1$，$G_4=0$，置 1 信号（$G_4=0$）分三路输出，第一路使触发器置 1；第二路经③线送给门 G_3，使门 G_3 输出始终为 1，所以③线可靠地阻塞了置 0 信号（$G_3=0$）的产生；第三路经④线反馈给门 G_6，使 $G_6=1$，继而使 $G_3=0$，所以④线维持了置 1 信号不走。

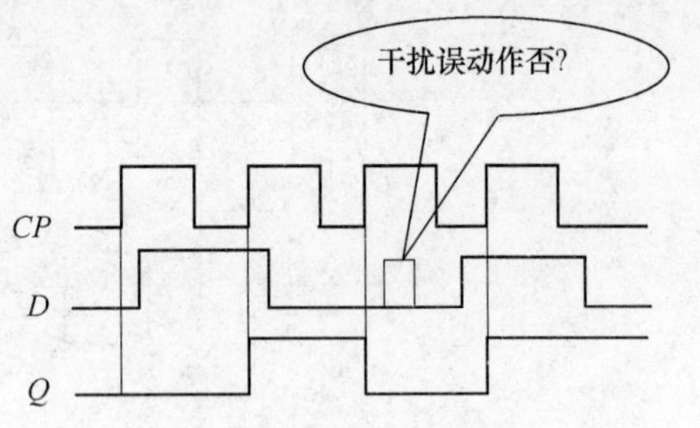

图 5-12　D 触发器时序图

同理，当置 0 信号（$G_3=0$）出现时，该置 0 信号一路使触发器置 0，另一路经①线反馈给门 G_5，使 $G_5=1$，继而使 $G_3=0$，即①线维持置 0 信号不消失；由于 $G_5=1$，该信号经②线送给门 G_6，所以必有 $G_6=0$，进而又使 $G_4=1$，从而②线阻塞了置 1 信号的产生。

维持阻塞型 D 触发器在 $CP=0$ 时，输入信号的改变只能影响到门 G_3、G_4 的状态，不会影响到触发器的状态。在 CP 由 0 变 1 时，触发器翻转，触发器的新态就是 CP 上跳变瞬间对应的输入状态。D 触发器时序图如图 5-12 所示。

维持阻塞型 D 触发器的功能表与表 5-4 完全相同；其逻辑符号如图 5-11b 所示。

5.2.5　JK 触发器

主从型结构的持 JK 触发器是将两个同步 RS 触发器串接并引入一个反相器和两根反馈线而组成的，如图 5-13 所示，位于上面的同步 RS 触发器称为从触发器，下面的同步 RS 触发器称为主触发器。

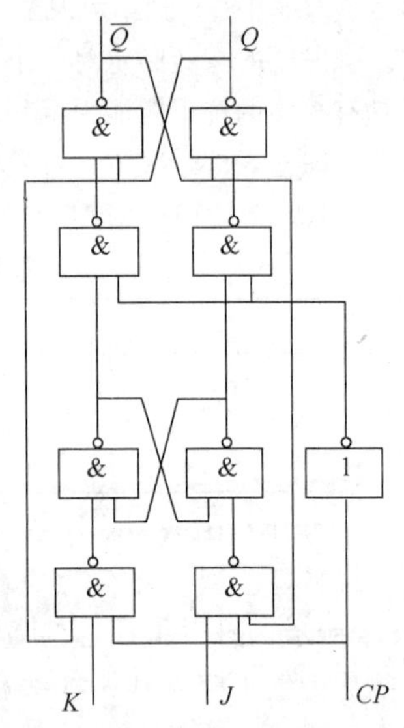

图 5-13　主从型 JK 触发器

从图 5-13 中不难看出，当 $CP=1$ 时，主触发器接收输入信号。因为 $\overline{CP}=0$，所以主、从触发器间的通道被封锁，因此，从触发器保持原态不变。当 $CP=0$ 时，主触发器和输入间通道被封锁，输入信号变化不会影响主触发器的状态。此时，$\overline{CP}=1$，从触发器接收来自主触发器的状态。

设 $J=1$、$K=0$，若 JK 触发器原态为 0，则在 $CP=1$ 时，主触发器被触发成 1 状态，在 CP 由 1 变 0（脉冲下跳沿）时，从触发器也被触发成 1 状态，所以 JK 触发器就由原来的 0 状态翻转为 1 状态。若 JK 触发器原态为 1，则在 $CP=1$ 时，主触发器将保持原态 0 不变，在 CP 由 1 变 0 时，从触发器也保持原态 0 不变，所以 JK 触发器的状态也不变。依次分析出 JK 触发器在其余输入信号作用下的情况，可得 JK 触发器的功能表见表 5-5，由表可知，JK 触发器是所有触发器功能最强的。

表 5-5　JK 触发器的功能表

CP	J	K	Q^n	Q^{n+1}	功能说明	CP	J	K	Q^n	Q^{n+1}	功能说明
↓	0	0	0	0	$Q^{n+1}=Q^n$	↓	1	0	0	1	$Q^{n+1}=1$
↓	0	0	1	1	维持	↓	1	0	1	1	置 1
↓	0	1	0	0	$Q^{n+1}=0$	↓	1	1	0	1	$Q^{n+1}=\overline{Q^n}$
↓	0	1	1	0	置 0	↓	1	1	1	0	计数

为便于记忆，将 JK 触发器的逻辑功能总结如下：

当 $J \neq K$ 时，$Q^{n+1}=J$，即触发器次态与 J 相同；当 $J=K$ 时，若 $J=K=0$，则维持，若 $J=K=1$，则计数。

JK 触发器特性方程为

$$Q^{n+1}=J\overline{Q^n}+\overline{K}Q^n \tag{5-3}$$

因为 JK 触发器是在 $CP=1$ 时接收输入信号，所以在 CP 为高电平的整个时段内，如果输入信号发生变化，JK 触发器可能翻转，也可能不翻转，必须考察输入信号的全部变化过程才能确定 JK 触发器的次态。JK 触发器的时序图如图 5-14 所示。因此，主从型触发器的抗干扰能力不及边沿型触发器。

主从型 JK 触发器的逻辑符号如图 5-15 所示。为适应不同使用场合的需求，在集成电路中有时会制作多个输入端，这多个输入端间为与逻辑关系。

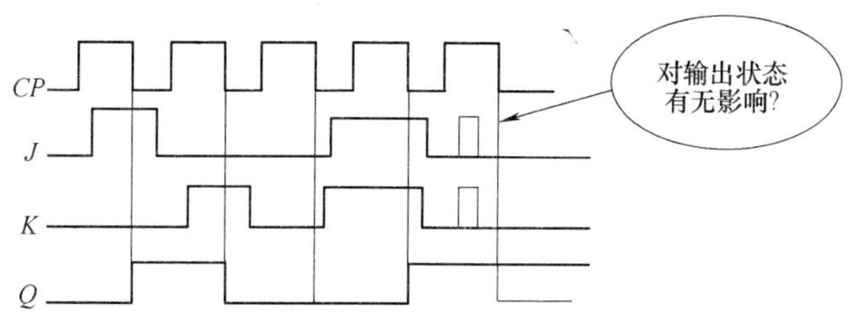

图 5-14　JK 触发器的时序图

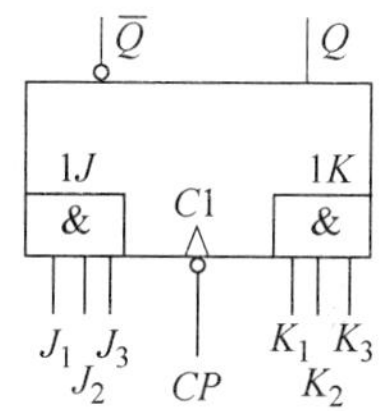

图 5-15　主从型 JK 触发器的逻辑符号

5.2.6　触发器的动态特性

为了保证触发器在动态情况下也能可靠地工作，输入信号、时钟脉冲的保持时间以及它们在时间上配合必须满足一定的要求，这些要求通常用动态参数来描述。

1. 基本 RS 触发器的动态特性

门电路从输入信号变化起到输出状态变化止是需要时间的，称为门电路的传输延迟时间，用 t_{pd} 表示。

（1）输入信号宽度

设每个门的 t_{pd} 相等，考虑 t_{pd} 后，那么可画出基本 RS 触发器的输入和输出之间的波形如图 5-16 所示。

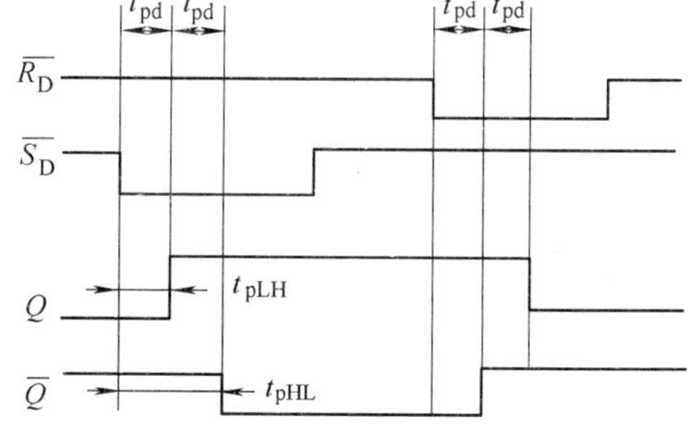

图 5-16　基本 RS 触发器的时序图

从输入到输出至少经过 1 个门的延迟，最多经过 2 个门的延迟，所以输入有效信号的宽度应满足

$$t_w \geqslant 2t_{pd}$$

（2）传输延迟时间

从输入信号到达起，到触发器输出端新状态稳定建立为止，所经历的时间称为触发器的传输延迟时间，由图 5-16 可以看出

$$t_{pLH}=t_{pd}$$

$$t_{pHL}=2t_{pd}$$

2. 维持阻塞型触发器的动态特性

（1）建立时间

建立时间是指输入信号先于时钟脉冲信号到达的时间，用 t_{set} 来表示。在图 5-11a 中，CP 上升沿到达时，门 G_5、G_6 信号必须已稳定建立，而 G_5 信号的稳定建立需经历 1 个门的延迟时间，

G_6 信号的稳定建立需经历两个门的延迟时间，所以 D 端输入信号必须先于 CP 上升沿 $2t_{pd}$时间到达，即

$$t_{set} \geqslant 2t_{pd}$$

（2）保持时间

保持时间是指为保证触发器可靠翻转，输入信号所需要的持续时间，用 t_H 表示。

当 $D=0$ 时，从 CP 上升沿到达开始，需经历 1 个门 G_3 的延迟后置 0 信号才能出现，只有当该置 0 信号返回到 G_5 的输入端，$D=0$ 的信号才允许消失。所以输入低电平时的保持时间为

$$t_{HL} \geqslant t_{pd}$$

当 $D=1$ 时，CP 上升沿到达后，G_4 输出的置 1 信号将 G_3 封锁，所以不需要输入信号保持不变，$t_{HH}=0$。

（3）传输延迟时间

从时钟脉冲上升沿出现到触发器状态稳定建立所需时间叫传输延迟时间。由图 5-11a 不难算出

$$t_{pLH} = 2t_{pd}$$
$$t_{pHL} = 3t_{pd}$$

（4）最高时钟频率

为保证置 0、置 1 信号能稳定地建立，时钟脉冲为高电平的宽度 t_{wH}应大于 t_{pHL}。在下一个 CP 的上升沿到达前，为保证 G_5、G_6 新的状态能稳定建立，CP 低电平的持续时间不应小于 G_3 的传输延迟时间和 t_{set}之和，即时钟脉冲的最小周期应为 $T_{c(min)} = t_{pHL} + t_{set} + t_{pd}$，所以有

$$f_{c(max)} = \frac{1}{t_{pHL} + t_{set} + t_{pd}} = \frac{1}{6t_{pd}}$$

3. 主从型触发器的动态特性

（1）建立时间

输入信号只要不迟于时钟脉冲到达就行，所以有

$$t_{set} = 0$$

（2）保持时间

设输入信号在 $CP=1$ 期间保持不变，则输入信号保持时间应与 t_{wH}相等，即

$$t_H \geqslant t_{wH}$$

（3）传输延迟时间

从 CP 下降沿开始到触发器新状态稳定建立所需时间称为传输延迟时间。则有

$$t_{pLH} = 3t_{pd}$$
$$t_{pHL} = 4t_{pd}$$

（4）最高时钟频率

由图 5-13 不难看出，CP 高电平的持续时间应大于 $3t_{pd}$，低电平的持续时间也应大于 $3t_{pd}$，所以有

$$f_{c(max)} = \frac{1}{6t_{pd}}$$

实际上，每个门的传输延迟时间不可能相等，集成器件中所使用的门与分立门的传输延迟时间也不一样，所以，在实际使用中应当查阅有关器件手册来获取动态参数。

5.3 时序逻辑电路概述

一般来说，数字电路可分为组合逻辑电路和时序逻辑电路。组合逻辑电路的特点是电路任一

时刻的输出仅与该时刻的输入有关。而时序逻辑电路的特点是电路输出不仅与当时的输入有关，还与电路的原状态有关。时序电路具有记忆（储存）功能。

从电路组成上来看，时序电路必包含有触发器，有时也包含组合逻辑电路。从函数关系上来看，时序电路的输出（函数）是以电路的输入和触发器的原状态为逻辑变量的。

根据工作方式的不同，时序电路可分为同步时序电路和异步时序电路。所谓同步是指电路中所有触发器，如果翻转就在同一时刻翻转，换句话说，就是所有触发器的时钟脉冲端接到同一个时钟输入信号上；否则就是异步。

5.4　同步时序逻辑电路的分析及功能描述方法

电路分析是指已知电路，求电路的逻辑功能。时序电路分析具体说，就是找出时序电路输出状态的变化规律。

因为触发器的翻转时刻取决于它的时钟脉冲，而同步时序电路中所有触发器的时钟脉冲来自于同一时钟输入，即所有触发器的时钟脉冲是同时满足的。所以，分析时可不考虑触发器的时钟脉冲。

5.4.1　同步时序逻辑电路的分析

同步时序电路的分析一般根据以下步骤进行：

1）由逻辑电路写出各触发器的驱动方程。

2）由驱动方程和特性方程求次态方程（或称状态方程）。

3）由电路写输出方程。

4）由次态方程、输出方程画出状态转换图或状态转换表。

例 5-1　分析图 5-17 所示的时序电路

解：

（1）求驱动方程

驱动方程就是触发器输入端信号的函数表达式。不难写出图 5-17 时序电路的驱动方程为

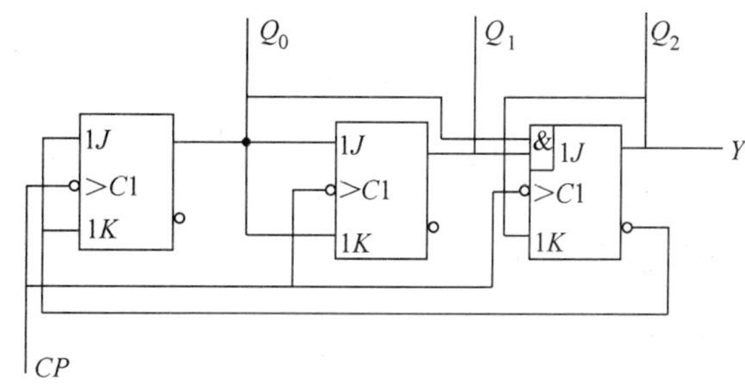

图 5-17　例 5-1 电路

$$J_0 = K_0 = \overline{Q_2^n},\ J_1 = K_1 = Q_0^n,\ \begin{cases} J_2 = Q_1^n Q_0^n \\ K_2 = Q_2^n \end{cases}$$

（2）求次态方程

求次态方程是指触发器次态的函数表达式。因为触发器的次态取决于它的输入信号和原态，即必须满足特性方程。而触发器的输入信号是由驱动方程给出的。所以只要将驱动方程代入到特性方程中便可。JK 触发器的特性方程为

$$Q^{n+1} = J\overline{Q^n} + \overline{K}Q^n$$

依次将驱动方程代入到特性方程中，得次态方程为

$$\begin{cases} Q_0^{n+1} = \overline{Q_2^n}\,\overline{Q_0^n} + Q_2^n Q_0^n \\ Q_1^{n+1} = \overline{Q_1^n} Q_0^n + Q_1^n \overline{Q_0^n} \\ Q_2^{n+1} = \overline{Q_2^n} Q_1^n Q_0^n \end{cases}$$

（3）求输出方程

$$Y = Q_2^n$$

（4）求状态转换图

状态转换图反映了电路状态的变化规律。状态转换图的表示方法如图 5-18 所示。

画状态转换图时，先任意假设一个原态和输入，然后将假设的原态和输入分别代入次态方程和输出方程，算出对应的次态和输出。再以算出的次态和输入为原态，算出对应次态的次态和输出。依此类推，直至算出所有状态，就得到状态转换图了。

在表达电路状态时，最好能像图 5-18 中那样，将电路状态从高位到低位按序排列，否则，会给状态计算带来麻烦。

在图 5-17 中没有输入，所以电路的状态转换图如图 5-19 所示。

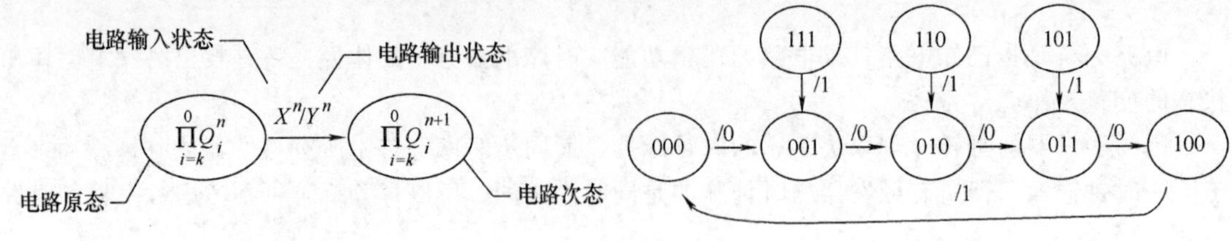

图 5-18　状态转换图的表示法　　　　图 5-19　图 5-17 电路的状态转换图

5.4.2　时序逻辑电路逻辑功能的描述方法

时序逻辑电路逻辑功能的描述方法有状态转换图、状态转换表和时序图等。

1. 状态转换图

状态转换图以图形的形式表达时序电路输出状态的变化规律，形象直观，一目了然。

画状态转换图时，必须画出电路的全部状态，如图 5-17 所示电路中使用了 3 个触发器，应当画出 8 个状态。否则就不是完整的状态转换图。

2. 状态转换表

状态转换表以列表的形式表达时序电路输出状态的变化规律。表 5-6 为对应图 5-17 电路的状态转换表。

3. 时序图

时序图以波形的形式表达时序电路输出状态的变化规律。

图 5-20 所示为对应图 5-17 电路的时序图。

表 5-6　对应图 5-17 电路的状态转换表

CP	Q_2^n	Q_1^n	Q_0^n	Q_2^{n+1}	Q_1^{n+1}	Q_0^{n+1}	Y
↓	0	0	0	0	0	1	0
↓	0	0	1	0	1	0	0
↓	0	1	0	0	1	1	0
↓	0	1	1	1	0	0	0
↓	1	0	0	0	0	0	1
↓	1	0	1	0	1	1	1
↓	1	1	0	0	1	0	1
↓	1	1	1	0	0	1	1

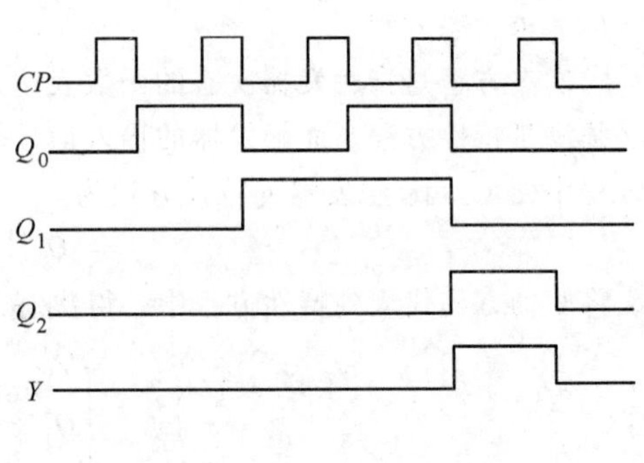

图 5-20　对应图 5-17 电路的时序图

5.5　异步时序逻辑电路的分析

由于异步时序电路中所有触发器的时钟脉冲不是来自于同一个时钟输入信号，所以，与同步时序电路的分析相比，异步时序电路的分析只需要多考虑触发器的时钟脉冲这一因素就可以了。

例 5-2　分析图 5-17 所示的时序电路。

解：驱动方程为

$$\begin{cases} J_0 = \overline{Q_2^n} \\ K_0 = 1 \end{cases}, \quad J_1 = K_1 = 1, \quad \begin{cases} J_2 = Q_1^n Q_0^n \\ K_2 = 1 \end{cases}$$

次态方程和时钟方程为

$$\begin{cases} Q_0^{n+1} = \overline{Q_2^n} \cdot \overline{Q_0^n}, & CP_0 = CP \\ Q_1^{n+1} = \overline{Q_1^n}, & CP_1 = Q_0^n \\ Q_2^{n+1} = \overline{Q_2^n} Q_1^n Q_0^n, & CP_3 = CP \end{cases}$$

图 5-21 电路的状态转换图如图 5-22 所示。

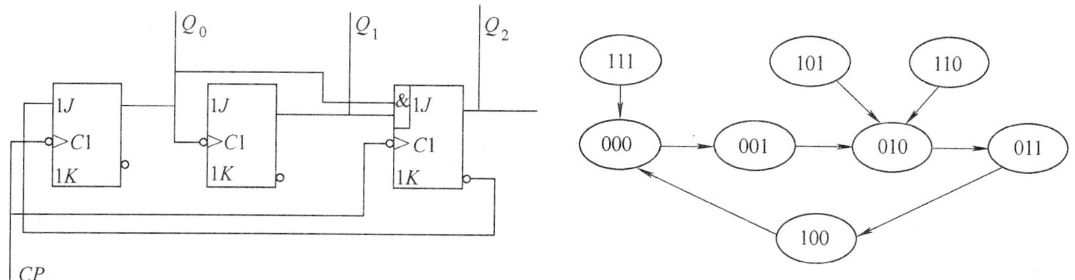

图 5-21　异步时序电路　　　　图 5-22　图 5-21 电路的状态转换图

画异步时序电路的状态转换图时，既要考虑次态，又要考虑时钟脉冲。因为主从型结构的触发器是在时钟脉冲的下跳沿到来时翻转的，在图 5-21 中，两个触发器 Q_2、Q_0 的时钟都来自于电路的输入时钟信号，而触发器 Q_1 的时钟却来自触发器 Q_0 的输出，所以，只要 Q_0 没出现 1 变 0，触发器 Q_1 就不会翻转。如，设电路初态为 000，将初态代入次态方程可求得 $Q_2^{n+1}=0$，$Q_1^{n+1}=1$，$Q_0^{n+1}=1$，这不是电路真正的次态。因为 Q_0 是 0 变 1，而不是 1 变 0，触发器 Q_1 不翻转，仍保持原态 0 不变，所以，实际次态是 001，而不是 011。

5.6　同步时序逻辑电路的设计

时序电路设计是已知逻辑功能，找出实现逻辑功能的时序逻辑电路。它是时序逻辑电路分析的逆过程。

时序逻辑电路的设计通常按以下步骤进行：

1）仔细分析逻辑功能的要求，确定输入和输出，并画出状态转换图。

2）状态化简。

3）状态编码。

4）确定触发器类型，求出状态方程、驱动方程和输出方程。

5）画逻辑图，检查电路能否自启动。

例 5-3　设计一个串行数据检测器，要求是连续输入 3 个或 3 个以上的 1 时输出为 1，否则输出为0。

解：

（1）分析逻辑功能并画状态图

根据题意数据检测器只需一个输入和一个输出，分别用 X、Y 表示。因为要求连续输入3个或3个以上的1时，输出为1，所以必须对连续输入1的个数进行记录（区分），这个记录可由电路的状态来完成。如电路初态为 S_0，输入一个1时电路状态为 S_1，连续输入两个1时电路状态为 S_2，连续输入3个1时电路状态为 S_3。当电路状态在 $S_1 \sim S_3$ 下，如果输入0，电路状态应返回到初态 S_0。据此可画出状态图如图5-23a所示。

（2）状态化简

状态化简就是指如果某些状态在输入相同情况下，它们的输出以及次态都相同，那么这些状态可合并为一个状态。如 S_2 和 S_3，合并后的状态图如图5-23b所示。

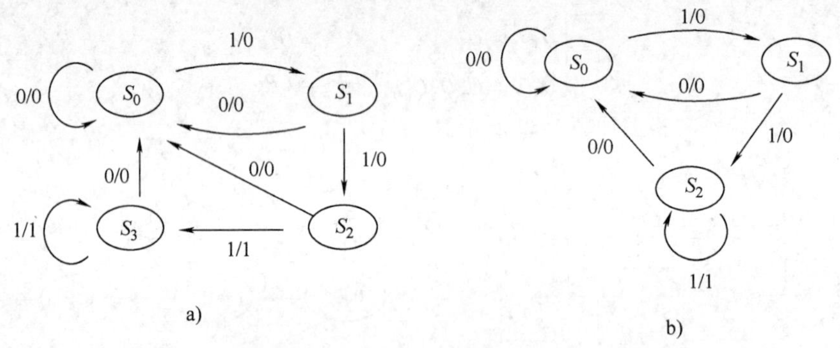

图5-23　例5-3状态转换图

a）原始状态图　b）简化状态图

（3）状态编码

因为电路需3个状态，而两个触发器的状态有 $2^2=4>3$，所以取两个触发器，并令 $S_0=00$，$S_1=01$，$S_2=10$。

（4）确定触发器类型，求若干方程

设选用主从型JK触发器。根据图5-23b所示的简化状态图可列出卡诺图如图5-24所示。为方便起见，将 Q_1^{n+1}、Q_0^{n+1} 和 Y 共用了一张卡诺图。利用约束项化简可得次态方程和输出为

$$Q_1^{n+1}=XQ_0^n+XQ_1^n$$
$$Q_0^{n+1}=X\overline{Q_1^n}\,\overline{Q_0^n}$$
$$Y=XQ_1^n$$

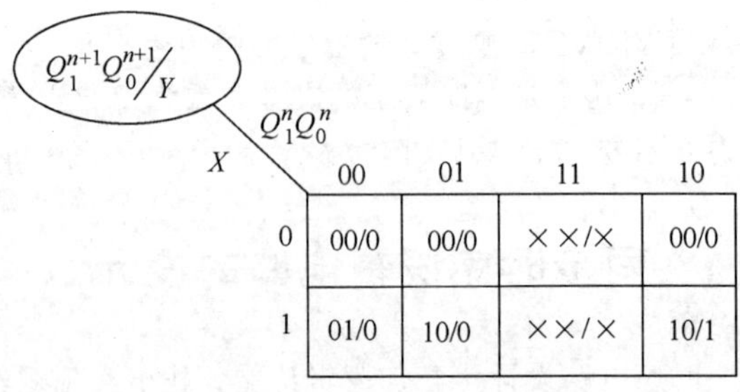

X \ $Q_1^nQ_0^n$	00	01	11	10
0	00/0	00/0	××/×	00/0
1	01/0	10/0	××/×	10/1

图5-24　例5-3的卡诺图

因此JK触发器的特性方程为

$$Q^{n+1}=J\overline{Q^n}+\overline{K}Q^n$$

分别将特性方程和次态方程相比较，就可得到驱动方程。为了能看出明显结果，将次态方程改写为

$$Q_1^{n+1}=XQ_0^n+XQ_1^n=XQ_0^n\overline{Q_1^n}+XQ_0^nQ_1^n+XQ_1^n=XQ_0^n\overline{Q_1^n}+XQ_1^n$$
$$Q_0^{n+1}=X\overline{Q_1^n}\,\overline{Q_0^n}=X\overline{Q_1^n}\,\overline{Q_0^n}+\overline{1}Q_0^n$$

经比较得驱动方程为

$$\begin{cases} J_1 = XQ_0^n \\ K_1 = \overline{X} \end{cases}, \quad \begin{cases} J_0 = X\overline{Q_1^n} \\ K_0 = 1 \end{cases}$$

（5）画逻辑图并检查电路能否自启动

根据驱动方程和输出方程很容易画出串行数据检测器逻辑电路，如图 5-25 所示。至于自启动概念将在 5.7 节中再介绍。

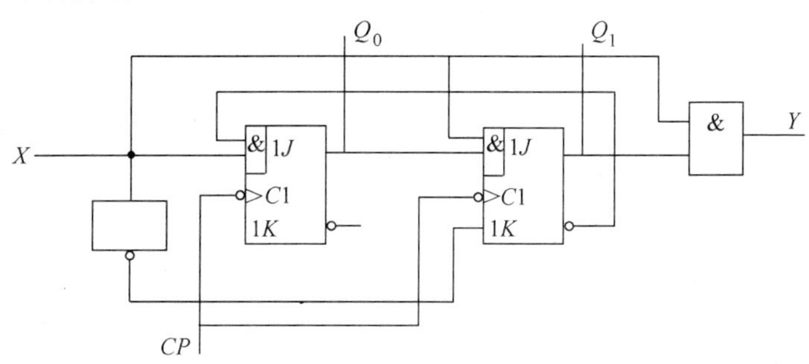

图 5-25　串行数据检测器逻辑电路

5.7　常用时序逻辑电路模块

5.7.1　移位寄存器

寄存器可用来寄存类似二进制形式的代码，应用较多。寄存器可分为数码寄存器和移位寄存器两类。数码寄存器只能寄存数码，移位寄存器除了能寄存数码以外，还能将寄存的信息按位移动。

根据移位方向移位寄存器又可分为单向移位寄存器和双向移位寄存器。

1. 单向移位寄存器

图 5-26 所示为右移移位寄存器。因为由四个触发器组成，所以可寄存四位二进制代码。电路的结构特点是高位（右边）触发器的输入接低位（左边）触发器的输出，即让 $D_i = Q_{i-1}$。根据 D 触发器的特性方程 $Q^{n+1} = D$，得次态方程为 $Q_{i+1}^{n+1} = Q_i^n$，可见高位触发器的次态就是低位触发器的原态。在时钟脉冲作用下，低位触发器的状态就会依次移入高位触发器中。

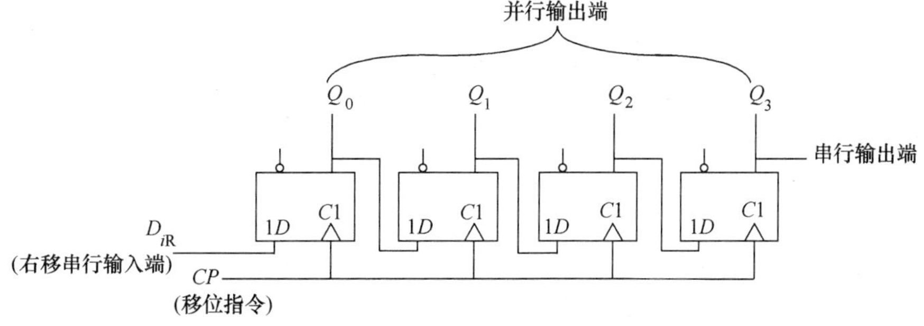

图 5-26　右移移位寄存器

D_{iR}称为串行输入端。在时钟脉冲配合下，输入信息由此端以串行方式逐一输入到寄存器中。如设寄存器初态为 $Q_3Q_2Q_1Q_0 = 0000$ 且 $D_{iR} = D_3D_2D_1D_0$。首先将 D_3 送到 D_{iR}端，即令 $D_{iR} = D_3$，第一个时钟脉冲作用后寄存器状态为 $000D_3$；再令 $D_{iR} = D_2$，第二个时钟脉冲作用后寄存器状态为 $00D_3D_2$。依此类推，第四个时钟脉冲作用后寄存器状态为 $D_3D_2D_1D_0$，从而完成信息输入。

$Q_3Q_2Q_1Q_0$ 称为并行输出端，寄存在寄存器中的信息可由此端一并输出，与串行输入端相配合，还可实现串行码到并行码的转换。

Q_3 端也是串行输出端，与串行输入端相同，寄存的信息在四个时钟脉冲作用下可由此端以串行方式输出。

如果将图 5-26 中高位触发器的输入依次改接到低位触发器的输出，即让 $D_i = Q_{i+1}$，则电路就变成左移移位寄存器了，如图 5-27 所示。左移移位寄存器除了移位方向和串行输入数据 $D_3D_2D_1D_0$ 的输入顺序与右移移位寄存器相反以外，其余则完全一样。

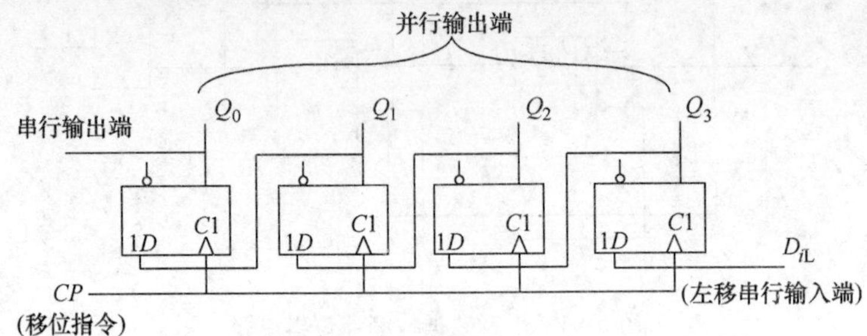

图 5-27 左移移位寄存器

2. 双向移位寄存器

根据单向移位寄存器的组成特点可得到这样的启发，若让 $D_i = Q_{i-1}$（右移通道），电路实现右移，若让 $D_i = Q_{i+1}$（左移通道），电路实现右移。如果用一个开关来分时接通这两个通道，如图 5-28a 所示由机械开关控制通道，那么电路就既能实现右移又能实现左移了。

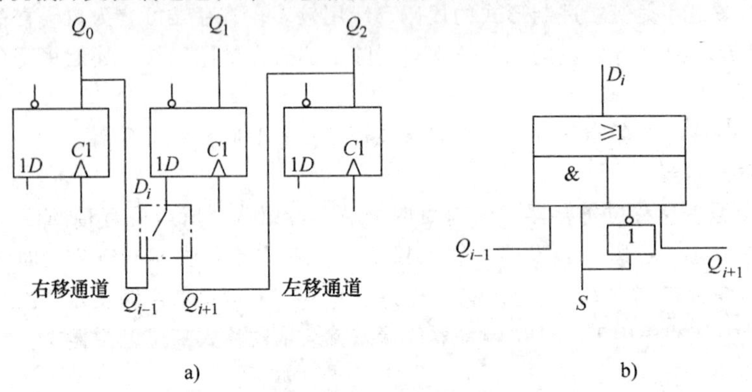

图 5-28 用开关控制双通道

a）由机械开关控制通道 b）由电子开关控制通道

实际电路中往往用电子开关来替代机械开关，如图 5-28b 所示。由图可得

$$D_i = SQ_{i-1} + \overline{S}Q_{i+1}$$

式中，S 为通道控制变量，当 $S = 1$ 时，$D_i = Q_{i-1}$，实现右移；当 $S = 0$ 时，$D_i = Q_{i+1}$，实现左移。

中规模集成双向移位寄存器 74LS194 内部电路如图 5-29a 所示，图 5-29b 是它的引脚分布图。

为使用方便灵活，74LS194 设置了两个方式控制变量（即通道控制变量）S_1S_0，增加了并行输入端 $D_3D_2D_1D_0$。由图 5-29a 电路不难写出驱动方程为

$$\begin{cases} S_0 = \overline{R_0} = \overline{S_1}\,\overline{S_0}Q_0 + \overline{S_1}S_0D_{iR} + S_1\overline{S_0}Q_1 + S_1S_0D_0 \\ S_1 = \overline{R_1} = \overline{S_1}\,\overline{S_0}Q_1 + \overline{S_1}S_0Q_0 + S_1\overline{S_0}Q_2 + S_1S_0D_1 \\ S_2 = \overline{R_2} = \overline{S_1}\,\overline{S_0}Q_2 + \overline{S_1}S_0Q_1 + S_1\overline{S_0}Q_3 + S_1S_0D_2 \\ S_3 = \overline{R_0} = \overline{S_1}\,\overline{S_0}Q_3 + \overline{S_1}S_0Q_2 + S_1\overline{S_0}D_{iL} + S_1S_0D_3 \end{cases}$$

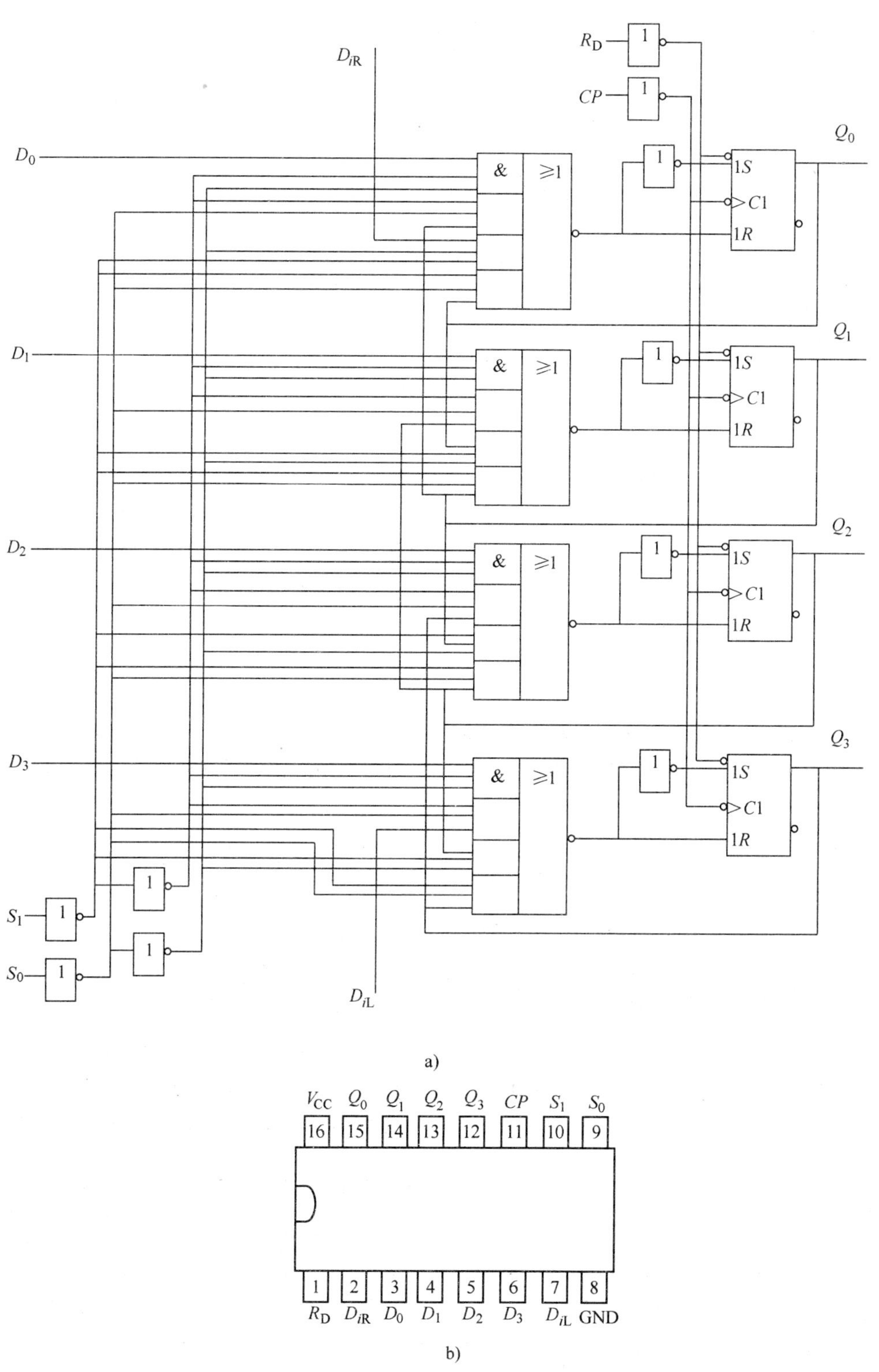

图 5-29　双向移位寄存器 74LS194

a）74LS194 内部电路　b）74LS194 引脚分布图

当方式控制 $S_1S_0=01$ 时，驱动方程简化为

$$\begin{cases}S_0=\overline{R_0}+D_{iR}\\S_1=\overline{R_1}=Q_0\\S_2=\overline{R_2}=Q_1\\S_3=\overline{R_0}=Q_2\end{cases}$$

由 RS 触发器的逻辑功能可知，在此方式下，电路具有右移位功能。同理，可分析出方式控制变量 S_1S_0 分别为 00、10、11 时电路的功能，见表 5-7。

表 5-7 74LS194 的功能

S_1	S_0	功能	S_1	S_0	功能
0	0	保持	1	0	左移
0	1	右移	1	1	并行输入

5.7.2 计数器

计数器是一种能对输入脉冲进行累计的时序电路。此外，计数器还可用于分频、定时、产生节拍脉冲和脉冲序列等，应用十分广泛。

计数器按计数制可分为二进制计数器、十进制计数器和任意进制计数器；按工作方式可分为同步计数器和异步计数器；按计数器中数值的变化可分为加法计数器、减法计数器和可逆计数器等。

1. 二进制计数器

(1) 异步二进制计数器

异步二进制计数器结构最为简单，图 5-30 所示为三位异步二进制加法计数器。由于电路简单，不必按异步时序电路的分析步骤进行，因此可根据电路连接方式和触发器逻辑功能直接画出它的状态转换图。

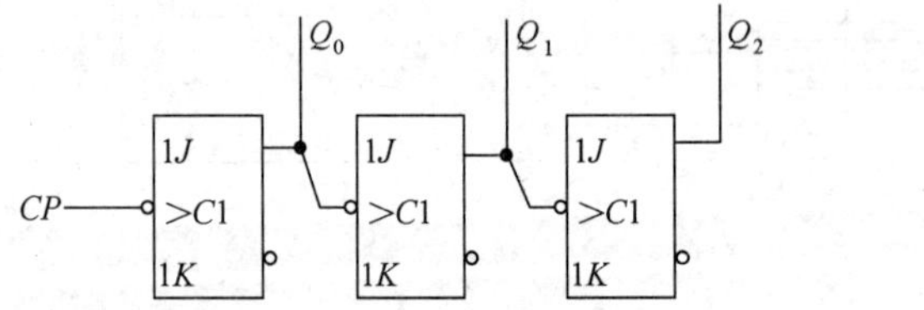

图 5-30 三位异步二进制计数器

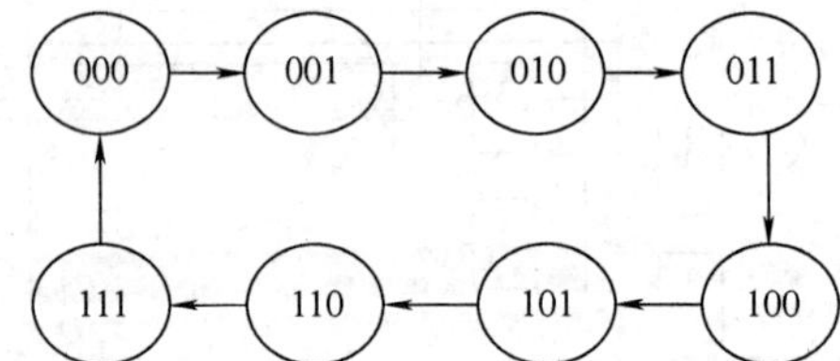

图 5-31 图 5-30 电路的状态转换图

因为高位触发器的 CP 端依次接低位触发器的输出，最低位触发器的 CP 端接电路的输入脉冲，触发器本身又被接成计数状态（$Q^{n+1}=\overline{Q^n}$），即每来一个时钟脉冲触发器就翻转一次，所以高位触发器是在低位触发器由 1 变 0 时翻转，最低位触发器是每来一个输入脉冲翻转一次。由此可画出电路的状态转换图和时序图分别如图 5-31 和图 5-32 所示。

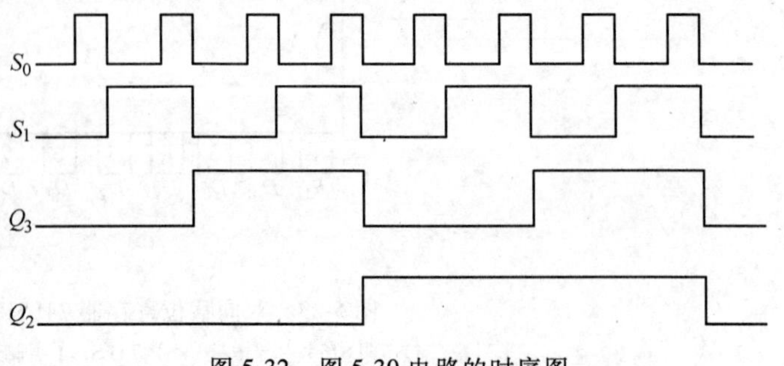

图 5-32 图 5-30 电路的时序图

电路每输入 8 个计数脉冲产生一次循环，因此，也可称其为一位 8 进制计数器。计数器的循环状态数称为计数器的模，用 M

来表示，所以又可称其为模8计数器。

由时序图可知，Q_2、Q_1、Q_0输出波形的频率依次是CP频率的1/2、1/4、1/8，所以电路还具有分频功能。

三位异步二进制减法计数器如图5-33所示，其结构上与异步二进制加法计数器不同的是将高位触发器的时钟脉冲端接低位触发器的反相输出端，所以高位触发器是在低位触发器由0变1的时候翻转。只要将图5-31中箭头反过来就是异步二进制减法计数器的状态图了。

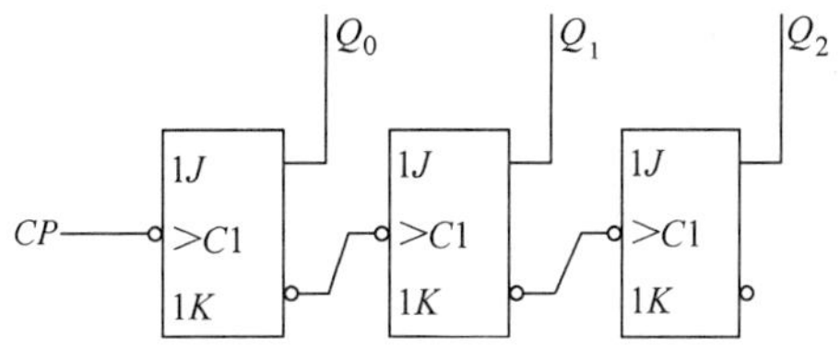

图5-33　三位异步二进制减法计数器

采用与双向移位寄存器相同的构成思路，即用电子开关分时控制异步二进制计数器的加减运算通道，就可组成异步二进制可逆计数器。

（2）同步二进制计数器

异步二进制计数器中的触发器是由低位到高位逐一翻转的，位数越多，需要的时间越长。为了提高速度，可采用同步工作方式。

三位同步二进制加法计数器如图5-34。其驱动方程为

$$\begin{cases} D_0 = \overline{Q_0^n} \\ D_1 = Q_1^n \oplus Q_0^n \\ D_2 = \overline{Q_2^n} Q_1^n Q_0^n + Q_2^n \overline{Q_1^n} + Q_2^n \overline{Q_0^n} \end{cases}$$

代入特性方程得状态方程为

$$\begin{cases} Q_0^{n+1} = \overline{Q_0^n} \\ Q_1^{n+1} = Q_1^n \oplus Q_0^n \\ Q_2^{n+1} = \overline{Q_2^n} Q_1^n Q_0^n + Q_2^n \overline{Q_1^n} + Q_2^n \overline{Q_0^n} \end{cases}$$

由状态方程可画出状态图与图5-31完全相同。

图5-35所示为集成四位同步二进制加法计数器74LS161逻辑符号图。在集成计数器中，为了使用方便灵活，适应性强，往往增加一些控制电路。

在图5-35中C为进位信号。

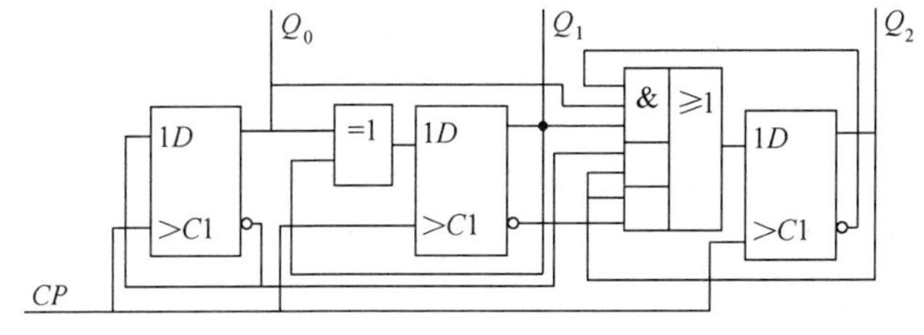

图5-34　三位同步二进制加法计数器

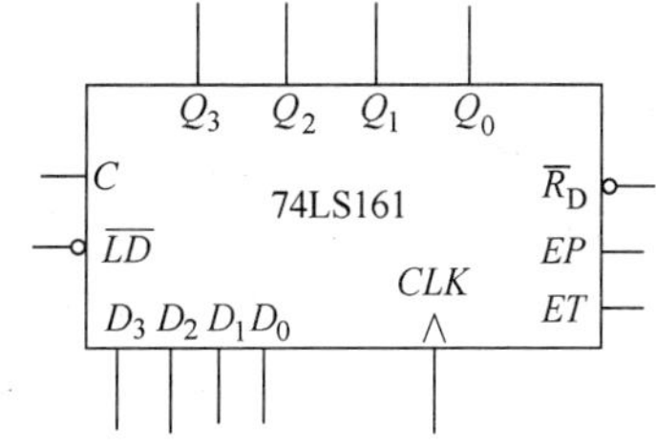

图5-35　74LS161逻辑符号图

$\overline{R_D}$为清零端（异步），低电平有效。芯片的清零方式有异步和同步之分（如74LS162、74LS163就采用同步清零），所谓异步清零就是当$\overline{R_D}$有效时，芯片立即清零，不受其他信号的制约。所谓同步清零就是当$\overline{R_D}$有效时并不立即清零，而是在下一个时钟脉冲有效时才清零。这个概念很重要，应当深刻理解并牢记，否则在使用芯片时就会犯错。计数器正常计数时应让$\overline{R_D}$无

效，否则无法计数。

$D_3D_2D_1D_0$ 为预置数输入端。

$\overline{LD}$为预置数控制端（同步），低电平有效。预置数方式也有异步和同步之分，其意义和清零方式相同。当$\overline{LD}$无效时不接受预置数，当$\overline{LD}$有效时，接受预置数，则使 $Q_3Q_2Q_1Q_0=D_3D_2D_1D_0$。利用这一功能，可使计数器的初态设定为任意值，74161 复位后的状态转换图如图 5-36 所示。

有预置数后 74161 的状态转换图如图 5-37 所示。

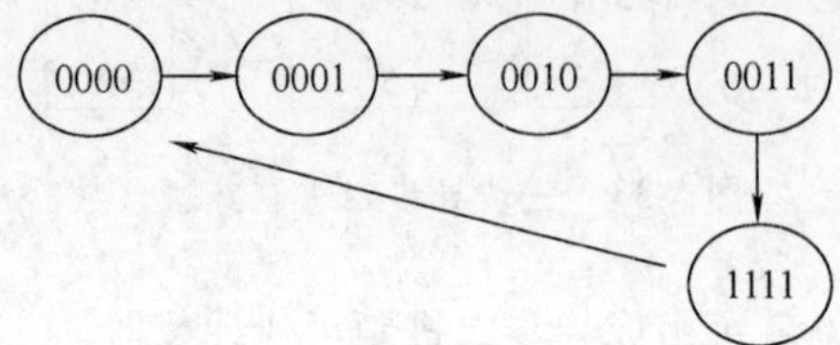

图 5-36 74161 复位后的状态转换图

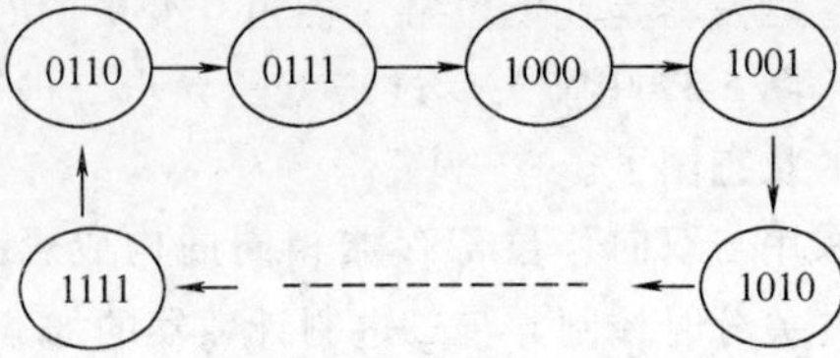

图 5-37 有预置数后 74161 的状态转换图

若要求状态转换图如图 5-37 所示，则可令 $D_3D_2D_1D_0=0110$、$\overline{LD}=0$，那么在下一个时钟脉冲作用下，预置数 0110 被装入计数器中，然后，再让$\overline{LD}=1$，于是计数器就会按要求的状态进行计数。

EP、ET 为工作状态控制端，高电平有效。当 $EPET=01$ 时，计数器保持原状态不变，当 $EPET=\times0$ 时，计数器保持并使 $C=0$，当 $EPET=11$ 时，计数器计数。

74161 的功能表见表 5-8。

表 5-8 74161 的功能表

CLK	$\overline{R_D}$	$\overline{LD}$	EP	ET	工作状态
×	0	×	×	×	置 0
↑	1	0	×	×	预置数
×	1	1	0	1	保持
×	1	1	×	0	保持并 $C=0$
↑	1	1	1	1	计数

四位同步二进制可逆计数器 74LS191 的逻辑符号如图 5-38 所示。其中，C/B 为进位/借位信号输出端。$\overline{S}$ 为使能端，当 $\overline{S}=0$，芯片工作，当 $\overline{S}=1$ 时，芯片保持原态。$\overline{LD}$为预置数控制端，异步方式。CLK_0 为串行时钟输出端，$CLK_0=S\ (C/B)\ \overline{CLK_1}$，即当 $\overline{S}=0$ 且 $C/B=1$ 时，在下一个 CLK_1 上升沿到来时，CLK_0 将输出一个负脉冲。$\overline{U}/D$ 为加减控制端，当 $\overline{U}/D=0$ 时，做加法，当 $\overline{U}/D=1$ 时，做减法。

74LS191 的功能表见表 5-9。

74LS191 只有一个时钟输入信号，属于单时钟电路结构，此外，还有双时钟结构的二进制可逆计数器，如 74LS193，它的逻辑符号图如图 5-39 所示，它具有异步清零、异步预置数等功能。当从 CLK_U 端输入计数脉冲时，做加法，从 CLK_D 端输入计数脉冲时，做减法。

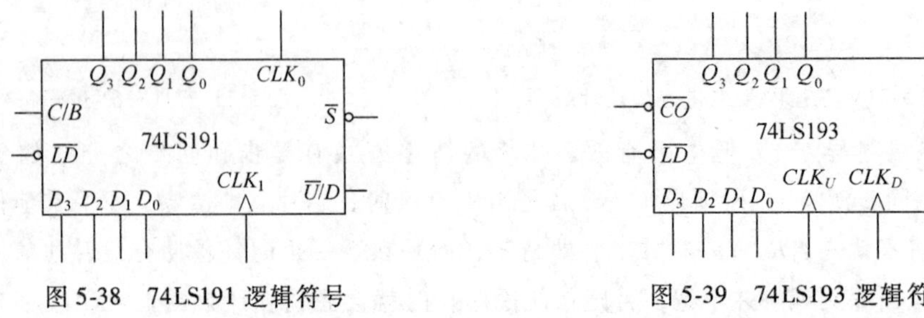

图 5-38 74LS191 逻辑符号

图 5-39 74LS193 逻辑符号

表 5-9　74LS191 的功能表

CLK_1	$\overline{S}$	$\overline{LD}$	$\overline{U}/D$	工作状态	CLK_1	$\overline{S}$	$\overline{LD}$	$\overline{U}/D$	工作状态
×	1	1	×	保持	↑	0	1	0	加计数
×	×	0	×	预置数	↑	0	1	0	减计数

2. 十进制计数器

十进制计数器就是模 10 计数器，有 10 个状态。而 3 个触发器最多只能组成 8 个状态，所以需用 4 个触发器构成。

（1）异步十进制计数器

四位异步二进制加法计数器的状态图如图 5-40 所示。要构成十进制计数器必须去掉 6 个状态，也就是说必须切断原来的循环链，建立一个新的循环链，即让计数器状态从 1001 变到 0000，而不是 1010。图 5-41 就是按此思路构成的异步十进制加法计数器。

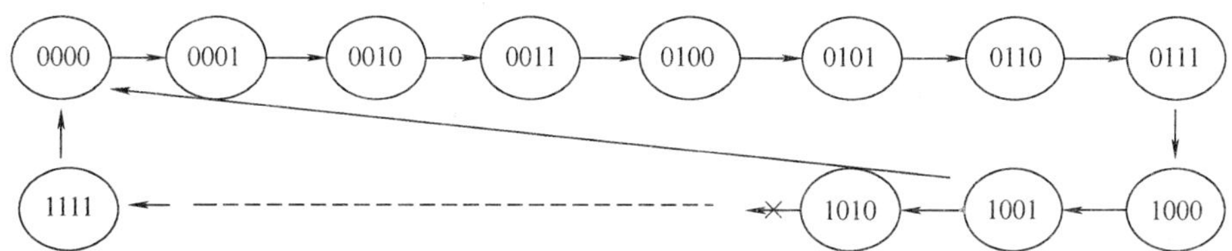

图 5-40　四位异步二进制加法计数器的状态图

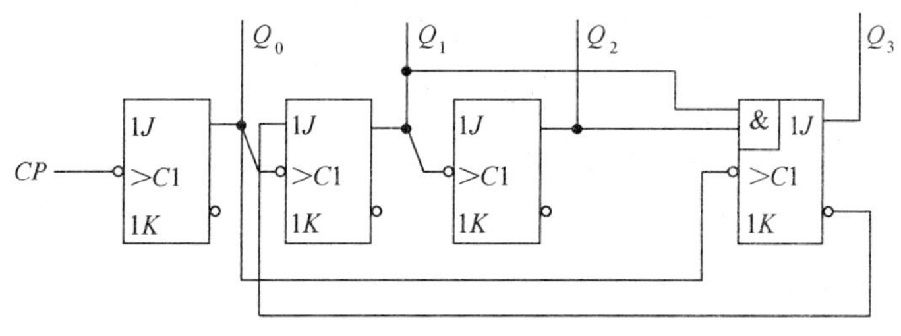

图 5-41　异步十进制加法计数器

其驱动方程为

$$\begin{cases} J_0 = 1 \\ K_0 = 1 \end{cases} \quad \begin{cases} J_1 = \overline{Q_3^n} \\ K_1 = 1 \end{cases}, \quad \begin{cases} J_2 = 1 \\ K_2 = 1 \end{cases} \quad \begin{cases} J_3 = Q_1^n \cdot Q_2^n \\ K_3 = 1 \end{cases}$$

状态方程和时钟方程为

$$\begin{cases} Q_0^{n+1} = \overline{Q_0^n} & CP_0 = CP \\ Q_1^{n+1} = \overline{Q_3^n}\,\overline{Q_1^n} & CP_1 = Q_0^n \\ Q_2^{n+1} = \overline{Q_2^n} & CP_2 = Q_1^n \\ Q_3^{n+1} = \overline{Q_3^n}Q_2^nQ_1^n & CP_3 = Q_0^n \end{cases}$$

异步十进制加法计数器状态图如图 5-42 所示。

在图 5-42 中，参与循环的状态称有效状态，不参与循环的状态称无效状态。如果计数器由于某种原因进入无效状态时，能在若干时钟脉冲作用下进入循环，就称能自启动，否则就不能自启动。由图 5-42 可知，该计数器能自启动。

74LS290 是一个异步二—五—十进制加法计数器，其逻辑电路如图 5-43 所示。它由一个二进制和一个五进制计数器组成。如果从 CLK_0 输入计数脉冲，从 Q_0 端输出，则为二进制计数器。如果从 CLK_1 输入计数脉冲，从 $Q_3Q_2Q_1$ 端输出，则为五进制计数器，这个五进制计数器在例 5-1 中

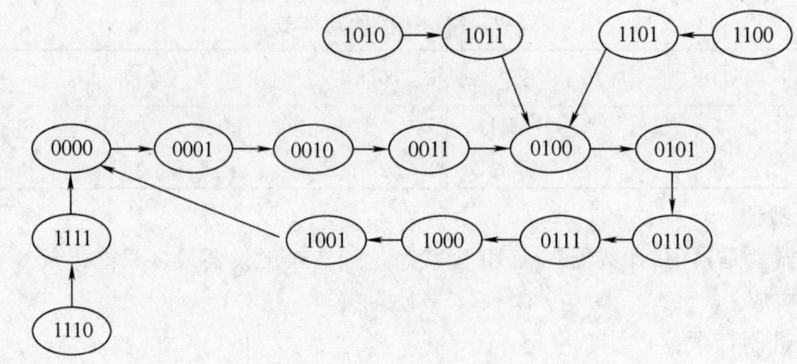

图 5-42　异步十进制加法计数器状态图

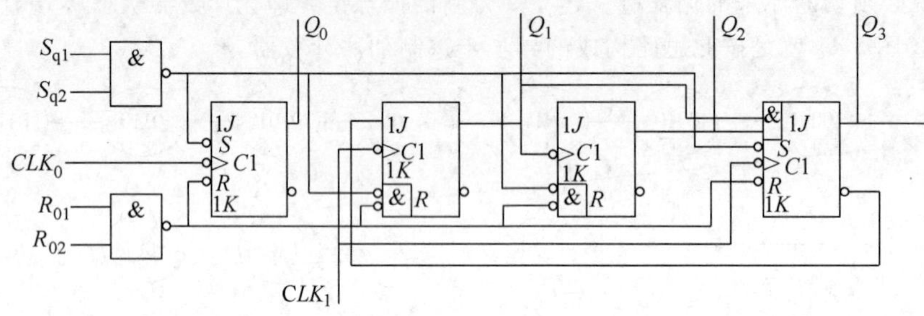

图 5-43　74LS290 逻辑电路

已分析过，其状态图如图 5-22 所示。如果将 CLK_1 与 Q_0 相连，从 CLK_0 输入计数脉冲，则为十进制计数器。这种设计增加了柔性，使用更方便。R_{01}、R_{02} 为异步置 0 端，当 $R_{01}=R_{02}=1$ 时，74LS290 被立即置 0。S_{91}、S_{92} 为异步置 9 端，当 $S_{91}=S_{92}=1$ 时，74LS290 被立即置 9。

（2）同步十进制计数器

同步十进制加法计数器如图 5-44 所示。它是由四个 T 触发器构成的。其驱动方程为

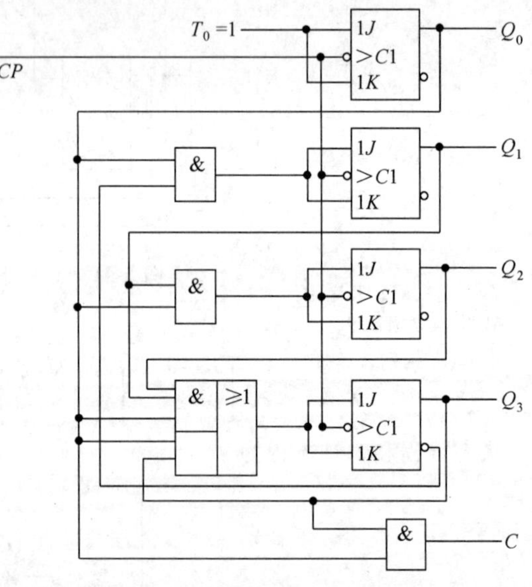

图 5-44　同步十进制加法计数器

$$\begin{cases} T_0=1 \\ T_1=\overline{Q_3^n}Q_0^n \\ T_2=Q_1^nQ_0^n \\ T_3=Q_2^nQ_1^nQ_0^n+Q_3^nQ_0^n \end{cases}$$

将驱动方程代入特性方程为

$$Q^{n+1}=T\,\overline{Q^n}+\overline{T}Q^n$$

得状态方程和输出方程为

$$\begin{cases} Q_0^{n+1}=\overline{Q_0^n} \\ Q_1^{n+1}=\overline{Q_3^n}\cdot\overline{Q_1^n}\,Q_0^n+\overline{\overline{Q_3^n}Q_0^n}Q_1^n \\ Q_2^{n+1}=\overline{Q_2^n}Q_1^nQ_0^n+Q_2^n\,\overline{Q_1^nQ_0^n} \\ Q_3^{n+1}=(Q_2^nQ_1^nQ_0^n+Q_3^nQ_0^n)\,\overline{Q_3^n}+Q_3^n\,\overline{Q_2^nQ_1^nQ_0^n+Q_3^nQ_0^n} \end{cases}$$

$$C=Q_3^nQ_0^n$$

根据状态方程和输出方程画出的同步十进制加法状态图如图 5-45 所示。

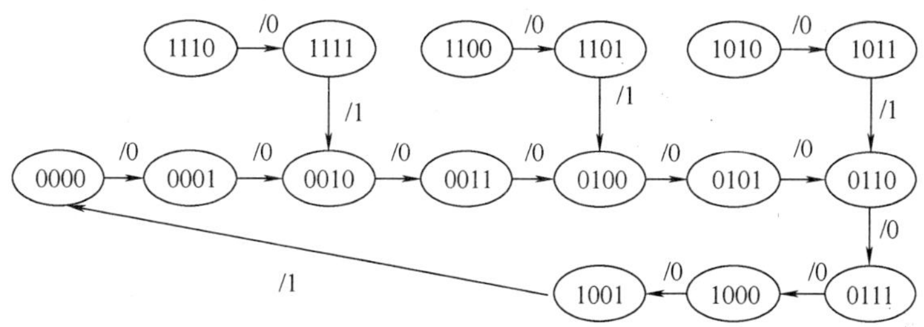

图 5-45　同步十进制加法计数器状态图

集成同步十进制加法计数器 74LS160 逻辑符号如图 5-46 所示，其具有异步清零、同步预置数、保持等功能。与 74LS161 相比，除了模不同以外，其余完全一样。

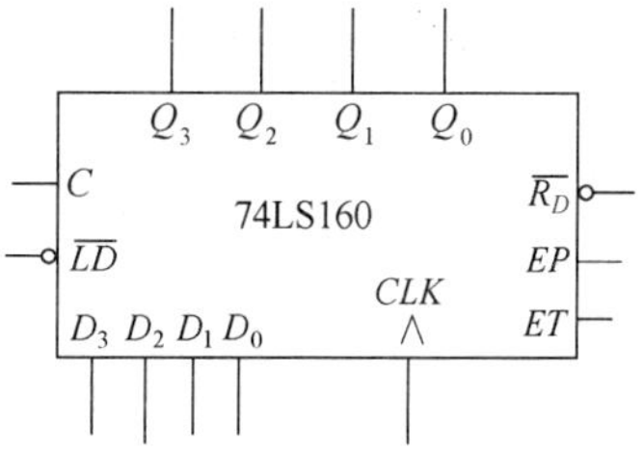

同步十进制减法计数器如图 5-47 所示。其驱动方程为

$$\begin{cases}T_0=1\\ T_1=\overline{\overline{Q_3^n}\,\overline{Q_2^n}\,\overline{Q_1^n}}\,\overline{Q_0^n}\\ T_2=\overline{\overline{Q_3^n}\,\overline{Q_2^n}\,\overline{Q_1^n}}\,\overline{Q_1^n}\,\overline{Q_0^n}\\ T_3=\overline{Q_1^n}\,\overline{Q_0^n}\cdot\overline{Q_2^n}\end{cases}$$

图 5-46　74LS160 逻辑符号

代入特性方程得状态方程和输出方程为

$$\begin{cases}Q_0^{n+1}=\overline{Q_0^n}\\ Q_1^{n+1}=(Q_3^n+Q_2^n)\,\overline{Q_1^n}\,\overline{Q_0^n}+Q_1^nQ_0^n\\ Q_2^{n+1}=Q_3^n\,\overline{Q_2^n}\,\overline{Q_1^n}\,\overline{Q_0^n}+Q_2^n\,(Q_1^n+Q_0^n)\\ Q_3^{n+1}=\overline{Q_3^n}\,\overline{Q_2^n}\,\overline{Q_1^n}\,\overline{Q_0^n}+Q_3^n\,(Q_2^n+Q_1^n+Q_0^n)\end{cases}$$

$$B=\overline{Q_3^n}\,\overline{Q_2^n}\,\overline{Q_1^n}\,\overline{Q_0^n}$$

据此，可画出同步十进制减法计数器状态图如图 5-48 所示。

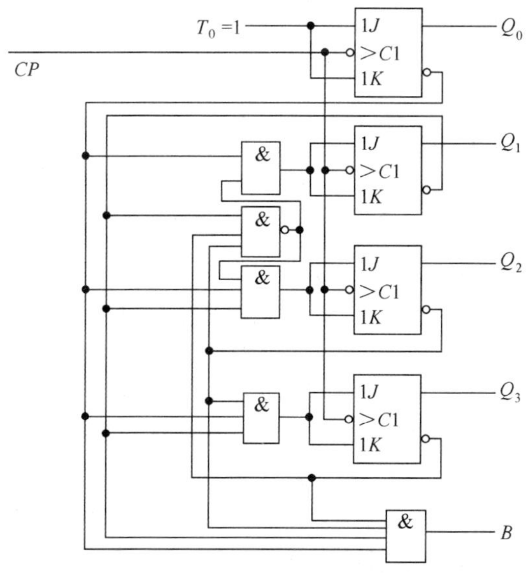

图 5-47　同步十进制减法计数器

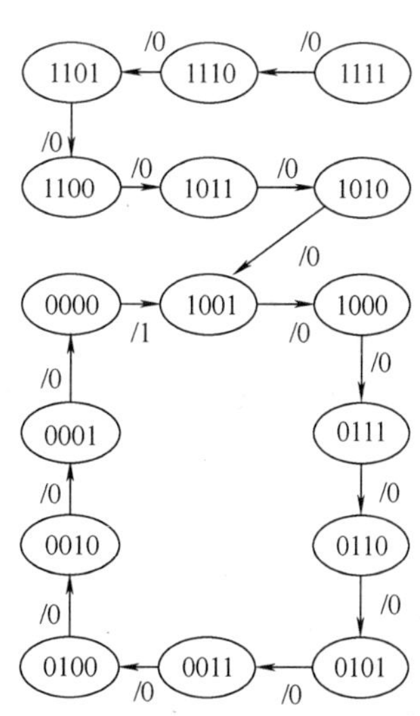

图 5-48　同步十进制减法计数器状态图

集成同步十进制可逆计数器也分为单时钟和双时钟两种。属于单时钟的有 74LS190、74LS168、CC4510 等。74LS190 各外引脚功能及使用方法与集成同步二进制计数器 74LS191 完全

相同。属于双时钟的有 74LS192、CC40192 等。

3. 任意进制计数器

任意进制计数器也称 N 进制计数器。任意进制计数器当然可以用触发器和门电路来进行设计，如图 5-44 所示那样。但更通行的做法是用现有集成二进制或十进制计数器来进行设计，这样做更简单便捷。

用现有集成二进制或十进制计数器设计任意进制计数器时，一般有模扩大和模缩小两种情况。

(1) 用大模构建小模

将计数器的模变小有反馈置 0 和反馈置数两种办法。反馈置 0 法适用于具有置 0 功能的计数器，反馈置数法适用于具有置数功能的计数器。

例 5-4 用同步十进制加法计数器 74LS160（异步清零、同步预置数）构建六进制计数器。

解：74LS160 的状态图如图 5-45 所示。所谓反馈置 0 法就是取某一状态作为反馈信号，当计数器计数到该状态时，经门电路运算后产生一置 0 信号送给计数器的置 0 端，使计数器归 0。从而让计数器的循环跳过若干状态，达到改变模的目的。如果用反馈置 0 法构成模 6 计数器，那么必须在 × 处切断原有循环链，建立新的循环链，如图 5-49 所示。也就是当计数器状态计数到 0101 时，在下一个计数脉冲到来时计数器状态不是变为 0110，而是返回到 0000。为达此目的，取状态 0110 作为反馈信息，并经与非运算后得到低电平（0 信号），将此 0 信号反馈给计数器的 $\overline{R_D}$ 端，从而使计数器状态归零。如图 5-50 所示。

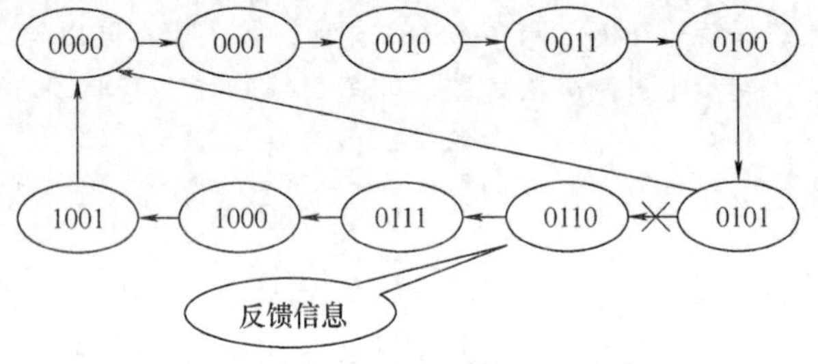

图 5-49 改变计数器模的状态图

为什么取 0110 作反馈信号呢？这是因为 74LS160 是异步置 0 方式，当计数器状态计数到 0101 时，再来一个计数脉冲，计数器状态首先变到 0110，此时与非门输出 0 信号，立即将计数器清 0，状态 0110 随之消失，所以状态 0110 存在时间非常短暂，不能算作一个稳定状态，自然就不能算在有效循环内了，这样，计数器正好包含 6 个有效循环状态。如果芯片是同步清零方式，那就应该取 0101 作为反馈信息。当计数器状态计数到 0101 时，虽然与非门输出 0 信号，但是芯片并不立即清 0，而是在下一个计数脉冲到来时才清 0，所以状态 0110 存在的时间等于一个计数脉冲周期，属于一个稳定状态。这样，计数器也正好包含 6 个有效循环状态。

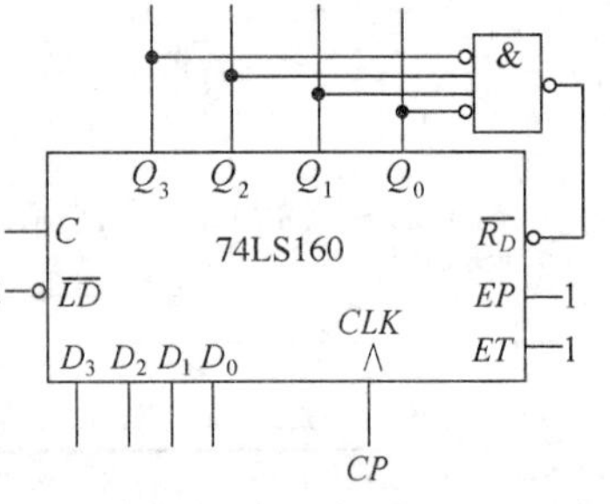

图 5-50 用反馈置 0 法构建模 6 计数器

图 5-50 所示电路存在两个问题，一是 0110 状态虽然存在时间短暂，但是也会对后续电路产生干扰；二是由于各触发器复位时间可能不等，如 Q_1 先于 Q_2 复位，则 Q_1 复位后，立即使 $\overline{R_D}=1$，清 0 信号 $\overline{R_D}=0$ 维持时间很短，造成 Q_2 不能有效复位，导致计数错误。对于后一个问题，解决的办法是用基本 RS 触发器将清 0 信号锁存半个计数脉冲周期，让所有触发器都能够从容复位，如图 5-51 所示。

所谓反馈置数法，就是取一预置数和一反馈状态，当计数器计数到该状态时，经门电路运算后产生一置数信号送给计数器的置数控制端，使计数器接收预置数，从而让计数器也跳过若干循环状态。如果用反馈置数法来构建模 6 计数器，则可取预置数为 $D_3D_2D_1D_0=0100$，由于 74LS160 是同步预置方式，所以反馈信号取 1001 状态，参见图 5-48。这样，计数器正好是 6 个有效循环状态。因为进位 C 就取自 1001 状态，所以可用 C 来替代 1001 状态，如图 5-52 所示。显然，用反馈置数法来构建模 6 计数器有多种方案，只要恰当选择预置数和反馈状态就行。如预置数取 0000，反馈状态就取 0101；预置数取 1001，反馈状态就取 0100 等等。

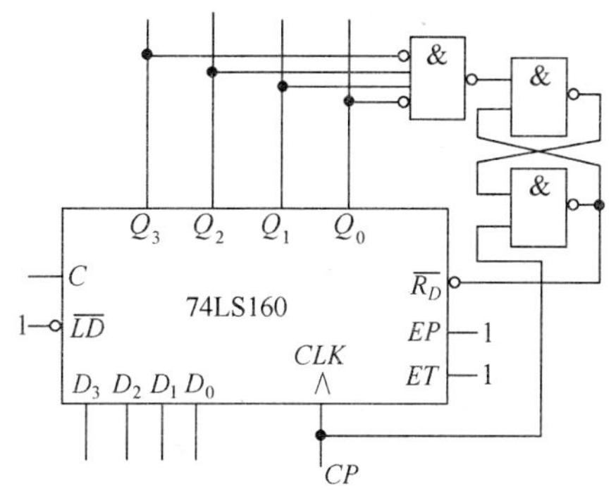

图 5-51　图 5-49 的改进性电路

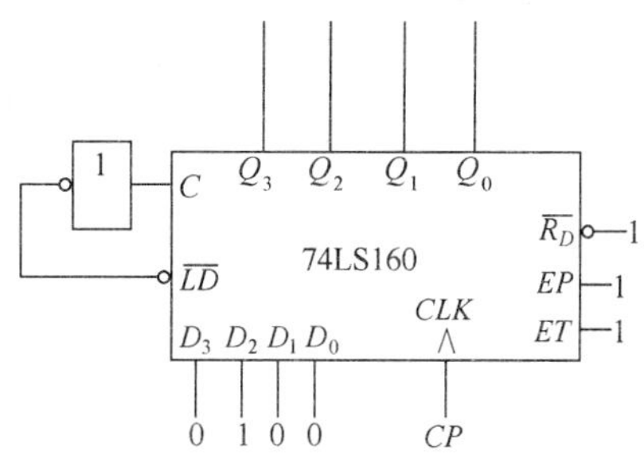

图 5-52　用反馈置数法构建模 6 计数器

（2）用小模构建大模

用多个芯片级联可以对计数器的模进行扩展。模扩展时根据进位方式的不同可分为串行进位和并行进位。

串行进位是指将低位计数器的进位信号作为高位计数器的计数脉冲，如图 5-53 所示。由于 74LS160 的 *CLK* 是上升沿有效，所以当低位计数器状态由 1000 变为 1001 时，低位计数器的进位由 0 变为 1，经反相器反相后输出的下降沿，高位计数器状态不变。当低位计数器状态由 1001 变为 0000 时，经反相器输出的是上升沿，高位计数器状态增 1，正好满足要求。

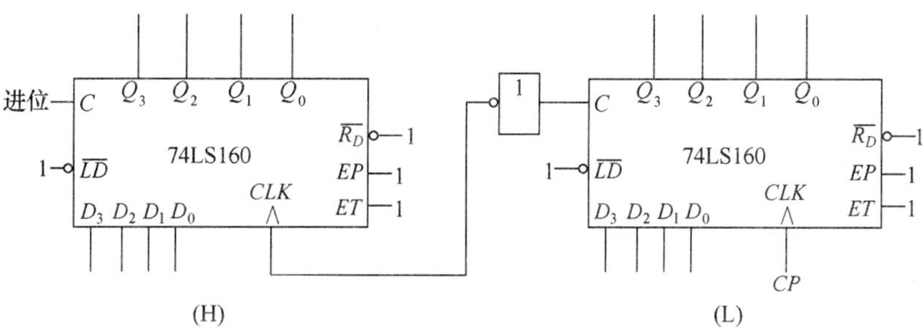

图 5-53　串行进位方式

并行进位是将低位计数器的进位信号作为高位计数器的工作状态控制信号，高、低位计数器的 *CLK* 端同时接计数脉冲，如图 5-54 所示。当低位计数器状态处于 0000 ~ 1000 时，由于进位输出为 0，高位计数器的 $EP = ET = 0$，所以高位计数器处于保持状态。当低位计数器状态变为 1001 时，进位输出变为 1，在下一个计数脉冲到来时，高位计数器状态增 1，低位计数器状态返回 0000，同时低位计数器的进位输出再次变为 0，高位计数器状态又保持不变。

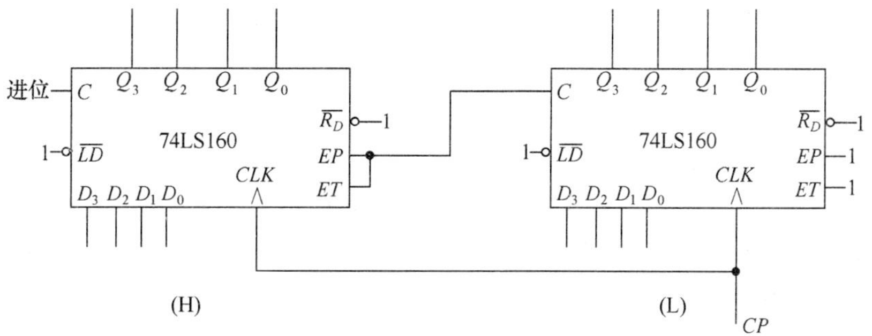

图 5-54　并行进位方式

无论是串行进位还是并行进位，级联后总的模都是高、低位计数器模的乘积。图5-53、图5-54的模都是100。如果将74LS160和图5-52级联，构成的计数器的模就是60。

用多个芯片级联后还可以利用整体置0法和整体置数法来改变计数器的模。整体置0和整体置数分别类似于反馈置0法和反馈置数法。

例5-5　用两片74LS160按整体置0法搭建一个模87计数器。

解：先用两片74LS160采用并行进位方式构成一个模100计数器。由于74LS160是异步置0方式，由反馈置0法可知，可取87作为反馈信号，即高位计数器取状态1000、低位计数器取状态0111作为反馈信号，如图5-55所示。

当第86个计数脉冲输入后，高位计数器的状态为1000，低位计数器的状态为0110。第87个计数脉冲到来时，高位计数器的状态仍为1000，低位计数器的状态变为0111，于是与非门输出低电平，两片74LS160同时被立即置0。所以每输入87个计数脉冲计数器状态循环一次。

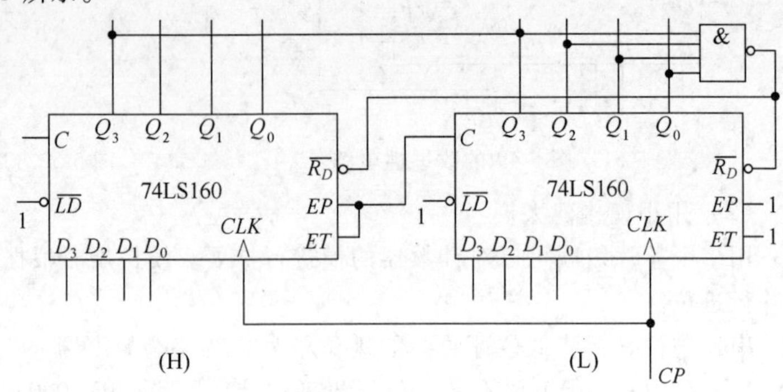

图5-55　整体置0法构成的模87计数器

整体置0法的缺点是可靠性较差，且需要重新寻找进位信号。

例5-6　用两片74LS160按整体置数法搭建一个模69计数器。

解：先用两片74LS160采用并行进位方式构成一个模100计数器。由于74LS160是同步预置数方式，由反馈置数法可知，如果高、低计数器都以1001作为反馈信号，那么高位计数器的预置数应设置为0011，低位计数器的预置数应设置为0001。如图5-56所示。

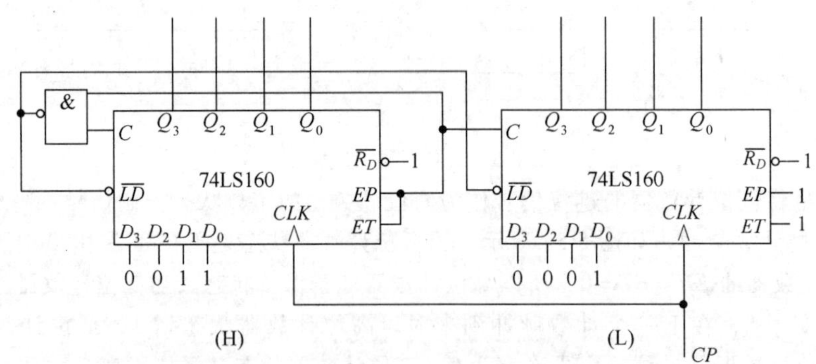

图5-56　整体置数法构成的模69计数器

低位计数器的第一个状态循环计9个计数脉冲，其余6个状态循环都计10个计数脉冲。高位计数器的状态循环都计6个计数脉冲。当第68个计数脉冲作用后，高、低位计数器的状态都为1001，此时，与非门输出低电平，但因为74LS160是同步预置方式，所以此时并不接收预置数，待第69个计数脉冲到来时才接收预置数，高位计数器状态变为0011，低位计数器状态变为0001，电路返回到初态，完成一次状态循环。

4. 移位寄存器型计数器

（1）环形计数器

用四个D触发器构成的环形计数器如图5-57所示。高位触发器的输入依次接低位触发器的输出，最低位触发器的输入接最高位触发器的输出。根据 D 触发器的逻辑功能不难想象，随着计数脉冲的不断输入，低位触发器的状态依次移入到高位触发器中，最高位触发器的状态移入到最低位触发器中。据此，不难画出环形计数器的状态图如图 5-58 所示。

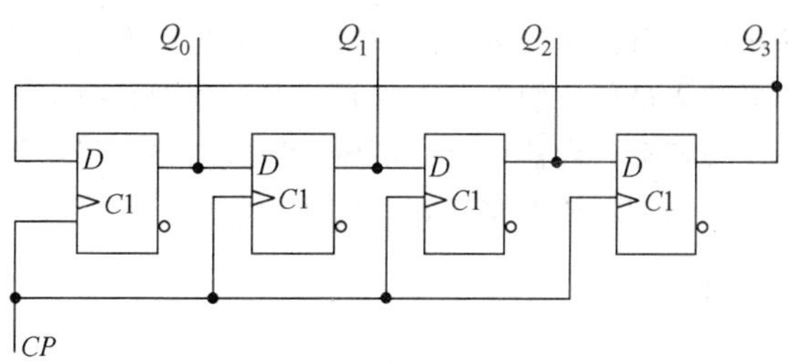

图 5-57　环形计数器

环形计数器的缺点是有效循环的状态少，器件的利用率低，且不能自启动。通过修改反馈逻辑可使电路自启动，如图 5-59 所示。将低三位触发器的输出经或非运算后作为最低位触发器输入。由于电路结构仍很简单，所以依然可直接画出它的状态图。如当计数器状态为 0001 时，在下个计数脉冲作用后，低位触发器状态依次移入到高位，而低三位触发器的输出经或非门运算后输出 0 信号，且被移入最低位触发器中，所以计数器状态变为 0010。其状态图如图 5-60 所示。

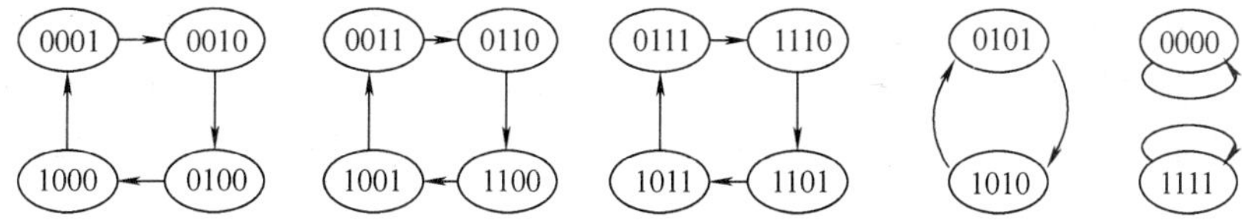

图 5-58　环形计数器的状态图

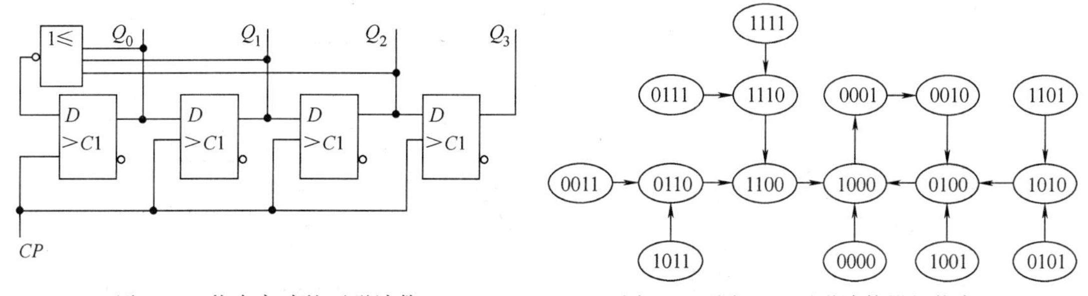

图 5-59　能自启动的环形计数

图 5-60　图 5-58 环形计数器的状态图

（2）扭环形计数器

扭环形计数器电路结构如图 5-61a 所示。它是将最低位触发器的输入接最高位触发器的反相

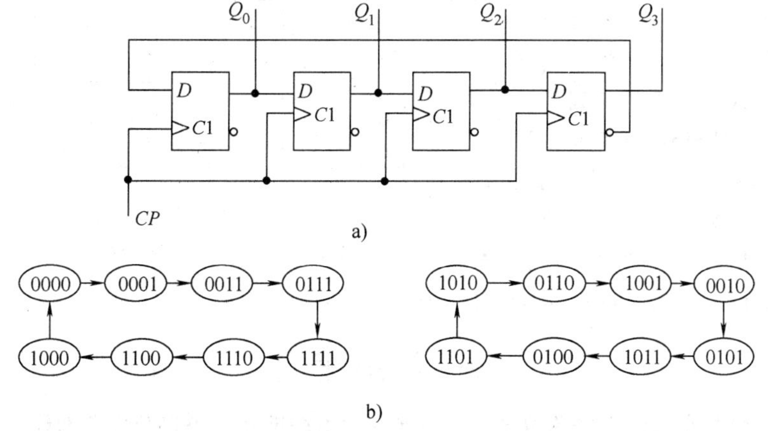

图 5-61　扭环形计数器

a）电路结构　b）状态图

输出端。所以在计数脉冲作用下，低位触发器的状态依次移入到高位，最高位触发器的输出经反相后移入最低位触发器中，其状态图如图 5-61b 所示。

与环形计数器相比，扭环形计数器提高了器件的利用率，但仍不能自启动。同样，可以通过修改反馈逻辑使电路具有自启动功能。

*5.7.3　序列信号发生器

一组特定的串行数字信号称为序列信号，如 00100011 就是一个 8 位的序列信号。产生序列信号的电路称为序列信号发生器。

序列信号发生器可以用移位寄存器型计数器构成。如 8 位 00110011 序列信号发生器如图 5-62 所示。根据要产生的序列信号，可列出电路的状态转换表。因为移位寄存器型计数器中高位触发器的输入依次接低位触发器的输出，而最低位触发器的输入由反馈逻辑来决定，所以如果从最高位触发器的输出端输出序列信号，那么列状态转换表时，最高位触发器的状态变化规律就应该是序列信号，其他触发器的状态变化规律由移位关系依次来决定。图 5-62 电路的状态转换表见表 5-10。再根据最低位触发器的状态变化规律列出最低位触发器输入信号的变化规律，由此可写出最低位触发器的驱动方程（即反馈逻辑）为 $D_0=\overline{Q_2^n}\,\overline{Q_1^n}Q_0^n+Q_2^n\,\overline{Q_1^n}\,\overline{Q_0^n}$，继而可画出电路图。

表 5-10　图 5-62 电路的状态转换表

CP 顺序	Q_2^n	Q_1^n	Q_0^n	D_0
0	0	0	1	1
1	0	1	1	0
2	1	1	0	0
3	1	0	0	1
4	0	0	1	1
5	0	1	1	0
6	1	1	0	0
7	1	0	0	1

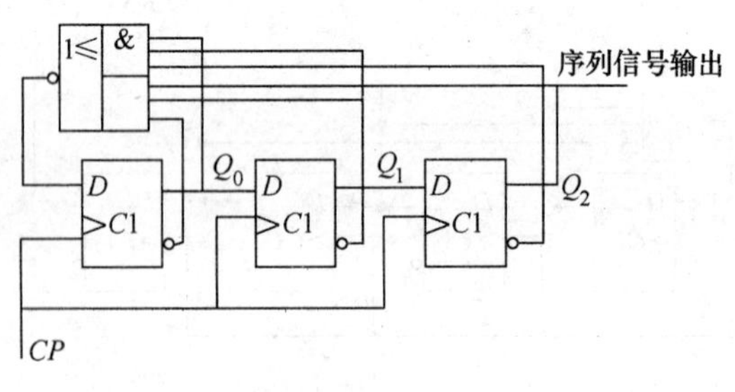

图 5-62　00110011 序列信号发生器

序列信号发生器也可用计数器和数据选择器构成。10110101 序列信号发生器如图 5-63 所示。

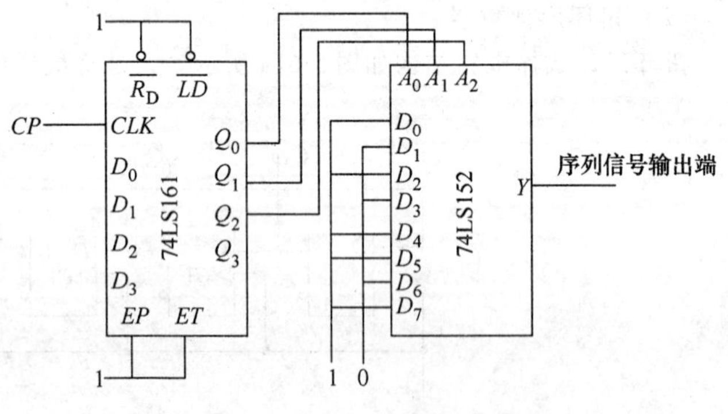

图 5-63　10110101 序列信号发生器

计数器的输出 $Q_2Q_1Q_0$ 作为数据选择器的地址信号 $A_2A_1A_0$，数据选择的数据输入端送入要产生的序列信号 10110101，由于 74LS161 为四位二进制计数器，所以在计数脉冲作用下，数据选择器的输出端会循环输出所需要的序列信号。只要改变数据选择器输入的数据，就可以得到不同的序列信号，十分方便灵活。

本章小结

时序逻辑电路是本书的重要章节之一。时序逻辑电路的输出不仅与电路的输入有关，还与电路的原状态有关，也就是说电路的次态是电路的输入和原态的函数。

触发器是一种具有记忆功能的单元电路。触发器的逻辑功能和电路结构之间没有本质的联系，某种功能的触发器可以有不同的电路结构，某种结构的触发器也可以做成不同的功能。既要掌握触发器的逻辑功能，又要理解不同结构触发器的动作特点。带时钟输入的触发器又可分为电位触发和脉冲触发两种，同步 RS 触发器属于电位触发，主从型和边沿型触发器属于脉冲触发。脉冲触发的触发器，其翻转方向取决于输入信号，而翻转时刻则取决于时钟脉冲。

时序逻辑电路的分析具有很强的规律性，易于把握，只要按步骤顺序进行就可以了。与同步时序逻辑电路的分析相比，异步时序逻辑电路的分析只需多考虑一个时钟方程就可以了。

时序逻辑电路的逻辑功能有状态转换图、状态转换表、方程组（状态方程和输出方程）、时序图四种描述方法。不同的描述方法从不同侧面反映电路的逻辑功能，所以它们之间必存在本质的联系，知其一可求其他。

移位寄存器是一种既能存放数码又能按位移位，还能进行串、并行码转换的逻辑部件。计数器是一种既能对输入脉冲进行计数又能进行分频、定时和产生顺序脉冲的逻辑部件。既要掌握计数器的工作原理，又要具备使用集成计数器的基本能力，特别是集成计数器各引脚的功能和基本使用方法必须熟练掌握。另外，还应具备查阅资料、读懂功能表的能力。

习　题

5-1　试分析由或非门组成的基本 RS 触发器的工作原理。

5-2　同步 RS 触发器与基本 RS 触发器的主要区别是什么？

5-3　同步 RS、主从型、边沿型和维持阻塞型触发器的动作特点各是什么？

5-4　为什么边沿型和维持阻塞型触发器的抗干扰能力强？

5-5　基本 RS 触发器及输入信号波形如图 5-64 所示，试画出 Q、$\overline{Q}$ 端的波形。

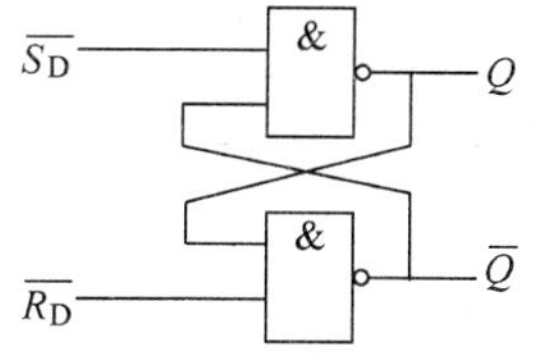

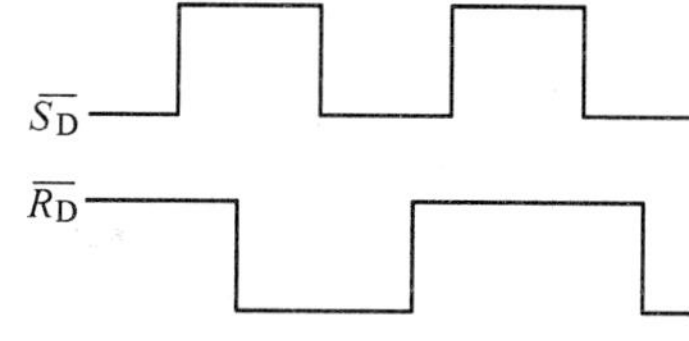

图 5-64　题 5-5 图

5-6　在敲击键盘时，会产生若干次抖动。消除抖动的电路如图 5-65 所示，试画出触发器的输出波形。

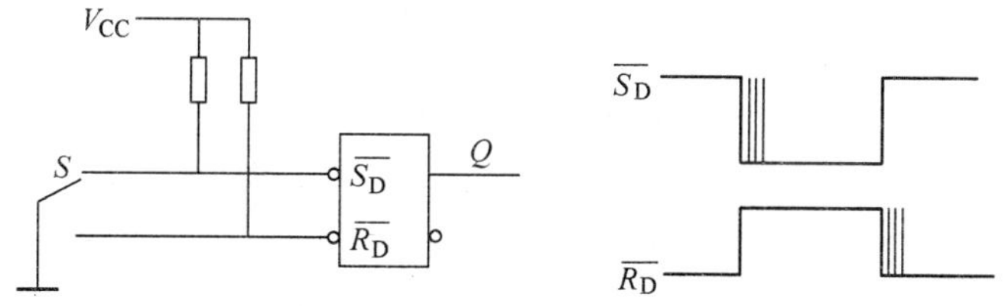

图 5-65　题 5-6 图

5-7　同步 RS 触发器及输入信号波形如图 5-66 所示，试画出 Q、$\overline{Q}$ 端的波形。

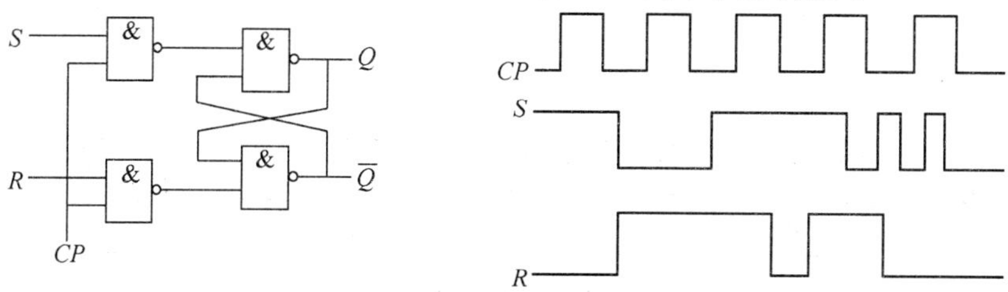

图 5-66　题 5-7 图

5-8　JK 触发器及相关波形如图 5-67 所示，试画出 Q、$\overline{Q}$ 端的波形。

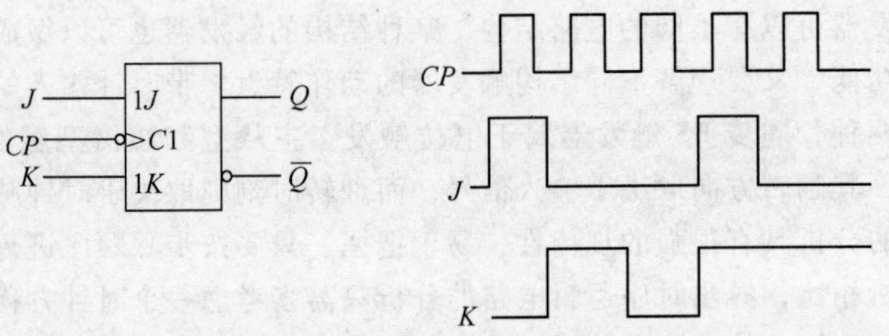

图 5-67 题 5-8 图

5-9 JK 触发器及相关波形如图 5-68 所示，试画出 Q、$\overline{Q}$ 端的波形。

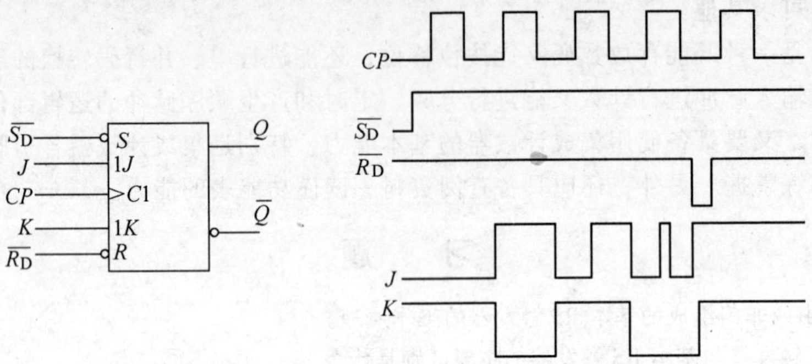

图 5-68 题 5-9 图

5-10 边沿型 D 触发器及相关波形如图 5-69 所示，试画出 Q、$\overline{Q}$ 端的波形。

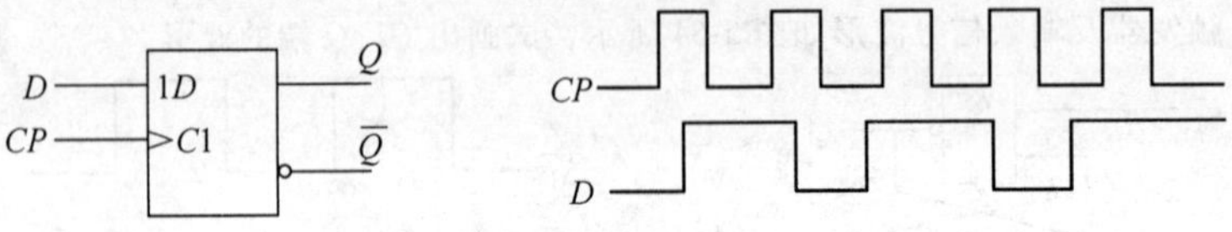

图 5-69 题 5-10 图

5-11 主从型 T 触发器及相关波形如图 5-70 所示，试画出 Q、$\overline{Q}$ 端的波形。

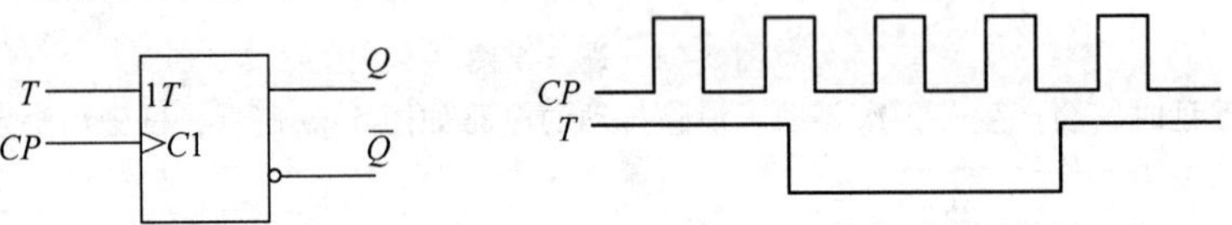

图 5-70 题 5-11 图

5-12 设触发器初态为 0，试画出图 5-71 中各触发器在连续 6 个时钟脉冲（CP）作用时的输出波形。

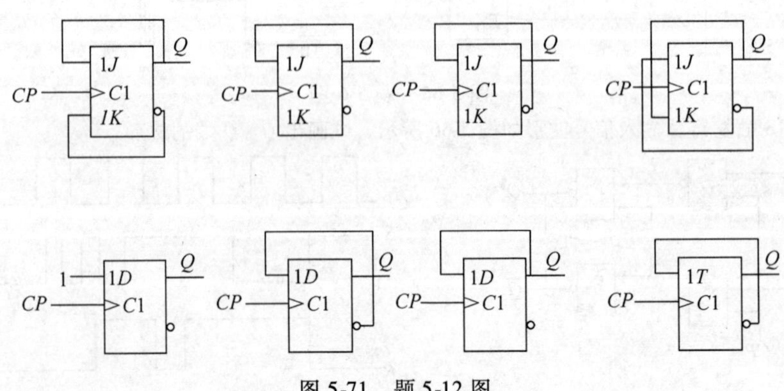

图 5-71 题 5-12 图

5-13 时序逻辑电路有什么特点？

5-14 如何分析同步时序逻辑电路和异步时序逻辑电路？

5-15 时序电路逻辑功能有哪些描述方法，如何转换？

5-16 计数器的同步置 0、异步置 0 方式，同步置数、异步置数方式有何不同？

5-17 试分析图 5-72 所示的时序电路。

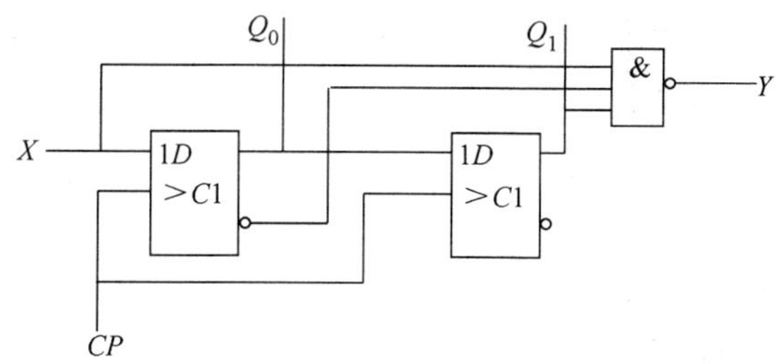

图 5-72 题 5-17 图

5-18 试分析图 5-73 所示电路，写出驱动方程、状态方程、输出方程并画出状态图。

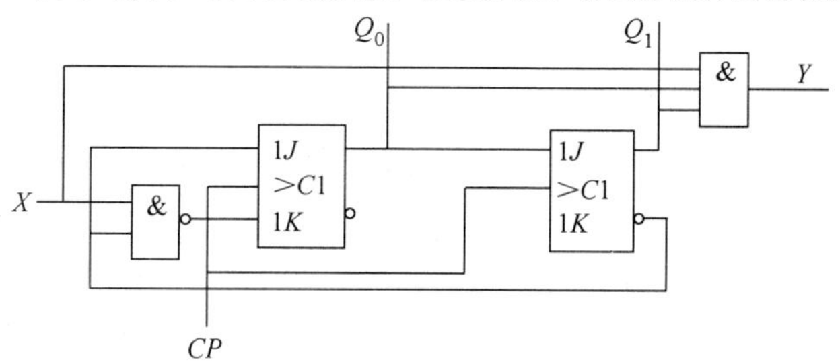

图 5-73 题 5-18 图

5-19 试画出图 5-74 所示电路的状态图，并画出 6 个时钟脉冲作用下的 Q_1、Q_0 和 Y 的波形。设初态为 00。

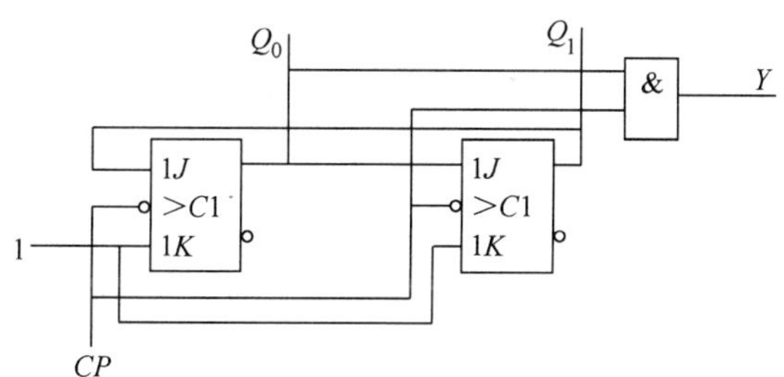

图 5-74 题 5-19 图

5-20 试画出图 5-75 所示电路的状态图。

5-21 试分析图 5-76 所示电路的功能。

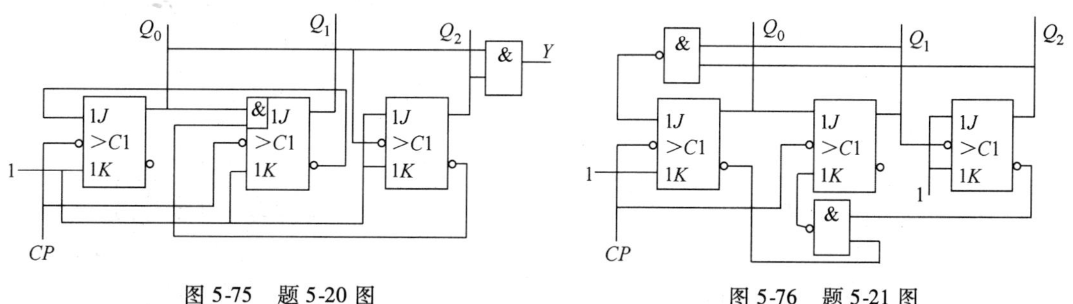

图 5-75 题 5-20 图

图 5-76 题 5-21 图

5-22 试画出用四片 74LS194 组成的 16 位双向移位寄存器的逻辑图。

5-23 试分析图 5-77 所示计数器的状态转换图。

5-24 试分析图 5-78 所示计数器的状态转换图。

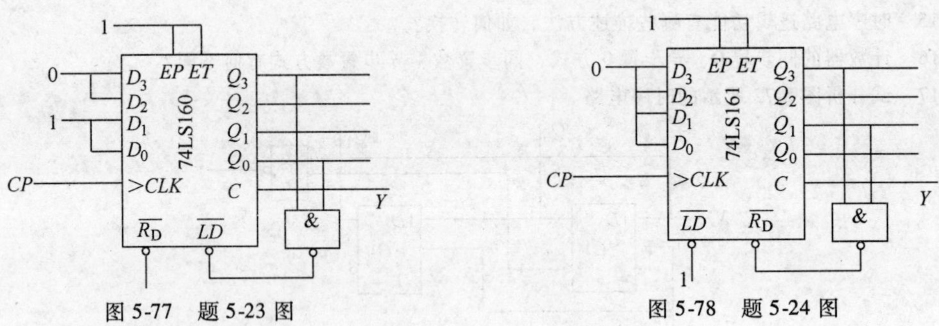

图 5-77　题 5-23 图　　　　图 5-78　题 5-24 图

5-25　试分析图 5-79 所示计数器的状态转换图。M 为控制信号。

5-26　试用四位同步二进制计数器 74LS161 构成十二进制计数器。

5-27　图 5-80 所示电路为可变进制计数器。试分析当控制信号 A 为 1 和 0 时电路各为几进制计数器。

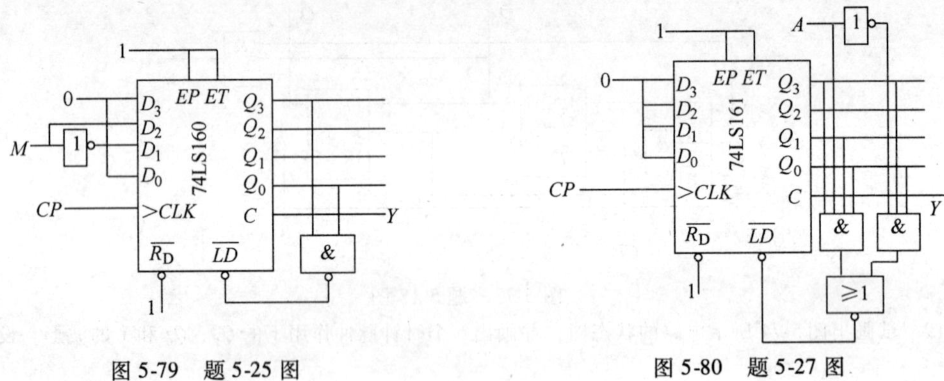

图 5-79　题 5-25 图　　　　图 5-80　题 5-27 图

5-28　由两片同步十进制计数器 74LS160 构成的计数器如图 5-81 所示，试分析计数器的模。

5-29　计数器如图 5-82 所示，试分析它的模。

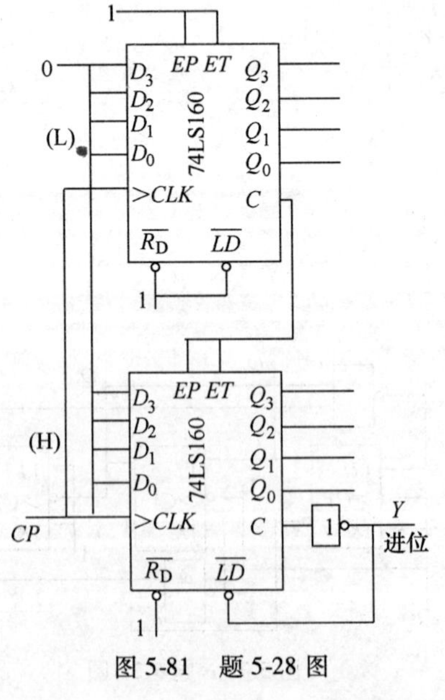

图 5-81　题 5-28 图

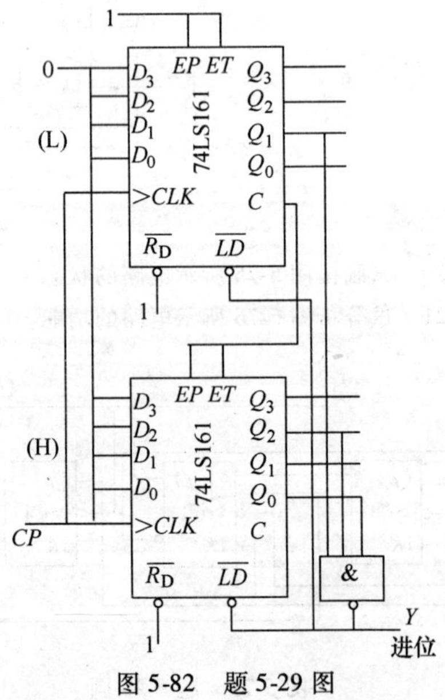

图 5-82　题 5-29 图

5-30　用两片 74LS160 搭建一个模 31 计数器。

5-31　用 74LS160 搭建一个 365 进制计数器，要求各位间为十进制关系。

5-32　用二—十进制优先编码器 74LS147 和 74LS160 组成的可控分频器如图 5-83 所示，已知 CP 端输入脉冲的频率为 10kHz，试说明当输入控制信号 $\overline{A}$、$\overline{B}$、$\overline{C}$、$\overline{D}$、$\overline{E}$、$\overline{F}$、$\overline{G}$、$\overline{H}$、$\overline{I}$ 分别为低电平时由 Y 端输出的脉冲频率各为多少。

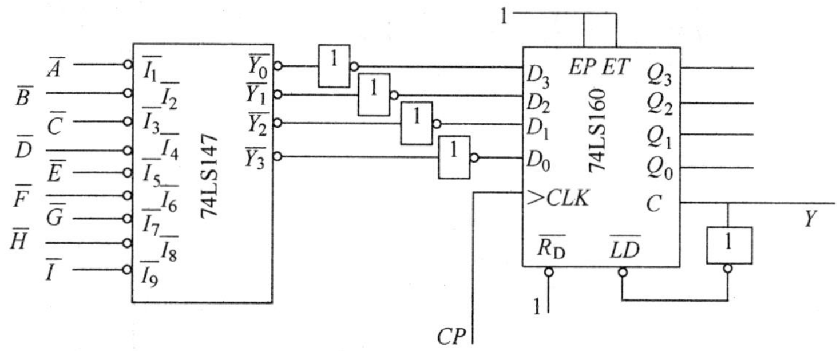

图 5-83　题 5-32 图

5-33　试用 JK 触发器和门电路设计一个同步七进制计数器。

5-34　用 D 触发器和门电路设计一个十一进制计数器，并检查电路能否自启动。

5-35　设计一个序列信号发生器电路，使之在一系列输入脉冲作用下能周期性地产生 0010110111 的序列信号。

第 6 章　脉冲波形的产生与整形

6.1　引言

数字电路中的信号只有 0 和 1 两种状态，在 0 和 1 之间随时间变化的波形就是脉冲波形。理想情况下，这种跳变是在瞬间完成的，但是在门电路中信号的变化是有一个过程的，如何描述不同的脉冲呢？在本章，首先介绍脉冲的基本参数，然后介绍脉冲信号产生的各种振荡电路以及脉冲整形的方法。

6.2　脉冲信号的基本参数

脉冲信号有各种形式，图 6-1 所示为几种常见脉冲信号波形。但是在数字电路中，最常用的是方波。标准的方波高电平和低电平持续时间相等，即波形对称，而非对称方波也很常见。

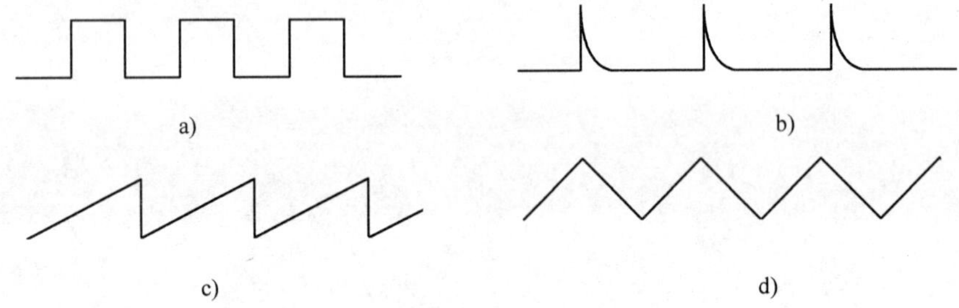

图 6-1　几种常见脉冲信号波形

a）方波　b）触发窄脉冲　c）锯齿波　d）三角波

实际的脉冲并无理想跳变，顶部也不平坦。如果考虑信号的转变过程，可以将图 6-1a 改画成图 6-2 所示的波形。常规参数定义如下：

1）脉冲幅度 V_M 表示最高电平对应的幅值；

2）上升时间 t_r 为从 $0.1V_M$ 上升到 $0.9V_M$ 所需要花费的时间；

3）下降时间 t_f 从 $0.9V_M$ 下降到 $0.1V_M$ 所需要花费的时间；

4）脉冲宽度 T_W 通常用脉冲前、后沿上 $0.5V_M$ 之间的时间间隔表示；

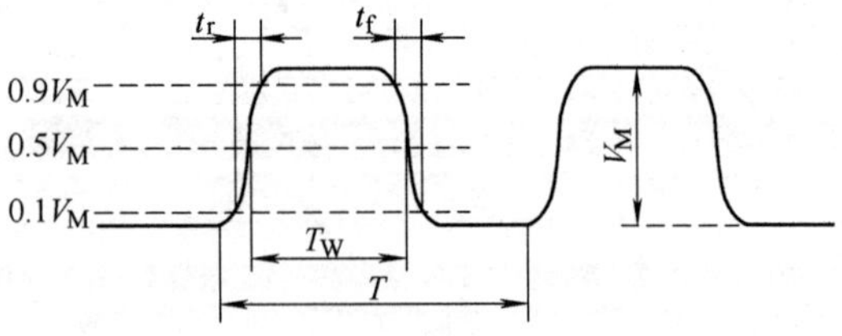

5）脉冲周期 T 为同样的脉冲波形等时间间隔地出现时两个相邻脉冲间对应点之间的时间间隔；

6）脉冲频率 f 是脉冲周期 T 的倒数；

7）占空比 q 是指高电平维持时间在一个脉冲周期内所占时间比例。

图 6-2　脉冲参数

在上述脉冲参数中，上升时间和下降时间越短越好，过渡时间短，波形才能更接近于理想的矩形脉冲。

通常，电路的触发脉冲信号都是如图 6-1b 所示的窄脉冲，在已有方波的情况下，如何获取窄脉冲信号呢？图 6-3a 所示电路是最常见的一阶微分电路，当输入端加上方波信号时，输出端可得到图 6-3b 所示方波变成窄脉冲的波形。

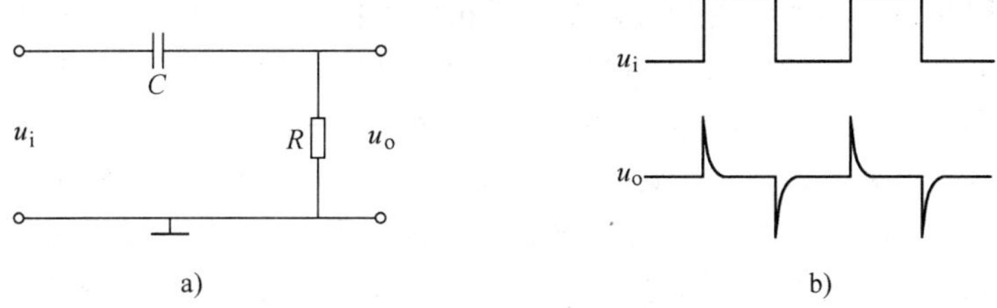

图 6-3　微分电路对方波的波形变化

a）微分电路　b）方波变成窄脉冲

初始情况，输入低电平，电容上无积累电荷，输出也是低电平。当输入脉冲上升时，电容两端电压不能突变，输出端电位瞬间被拉高，然后，电容 C 进行充电，输出电位下降。

同样，当输入脉冲下降时，电容电压也不能突变，输出电位瞬间拉低到负电平，随后电容放电，输出电位逐渐升高到 0。

显然，窄脉冲要求充、放电时间不能太长，所以，微分电路要求 $RC \ll T$。

如果将微分电路中的 R 和 C 互换位置，就可以得到积分电路。如图 6-4a 所示，当输入方波时，输出端可以得到图 6-4b 所示的方波变成三角波的波形。

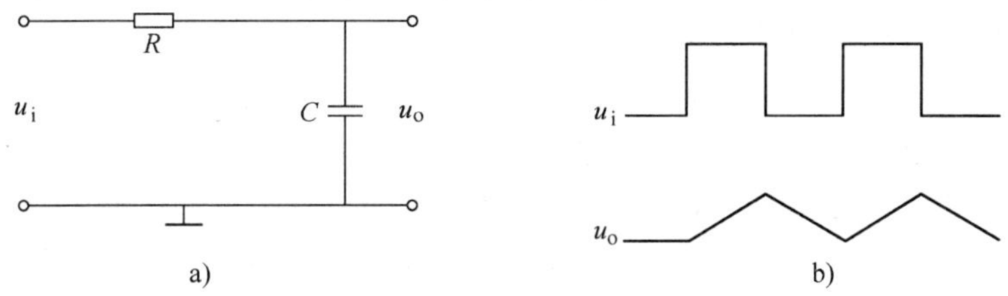

图 6-4　积分电路对方波的波形变化

a）积分电路　b）方波变成三角波

输入脉冲上升时，通过电阻 R 对电容 C 充电，而输入脉冲下降时，电容 C 通过 R 放电。显然，如果充、放电过程很短，就不能得到三角波了，所以，积分电路要求 $RC \gg T$。

如果想由方波获取锯齿波，充、放电回路不能相同，在图 6-3b 中，如果放电过程瞬间完成，就可以得到图 6-1c 所示的锯齿波了。

如果需要某种特定参数的矩形脉冲信号，可以通过两种方法获取。一是通过对已有不合要求的脉冲进行整形获取，另一种方法就是通过振荡电路获取，即在没有输入信号的情况下，能自激振荡产生脉冲。

6.3　施密特触发器

施密特触发器（Schmitt Trigger）是脉冲波形转换中经常使用的一种电路。它也有特殊的存储特性，但是和第 5 章学习的触发器不同，其内部没有双稳态电路结构，所以电路特点和应用场合也不相同，读者在学习时要注意区别。

6.3.1　施密特触发器的基本概念

施密特触发器是采用内部反馈的特殊电路，它依据输入是从低到高变化还是从高到低变化来改变开关阈值。这和前面讲到的门电路不同，普通门电路虽然有高电平范围和低电平范围，但是转换阈值只有一个，一般认为是输入电平和输出电平相等时对应的输入电平值，比如，从图 2-8b

可以看出 CMOS 反相器转换阈值电压正好是高电平和低电平的中间点，为 2.5V。而施密特触发器有两个阈值，图 6-5a 所示为施密特触发器的反相传输特性，由图中可以看出，输入开始为低电平，输出为高电平 V_{OH}，当输入电压慢慢升高，到达 V_{T-} 时，输出并没有改变，而是继续维持高电平 V_{OH}，直到输入电压高于 V_{T+} 时，输出才发生翻转，变为低电平 V_{OL}，此后一直维持。同样，如果输入端从高电平开始下降，到达 V_{T+} 时，输出并没有改变，而是继续维持低电平 V_{OL}，直到输入电压低于 V_{T-} 时，输出才又发生翻转，变为高电平 V_{OH}。也就是说输入电平从低到高变化与从高到低变化对应的阈值是不同的。有明显的滞后特性。通常把 V_{T+} 和 V_{T-} 分别叫做正向阈值电压和负向阈值电压。

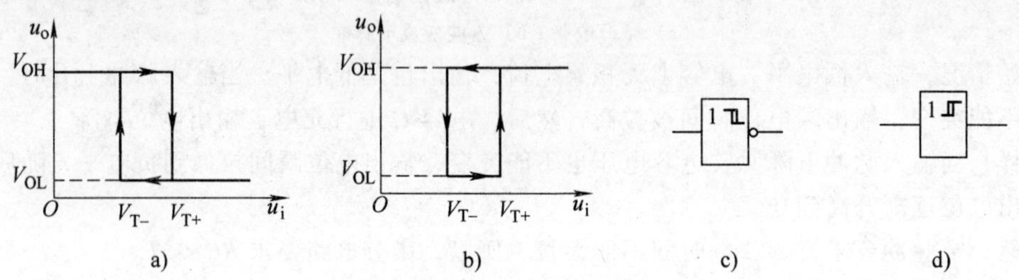

图 6-5　施密特触发器

a）反相传输特性　b）同相传输特性　c）施密特反相触发器符号　d）施密特同相触发器符号

当然，还有同相输出的施密特触发器，其传输特性正好相反，输入电平上升过程中，输出也保持为低电平，当输入高过 V_{T+} 后输出才能翻转为高电平；输入下降过程对应的阈值电压还是 V_{T-}，即输入小于 V_{T-} 才能让输出变低。其对应的传输特性曲线如图 6-5b 所示。

满足这种电压传输特性的电路就可以称为施密特触发器，其符号如图 6-5c、d 所示。可见，施密特触发器的输入信号是模拟电压，而输出是数字信号，因此施密特触发器可以产生不同的脉冲波形。

6.3.2　由 CMOS 门构成的施密特触发器

在图 6-6 所示的由 CMOS 门构成的施密特触发器电路中，G_1 和 G_2 都是 CMOS 反相器，其电压阈值 $V_{TH}=\frac{1}{2}V_{DD}$，将这两个反相器串联，并用分压电阻 R_1 和 R_2（其中，$R_1<R_2$）把输出端电压反馈到输入端。

当 u_i 为 0 时，由于 $R_1<R_2$，不论当前 u_o 是否高电平，u_i' 为 R_1 上的分压，即 $u_i'=\frac{R_1}{R_1+R_2}u_o<\frac{1}{2}V_{DD}$，$G_1$ 门输出高电平，从而导致 G_2 门输出低电平，而 u_o 又反馈回来，使得 $u_{o1}\approx V_{DD}$，$u_o\approx 0V$，$u_i'\approx 0V$。

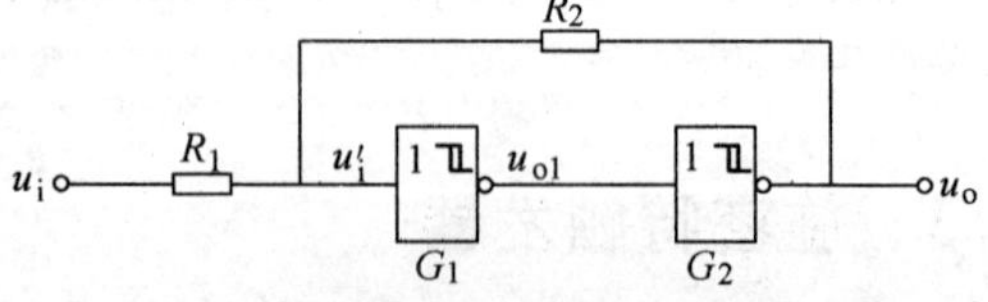

图 6-6　由 CMOS 门构成的施密特触发器

当 u_i 逐渐升高，由于 CMOS 输入阻抗非常高，电流从输入端经 R_1 和 R_2 流向输出，$u_i'=\frac{R_2}{R_1+R_2}u_i$，也随着 u_i 升高。当升高到 $u_i'=V_{TH}=\frac{1}{2}V_{DD}$ 时，G_1 门和 G_2 门输出状态翻转，$u_o\approx V_{DD}$。可以计算出这时的输入电压 $u_i=\frac{1}{2}V_{DD}\left(1+\frac{R_1}{R_2}\right)$。

在这个输出状态翻转过程中，R_1、R_2 构成正反馈通路，反馈过程为

$$u_i\uparrow \rightarrow u_i'\uparrow \rightarrow u_{o1}\downarrow \rightarrow u_o\uparrow$$

这样的正反馈过程使得翻转速度加快，得到的输出波形边沿陡峭。

输入电位下降的过程也相似。由于 $u_o \approx V_{DD}$，输入下降时电流通过电阻反馈网络从输出流向输入，u_i'可以表示为 $u_i' = \frac{(V_{DD}-u_i)\ R_1}{R_1+R_2}+u_i$ 或 $u_i' = V_{DD}-\frac{(V_{DD}-u_i)\ R_2}{R_1+R_2}$。当下降到 $u_i' = V_{TH} = \frac{1}{2}V_{DD}$ 时，G_1 门和 G_2 门输出状态将再次发生翻转。可以计算出这时的输入电压 $u_i = \frac{1}{2}V_{DD}\left(1-\frac{R_1}{R_2}\right)$。

注意到引起电路输出翻转的两个 u_i 转折点并不相同，分别记为

$$V_{T+} = \frac{1}{2}V_{DD}\left(1+\frac{R_1}{R_2}\right) \tag{6-1}$$

$$V_{T-} = \frac{1}{2}V_{DD}\left(1-\frac{R_1}{R_2}\right) \tag{6-2}$$

V_{T+}和 V_{T-}之间的差值 ΔV_T 称之为回差电压，本电路中 $\Delta V_T = \frac{R_1}{R_2}V_{DD}$。

由于 G_1 和 G_2 门串联，输出总是反相，所以根据需要将电路输出从 u_{o1}或 u_o 引出来，就可以分别得到施密特反相触发器和施密特同相触发器。

例 6-1　假定在图 6-6 的施密特触发器中，门电路的最大输出电流 $I_{OHmax} \leqslant 1.3\text{mA}$，测得 $V_{T+} = 7.5\text{V}$，$\Delta V_T = 5\text{V}$，试求电路的电源和电阻取值各为多少？

解：根据已知条件，可知 $V_{T-} = 7.5\text{V} - 5\text{V} = 2.5\text{V}$。代入式（6-1）和式（6-2），解出 $V_{TH} = 5\text{V}$，即 $V_{DD} = 10\text{V}$，且 $R_2 = 2R_1$。G_2 门输出高电平时，负载电流不超过 I_{OHmax}，即

$$\frac{V_{OH}-V_{TH}}{R_2} < I_{OHmax}$$

可推出 $R_2 > 3.85\text{k}\Omega$，则 $R_1 > 1.925\text{k}\Omega$。

6.3.3　施密特触发器的应用

1. 用于脉冲整形

由于施密特触发器在状态转换过程中有个快速的正反馈过程，可以得到边沿陡峭的脉冲信号，即有波形变换能力，将各种模拟输入信号转换成规整的脉冲信号，因此，许多集成电路都用施密特触发器作为输入。

如果输入是周期性波形，则输出也将是等频率的方波。

在图 6-7a、b 中 u_i 都是畸变的数字信号，引起图 6-7a 的原因可能是传输线电容过大，波形的上升时间和下降时间太长，波形明显变坏。而图 6-7b 中出现明显的振荡，可能是传输线较长，接收端阻抗没有匹配的缘故。如果在接收端用施密特触发器进行整形，可以重新得到所需数据。图中，u_{o+}是施密特同相触发器的输出波形，而 u_{o-}是施密特反相触发器的输出波形。

2. 用于脉冲鉴幅

鉴幅是指电路有幅度筛选功能。图 6-8 所示为脉冲鉴幅的具体例子，如果将一系列幅度各异的脉冲信号加到施密特同相触发器输入端，只有幅度大于 V_{T+}的脉冲才会在输出端产生信号。如果使用的是施密特反相触发器，则应该得到相反的脉冲输出信号，即施密特触发器能挑选出幅度大的脉冲信号，有脉冲鉴幅能力。

3. 用于产生方波

施密特触发器用于产生方波如图 6-9 所示。与前面几种用途不同之处在于，这个电路没有输

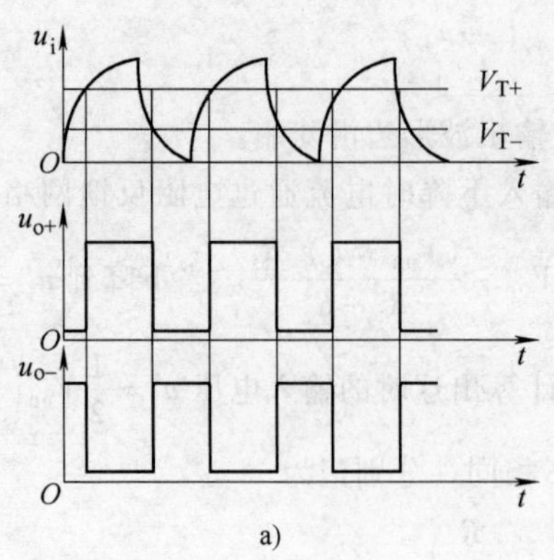

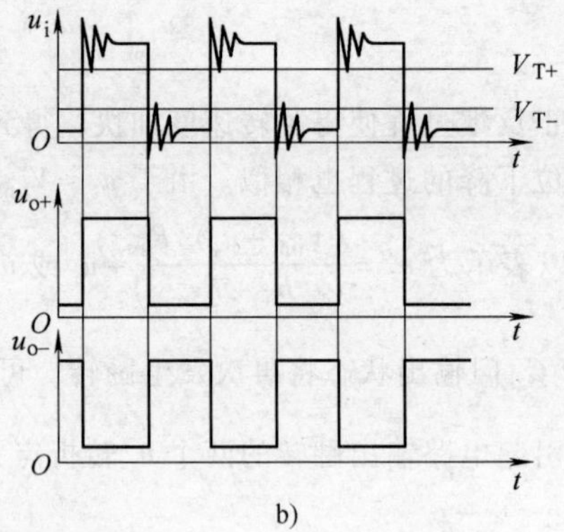

图 6-7 施密特触发器用作脉冲整形

入信号，完全靠反馈作用自激输出周期性脉冲波形，所以也称为方波振荡电路。

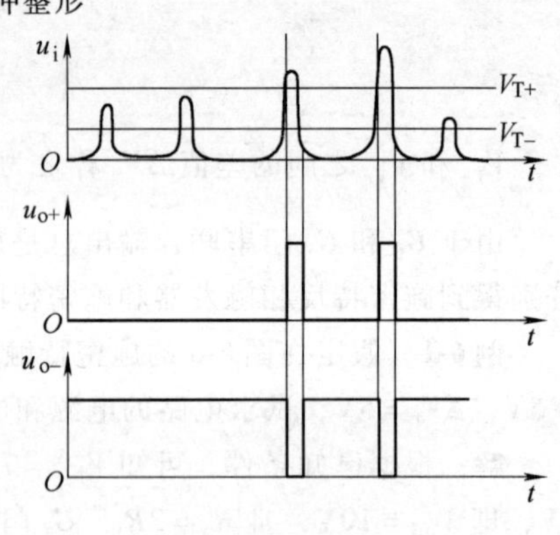

图 6-8 脉冲鉴幅

电路的另一个特点是含有 *RC* 充、放电网络。由于电容电压与充、放电时间有关，所以电路输出状态翻转的时间间隔可以通过外电路参数 *R* 和 *C* 的取值决定。

对于 *RC* 充、放电回路，可以用三要素法表达电容电压 u_C 的值，即

$$u_C(t) = u_C(\infty) - [u_C(\infty) - u_C(0)]e^{-\frac{t}{\tau}} \qquad (6\text{-}3)$$

式中，三要素 $u_C(\infty)$、$u_C(0)$ 和 τ 分别为电容电压的充电稳态值、初始值和时间常数。

刚充电时，由于电容上没有电荷，$u_C=0$，施密特触发器输出高电平，然后通过 *R* 给 *C* 充电，u_C 以指数规律上升。当 u_C 上升到 V_{T+} 时，输出发生翻转，输出低电平，电容又通过 *R* 向输出端放电。当 u_C 下降到到 V_{T-} 时，输出再次发生翻转。可见，该电路可以自动输出周期性脉冲波。

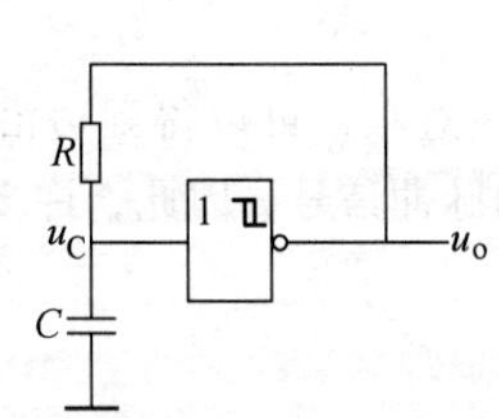

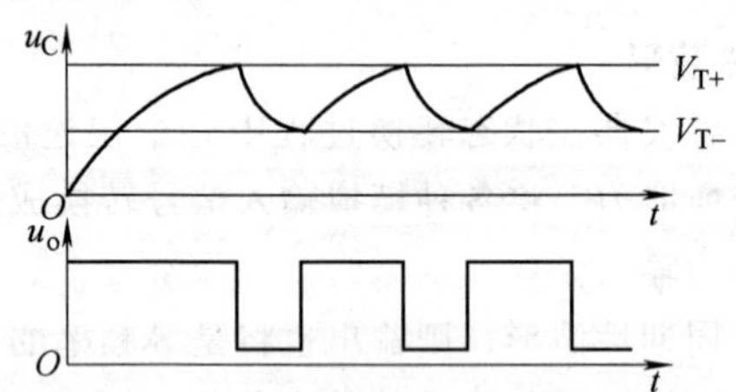

图 6-9 施密特触发器用于产生方波

施密特触发器抗干扰能力强，应用非常广泛，故而有很多集成施密特触发器芯片。由于集成芯片内部结构、参数不同，所以正向阈值电压 V_{T+} 和负向阈值电压 V_{T-} 数值也各不相同。V_{T+} 和 V_{T-} 还受到电源电压的影响，V_{DD} 越大，阈值电压也越高。

例如 MC74VHCT132A 芯片内部有 4 个 2 输入与非门施密特触发器，根据数据手册，可知每个电路结构都如图 6-10a 所示，常温下，在 V_{DD} 分别取值 3V、4.5V 和 6V 时，负向阈值电压 V_{T-} 分别为 0.35V、0.5V 和 0.6V，而对应的正向阈值电压 V_{T+} 分别为 1.7V、2.0V、2.0V。图 6-10b 所示为其典型应用，显然，施密特触发器有很强的抗干扰能力。

例 6-2 某 CMOS 反相器输入、输出信号如图 6-11a 所示，分析输出振荡原因，并给出解决办法。

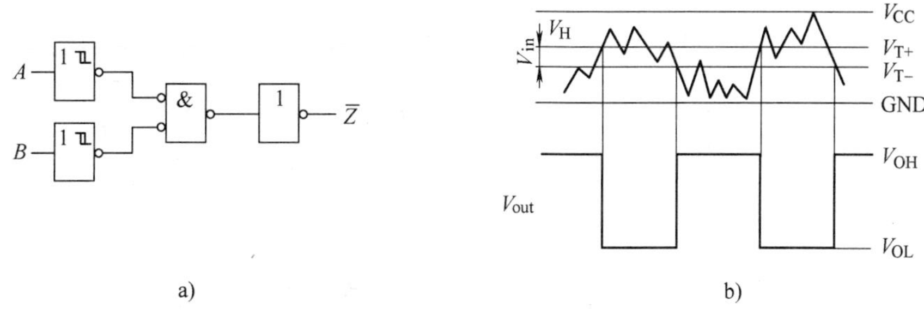

图 6-10　施密特触发器 MC74VHCT132A

a）内部电路结构　b）典型应用

解：从图中可以看出，输入信号变化缓慢，在变化过程中，有一段时间处于不确定逻辑状态，导致输出抖动。

如果将 CMOS 反相器替换为施密特反相触发器，如图 6-11b 所示，输入电压上升到正向阈值电压，输出才是低电平，而输入电压下降到负向阈值电压时，输出才再次发生跳变，输出波形跳变迅速，与输入过程的快慢无关，脉冲波形边沿陡峭。

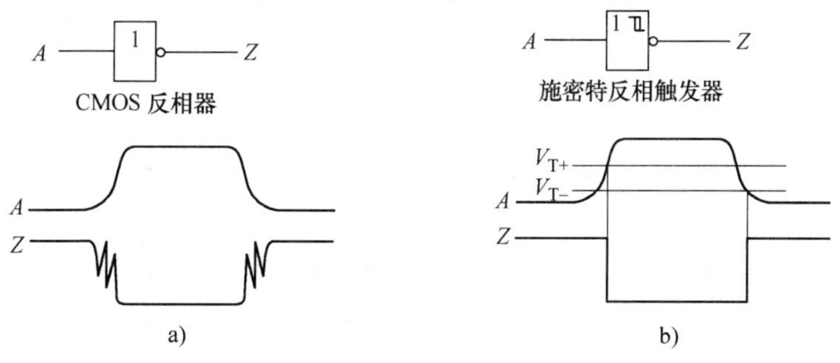

图 6-11　例 6-2 图

a）CMOS 反相器波形　b）解决方案及波形

6.4　单稳态触发器

6.4.1　单稳态触发器的基本概念

和普通触发器一样，单稳态触发器也有两个相反的输出端 Q 和 $\overline{Q}$。但是，从字面意义上就可以理解，单稳态触发器只会有一个稳定的输出，要么是 0，要么是 1，如果在一定触发条件下进入了相反的状态，电路最终还是会自动回复到稳态，回复过程由具体电路参数决定，而与触发输入无关。所以，单稳态触发器相当于一个脉冲发生器，其脉冲宽度恒定。

单稳态触发器的两种状态输出分别被称为稳态和暂稳态，决定暂稳态脉宽的是内部电路结构中的 RC 电路，可以是积分电路结构，也可以是微分电路结构。

单稳态触发器常用于脉冲整形和定时。跟施密特触发器一样，单稳态触发器有很多集成产品，使用起来非常方便。

6.4.2　由 CMOS 门构成的微分型单稳态触发器

图 6-12a 所示为微分型 CMOS 单稳态触发器电路结构，电路中的门电路都是 CMOS 结构。

电路稳定时，电容无充放电，G_2 门输入阻抗大，也没有输入电流，所以 u_{i2} 是高电平，从而

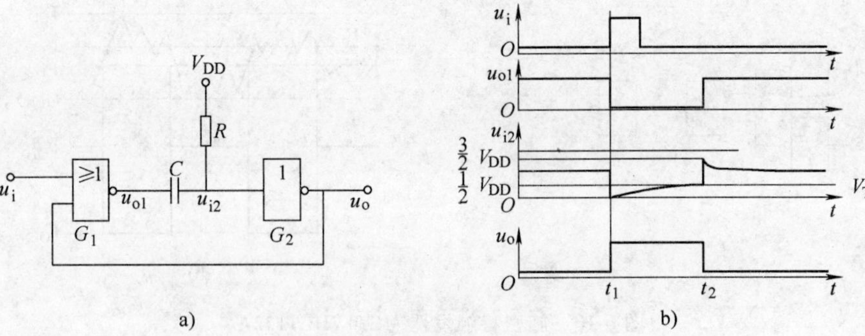

图 6-12 微分型 CMOS 单稳态触发器

a）电路结构 b）相关波形

得到 $u_{i2}\approx V_{DD}$，$u_o\approx 0V$，$u_{o1}\approx V_{DD}$，电容 C 上无电荷。

当输入信号 u_i 给出一个正脉冲时，G_1 门输出低电平，$u_{o1}\approx 0$，电源 V_{DD}将通过电阻 R 给电容 C 充电，但是由于电容两端电压不能突变，瞬间将 u_{i2} 拉低至低电平，促使 G_2 门输出翻转，$u_o\approx V_{DD}$。同时反馈到 G_1 门的另一个输入端，形成正反馈，加快电路的翻转过程，改善波形的边沿。这个正反馈过程为

$$u_i\uparrow\rightarrow u_{o1}\downarrow\rightarrow u_{i2}\downarrow\rightarrow u_o\uparrow$$

当电容上充电电压逐渐上升到 G_2 门的阈值电压时，即 $u_{i2}=V_{TH}=\frac{1}{2}V_{DD}$时，$G_2$ 门再次翻转，输出 $u_o\approx 0V$，$u_{o1}\approx V_{DD}$，同样，电容 C 两端电压不能突变，u_{i2}瞬间被拉升至$\frac{3}{2}V_{DD}$，然后开始向电源放电，直到 $u_{i2}\approx V_{DD}$时，电路重新平衡，维持稳定。回归稳态同样有个正反馈过程为

$$u_{i2}\uparrow\rightarrow u_o\downarrow\rightarrow u_{o1}\uparrow$$

但是，上述过程中有两个问题。首先，在第 2 章学习 CMOS 电路时，输入端都有保护电路，如图 2-46a 就是使用钳位二极管进行保护的常见措施。所以从图 6-12b 的 u_{i2}波形上可以看出，在 t_2 时刻，u_{i2}并没有能够拉升到$\frac{3}{2}V_{DD}$，而是只能比电源电压 V_{DD}高 $0.7V$ 左右。其次，注意到输入触发脉冲的宽度不能太大，也就是说必须在 t_2 时刻之前结束，这样，在 t_2 时刻，电路的正反馈通路才存在，否则波形边沿特性会变差。

图 6-13 所示为宽脉冲触发的工作波形，其触发作用相同，但是电容充电到 G_2 门的开启电压后，输出 $u_o\approx$ 0V 虽然反馈到输入端，却由于输入脉冲还没有过去，仍然是高电平，并不能改变 G_1 门的输出，u_{o1}仍维持低电平，电源继续通过电阻 R 给电容充电，直到输入 u_i 正脉冲过去，G_1 门才翻转，之后的工作情况与前面的分析相同。相当于 u_{i2} 恢复过程向后延迟了，而整个电路的输出除下降沿变差外，脉冲宽度并没有受到影响。

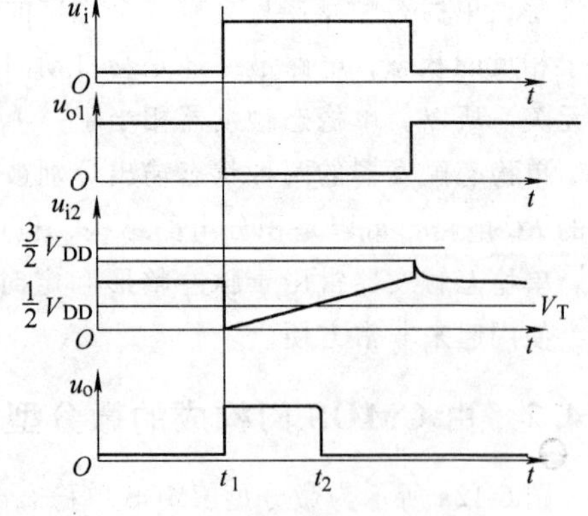

图 6-13 宽脉冲触发的工作波形

为了得到干净、变化迅速的输出矩形脉冲波形，输入脉冲要求是窄脉冲，可以在图 6-12a 的电路输入端加上微分电路，如图 6-14a 所示，显然 G_1 输入端的脉冲波形发生了变化，在 u_i 的上升沿和下降沿对应时刻

产生了两个小的尖脉冲。正脉冲可以完成对电路的触发，而负脉冲并不会影响电路的输出。

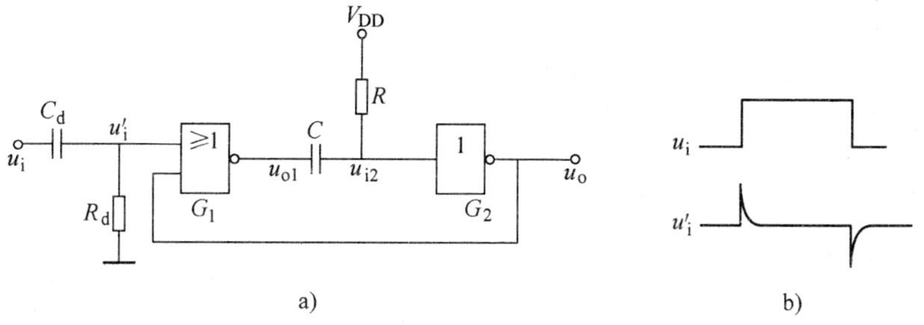

图 6-14　对输入宽脉冲的处理

a）输入端加微分电路　b）输入波形的变化

那么，输出脉冲应该持续多长时间呢？显然，应等于 u_{i2}从 0 充电到$\frac{1}{2}V_{DD}$的时间。t_1 是充电的 0 时刻，而如果没有门电路的翻转情况，充电的最终状态应该是无限接近电源电压 V_{DD}，故 $u_{i2}(0)=0\text{V}$，$u_{i2}(\infty)=V_{DD}$，时间常数 $\tau=RC$。根据三要素法公式（6-3）可知，$u_{i2}(t)=u_{i2}(\infty)-[u_{i2}(\infty)-u_{i2}(0)]\mathrm{e}^{-\frac{t}{\tau}}$，本例中 $u_{i2}(t_1-t_2)=V_{DD}(1-\mathrm{e}^{-\frac{t_1-t_2}{RC}})=\frac{1}{2}V_{DD}$，即

$$T_W=t_1-t_2=RC\ln2\approx0.7RC \tag{6-4}$$

在 t_2 时刻之后，还有一个电容放电的过程，一般情况下认为 3～5 倍时间常数后放电完毕，称为恢复时间，用 t_{re}表示。但是要注意这里放电时间常数的计算，因为放电回路并非通过电阻 R 到电源。图 6-15 所示为电容 C 向电源的放电通路，由于电容一端接着 G_2 门，而 G_2 门输入端有保护钳位二极管，而其导通电阻 R_{ON}很小，所以电容放电选择 VD 通路，放电过程很快，$t_{re}=(3\sim5)R_{ON}C$。

在图 6-12 的波形图中，如果在 t_2 之前再次出现新的输入触发窄脉冲信号，对输出会有什么影响呢？第一次触发发生在 t_1 时刻，在第二个输入脉冲到来时，触发器还处于暂稳态，电容上的充电电压不足以让 G_2 翻转，输出仍是高电平，所以反馈到 G_1 输入端也还是高电平，直接将 G_1 的输出定在低电平，这个时候输入 u_i 无论什么信号都是不起作用的。这种特点被称为不可重复触发。

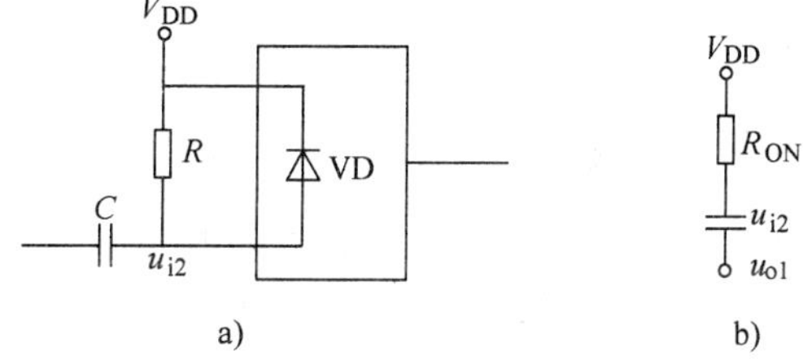

图 6-15　电容 C 向电源的放电通路

a）电容与电源间连接电路　b）放电通路

所以相邻触发脉冲之间至少需要间隔时间 t_W+t_{re}，即最高触发时钟频率为

$$f=\frac{1}{t_W+t_{re}}$$

6.4.3　单稳态触发器的应用

1. 整形

单稳态触发器的最常见应用是整形，在图 6-16 所示的单稳态触发器的脉冲整形中，输入脉冲非常不规整，但是能够触发电路，而输出端电压波形中每一个脉冲都是等幅度、等脉宽的，从而达到整形效果。

2. 延时

从前面的分析可知，单稳态触发器的一个典型特点就是暂稳态的维持时间不变，就算是图 6-16 中，输入有超宽的触发脉冲，输出脉宽也依然与其他输出脉冲相等。利用这一特性，可以达

到定时/延时的目的。

如楼道灯的延时开关电路就是单稳态触发器的典型应用。

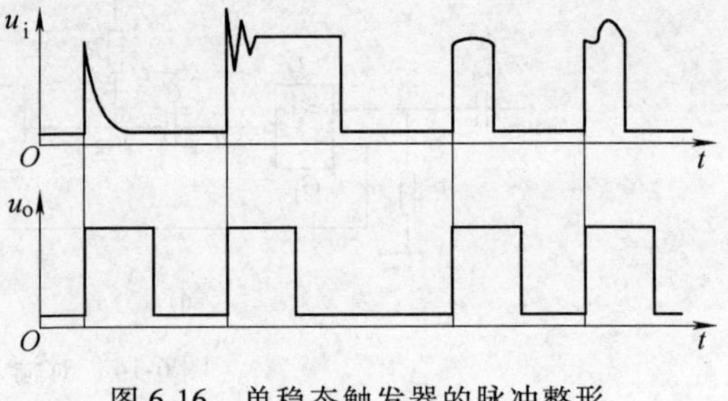

图 6-16 单稳态触发器的脉冲整形

例 6-3 某楼道灯的控制电路按照图 6-12 设计，要求在开关按下后灯可以亮 3 分钟，设电容 C 为 100μF，电阻 R 应选取什么阻值？

解：按钮按下，产生触发脉冲，触发器电路进入暂稳态，根据式（6-4）可知脉宽为 $0.7RC$，将 3 分钟（180s）代入计算，得

$$R=\frac{180}{0.7\times100\times10^{-6}}\mathrm{M\Omega}\approx2.6\mathrm{M\Omega}$$

为方便设计，选择标准阻值，则可以取电阻 $R=2.7\mathrm{M\Omega}$。

3. 典型芯片

前面介绍的单稳态触发器是不可重复触发的，所以对应的输出波形如图 6-17a 所示。在暂稳态中，如果输入端出现新的触发信号，由于输出端已经是高电平，这些信号不会影响整个电路的状态输出，也不影响电容的充、放电过程，所以输出波形仍然是同样的脉宽。在单稳态触发器能再次触发之前必须先回到稳定状态，所以图中阴影部分表示的这些输入脉冲相当于被单稳态触发器忽略了。

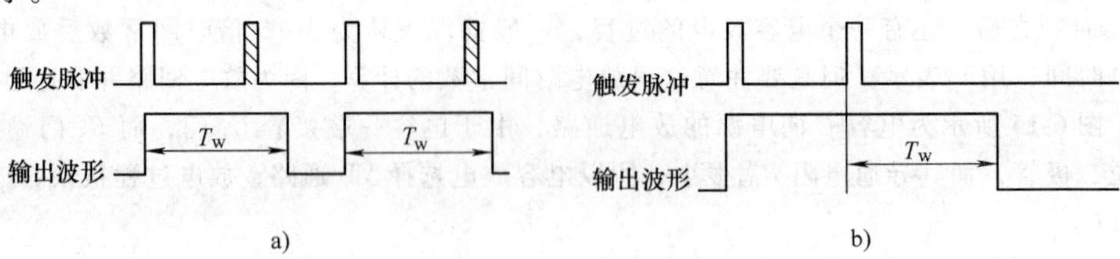

图 6-17 单稳态触发器的波形

a）不可重复触发的单稳态触发器 b）可重复触发的单稳态触发器

还有一种单稳态触发器，是可重复触发的，其波形如图 6-17b 所示，输出高电平在原有基础上延续了一个标准脉宽，即单稳态时间得到增延。

74HC221 就是含有两个不可重复触发的单稳态触发器芯片，以其中一个为例，画出其逻辑符号如图 6-18a 所示。

而 74HC123 是一款可重复触发的单稳态触发器，内部有两个单稳态触发器，也以其中与 74HC221 对应的一个为例，画出其典型接法如图 6-18b 所示。应该注意的是，两个单稳态触发器的符号最大的不同在于图 6-18a 中有一个脉冲符号，而图 6-18b 中没有，以此来区分是否可重复触发。

下面以图 6-18b 为例详细介绍芯片的应用。1 脚和 2 脚是两个触发脉冲 $\overline{A}$ 和 B，分别是下降沿触发和上升沿触发，输入端有施密特结构，在 14 脚和 15 脚之间要外接电容，也可外接电阻。74HC123 是 CMOS 工艺，但是图中电源依然用 V_{CC} 表示（在第 2 章学习中，TTL 电路所用电源一般用 V_{CC}表示，而 CMOS 电路用的电源以 V_{DD}表示，其实电源本质都一样，只不过 V_{CC} 经常接双极型晶体管的集电极 C，而 V_{DD}经常接 MOS 管的

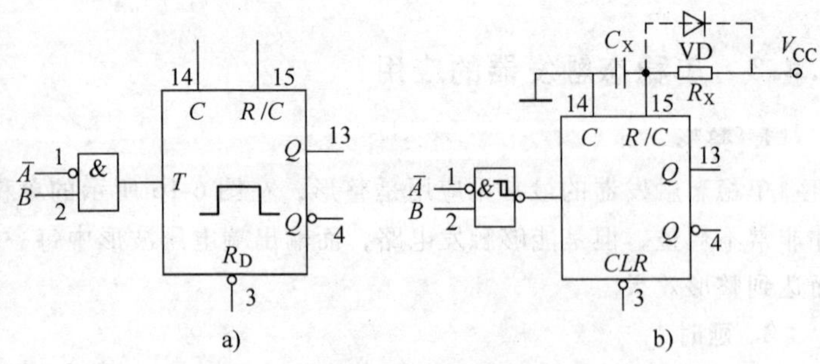

图 6-18 典型单稳态触发器集成芯片

a）74HC221 的逻辑符号 b）74HC123 的连接方法

漏极 D，不同的表示方法容易区分电路工艺），输出脉宽跟外接电阻、电容有关，但是要注意，由于集成电路内部结构、工艺不同，所以脉宽计算公式不尽相同，比如不可重复触发的单稳态触发器 74HC221 就可以用式（6-4）来计算，即 $T_W=0.7RC$，而对于 74HC123，根据数据手册可知，脉宽计算公式为 $T_W=0.45R_XC_X$。

电路在以下情况时会被触发：

1）$\overline{A}$ 是低电平，B 有上升沿；

2）B 是高电平，$\overline{A}$ 有下降沿；

3）$\overline{A}$ 是低电平，B 是高电平，而 $\overline{CLR}$ 有下降沿。

74HC123 功能表见表 6-1，由表可知输出 Q 和 $\overline{Q}$ 总是输出互补的信号。电路在以上三种触发情况下都会产生脉冲信号，Q 端是正脉冲，$\overline{Q}$ 是负脉冲，其他时候，Q 维持低电平，$\overline{Q}$ 维持高电平。也就是说，大多数集成单稳态触发器的稳态都是 0 状态，暂稳态为 1 状态。

表 6-1　74HC123 功能表

输入（INPUTS）			输出（OUTPUTS）	
$\overline{A}$	B	$\overline{CLR}$	Q	$\overline{Q}$
↓	H	H	正脉冲	负脉冲
×	L	H	L	H
H	×	H	L	H
L	↑	H	正脉冲	负脉冲
L	H	↑	正脉冲	负脉冲
×	×	L	L	H

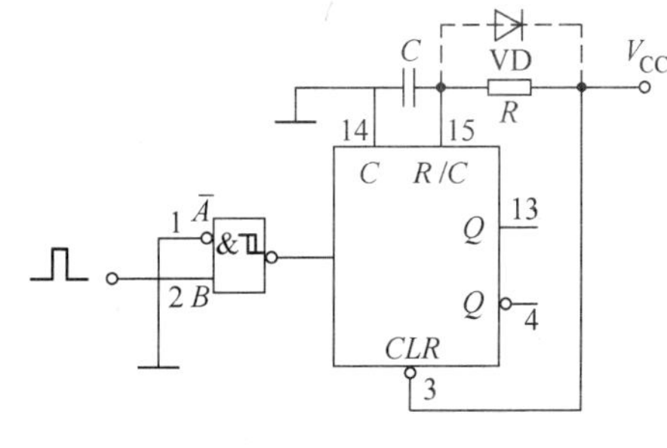

图 6-19　例 6-4 图

例 6-4　现需要一个脉冲宽度为 100ns 的正脉冲信号，使用 74HC123，画出连线图，并给出相关元件参数。

解：可以按照触发条件连接电路，本题选择第一种触发方式。

根据 74HC123 的脉宽计算公式 $T_W=0.45RC$，假设外接电容是 560pF，可计算出外接电阻的阻值 $R=390\Omega$。

6.5　多谐振荡器

方波信号频谱很宽，包含有很多高次谐波，因此把产生方波的电路称为多谐振荡器。和脉冲整形不同，多谐振荡器在没有输入的情况下也能自动产生方波。

6.5.1　由 CMOS 非门构成的多谐振荡器

由 CMOS 反相器构成的施密特触发器以及施密特触发器产生方波的例子就是典型的 CMOS 多谐振荡器电路。

为了能得到自动输出的方波，对电路有两个要求：首先，电路应该在 0 和 1 两个状态之间翻转，所以电路没有稳态，0 态和 1 态都是暂稳态；其次，翻转过程要快，波形的边沿特性才会好，所以要使用正反馈电路。

将 CMOS 反相器按图 6-20a 所示电路连接，由于 G_1 和 G_2 都是 CMOS 反相器，几乎无输入电流，R_f 上也就没有电流流过，那么 R_f 的作用是什么呢？由于 CMOS 门电路输入端都有保护二极管，如果输入电压直接加在 G_1 输入端，可能被限幅，所以 R_f 的作用是去耦。

静态时，电容 C 无充、放电，所以电阻 R 上也没有电流，其上电压降为 0，$u_{o1}=u_{i1}$，因此

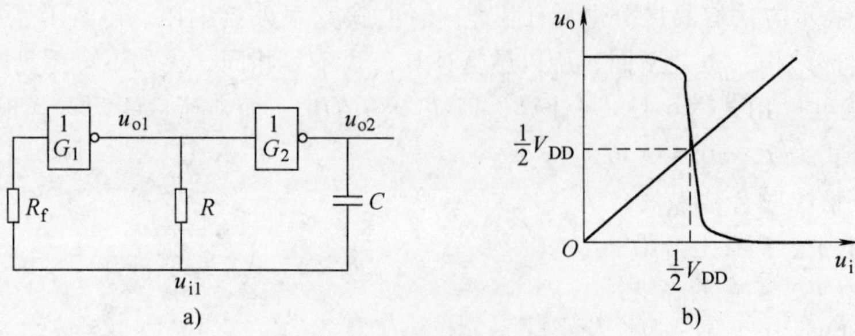

图 6-20 CMOS 多谐振荡器

a）电路 b）G_1 和 G_2 门的静态工作点

G_1 门应该工作在电压传输特性转折区的中点。u_{o1} 就是 G_2 门的输入，所以 G_2 也工作在电压传输特性的转折区。可见静态时，G_1 和 G_2 门都工作在电压传输特性的转折区，能获得较大的电压放大倍数。

但是静态不是稳态，输入端微小的波动就可以打破这种平衡，假设 u_{i1} 增大会引发如下正反馈过程：

$$u_{i1}\uparrow \rightarrow u_{o1}\downarrow \rightarrow u_{o2}\uparrow$$

因此，电路很快就会进入高电平输出的 1 态。

1 态也不是稳态，由于 G_1 输出低电平，其内部接地的 NMOS 管导通（导通电阻用 R_{ONN1} 表示），电容 C 将要通过电阻 R 并向地放电，其放电回路如图 6-21a 所示。随着 u_{i1} 下降到 G_1 的阈值电压 V_{TH} 时，G_1 输出高电平，G_2 输出低电平，电路发生翻转，在这次翻转中，同样有正反馈过程表示为

$$u_{i1}\downarrow \rightarrow u_{o1}\uparrow \rightarrow u_{o2}\downarrow$$

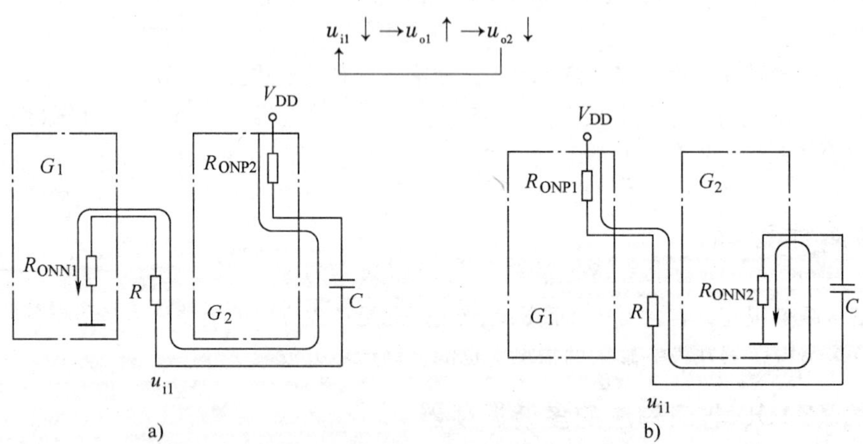

图 6-21 电容充、放电等效电路

a）电容放电 b）电容充电

这个状态同样不能持久，由于 u_{o1} 是高电平 V_{DD}，G_1 门内接电源的 PMOS 管导通，设 R_{ONP1} 是其导通电阻，而 u_{o2} 是低电平，G_2 门内接地的 NMOS 管导通，其导通电阻表示为 R_{ONN2}。电源将要通过 R_{ONP1} 和电阻 R 给电容 C 充电，充电回路如图 6-20b 所示，当充电到 G_1 门的阈值电压时，电路会再次发生翻转，重新回到第一个暂稳态。可见，电路一直在两个暂稳态之间振荡，多谐振荡器波形如图 6-22 所示。

值得注意的是，由于电容电压不能突变，在 t_1 时刻，u_{i1} 被拉高到 $\frac{3}{2}V_{DD}$，在 t_2 时刻，u_{i1} 被拉

低到 $-\frac{1}{2}V_{DD}$，如果没有 R_f 的去耦作用，将会对电路产生很大影响，输出波形特性变差。

接下来，计算生产方波的周期。从 t_1 到 t_2 时间段是电容放电过程，输出高电平，脉宽记为 T_1，从 t_2 到 t_3 时间段是电容充电过程，输出低电平，脉宽记为 T_2。根据图 6-20，如果忽略 CMOS 器件的导通电阻，则时间常数 $\tau=RC$，$u_{i1}(0)=\frac{3}{2}V_{DD}$，$u_{i1}(\infty)=0$，并将 $u_{i1}(t_2-t_1)=\frac{1}{2}V_{DD}$ 代入三要素法公式（6-3）可得

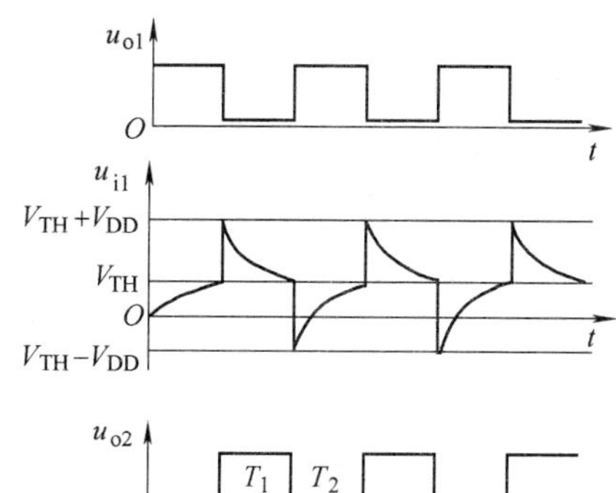

图 6-22　多谐振荡器波形

$$T_1=t_2-t_1=1.1RC$$

同理，在充电过程中，设 t_2 是 0 时刻，可算出 $u_{i1}(t)=V_{DD}-\frac{3}{2}V_{DD}(1-e^{-\frac{t}{RC}})$

将 $u_{i1}(t_3-t_2)=\frac{1}{2}V_{DD}$ 代入计算可得 $T_2=t_3-t_2=1.1RC$。故电路的振荡周期为

$$T=T_1+T_2=2.2RC \tag{6-5}$$

例 6-5　在图 6-20a 所示的 CMOS 多谐振荡器电路中，设 CMOS 门电路的导通电阻都很小。若 $R_f=100\text{k}\Omega$，$R=5.1\text{k}\Omega$，$C=0.01\mu\text{F}$，试计算电路的振荡频率。

解：当 CMOS 电路导通电阻都很小的时候，对时间常数影响不大，可直接代入式（6-5）得

$$T=T_1+T_2=2.2RC=2.2\times5.1\times10^3\times0.01\times10^{-6}\mu\text{s}=112.2\mu\text{s}$$

即 $f=1/(112.2\times10^{-6})\ \text{kHz}\approx9\text{kHz}$。

例 6-6　在图 6-9 所示振荡电路中，如果外接电阻 $R=300\Omega$，电容 $C=200\text{pF}$，现分别采用不同的施密特反相触发器 74LS14 和 74HC14，电路均由 5V 电源供电。试分析输出脉冲波形的频率。

解：由于 74LS14 和 74HC14 的逻辑功能相同，所以电路输出波形均为方波，但是由于器件内部结构、工艺不同，所以产生方波频率不同。根据数据手册，可知采用 74LS14 时，输出波形频率约为 $1/(1.2RC)$，带入题中的数据，可知 $f\approx14\text{MHz}$，而采用 74HC14 时，输出波形频率约为 $1/(0.8RC)$，代入数据可计算得到 $f\approx21\text{MHz}$。

6.5.2　CMOS 石英晶体振荡器

在很多应用场合下，对多谐振荡器的频率稳定性要求很高。如计算机的主频是整个系统的时序基准，如果不稳定会使系统不可靠，前面学习的几种普通谐振电路的输出频率都是由门电路充、放电过程的时间决定的，由于门电路自身的阈值电压易受温度和电源电压的影响，也不稳定，而且充、放电过程也容易受到干扰，难以满足很高的稳定性要求。所以在很多数字系统中用石英晶体振荡器来产生原始的时钟频率。

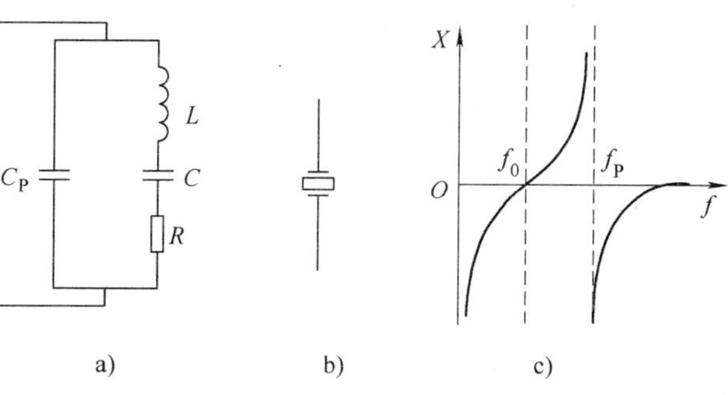

图 6-23　石英晶体振荡器

a）等效电路　b）电路符号　c）频率特性

石英晶体振荡器简称为晶振，如图 6-23 所示，它是利用具有压电效应的石英晶体片制成的。这种石英晶体薄片受到外加交变电场的作用时会产生机械振动，当交变电场的频率与石英晶体的固

有频率相同时，振动便变得很强烈，这就是晶体谐振特性的反应。利用这种特性，就可以用石英谐振器取代 LC（线圈和电容）谐振回路、滤波器等。由于石英谐振器具有体积小、重量轻、可靠性高、频率稳定度高等优点，被广泛应用于家用电器和通信设备中，尤其是在要求频率十分稳定的振荡电路中用作谐振元件。

CMOS 反相器构成的石英晶体振荡器如图 6-24 所示，其静态工作点和图 6-20 多谐振荡器电路分析相似，静态时 $u_o = u_i$，输入端的微小波动就能打破这个静态平衡，输出进入有效状态，或为高电平，或为低电平，而石英晶体将输出信息反馈到输入端，相当于一个品质因数极高的选频网络，使得电路维持特定频率的振荡。

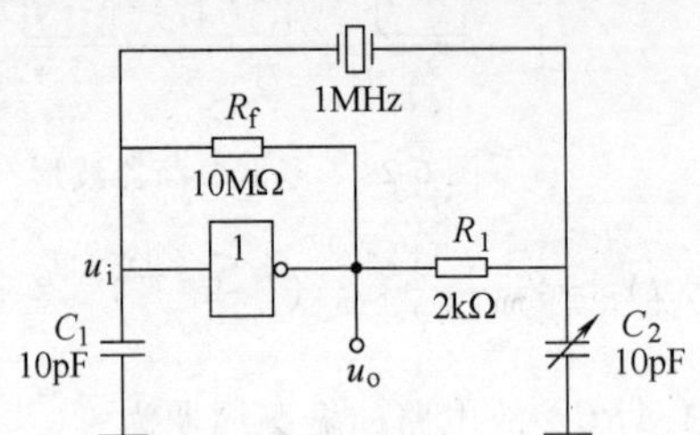

图 6-24 CMOS 反相器构成的石英晶体振荡器

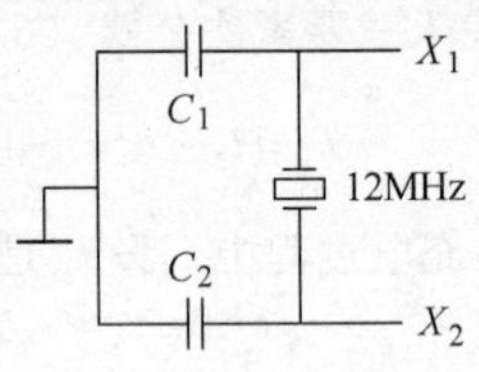

图 6-25 单片机晶振电路

石英晶体振荡器的频率稳定性可以达到 10^{-10} 以上，能满足大多数数字系统的要求，比如说单片机的频率源就由晶振电路提供。图 6-25 是 51 单片机外部的起振电路，与其内部反相器、电阻等构成与图 6-24 所示相似的电路，用于产生原始时钟，C_1、C_2 是负载电容，对电路频率也有一定的影响，但振荡频率主要还是由晶振决定，这个稳定频率的时钟信号经过各种分频后可为系统中不同设备提供时序基准。

6.6 555 定时器

555 定时器是集单稳态触发器功能和多谐振荡器功能于一体的集成芯片，由于它使用灵活、方便、在波形转换、家用电器等领域应用广泛。

555 定时器产品型号很多，凡是双极型工艺的产品型号最后 3 位数码都是 555，而 CMOS 工艺的产品型号最后 4 位数码是 7555。不论属哪种工艺，各种 555 芯片的引脚功能都是相同的。

为了提高集成度，还有双定时芯片 556 和 7556 系列产品。本章以 CMOS 工艺的 7555 为线讲解其工作原理和应用。

6.6.1 7555 定时器的电路结构与功能

以美信公司（MAXIM）生产的 ICM7555 为例，分析 7555 电路的基本工作原理。图 6-26 是其内部逻辑电路，C_1 和 C_2 是两个比较器，三个相同的电阻 R 串联，称为均压器，当①脚接地时，将电源电压均分成三部分，分别提供给 C_1 和 C_2 的反相端和同相端，即比较基准电压 V_{TH} 和 V_{TL} 分别为 $\frac{2}{3}V_{DD}$ 和 $\frac{1}{3}V_{DD}$。C_1 的同相端接⑥脚输入信号，当 $u_{i1} > \frac{2}{3}V_{DD}$ 时，比较器 C_1 输出高电平，C_2 的反相端接②脚输入信号，当 $u_{i2} < \frac{1}{3}V_{DD}$ 时，比较器 C_2 输出高电平。用户还可以通过⑤脚外接其他阈值电压 V_{TH}，无论 V_{TH} 的数值是多少，V_{TL} 都是 V_{TH} 的一半。

G_1 和 G_2 门都是 CMOS 或非门，构成了一个基本 SR 锁存器，S 和 R 高电平有效。

⑦脚连接的 N 沟道 MOS 晶体管 VF_N 为外部电容提供放电通道。显然，RS 锁存器复位的时

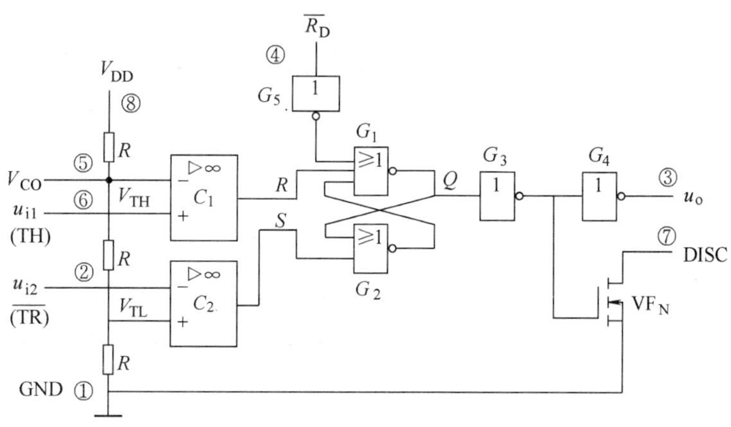

图 6-26　7555 内部逻辑电路

候，VF_N 导通。

7555 的功能表见表 6-2。

表 6-2　7555 功能表

输入			输出			
$\overline{R}_D$	u_{i1}	u_{i2}	S	R	u_o	VF_N 状态
0	×	×	×	×	0	导通
1	$<2V_{DD}/3$	$<V_{DD}/3$	1	0	1	截止
1	$>2V_{DD}/3$	$>V_{DD}/3$	0	1	0	导通
1	$<2V_{DD}/3$	$>V_{DD}/3$	0	0	不变	不变
1	$>2V_{DD}/3$	$<V_{DD}/3$	1	1	0	导通

异步复位端 $\overline{R}_D$ 低电平有效，具有最高优先级，$\overline{R}_D$ 为 0 时，输出 u_o 为低电平。

$u_{i1}>\frac{2}{3}V_{DD}$且 $u_{i2}<\frac{1}{3}V_{DD}$时，S 和 R 同时有效，输出为低电平；

$u_{i1}<\frac{2}{3}V_{DD}$且 $u_{i2}>\frac{1}{3}V_{DD}$时，S 和 R 同时无效，输出保持；

$u_{i1}>\frac{2}{3}V_{DD}$且 $u_{i2}>\frac{1}{3}V_{DD}$时，R 有效，S 无效，输出低电平；

$u_{i1}<\frac{2}{3}V_{DD}$且 $u_{i2}<\frac{1}{3}V_{DD}$时，R 无效，S 有效，输出高电平。

VF_N 的栅极控制端 $\overline{Q}$ 并不是直接取自 SR 锁存器，而是由 Q 取反得到，能防止 S 和 R 同时有效时出现逻辑错误。当③脚输出信号 u_o 是低电平时，VF_N 导通。

例 6-7　图 6-27 所示为 7555 用作冰箱温度控制器的电路，其中，R_{t1} 和 R_{t2} 是 3kΩ 的负温度系数热敏电阻，R_{w1} 和 R_{w2} 是 10kΩ 的可调电阻器，K 是冰箱压缩机控制继电器线圈，通电时压缩机工作，断电时停机。结合本节内容，说明控制器工作原理。

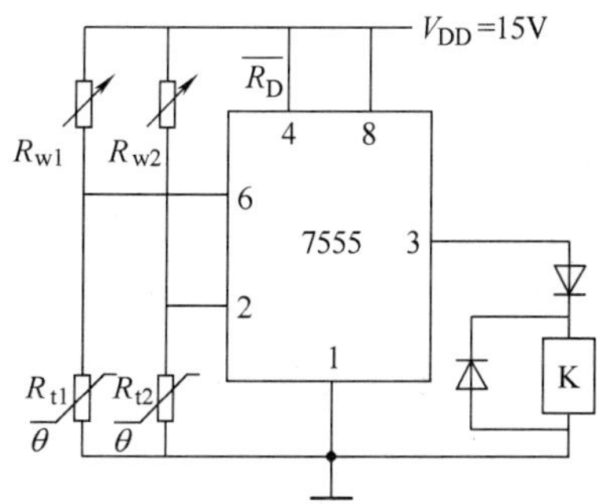

图 6-27　7555 用作冰箱温度控制器

解：电源电压为 15V，即 7555 内部电压比较器的参考电压 V_{TL} 和 V_{TH} 分别为 5V 和 10V。

R_{t1} 和 R_{t2} 是热敏电阻，相当于冰箱温度传感器，当 R_{w1} 和

R_{w2}的阻值确定时，R_{t1}和R_{t2}上的分压向7555的6脚和2脚提供输入电压信号。

由于R_{t1}和R_{t2}是负温度系数，温度升高，电阻降低，7555的2脚和6脚电位也降低，当2脚电位降低到5V以下时，3脚输出高电平，压缩机工作。即通过调节R_{w1}的阻值可设定冰箱压缩机工作的温度上限。

随着压缩机工作，冰箱温度下降，R_{t1}和R_{t2}电阻值升高，7555的2脚和6脚电位也升高，当6脚电位升高到10V以上时，3脚输出低电平，压缩机停止工作。即通过调节R_{w2}的阻值可设定冰箱压缩机工作的温度下限。

由于电路可通过调节R_{w1}和R_{w2}的阻值设定冰箱温度调控范围，避免了压缩机围绕一个设定温度频繁起动的问题，可降低噪声、延长设备使用寿命，虽然温控不够精准，但在实际使用中已经能够满足需要。

6.6.2 7555定时器接成施密特触发器

将7555定时器的两个输入端连在一起就构成图6-28所示的施密特触发器。

输入端相连，有相同的电压。当输入电压很低时，$R=0$，$S=1$，输出置位。u_i慢慢升高，当进入范围$\frac{1}{3}V_{DD}<u_i<\frac{2}{3}V_{DD}$时，$S=R=0$，输出状态保持，仍然为高电平，当$u_i$继续升高到大于$\frac{2}{3}V_{DD}$时，$R=1$，$S=0$，电路复位，输出低电平。

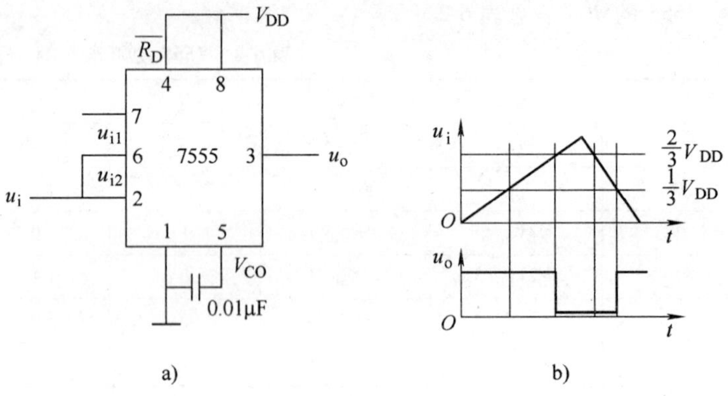

图6-28 7555用作施密特触发器

a）电路连接 b）波形分析

输入信号下降的过程：重新进入范围$\frac{1}{3}V_{DD}<u_i<\frac{2}{3}V_{DD}$时，$S=R=0$，输出状态保持，仍然为低电平，这和上升过程中的输出状态是相反的，因为它们前一个时期的状态不相同。直到再降到小于$\frac{1}{3}V_{DD}$时，才输出高电平。

所以，上升和下降过程中信号翻转的阈值不同，符合施密特传输特性。图中，正向阈值电压V_{T+}和负向阈值电压V_{T-}分别取值$\frac{2}{3}V_{DD}$和$\frac{1}{3}V_{DD}$。但如果通过5脚外接一个参考电压V_{CO}，则$V_{T+}=V_{CO}$，而$V_{T-}=\frac{V_{CO}}{2}$。

回顾例6-7中7555用作冰箱温度控制器的例子，如果将7555接成施密特触发器，只需一个热敏电阻和一个可调电阻即可实现温度控制。这是利用施密特触发器的回差电压来避免压缩机的频繁起动。读者可以尝试画出具体电路图。

6.6.3 7555定时器接成单稳态触发器

如图6-29所示，将7555的6脚输入端跟外接串联R、C相连，2脚接触发脉冲（负脉冲）。电容C一端接地，另一端连7脚，在输出为0时，7555内部的晶体管VF_N导通，能给电容C提供一个快速电荷泄放通路。

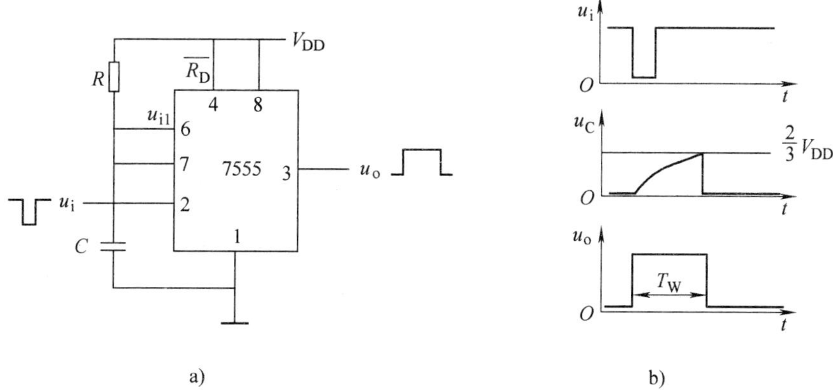

图 6-29　7555 用作单稳态触发器

a）电路　b）波形

刚上电时，$u_i=1$，电容上无电荷，$u_{i1}=0$，$R=S=0$，是维持状态，输出电平不确定。如果 $u_o=0$，VF_N 导通，电容 C 处于放电状态，保持 $u_C=0$。如果输出高电平，$u_o=1$，VT_N 截止，电源通过电阻 R 向电容 C 充电，使得 6 脚电压 u_{i1} 慢慢升高，直到超过$\frac{2}{3}V_{DD}$时，电压比较器 C_1 和 C_2 输出 $R=1$，$S=0$，电路复位，输出低电平，随后开启 VF_N，电容 C 快速放电，又变成 $R=S=0$，维持输出低电平。也就是说，电路上电后，不论经历什么样的过程，都会进入低电平输出的稳定状态。

当 2 脚输入端触发脉冲到来时，输入变低，比较器 C_2 输出高电平，$R=0$，$S=1$，电路置位，输出高电平，电路进入暂稳态。

晶体管 VF_N 在输出为高电平时无法导通，电源要给电容 C 充电，u_{t1} 电压慢慢升高到$\frac{2}{3}V_{DD}$时，电压比较器 C_1 输出 $R=1$，电路复位，又输出低电平，随后开启 VF_N，电容 C 快速放电，又变成 $R=S=0$，维持输出低电平。

可见，输出低电平是电路的稳定状态。令 $u_C(t)$ 表示电容电压，则电路对应波形图如图 6-29b 所示。给电容充电时，进入暂稳态，充电到$\frac{2}{3}V_{DD}$时，回归稳态。$u_C(0)=0$，$u_C(\infty)=V_{DD}$，$\tau=RC$，$u_C(T_W)=\frac{2}{3}V_{DD}$。

接下来，计算暂稳态脉宽。根据式（6-3），可得

$$u_C(t)=V_{DD}(1-e^{-\frac{t}{RC}})$$

则 $u_C(T_W)=V_{DD}(1-e^{-\frac{T_W}{RC}})=\frac{2}{3}V_{DD}$，即

$$T_W=RC\ln3=1.1RC \tag{6-6}$$

例 6-8　在图 6-29 中，设外接电阻 $R=10\text{k}\Omega$，电容 $C=0.01\mu\text{F}$，求输出脉宽是多少？如果在暂稳态时间内，再次给出新的触发脉冲，波形会受到什么影响？

解：将已知条件代入式（6-6）可得

$$T_W=RC\ln3=1.1RC=1.1\times10\times10^3\times0.01\times10^{-6}\mu\text{s}=110\mu\text{s}$$

新加入脉冲，$S=1$，输出高电平，VF_N 不导通，不会影响当前电容的充电过程，输出脉宽也不会改变。所以本电路是不可重复触发的单稳态触发器。

如果在图6-29a所示电路的基础上做一点改动，在脉冲输入端和电容之间接上一个晶体管VT，如图6-30a所示，相当于在输入负脉冲有效的时候开启VT，为电容C提供一个附加的到地低阻泄放通道，电容迅速放电完毕，触发脉冲过去后，VT关断，电容重新充电，使得输出脉宽增大。图6-30b所示的波形中T_W指正常单次触发时的脉宽。

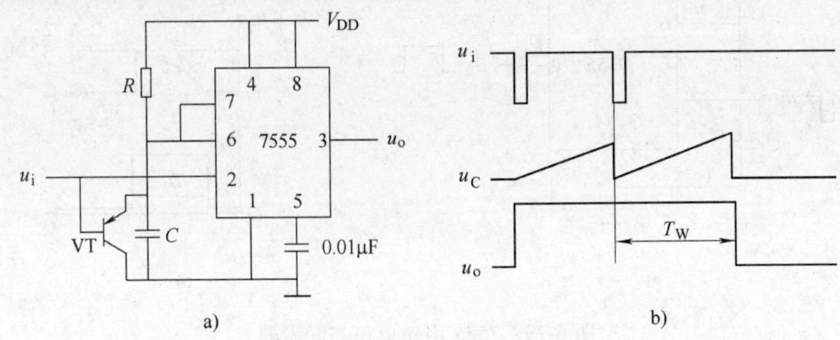

图6-30 用7555实现能重复触发的单稳态触发器

a）电路连接 b）波形图

6.6.4 7555定时器接成多谐振荡器

结合图6-9和图6-28，可以画出由7555实现的多谐振荡器。在图6-31中，7555的2脚和6脚接在一起，使芯片输入具有施密特特性，而电阻R_1、R_2和电容C构成的积分回路并没有直接跟输出相连，而是将R_1跟7脚泄放通路相连，可以减轻输出缓冲器的负担。

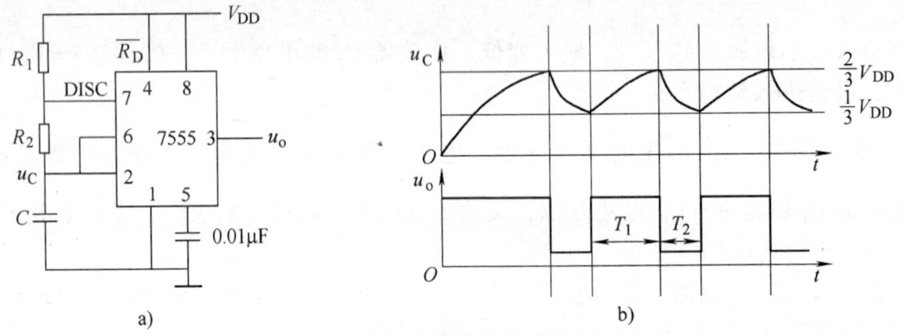

图6-31 7555用于产生方波

a）连接电路 b）输出波形

电源刚刚上电时，电容上无电荷，引脚2上电压为0，比较器C_2输出高电平，电路置位，输出高电平使得内部放电晶体管VF_N保持截止，电源开始通过电阻R_1和R_2对电容充电。

当u_C进入范围$\frac{1}{3}V_{DD} < u_i < \frac{2}{3}V_{DD}$时，$S = R = 0$，输出状态保持，仍然为高电平。

当u_C充到大于$\frac{2}{3}V_{DD}$时，$R = 1$，$S = 0$，电路复位，输出低电平。晶体管VF_N导通，电容放电。需要注意的是，放电通路要经过R_2、VF_N到地，所以时间常数不再是0。放电到$u_C < \frac{1}{3}V_{DD}$时，电路又置位，输出高电平，放电晶体管VF_N截止，重新对电容充电。

整个过程对应的输出波形如图6-31b所示，可以计算出波形的周期T。

充电时，时间常数$\tau_1 = (R_1 + R_2)C$，而放电时，时间常数$\tau_2 = R_2C$，故有

$$T_1 = 0.7(R_1 + R_2)C \qquad T_2 = 0.7R_2C$$

$$T = T_1 + T_2 = 0.7(R_1 + 2R_2)C \tag{6-7}$$

占空比可描述为

$$q = \frac{T_1}{T} = \frac{R_1 + R_2}{R_1 + 2R_2} \tag{6-8}$$

从占空比 q 的表达式可知，占空比始终大于 50％ 。

如果将电路稍作改动，让充、放电通路分开，就容易根据占空比需求选择参数了。在图 6-32 中，增加了电阻 R_3，由于 R_3 中间有触头，把电阻分为两个阻值，分别记为 R_{31}和 R_{32}，对电容 C 充电时，R_1、R_{31}和 VD1 构成充电通道，而放电则通过 VD2、R_2、R_{32}和内部 VF_N。

由于各晶体管的导通电阻可忽略，显然，$T_1 = 0.7\ (R_1 + R_{31})\ C$，$T_2 = 0.7\ (R_2 + R_{32})\ C$，

$$T = T_1 + T_2 = 0.7\ (R_1 + R_2 + R_3)\ C \tag{6-9}$$

$$q = \frac{T_1}{T} = \frac{R_1 + R_{31}}{R_2 + R_{32}} \tag{6-10}$$

例 6-9　图 6-33 是一个防盗报警电路，其中，a、b 点之间是一根细金属线，假定遇盗时，金属线会断，试分析电路防盗的工作原理。

解： 正常情况下，由于 ab 线未断，7555 的 4 脚电位为低，即复位信号有效，3 脚输出低电平不变。

当 ab 线断开时，电源通过晶体管 VT 给电容 C_2 充电到高电平，7555 的复位引脚等于晶体管发射极电位，即复位信号无效。7555 构成多谐振荡器，从 3 脚输出周期性波形，驱动扬声器发声报警。

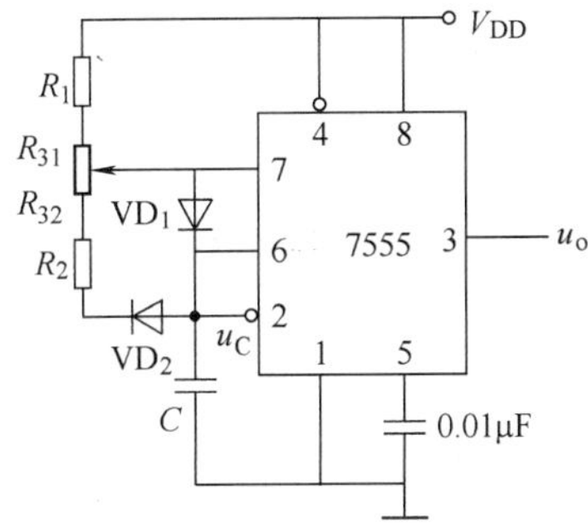

图 6-32　占空比可调的多谐振荡器

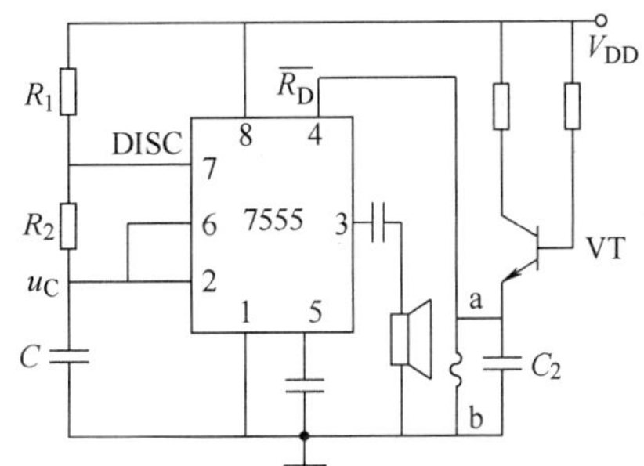

图 6-33　7555 用作报警器

本章小结

施密特触发器、单稳态触发器和多谐振荡器不同于一般意义上的触发器，它们有多种电路结构，常见电路形式有两种，一种是由门电路构成，另一种是由 555（主要是 7555）定时器构成。施密特触发器和普通门电路逻辑特性相似，对输入电平敏感，特点是有两个翻转阈值，输出和输入之间体现出一种滞后性，但是一旦翻转，由于内部结构的正反馈特性，翻转过程速度很快，能得到较理想的脉冲波形，故一般用于脉冲整形、脉冲鉴幅、构成多谐振荡器等。单稳态触发器在特定触发条件下可以产生固定脉宽的脉冲波形，一般用于脉冲整形和定时。而多谐振荡器没有稳定态，能够自动在两个状态间转换，故用于脉冲波形的产生。

习　题

6-1　施密特触发器逻辑器件的工作与第 2 章学习的标准逻辑器件有什么不同?

6-2　为什么很多集成电路的输入端都是施密特触发结构?

6-3　楼道灯控制器往往采用单稳态触发器结构，结合日常生活体验，说明应采用可重复触发还是不可重复触发方式，不同触发方式对输出控制会有什么样的影响。

6-4 某施密特触发器的输入/输出特性如图 6-34a 所示，当输入波形如图 6-34b 所示时，输出端应得到什么样的输出波形？

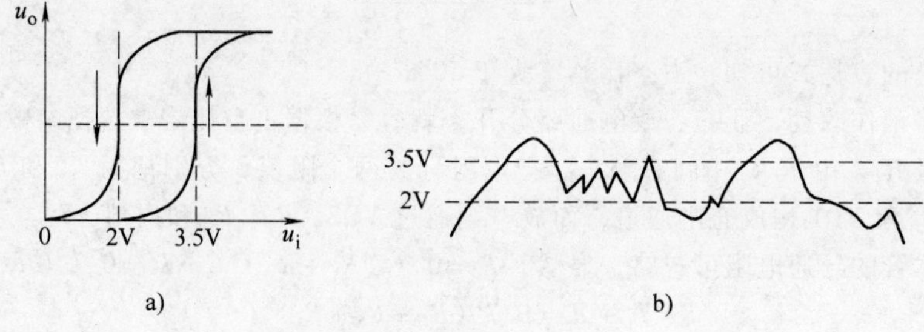

图 6-34 题 6-4 图

a）施密特触发器输入/输出特性曲线 b）输入波形

6-5 某实验电路如图 6-35 所示，电路中使用到机械开关 S，观察输出波形有抖动，试解释原因，如果用施密特同相触发器替代图中的缓冲器，可否解决问题？

6-6 按照图 6-19 所示连接电路，假如输入脉冲如图 6-36 所示，试画出输出波形。

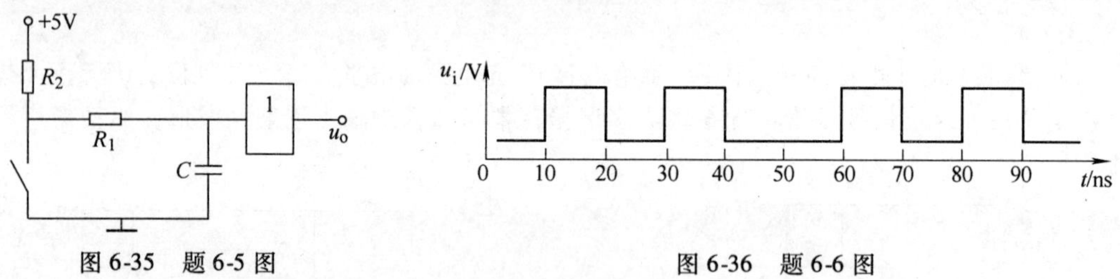

图 6-35 题 6-5 图　　图 6-36 题 6-6 图

6-7 将上题中的芯片替换成 74HC221，输出波形有变化吗？

6-8 在图 6-37a 所示的电路中，给输入端加上图 6-37b 所示波形，试画出输出波形。

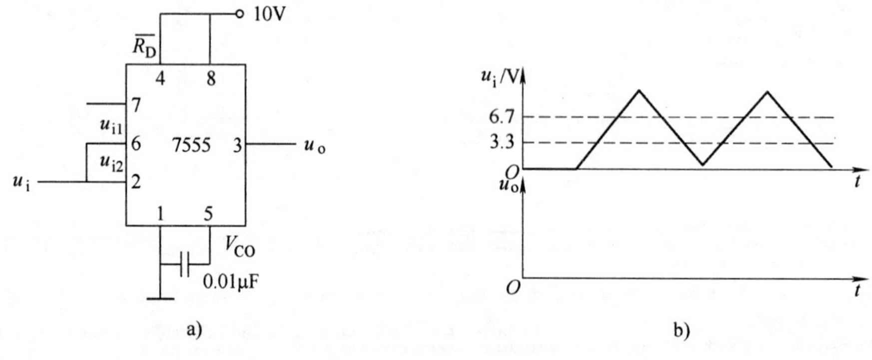

图 6-37 题 6-8 图

a）电路图 b）波形图

6-9 参考图 6-9，估算采用集成施密特触发器芯片 74HC14 外接 $R=1\text{k}\Omega$，$C=1000\text{pF}$ 构成的多谐振荡器振荡频率为多大，并计算占空比。

6-10 如果用 7555 振荡器，产生和题 6-9 相同频率的波形，问应该如何设计电路？

6-11 图 6-38 所示为一个由 7555 构成的过电压监视器，当输入电压 u_i 超出一定数值时，发光二极管 VL 会闪光报警。试说明其工作原理。

6-12 某娱乐节目中要用到一分钟计时器，要求按下“计时开始”按钮启动计时，计时结束后有声光报警，如何用 7555 实现该电路？

6-13 图 6-39 所示为一个简易电子胸花的电路图，其中 NE555 是 TTL 芯片，VL_1 和 VL_2 是各种颜色的发光二极管，分别上接到电源或下接到地。试分析电路的工作原理，并结合第 2 章学过的知识，说明发光二极管的个数有没有限制，是上排 VL_1 数目多还是下排 VL_2 数目多？

6-14　图 6-40a 所示为由 555 定时器构成的心率失常报警电路。经放大后的心电输入信号 u_i 如图 6-40b 所示，u_i 的峰值 $V_m = 4\ V$。

（1）分别说出 555 定时器Ⅰ和 555 定时器Ⅱ所构成单元电路的名称；

（2）对应 u_i 分别画出 A、B、D 三点波形；

（3）说明心率失常报警的工作原理。

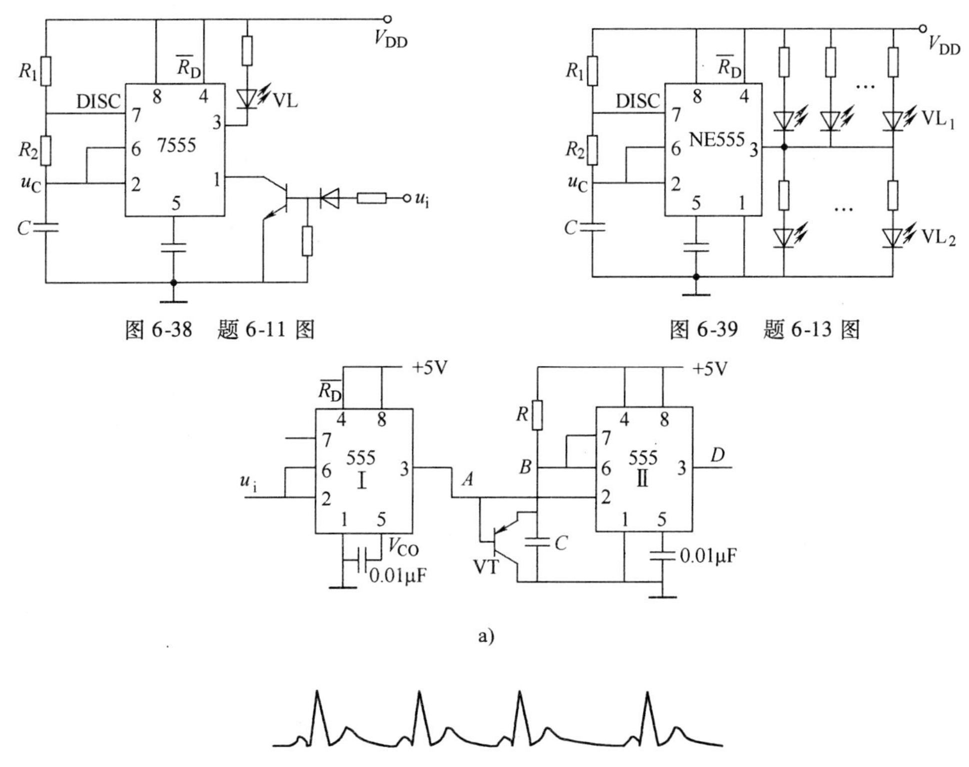

图 6-38　题 6-11 图

图 6-39　题 6-13 图

a)

b)

图 6-40　题 6-14 图

第 7 章　大规模数字集成电路

7.1　引言

目前应用较多、发展较为迅速的大规模集成电路主要有两大类：半导体存储器和可编程逻辑器件（Programmable Logic Device，PLD）。

半导体存储器是当前数字电子系统中非常重要的组成部分，它具有记忆功能，可用于存储各种数据、程序和资料。根据其功能可分为只读存储器（Read Only Memory，ROM）和随机存取存储器（Random Access Memory，RAM）两大类。只读存储器在工作时只能读取事先存入的数据，掉电后数据不会丢失。常用的只读存储器有掩膜 ROM、PROM、EPROM 和 Flash Memory 等多种类型。随机存取存储器在工作中既允许随时从指定单元内读出信息，也可以随时将信息写入指定单元。随机存取存储器又可分为静态随机存取存储器（Static Random Access Memory，SRAM）和动态随机存取存储器（Dynamic Random Access Memory，DRAM）两种类型。

可编程逻辑器件是 20 世纪 70 年代后期发展起来的一种功能特殊的新型存储器件，与半导体存储器相比，具有低功耗、低成本和高性能等优点。以 PAL、GAL、CPLD、FPGA 为代表的各类可编程逻辑器件具有应用灵活、集成度高、处理速度快和可靠性高等特点。可编程逻辑器件的出现，使数字系统的设计观念发生了改变，使设计过程得到了简化，因而取得了迅速发展和应用。

本章将介绍上述器件的结构、工作原理和主要应用。

7.2　存储器概述

半导体存储器是用半导体器件来存储二值信息的大规模集成电路，它可以用于存储大量的数据、程序和各类资料，是数字电子系统中必不可少的组成部分。它具有集成度高、功耗小、可靠性高、体积小、价格低、便于自动化批量生产等优点，目前在数字通信、数据采集与处理、工业自动控制以及人工智能等领域都得到了广泛应用。

7.2.1　存储器分类

根据制造工艺、信息存储和访问方式等不同，半导体存储器可进行多种分类。常见的两种分类方式为按制造工艺分类和按存取方式分类。

1. 按制造工艺分类

按制造工艺来分类，半导体存储器可分为双极型和 MOS 型存储器两类。

双极型半导体存储器以双极型触发器为基本存储单元，优点是工作速度快，但功耗大、集成度低、成本较高，主要用于对速度要求较高而存储容量不大的场合，如在计算机系统中用做高速缓冲存储器。

MOS 型半导体存储器采用 MOS 工艺制造，以 MOS 触发器或电荷存储结构为基本存储单元。此类存储器芯片功耗低、集成度高、成本低，但访问速度比双极型存储器慢，主要用于对存储容量要求较高的场合，如在计算机系统中用做主存储器。

2. 按存取方式分类

按存储器的存取方式来分类，可将半导体存储器分为只读存储器和随机存取存储器两类。

只读存储器在正常工作时只能读出制造厂商事先存入的数据，而不能随时修改或重新写入数据，掉电后数据不会丢失。因此，只读存储器通常用来存储那些不经常改变的信息。常用的只读存储器有掩膜 ROM、PROM、EPROM 和 Flash Memory 等多种类型。

随机存取存储器在工作中可以随时从任何指定地址读出数据，也可以随时把数据写入任何指定的存储单元。其最大的优点是读写方便，使用灵活。但是 RAM 中存储的数据不能长期保留，掉电后数据立即消失。RAM 主要用于计算机中存放程序及程序执行过程中产生的中间数据、运算结果等。

RAM 又可分为静态随机存取存储器（SRAM）和动态随机存取存储器（DRAM）两种。SRAM 的存储单元为触发器，数据一旦被写入就能够稳定地保持下去，工作时不需要刷新，但存储容量较小。DRAM 则是以电容为存储单元，利用对电容器的充放电来存储信息。为了保证 DRAM 内部信息的正确性，电容内部的电荷量需要维持在一定的水平。因此，在工作时需要周期性地进行信息刷新。DRAM 电路简单，功耗低，集成度高，常用于大容量存储器。

7.2.2　半导体存储器的性能指标

半导体存储器的主要性能指标是存储容量和存取时间。

存储容量是指存储器可以存储的二值信息量。存储器中的一个基本存储单元能存储 1bit（位）的信息，也就是可以存储一个 0 或一个 1，所以存储容量就等于存储器中所包含的基本存储单元的总数。数字系统中的数据信息通常以字（或位）为单位进行存取和运算，存储器中的一个字是一个多位二进制数，其位数被称为字长。习惯上用总的位数来表示存储器的容量，例如一个包含 1M 个字、字长为 8 的存储器，其总容量为 $2^{20} \times 8 = 8388608$bit。

存取时间是指完成一次读或者写操作所需要的时间，即从存储器收到一个新的地址输入开始，到它读出或者写入数据为止所需要的时间。连续两次读（或写）操作的最短时间间隔称为读（或写）周期。读（或写）周期越短，存储器的工作速度就越快。

7.3　随机存取存储器

7.3.1　RAM 的分类及其结构

RAM 在工作中可以随时从任何指定地址读出数据，也可以随时把数据写入任何指定的存储单元。其最大的优点是读写方便，使用灵活。但是，RAM 也存在数据易失性的问题，其中存储的数据不能长期保留，掉电后数据立即消失。RAM 按制造工艺可分为双极型 RAM 和 MOS 型 RAM 两类。MOS 型 RAM 又可以分为静态 RAM 和动态 RAM。双极型 RAM 的存取时间较短，可达 10ns，但集成度低，功耗也比 MOS 型 RAM 要大；MOS 型 RAM 的功耗较小，集成度高，在两种 MOS 型 RAM 中 DRAM 的集成度更高，单片 DRAM 的存储容量可达几百兆位以上。

RAM 通常由存储矩阵、地址译码器和读/写控制电路三部分组成，如图 7-1 所示。

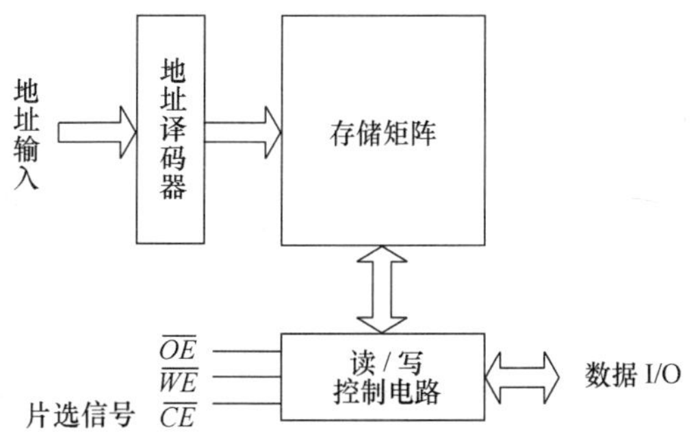

图 7-1　RAM 的结构示意图

1. 存储矩阵

RAM 的存储矩阵是存储单元的集合体。存储矩阵中的每个存储单元只能存储 1 位二进制数，由若干个存储单元可构成一个字存储单元

(简称字单元)，每个字单元中所包含的存储单元个数称为字长。整个存储矩阵中所包含的字单元个数称为字数，存储矩阵的存储容量就等于字数和字长的乘积。例如，有一个 RAM 的存储容量为 128MB ×8，表示该 RAM 的存储矩阵中有 128MB 个字单元，每个字单元的字长为 8，存储单元的总数为 128MB ×8 个。

2. 地址译码器

地址译码器是实现地址选择的译码电路。RAM 为存储矩阵中的每个字单元赋予了一个由多位二进制数构成的地址编号，称为地址码。RAM 进行每次读/写都是针对一个字单元的数据。地址译码器的功能就是将 RAM 的输入地址码译成相对应的字线的输入信号，从而将存储在相应字单元中的数据读出到数据线上，或者将数据线上的数据存入到相应的字单元中。如果与地址译码器相连接的地址线条数为 n，存储矩阵中的字单元个数为 N，则 $N=2^n$，地址译码器输出字线的条数等于 N。

图 7-2 所示为 RAM 的地址译码器原理图。假设存储矩阵中含有 32 个字单元（即 $N=32$），则需要使用 5 位二进制数 $A_4A_3A_2A_1A_0$ 来表示其地址码。当 $A_4A_3A_2A_1A_0=00011$ 时，字线 W_3 输出高电平，即选中了字单元 3。

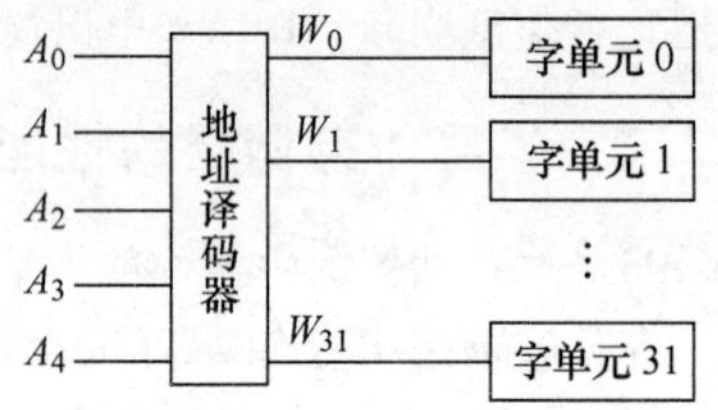

图 7-2 RAM 的地址译码器原理图

在大容量的存储器中，地址译码器输出字线的条数会急剧增加，导致译码电路的结构变得十分复杂。针对这种情况，通常可以采用双译码结构。即将输入地址分为行地址和列地址两部分，分别由行译码器和列译码器进行译码，将两者的输出分别作为存储矩阵的行地址选择线和列地址选择线，由它们共同确定所要选择的字单元。如图 7-3 所示为 1024 ×1 位 RAM 结构示意图。1024 ×1 位的 RAM 中共有 1024 个字单元，每个字单元中只有一个存储单元。相应需要 10 位地址码来进行寻址，即 $A_9A_8A_7A_6A_5A_4A_3A_2A_1A_0$。可以将 $A_4A_3A_2A_1A_0$ 作为行地址译码器的输入地址，产生 32 条行地址选择线 $X_0 \sim X_{31}$；将 $A_9A_8A_7A_6A_5$ 作为列地址译码器的输入地址，

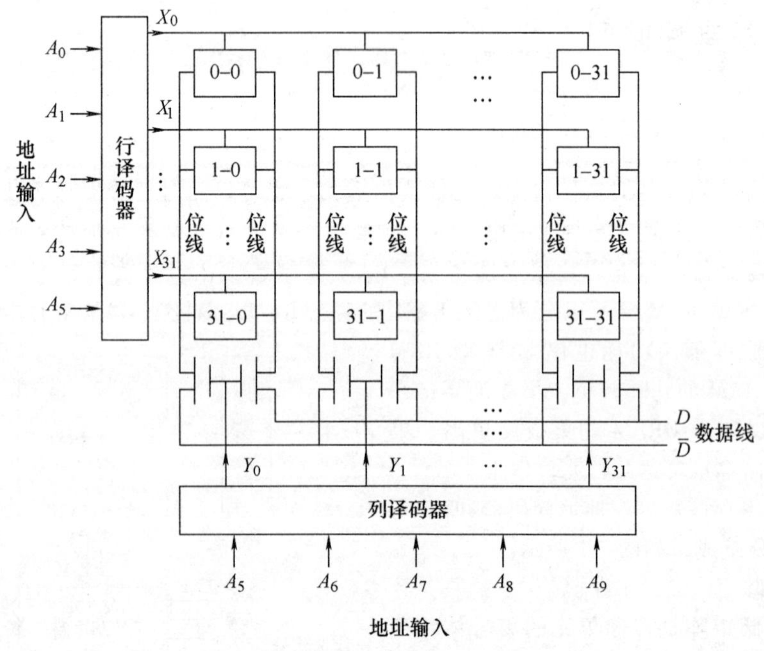

图 7-3 1024 ×1 位 RAM 的结构示意图

产生 32 条列地址选择线 $Y_0 \sim Y_{31}$。只有被行地址译码器和列地址译码器同时选中的字单元，才能够进行相应的读/写操作。

3. 读/写控制电路

访问 RAM 时，对被选中的字单元是进行读操作还是写操作，是通过读/写控制线进行控制的。在图 7-1 所示的 RAM 的结构示意图中，读/写控制线是分开的，一根为读（$\overline{OE}$），另一根为写（$\overline{WE}$）。当存储器读操作时，读使能信号$\overline{OE}=0$，片选信号$\overline{CE}=0$，内部总线 D 上的信息被送到外部 I/O 引脚上；当存储器写操作时，写使能信号$\overline{WE}=0$，片选信号$\overline{CE}=0$，I/O 线上的数据以互补的形式出现在内部总线 D 和$\overline{D}$上，并被写入指定的字单元。

7.3.2　SRAM 原理

SRAM 存储单元按照制造工艺可分为 MOS 型和双极型两类。目前常见的大容量 SRAM 一般采用 CMOS 工艺。由 6 个晶体管构成的 SRAM 的一个存储单元的内部电路图如图 7-4 所示。图中，晶体管 VF_1、VF_2、VF_3 和 VF_4 组成一个基本 RS 锁存器，从而构成一个基本存储单元。晶体管 VF_5、VF_6、VF_7 和 VF_8 构成输入/输出开关电路。VF_5 和 VF_6 是行选通管，受行选线 X（相当于字线）的控制，当 X 为高电平时，基本 RS 锁存器中存储的数据被送到位线$\overline{B}$和 B 上。VF_7 和 VF_8 为列选通管，受列选线 Y 的控制，当 Y 为高电平时，位线$\overline{B}$和 B 上的信息分别被送到输入/输出线$\overline{D}$和 D 上，从而使得位线上的信息能够与外部数据线连通。

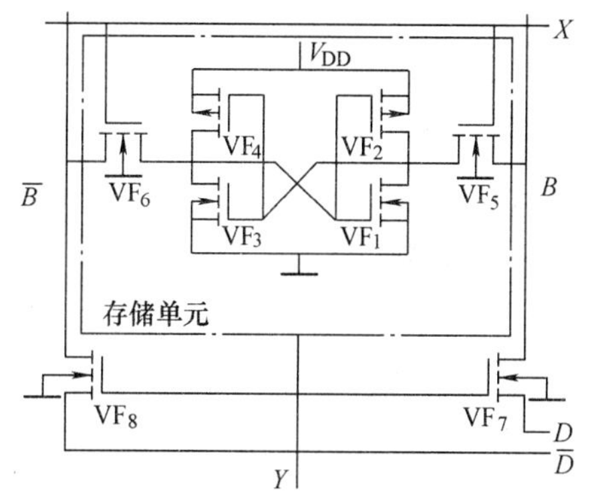

图 7-4　6 管静态存储单元

7.3.3　DRAM 原理

DRAM 是利用电容的电荷存储效应来实现数据存储的。由于漏电流的存在，电容中的电荷不能长时间保存，为了及时补充漏掉的电荷，避免存储信息丢失，必须定时向栅极电容补充电荷，通常把这种操作称为刷新或再生。

1. DRAM 的存储单元

DRAM 的存储单元有单管电路、3 管电路和 4 管电路等不同形式，都是利用 MOS 管栅极电容存储电荷的原理制成。其中，单管存储电路最为简单，只由一只 MOS 管和一个电容构成，如图 7-5 所示。当写入信息时，需要使字线为高电平，此时门控管 T 导通，待写入的信息就通过位线存入到电容 C 上；当读出信息时，也要使字线为高电平，MOS 管 T 导通，然后将存储在电容 C 上的信息通过 MOS 管 T 送到位线上。该电路的缺点是，当进行读操作时，电容 C 上的电荷会损失一部分，即读操作是破坏性的。因此，在每次读操作后需要对存储单元进行一次刷新。

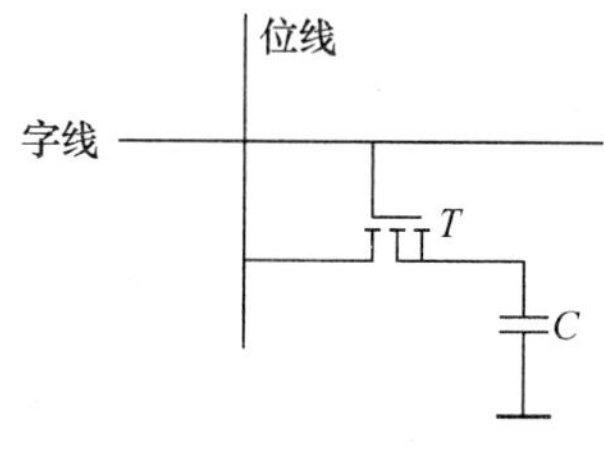

图 7-5　单管动态存储单元

2. DRAM 的基本结构

图 7-6 所示为 DRAM 的基本结构示意图。由于 DRAM 的存储容量很大，它所需的地址位数也比较多，因此通常采用双译码结构，以时分复用的方式输入地址。通过控制行地址选通信号$\overline{RAS}$和列地址选通信号$\overline{CAS}$交替有效，分别将行地址和列地址送入行地址寄存器和列地址寄存器。因此，需要分两次将地址码输入到 DRAM 内。

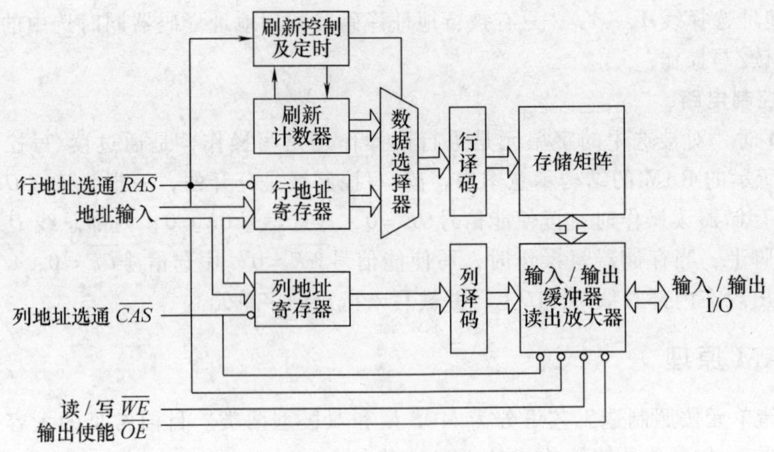

图 7-6 DRAM 的基本结构示意图

7.3.4 SRAM 扩展方法

单个 SRAM 存储芯片的存储容量有限，为了构成更大容量的存储器，可以将多片 SRAM 按一定的方式连接起来，以达到增加字数、位数或两者同时增加的目的，这就是 SRAM 的容量扩展。

1. 位扩展

所谓位扩展，就是将多片存储器适当地连接起来，构成字长更大而字数不变的存储器。这种扩展方式适用于单片存储器的字数够用而字长不够用的情况。进行位扩展的思路比较简单，只需用同一组地址信号来控制多片相同的 RAM，将这些芯片的地址线和片选线（$\overline{CS}$）分别对应并接在一起，再将每片 RAM 的数据总线独立引出。

例 7-1 试用 4KB×8 的 RAM 芯片组成一个 4KB×16 的存储器。

解： 需要使用的 RAM 芯片数目为

$$N = 存储器容量/芯片容量 = (4\text{KB}\times16)/(4\text{KB}\times8) = 2$$

位扩展电路如图 7-7 所示。两个芯片的 12 条地址线、片选信号$\overline{CS}$和输出允许信号$\overline{OE}$都公用，而数据线则分开使用。当$\overline{CS}=0$、$\overline{OE}=0$ 时，通过向 12 位地址线提供一个正确的地址码，两个芯片上同一地址的两个 8 位字单元同时被选中，将两个 8 位字单元按照高、低位顺序组合在一起就成为一个新的 16 位字单元。

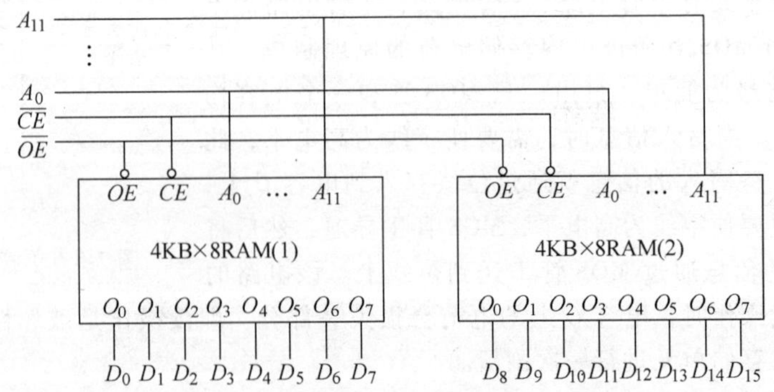

图 7-7 4KB×8RAM 扩展成 4KB×16RAM

2. 字扩展

所谓字扩展，就是将多片存储器适当地连接起来，构成字长不变而字数增加的存储器。字扩展方式适用于单个 RAM 芯片的字长够大，而地址范围不够大的情况。将各芯片的地址线编号相同的地址端并联，将编号相同的输出数据线并联，以保持数据字长不变。由于字扩展之后的地址码位数要比单片 RAM 的地址码多，多出来的部分应该作为高位地址码。将高位地址码输入低电平输出有效的译码器，从而产生用来控制单个 RAM 芯片的片选信号。

例 7-2　试用 4KB×8 的 RAM 芯片组成一个 32KB×8 的存储器。

解： 需要使用的 RAM 芯片数目为

$$N = 存储器容量/芯片容量 = (32KB \times 8) / (4KB \times 8) = 8$$

字扩展电路如图 7-8 所示。8 片 4KB×8 的 RAM 的低 12 位地址线（$A_{11} \sim A_0$）和输出允许信号$\overline{OE}$都公用，编号相同的输出数据线并联。8 片 RAM 所需的片选信号$\overline{CS}$是通过将高 3 位地址码（$A_{14} \sim A_{12}$）输入 74LS138 译码器获得的。

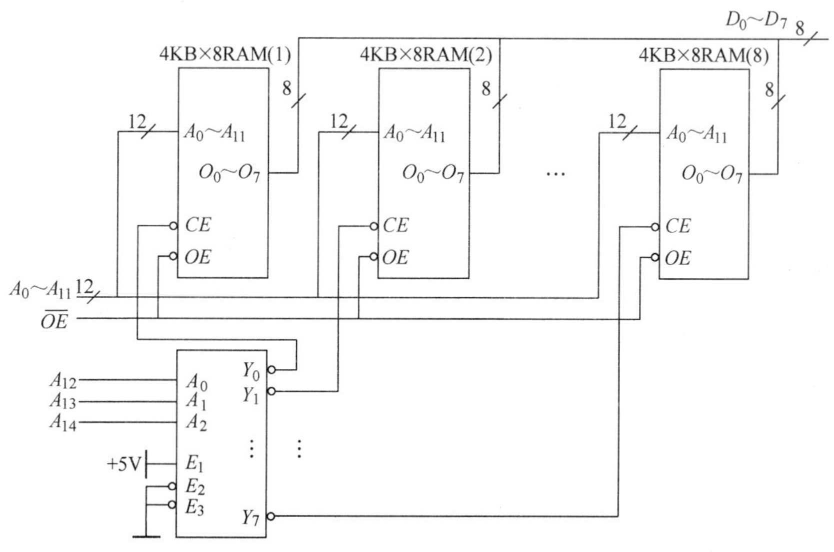

图 7-8　4KB×8RAM 扩展成 32KB×8RAM

3. 字、位同时扩展

若单独一片 RAM 的字长和字数都不够用，则需要综合运用上文介绍过的位扩展和字扩展。

7.4　只读存储器

7.4.1　ROM 的分类及其结构

1. ROM 的分类

ROM 在正常工作状态下只能从中读取数据，而不能随时修改或重新写入数据。ROM 中存储的信息通常是在制造过程中或者开始使用前写入的。ROM 中存储的数据具有非易失性，即使发生掉电，ROM 中的数据也不会丢失，在系统重新得电后又能够自动恢复。因此，ROM 适用于数据需要长期存储的场合，比如计算机系统中的操作程序、重要的数据资料等等。

ROM 种类繁多，通常可以分为以下几类：

1）掩膜 ROM（Mask ROM），也称为固定 ROM。掩膜 ROM 中的信息是制造时写入的，产品出厂之后用户无法改动。

2）可编程 ROM（Programmable ROM，PROM）。实际应用中，用户往往希望根据自己的需要来确定 ROM 中的存储内容，也就是需要具有用户可编程的特点。PROM 就是这样一种具有编程能力的 ROM，它是由掩膜 ROM 发展而来，总体结构与掩膜 ROM 类似。但是，PROM 只能编程一次，一旦编程错误，该芯片就会即刻报废。

3）紫外光擦除可编程 ROM（Ultra Violet Erasable PROM，UVEPROM）。与 PROM 的一次性可编程不同，UVEPROM 支持反复的擦除和重写，通过芯片上方的一个石英窗口，利用紫外线照射 EPROM，能够擦除其中存储的所有内容。

4）电擦除可编程 ROM（Electrically Erasable Programmable ROM，E^2PROM）是为了克服 EPROM 的缺点而研制的，E^2PROM 的擦除和重写可以在电路中完成，无需配置专用的擦除设备，而且可以针对单个字进行擦除和重写。

5）闪烁存储器（Flash Memory）。把 EPROM 集成度高、成本低的优点与 E^2PROM 的电擦除特性结合在了一起，同时还保留了两者快速访问的优点。

2. ROM 的基本结构

如图 7-9 所示，ROM 的内部结构比较简单，它由地址译码器、存储矩阵和输出缓冲器三部分组成。ROM 的地址译码器与 7.3.1 节中介绍的 RAM 的地址译码器十分相似，关于地址译码器的原理图可以参考图 7-2。ROM 的存储矩阵是一个存储单元的集合体。存储矩阵中的每个存储单元只能存储 1 位二进制数，由若干个存储单元可构成一个字单元。对于不同种类的 ROM，其内部的存储单元的组成元件和工作原理也各有不同，具体内容将在后续小节中给出详细介绍。输出缓冲器是 ROM 的数据读出电路，通常采用三态门构成。这种结构既可以实现对输出数据的三态控制，又方便与系统总线相连接，还能够提高存储器的负载能力。

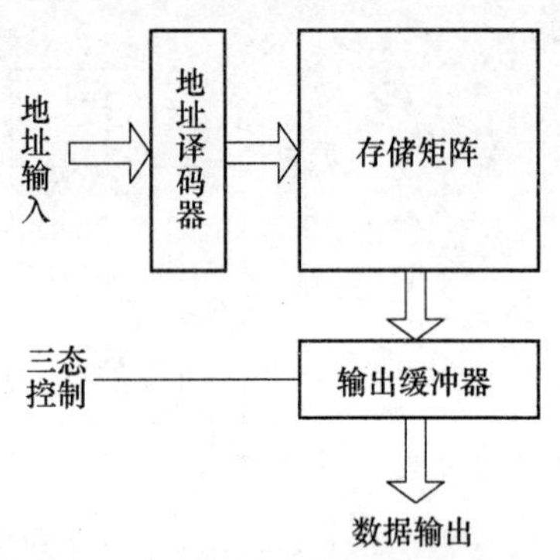

图 7-9 ROM 的内部结构示意图

7.4.2 掩膜 ROM

1. 掩膜 ROM 的地址译码器

图 7-10 所示为一个容量为 4×4bit 的掩膜 ROM 的地址译码器电路图。该地址译码器具有 2 位地址线 A_1 和 A_0，W_0 ~ W_3 为译码输出，用来选择存储单元中的字单元，称为字线。

当地址译码器的输入地址 A_1A_0 取不同值时，4 条输出字线 W_0 ~ W_3 上对应的信号电平见表 7-1。显然，图 7-10 所示的地址译码器中，每位字线都是一个由二极管和电阻构成的与门的输出。

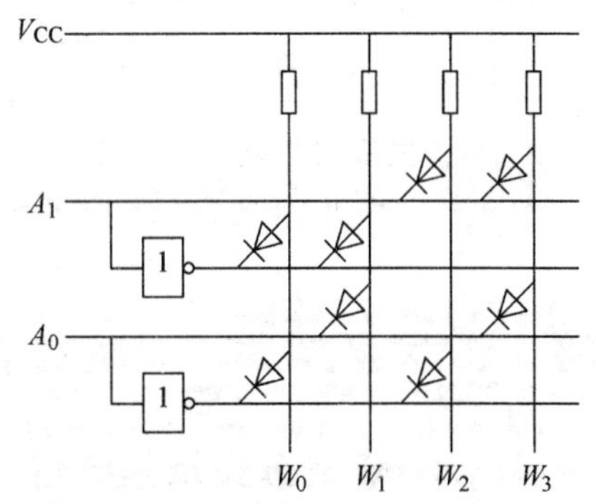

图 7-10 掩膜 ROM 的地址译码器电路图

表 7-1 地址译码器真值表

A_1	A_0	W_0	W_1	W_2	W_3
0	0	1	0	0	0
0	1	0	1	0	0
1	0	0	0	1	0
1	1	0	0	0	1

2. 掩膜 ROM 的存储矩阵和输出缓冲电路

掩模 ROM 的存储矩阵如图 7-11 所示，其中 W_0 ~ W_3 为来自地址译码器的字线，D_3 ~ D_0 为数据线，或称为位线。字线和位线的每个交叉点就是一个存储单元，能够存储 1 位数据。同一条字线上的 4 个交叉点构成一个字单元，由同一个地址表示。因此，图 7-11 中的存储矩阵共有 4 个字单元，字长为 4，其存储容量为 4×4bit。

2 位地址码 A_1A_0 经译码后，只有一条字线为高电平，表示此时与地址码 A_1A_0 对应的字单元被选中。例如，若 $A_1A_0=00$，则 $W_0=1$，根据图 7-11 中的存储矩阵的结构可知，被选中的字单元中存储的内容为 $D_3D_2D_1D_0=0011$。表 7-2 中给出了不同地址的字单元中存储的 4 位数据取值。

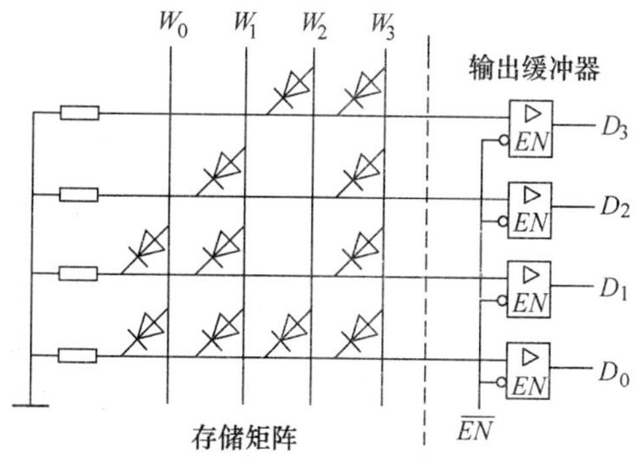

图 7-11　掩膜 ROM 的存储矩阵和输出缓冲器

图 7-11 中的虚线右侧表示掩模 ROM 的输出缓冲电路。该电路由 4 个三态门构成，EN 为输出使能端。当 $EN=0$ 时，4 个三态门选通，存储数据被送到输出端；当 $EN=1$ 时，4 个三态门处于高阻态，存储器与输出端隔离。

表 7-2　存储矩阵中的存储内容

A_1	A_0	D_0	D_1	D_2	D_3
0	0	0	0	1	1
0	1	0	1	1	1
1	0	1	0	0	1
1	1	1	1	1	1

掩膜 ROM 中的数据内容写入是在集成电路生产过程中完成的，因此一旦芯片生产出来，内容就无法更改。显然，掩膜 ROM 是一次性使用的 ROM 器件，由于使用的单一性和不灵活性，它不适合在产品试制开发阶段使用，目前已经被可编程器件所代替。

7.4.3　可编程 ROM 结构原理

可编程 ROM 具有用户可编程的特点，其结构与掩膜 ROM 相似，不同之处在于 PROM 的存储矩阵是由带金属熔丝的存储元件组成的。如图 7-12 所示，每个存储单元由一只 MOS 管构成，出厂时每个 MOS 管的源极上都接有熔丝。编程时，用户可以根据需要，利用专用的编程工具，将特定存储单元的熔丝烧断来改写存储矩阵中的内容。在图 7-12 所示的 PROM 的存储矩阵中，对于字线与位线交叉点上的熔丝而言，当没被烧断时，被字线选中的 MOS 管处于导通状态，位线的输出为低电平，由输出缓冲器反相后，最终输出为高电平，因此存储单元中存入的数据为 1；反之，如果熔丝被烧断，被字线选中的 MOS 管处于截止状态，则输出缓冲器的最终输出为低电平，因此存储单元中相当于存入 0。由于熔丝烧断后不能再恢复，因此 PROM 只能编程一次。

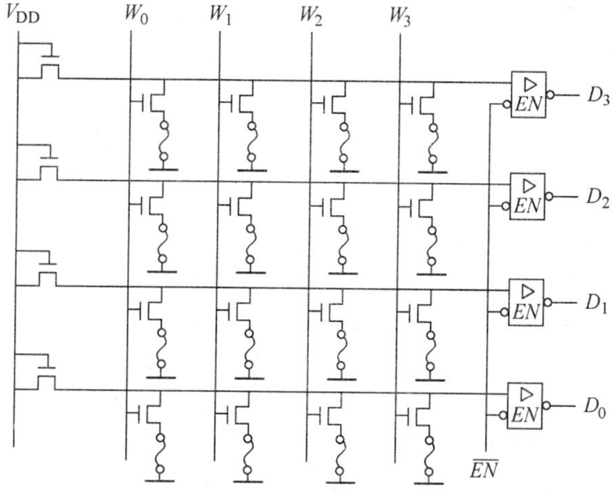

图 7-12　PROM 的存储矩阵

7.4.4 其他类型的存储器

为了克服 PROM 只能编程一次的局限，又研制出了可反复写入和擦除数据的 ROM 器件，称为可擦可编程只读存储器（Erasable PROM，EPROM）。根据擦除数据的方式不同，EPROM 又可以分为 UVEPROM、E^2PROM 和 Flash Memory 这三种常见类型。EPROM 的基本结构与 PROM 类似，也是由地址译码器、存储矩阵和输出缓冲器三部分组成，其区别主要在于存储矩阵的构成。

1. 紫外光擦除可编程 ROM

紫外光擦除可编程 ROM 的存储矩阵，大多采用叠栅型 MOS 管（Stacked-gate Injection Metal-Oxide-Semiconductor，SIMOS）来制作。SIMOS 管的剖面示意图如图 7-13 所示，它有两个重叠的多晶硅栅，上面的栅极称为控制栅（G_c），与字线 W_i 相连，以控制信息的读出和写入；下面的栅极称为浮栅（G_f），埋在二氧化硅（SiO_2）绝缘层内，用于长期保存注入电荷。UVEPROM 芯片在封装出厂时，所有存储单元中的浮栅中均无电荷，可以认为全部存储了数据 1。如果要写入数据 0，用户需要在对芯片进行编程时，在 SIMOS 管的漏极和源极之间加上较高的电压（约 +8V），使得沟道内的电场足够强而形成雪崩击穿现象，从而产生大量高能电子。如果同时在控制栅极上加上约 +12V 的高电压，就能够向浮栅注入电荷，相当于向存储单元写入 0。当高电压去掉后，由于浮栅被密封在二氧化硅绝缘层中，电子很难泄漏，所以存储单元中的数据可以长久保存。将所有需写入 0 的存储单元全部依此操作，便完成了编程工作。

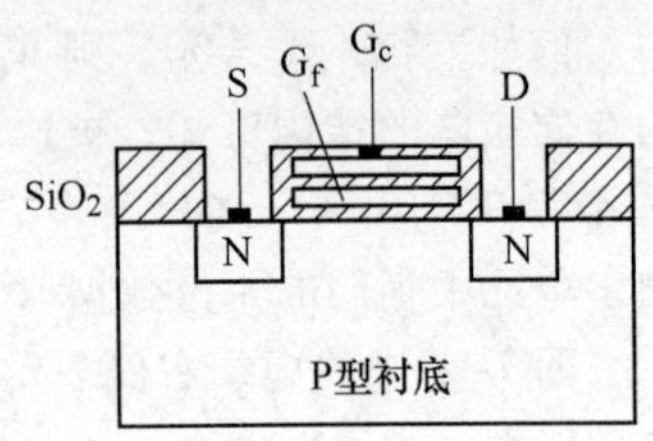

图 7-13 SIMOS 管的剖面示意图

在正常工作时，在栅极加上 +5V 电压，此时该 SIMOS 管不导通，只能读出所存储的内容，不能写入信息。当紫外线照射 SIMOS 管时，浮栅上的电子形成光电流而泄放，又恢复到编程前的状态（存储单元中的数据全部变为 1），这个过程称为擦除。

在实际应用中，UVEPROM 芯片的编程和擦除操作都是使用专门的编程器和擦除器来完成的。需要注意的是，每次进行擦除操作时，都只能将芯片的全部内容都擦除，而且当擦除次数达到一定数值后，绝缘层就会被永久性击穿，芯片将被损坏，因此应尽量减少重写次数。

如图 7-14 所示，为了便于擦除操作，UVEPROM 集成电路芯片的顶部设有一个透明的石英玻璃窗口，将紫外光（UV）直接照射到石英窗口上大约 5 分钟左右，即可完成擦除。需要注意的是，在阳光或日光灯（含有紫外线）照射下，也会引起片内信息的丢失，所以擦写后要用黑胶纸把芯片的玻璃窗口封好，这样所存数据可保存大约 10 年。

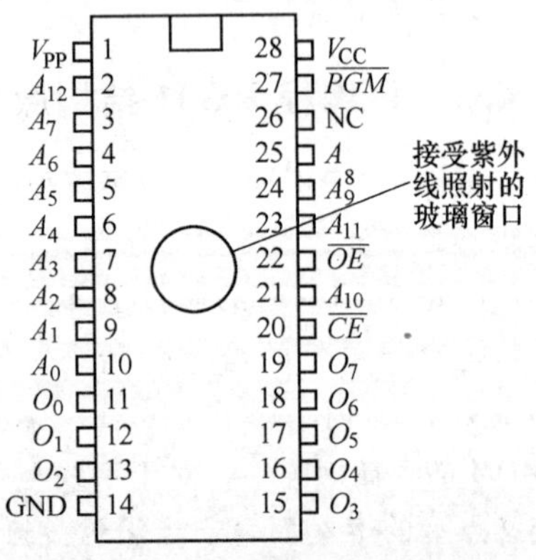

图 7-14 UVEPROM 芯片示例

2. 电擦除可编程 ROM

虽然 UVEPROM 可以实现多次擦除和写入，但其擦除操作需要借助紫外光，擦除时间较长，且只能整体擦除，而不能单独擦除指定存储单元中的内容。为克服这些缺点，又研制出了电擦除可编程 ROM（E^2PROM）。E^2PROM 可以现场改写，使用起来比 UVEPROM 方便，只需在工作电压下就可进行擦除，而且还具有字擦除和字改写的功能。日常生活中各种 IC 卡的存储芯片大多采用的是串行 E^2PROM。

E^2PROM 的存储单元通常采用浮栅隧道氧化层 MOS 管（Floating gate Tunnel Oxide，FLOTOX 管）来制作，FLOTOX 管的剖面示意图如图 7-15 所示。FLOTOX 管与 SIMOS 管的不同之处在于，浮栅的延长区与漏极之间的交叠处有很薄（约 8μm）的一个绝缘层，这个区域称为隧道区。当漏极接地，而控制栅 Gc 加足够高的正电压时，隧道区会产生一个强电场。在此强电场的作用下，将有一定的电子获得能量，通过绝缘层达到浮栅，使浮栅带上负电荷，这一现象称为隧道效应。相反，如果将控制栅接地，在漏极上外加正电压，将产生与刚才相反的结果，即浮栅放电，从而达到擦除数据的目的。FLOTOX 管的上述特性使得 E^2PROM 具有电可擦电可写的功能。

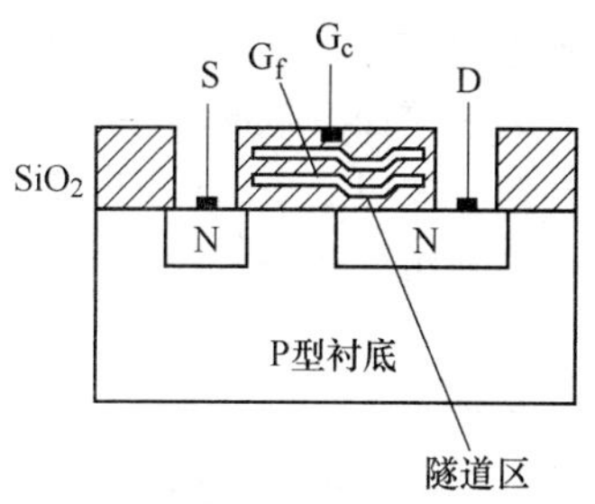

图 7-15　FLOTOX 管的剖面示意图

与 UVEPROM 的整体擦除不同，E^2PROM 的电擦除和改写过程是以字为单位进行的，因而擦除速度更快，一般仅需几十秒或更短的时间（几毫秒）。E^2PROM 的擦除、写入操作可重复一万次以上，存储在浮栅的电荷可以保留约 20 年左右。

3. 闪烁存储器

E^2PROM 的擦写比较方便，但是它的存储单元使用了两只 MOS 管，这限制了其集成度的进一步提高；而 UVEPROM 的存储单元虽然结构比较简单，只使用了一只 MOS 管，但其擦写操作很不方便。闪烁存储器（Flash Memory）是 20 世纪 80 年代末逐渐发展起来的一种新型半导体存储器，它吸收了 UVEPROM 结构简单、编程可靠的优点，同时还保留了 E^2PROM 利用隧道效应擦除快捷的特性，而且集成度可以做得很高。Flash Memory 是一种采用了类似于 UVEPROM 的单管叠栅结构的存储单元制成的新一代电擦除可编程 ROM。图 7-16 所示为 Flash Memory 叠栅 MOS 管的结构示意图。其结构与 UVEPROM 中的 SIMOS 管很相似，两者的区别在于浮栅与衬底间氧化层的厚度不同。在 UVEPROM 中，这个氧化层的厚度一般为 30～40nm，而在 Flash Memory 中，仅为 10～15nm。此外，Flash Memory 中浮栅与源极重叠的面积很小，有利于产生隧道效应。

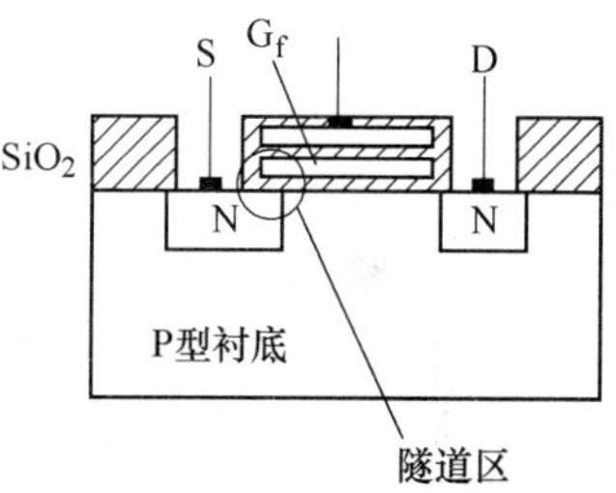

图 7-16　Flash Memory 叠栅 MOS 管的结构示意图

Flash Memory 的写入方法与 UVEPROM 相同，即利用雪崩注入的方法使浮栅充电，相当于存储 0；浮栅未注入电子，相当于存储 1。

Flash Memory 的擦除方法与 E^2PROM 类似，也是利用隧道效应来完成的。在擦除状态下，令控制栅为 0V，在源极加上 +12V 左右的脉冲电压，浮栅与源区间很小的重叠区域产生隧道效应，浮栅上存储的电子通过隧道区放电。Flash Memory 之所以称为闪存是因为它的擦除速度很快，它与 UVEPROM 一样都采取整片擦除，不过擦除速度却要快得多，只需几百毫秒到几秒。

Flash Memory 只读存储器自问世以来，由于其具有结构简单、高密度、低成本、高可靠性和在系统电可擦除性等优点而引起普遍关注，广泛应用于 MP3、数码相机、数字式录音机等领域，是当今半导体存储器市场中发展最为迅速的一种存储器。随着性价比的提高和容量的增大，Flash Memory 有可能在不久的将来代替计算机中的软盘和硬盘。

7.5　可编程逻辑器件

在前面几章中介绍的 74 系列等各种专用集成电路，如编码器、译码器、数据选择器、比较器、加法器等逻辑器件，这些器件的逻辑功能都是固定不变的，被称为标准逻辑器件或者通用逻辑器件。

可编程逻辑器件（PLD）是一种由用户通过编程定义其逻辑功能，从而实现各种设计要求的集成电路芯片。

通过前面章节的学习可知，不论是简单还是复杂的数字电路系统都可以由基本的门来构成，如与门、或门、非门、传输门等。由基本门可以构成两类数字电路：组合逻辑电路和时序逻辑电路。任何组合逻辑函数都可以化简为与或表达式，即任何的组合电路，都可以用与门—或门二级电路实现。同样，任何时序电路都可由组合电路加上存储器件，即锁存器、触发器和 RAM 等构成。可编程逻辑器件基本结构如图 7-17 所示，它由与门阵列、或门阵列、输入电路和输出电路构成。在输入缓冲电路中，一般含有互补电路以产生原变量和反变量。输出缓冲电路有多种结构形式，可以由或门阵列直接输出，构成组合方式，也可以通过寄存器输出，构成时序方式；输出可以是高电平有效，也可以是低电平有效；可以是三态输出，也可以是集电极开路（OC）输出。大部分的可编程逻辑器件都将输出电路做成输出宏单元，通过编程选择输出方式。

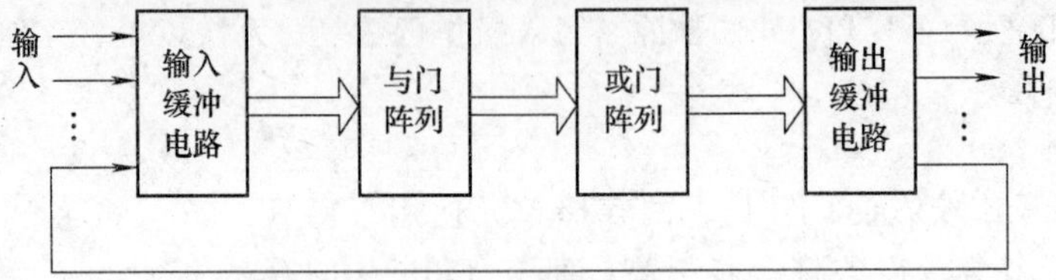

图 7-17　可编程逻辑器件基本结构图

可编程逻辑器件的“与门阵列”和“或门阵列”从物理结构上分可分为两类，一类由实际的与门和或门构成，此类可编程逻辑器件称为乘积项（Product Term）结构器件。PROM、PLA、PAL、GAL 和 CPLD 都属于乘积项结构器件。另一类通过一简单的查找表（Look Up Table，LUT）来实现与—或逻辑功能，并使用多个查找表构成一个查找阵列，称为可编程门阵列（Programmable Gate Array）。

可编程逻辑器件的种类很多，常见的有 PROM、PLA、PAL、GAL、CPLD 和 FPGA 等几种。PROM、PLA、PAL 和 GAL 集成度较低，可用的逻辑门数大约在 500 门以下，是早期的可编程逻辑器件。CPLD 和 FPGA 集成度高、速度快，在近几年获得了十分广泛的应用。

7.5.1　简单 PLD 原理

简单 PLD 是早期出现的可编程逻辑器件，其规模比较小，只能实现通用数字逻辑电路（如 74 系列）的一些功能，常见的简单 PLD 有 PROM、PLA、PAL 和 GAL。

由于可编程逻辑器件的特殊结构，含有较大规模的与阵列和或阵列，因此其逻辑图的画法与传统的逻辑图画法有所不同。它特用一种约定的符号来简化表示。表 7-3 列出了可编程逻辑器件中三种常见的简化表示方法。需要说明的是，与阵列和或阵列的交叉点有三种不同的连接方式：十字交叉线表示两条线未连接；交叉线的交点上打黑点，表示固定连接，即在 PLD 出厂时已连接；交叉线的交点上打叉，表示该点可编程，即在 PLD 出厂后通过编程，其连接可随时改变。

表 7-3　PLD 中三种常见表示方法

	PLD 简化表示法		PLD 简化表示法
互补输入	A → A, $\overline{A}$	或阵列	$A\ B\ C\ D$ ≥1 $F=A+C$
与阵列	$A\ B\ C\ D$ & $F=ABD$		

1. 可编程逻辑阵列

可编程逻辑阵列（Programmable Logic Array，PLA）部分逻辑阵列示意图如图 7-18 所示，该器件的特点是与阵列和或阵列都是可编程的。任何逻辑函数都可以采用 PLA 来实现，设计时，只需将逻辑函数化简为最简的与、或表达式，然后用可编程的与阵列构成与项，用可编程的或阵列构成与项的或运算。在有多个输出时，要尽量利用公共的与项，以提高阵列的利用效率。图 7-19 是用 PLA 实现全加器的内部编程连接图，其中 $S = \overline{A}B + A\overline{B} = A \oplus B$，$CO = AB$。

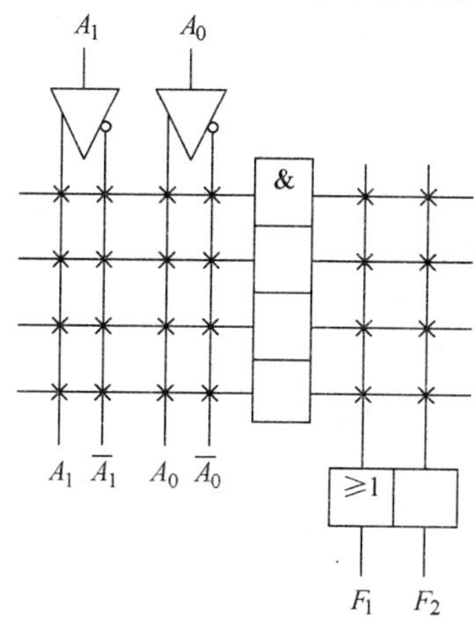

图 7-18　PLA 部分逻辑阵列示意图

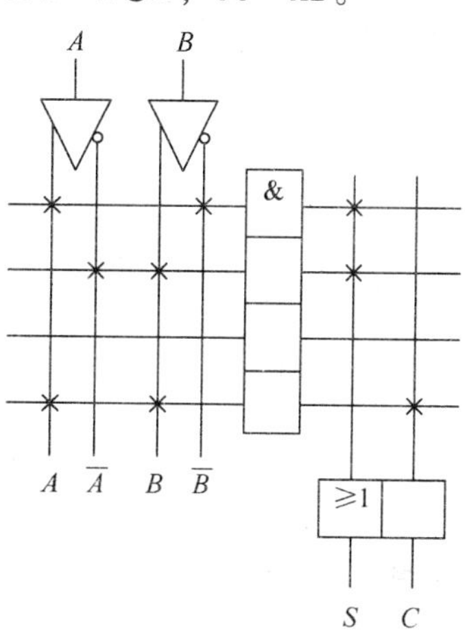

图 7-19　PLA 实现全加器

2. 可编程阵列逻辑

可编程阵列逻辑（Programmable Array Logic，PLA）的利用率很高，但是与阵列、或阵列都可编程的结构造成了电子设计自动化的软件算法过于复杂，效率下降，也会使器件的运行速度下降。PAL 采用了或阵列固定、与阵列可编程的结构，如图 7-20 所示。

从 PAL 的结构可知，各个逻辑函数输出化简，不必考虑公共的乘积项。送到或门的乘积项数目是固定的，大大简化了设计算法，同时也使单个输出的乘积项为有限个，如图 7-20 所示的 PAL 只允许有两个乘积项。对于多个乘积项，PAL 通过输出反馈和互连的方式解决，即允许输出端的信号反馈入下一个与阵列。常用器件 PAL16V8 的部分结构如图 7-21 所示，从中可以看到 PAL 的输出反馈。

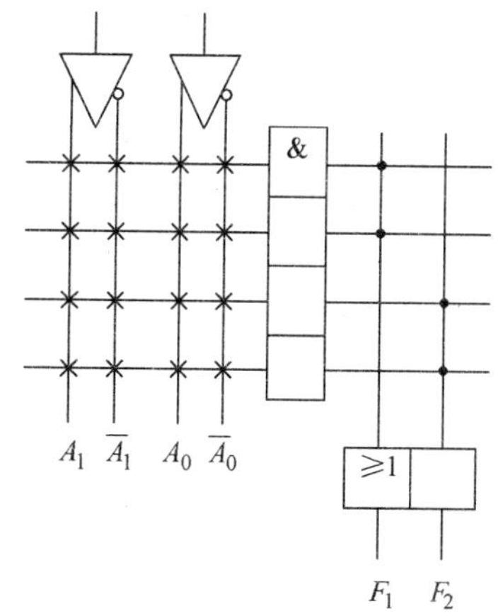

图 7-20　PAL 结构示意图

或阵列和与阵列结构只能实现组合逻辑电路的可编程，对于时序逻辑电路，需要在可编程的组合逻辑电路基础上，加上锁存器和触发器。图 7-21 中，PAL 加上了输出寄存器单元后，就能实现时序逻辑电路的可编程。

为了适应不同的应用需要，PAL 的 I/O 结构很多，往往一种结构形式就有一种 PAL 器件，种类繁多，而设计者在设计不同功能的电路时，往往要采用不同 I/O 结构的 PAL 器件，由此带来了使用和生产的不便。此外，PAL 一般采用熔丝工艺生产，一次可编程，修改不方便。

3. 通用阵列逻辑

通用阵列逻辑（Genenc Array Logic，GAL）是 1986 年问世的可编程逻辑器件，它采用 E^2CMOS工艺和灵活的输出结构，能将数片中小规模集成电路集成在芯片内部，并具有电擦除反复编程的特性。GAL 器件在结构上沿用了 PAL 的与阵列可编程、或阵列固定的结构，但对 PAL

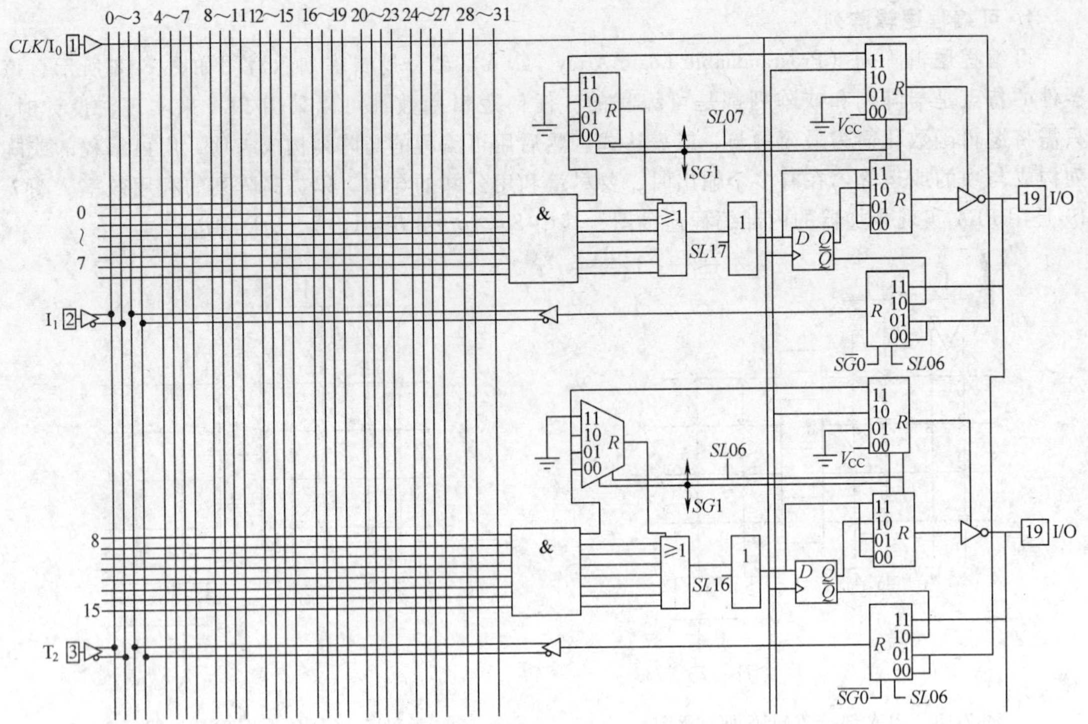

图 7-21 PAL16V8 的部分结构

的 I/O 结构进行了较大的改进，GAL 的输出电路中增加了可编程的输出逻辑宏单元（Output Logic Macro Cell，OLMC)，通过编程可以产生多种不同的输出结构，因而 GAL 的通用性更强。现以常见的 GAL16V8 为例，介绍 GAL 器件的一般结构和工作原理。GAL16V8 逻辑阵列结构图如图 7-22 所示。

GAL16V8 包括 8 个输入缓冲器、8 个输出反馈/输入缓冲器、8 个三态输出缓冲器和 8 个输出逻辑宏单元，还包括 1 个系统时钟 *CP* 输入缓冲器和 1 个三态输出使能且低电平有效缓冲器 *OE*。与阵列由 8×8 个与门构成，共形成 64 个乘积项。每个乘积项有 32 个输入，对应图中 32 条列线。GAL16V8 的或阵列包含在 OLMC 中。GAL16V8 的引脚 2~9 为固定输入引脚，引脚 12~19 既可以设置成输入引脚又可设置成输出引脚。引脚 1 既可以作为输入又可以作为全局时钟，引脚 11 既可以作为输入又可以作为全局使能。

GAL 的 OLMC 的内部逻辑连接如图 7-23 所示。OLMC 有 1 个或门、1 个可编程异或门、1 个 D 触发器和 4 个可编程多路选择开关。通过 AC_0 和 AC_1（n）的不同选择可以产生多种输出结构，分别属于三种模式，每种模式下都有两种输出结构。

（1）寄存器模式

1）寄存器型输出模式如图 7-24 所示，异或门经输出 D 触发器至三态门，触发器的时钟端 *CLK* 连公共 *CLK* 引脚、三态门的使能端 *OE* 连公共 *OE* 引脚，信号反馈来自触发器。

2）寄存器模式组合输出双向口结构如图 7-25 所示，输出三态门受控，输出反馈至本单元，组合输出无触发器。

（2）复合模式

1）组合输出双向口结构电路图与图 7-25 相同，区别在于引脚 *CLK*、*OE* 在寄存器模式下为专用公共引脚，不可他用。

2）复合型组合输出结构如图 7-26 所示，无反馈。

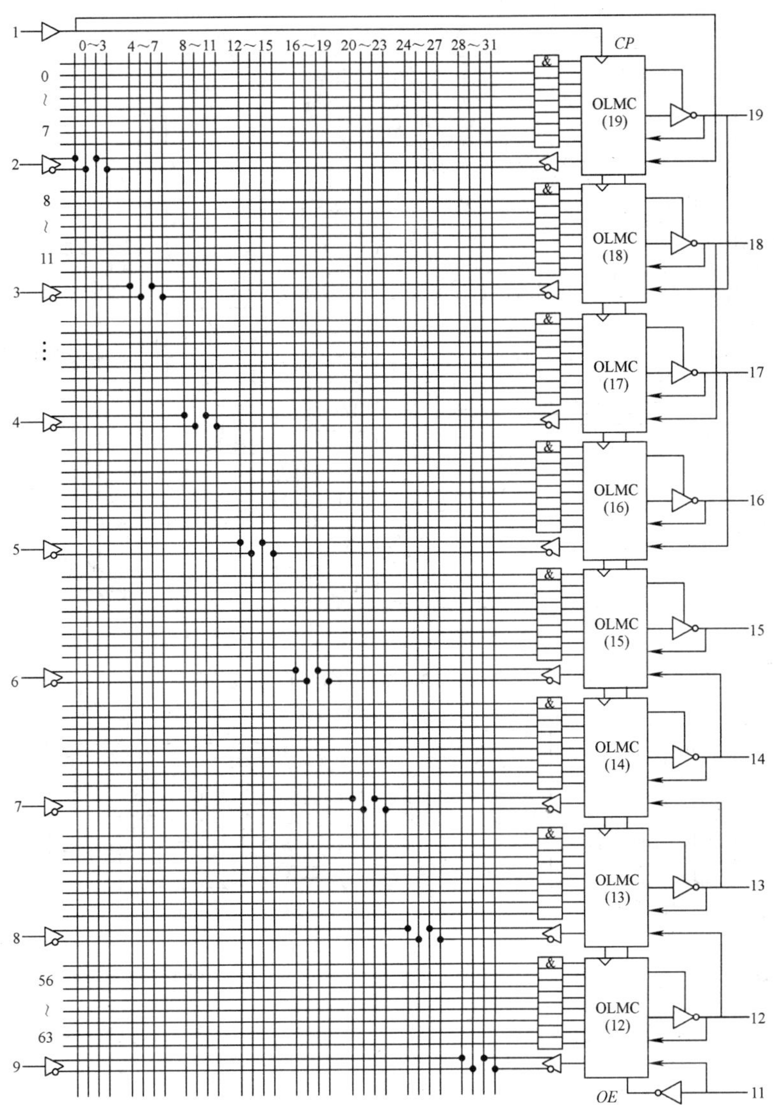

图 7-22　GAL16V8 逻辑阵列结构图

(3) 简单模式

1) 反馈输入结构如图 7-27 所示，输出三态门被禁止，该单元与一或阵列无输出功能，但可作为相邻单元的信号反馈输入端，该单元反馈输入端的信号来自另一个相邻单元。

2) 简单模式输出结构如图 7-28 所示，异或门输出不经过触发器，直接通过使能的三态门输出。

OLMC 的所有这些输出结构和工作模式的选择和确定均由计算机根据 GAL 开发软件所编的设计要求自动完成的，无须人工设置。

7.5.2 复杂可编程逻辑器件

简单 PLD 目前基本上已淘汰，只有 GAL 在中小数字逻辑方面还有应用。简单 PLD 主要存在以下问题：

1) 阵列容量较小，不适合于实现规模较大的设计对象。

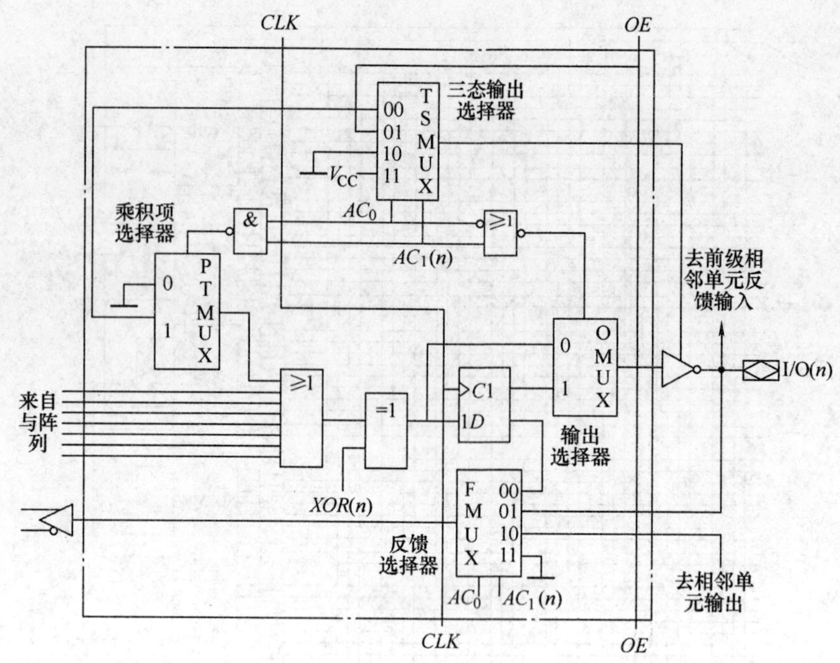

图 7-23　OLMC 的内部逻辑连接

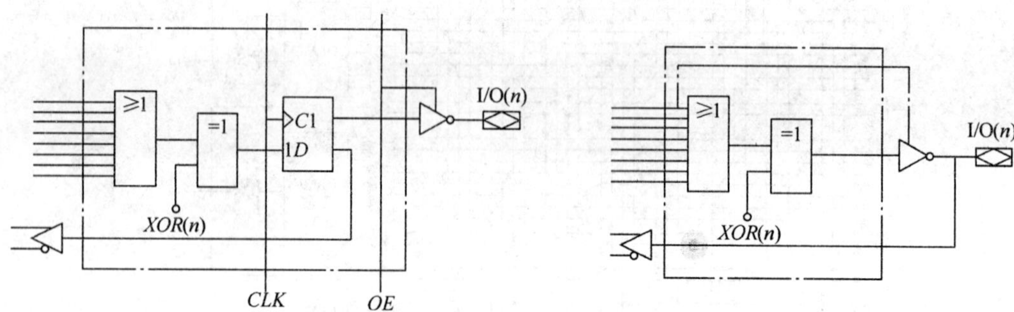

图 7-24　寄存器型输出模式

图 7-25　寄存器模式组合输出双向口结构

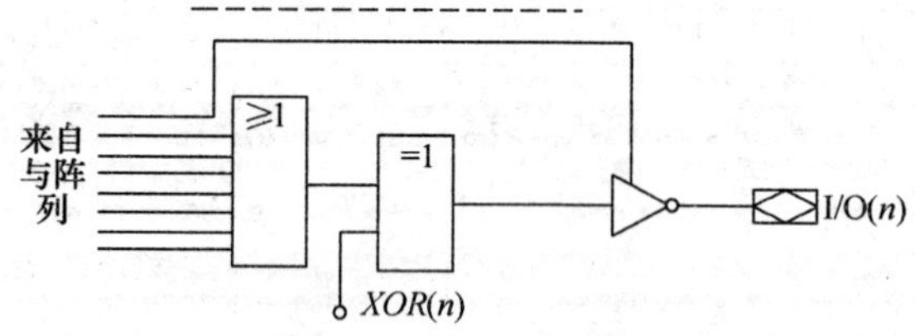

图 7-26　复合型组合输出结构

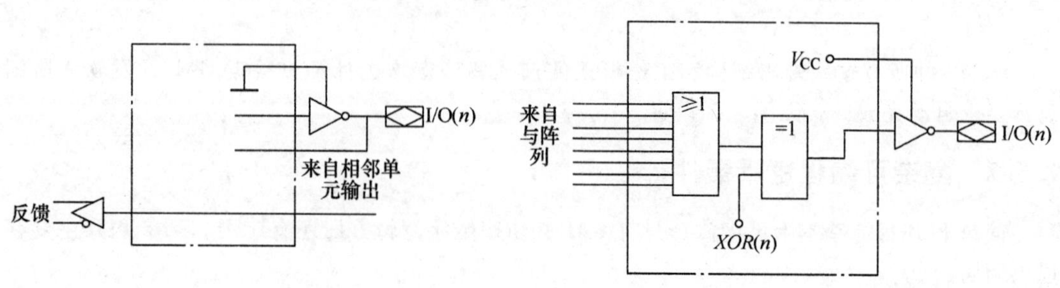

图 7-27　反馈输入结构

图 7-28　简单模式输出结构

2）片内触发器资源不足，不能适用于规模较大的时序电路。

3）输入、输出控制不够完善，限制了芯片硬件资源的利用率和它与外部电路连接的灵活性。

4）编程下载必须将芯片插入专用设备，编程不够方便。

上述原因导致了简单 PLD 器件退出历史舞台，取而代之的是复杂可编程逻辑器件（Complex Programmable Logic Device，CPLD）和现场可编程逻辑阵列（Field Programmable Logic Device，FPGA）。一般说来，把基于乘积项技术、E^2PROM 或 Flash 工艺的高密度可编程逻辑器件称为 CPLD；把基于查找表技术、SRAM 工艺高密度可编程逻辑器件称为 FPGA。FPGA 和 CPLD 的主要供应商有 Altera、Xilinx、Lattice、Actel 和 Atmel。

本节内容主要以 Altera 公司的 MAX7000S 系列为例介绍 CPLD 的结构和工作原理。MAX7000S 系列器件采用 Altera 公司第二代多阵列矩阵（Multiple Array Matrix，MAX）结构，基于 E^2PROM 工艺，支持在系统编程（In System Programmable，ISP）技术。

MAX7000S 系列器件结构简图如图 7-29 所示，它主要由逻辑阵列块（Logic Array Block，LAB）、可编程内连阵列（Programmable Interconnect Array，PIA）和 I/O 控制块等几部分构成。

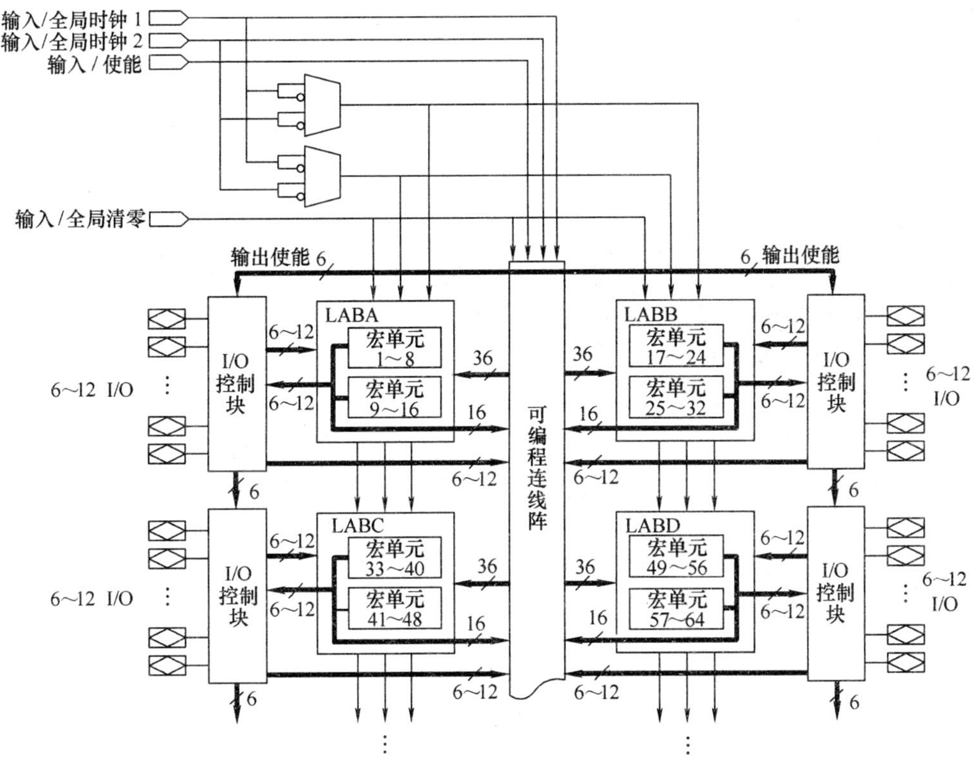

图 7-29　MAX7000S 系列器件结构简图

MAX7000S 还设有 4 根专用输入信号，既可作为通用的输入信号，也可以用于高速、全局的控制信号（如时钟信号、清零信号、输出使能信号）。每个 LAB 有 16 个宏单元（Macrocell）、2 个独立的全局时钟和 1 个全局清除。LAB 接收来自 I/O 引脚的 6～12 条（根据芯片封装确定）输入信号，并将对应的 6～12 条输出信号送到 I/O 控制块。PIA 在芯片的中央，起到信号的中转调度控制作用，它既接收 6～12 条来自 I/O 控制块的信号、16 条来自逻辑阵列块的信号和全局时钟、清零和使能信号，又可将 36 条信号发送到 LAB 的宏单元的与阵列、6 个使能信号发送到 I/

O 控制块以控制它的三态输出缓冲器。

（1）宏单元

每个 LAB 由 16 个宏单元的阵列构成。宏单元在组态功能上与 GAL 的 OLMC 类似，能单独地组态成时序逻辑和组合逻辑。宏单元由三个功能块组成：与逻辑阵列、乘积项选择矩阵以及一个可编程寄存器。如图 7-30 所示。

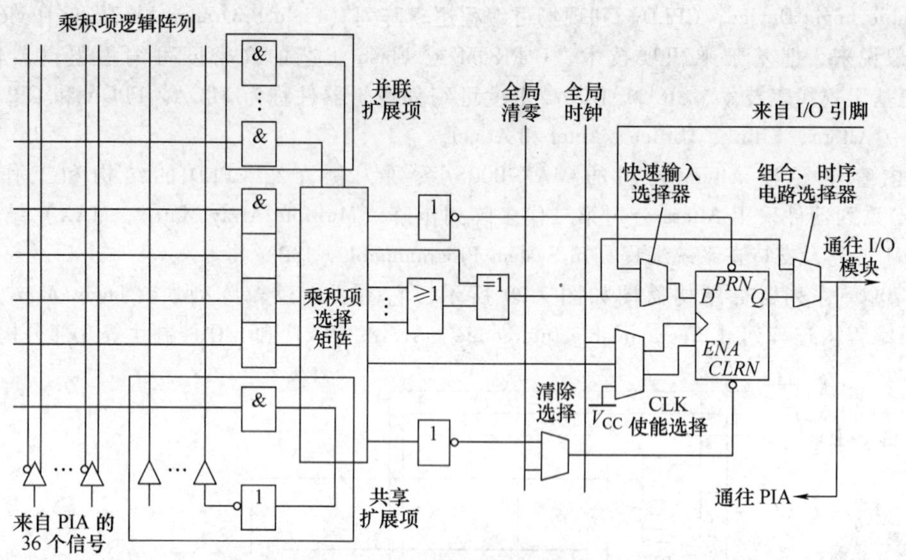

图 7-30　宏单元结构

逻辑阵列用来实现组合逻辑，为每个宏单元提供 5 个乘积项。乘积项选择矩阵将逻辑阵列产生的乘积项分配到或门和异或门实现组合逻辑函数。另外，乘积项选择矩阵也可将乘积项送到宏单元内的触发器，以提供时钟、清零、置数、使能等信号。

（2）共享扩展乘积项和并联扩展乘积项

在大多数的情况下，一个逻辑函数乘积项不超过 5 项，因而可以在一个宏单元内实现。如果逻辑函数的乘积项超过 5 项，则需要利用其他宏单元提供所需的逻辑资源。MAX7000S 的宏单元中还设有一个共享扩展乘积项（Shareable Expander Product Terms）和并联扩展乘积项（Parallel Expander Product Terms），可以作为附加的乘积项直接送到该 LAB 的每个宏单元中，从而大大提高了逻辑综合时的资源利用率，提高工作速度。

（3）可编程连线阵列

通过在可编程连线阵上布线，将不同的 LAB 相互连接，构成所需逻辑。MAX7000S 的专用输入、I/O 引脚和宏单元输出都连接到 PIA，而 PIA 把这些信号送到器件内的各个地方。MAX7000S 的 PIA 具有固定延时，从而消除了信号之间的延迟偏移，使时间性能更容易预测。

（4）I/O 控制块

MAX7000S 的 I/O 控制块允许每个 I/O 引脚单独被配置为输入、输出和双向工作方式，其结构如图 7-31 所示。所有的 I/O 引脚都有一个三态缓冲器，其使能端可以直接接到地（GND）或电源（V_{CC}），也可由全局输出使能信号中的一个控制。当使能端接地时，输出为高阻态，I/O 引脚用于输入引脚。当使能端接高电平时，输出有效，I/O 引脚用于输出引脚。

MAX7000S 每个 I/O 引脚都有一个漏极开路（Open Drain）输出配置选项，因而可以实现漏极开路输出。同时，MAX7000S 的每个 I/O 引脚的输出缓冲器输出的电压摆率（Slew Rate）都可以调整，即可配置成低噪声方式或高速性能方式。

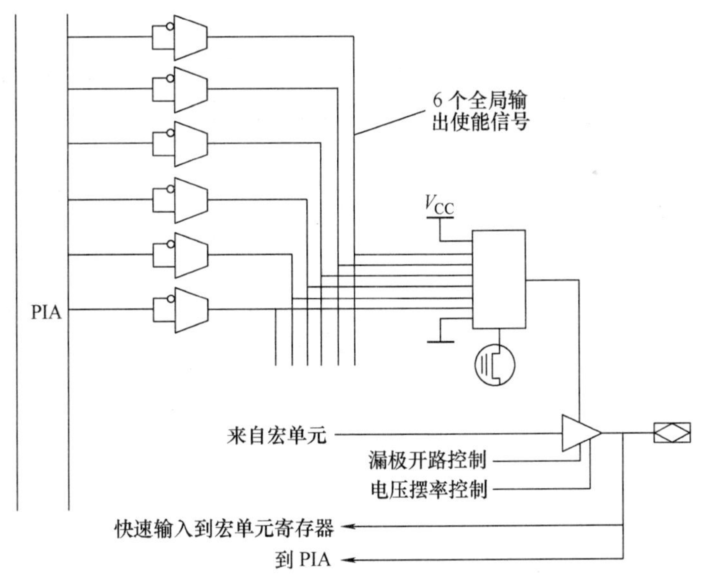

图 7-31　I/O 控制块结构

（5）多电压接口技术

大部分的 MAX7000S 系列器件支持多电压接口技术。MAX7000S 系列器件设有两组电源，一组为 VCCINT，用于对芯片内核和输入缓冲器提供电源；另一组为 VCCIO，用于对 I/O 驱动提供电源，如图 7-32 所示。VCCINT 必须接 +5V，VCCIO 根据需要既可接到 +3.3V 也可接到 +5V。如果 VCCIO 接 +5V，则芯片与 5V 系统兼容，如果 VCCIO 接 +3.3V，则芯片与 3.3V 系统兼容。

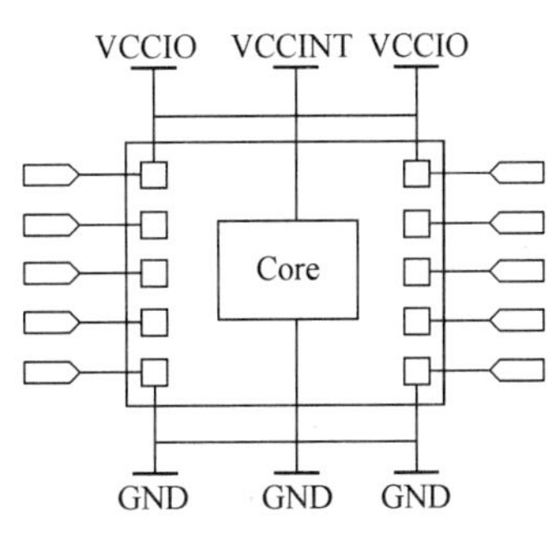

图 7-32　MAX7000S 系列芯片多电压接口

7.5.3　现场可编程逻辑门阵列

CPLD 是基于乘积项的可编程逻辑结构，而 FPGA 则是基于 SRAM 的查找表逻辑结构。Altera 的 FLEX10K 系列、ACEX1K 系列、Cyclone 系列，Xilinx 的 XC4000 系列、Spartan 系列、Virtex 系列都是典型的 FPGA 器件。本节内容主要以 Xilinx 公司的 Spartan-3 系列 FPGA 列为例介绍 FPGA 的结构和工作原理。

Spartan-3 系列 FPGA 芯片结构图如图 7-33 所示，它主要由可配置逻辑单元（Configurable Logic Block，CLB）、输入输出单元（IOB）、块状 RAM（Block RAM）、18bit 乘法器（Multijplier）和数字时钟管理模块（DCM）五部分组成。可编程逻辑单元在器件中排列为阵列，周围环绕着可编程内部连接单元，可编程输入/输出单元则分布在四周的引脚上。由于 FPGA 的三个组成部分都是可以进行编程操作的，因此 FPGA 的功能除了改变各 CLB 之间的连接外，也可以通过改变各个 CLB 所实现的逻辑功能来实现。块状 RAM 单元分成组，不同型号的芯片块状 RAM 的个数不同，每组块状 RAM 旁边关联一个 18bit 的专用硬件乘法器，组块状 RAM 的顶部有一个时钟管理模块（DCM）。

1. 可配置逻辑单元

可配置逻辑单元（CLB）是 FPGA 的核心部分，几乎所有的逻辑功能和时序都由 CLB 完成。每个 CLB 由功能切片（Slice）和进位链以及内部连线组成。每个 CLB 内部有 4 个功能切片，两

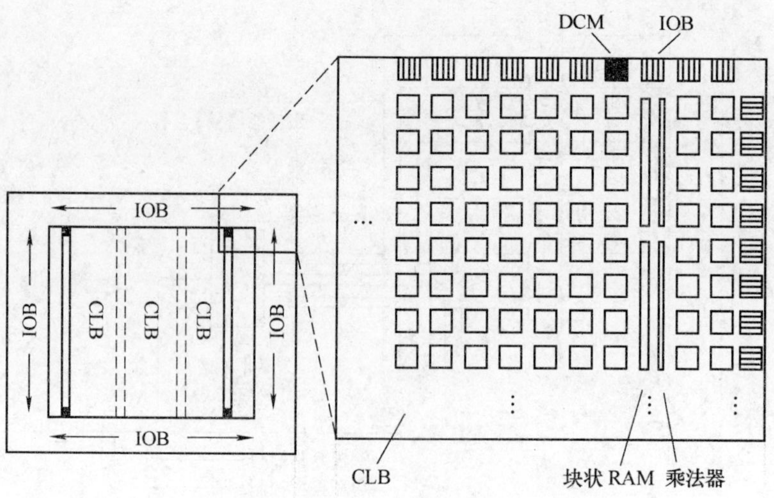

图 7-33 Spartan-3 系列 FPGA 芯片结构图

两分成一组，共两个分组。它们带有快速的局部反馈。另外，CLB 中的 4 个切片分成两列，每列中的两个切片带有独立的进位链，同时每列的切换具有共同的移位链。如图 7-34 所示，功能切片从开关矩阵得到数据，通过进位链与其他的功能切片连接，处理的结果通过 CLB 的内部连线输入到相邻的 CLB。

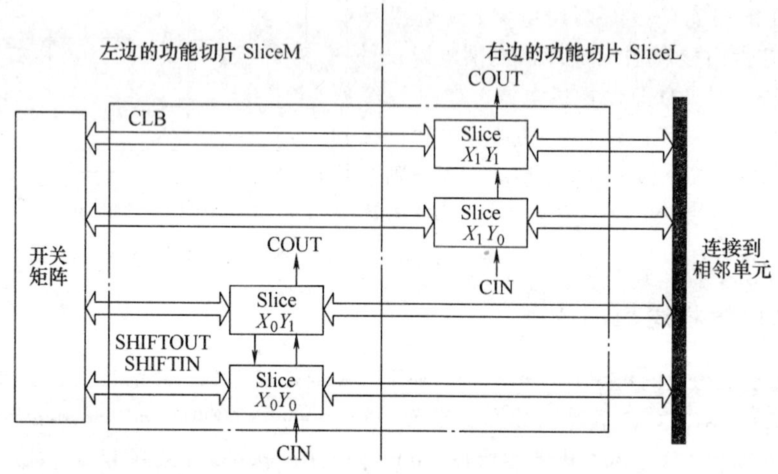

图 7-34 CLB 内的切片排列

功能切片是 FPGA 最基本的功能单元，每个功能切片主要由五个部分组成，即逻辑功能产生器、存储器、多功能数据选择器、进位逻辑和算术门。每个功能切片单元都可以配置成逻辑、算术以及存储功能模块。另外，每个 CLB 的左边两个功能切片还可以配置成分布式 RAM 或 16bit 移位寄存器。左边功能切片的内部结构如图 7-35 所示。

图 7-35 所示的切片是由两个 4 输入函数发生器、进位逻辑、算术逻辑门、专用复用器和两个存储单元组成的。每一个 4 输入函数发生器可以用来实现一个 4 输入的查找表，一个 16bit 的分布式 RAM 或者一个 16bit 的可变移位寄存器单元。

来自于每一个切片中函数发生器的输出可以用来驱动切片的输出或者存储器的 D 触发器输入。可以看出，算术逻辑包括一个异或门（XORG）和一个专用与门（MULTAND），其中异或门用来实现 2bit 的全加操作，而专用与门则用来提高乘法的效率。进位逻辑由专用进位信号和函数复用器（MUXC）组成，共同实现快速的算术加减法操作。如图 7-35 所示，Slice M 主要包括下

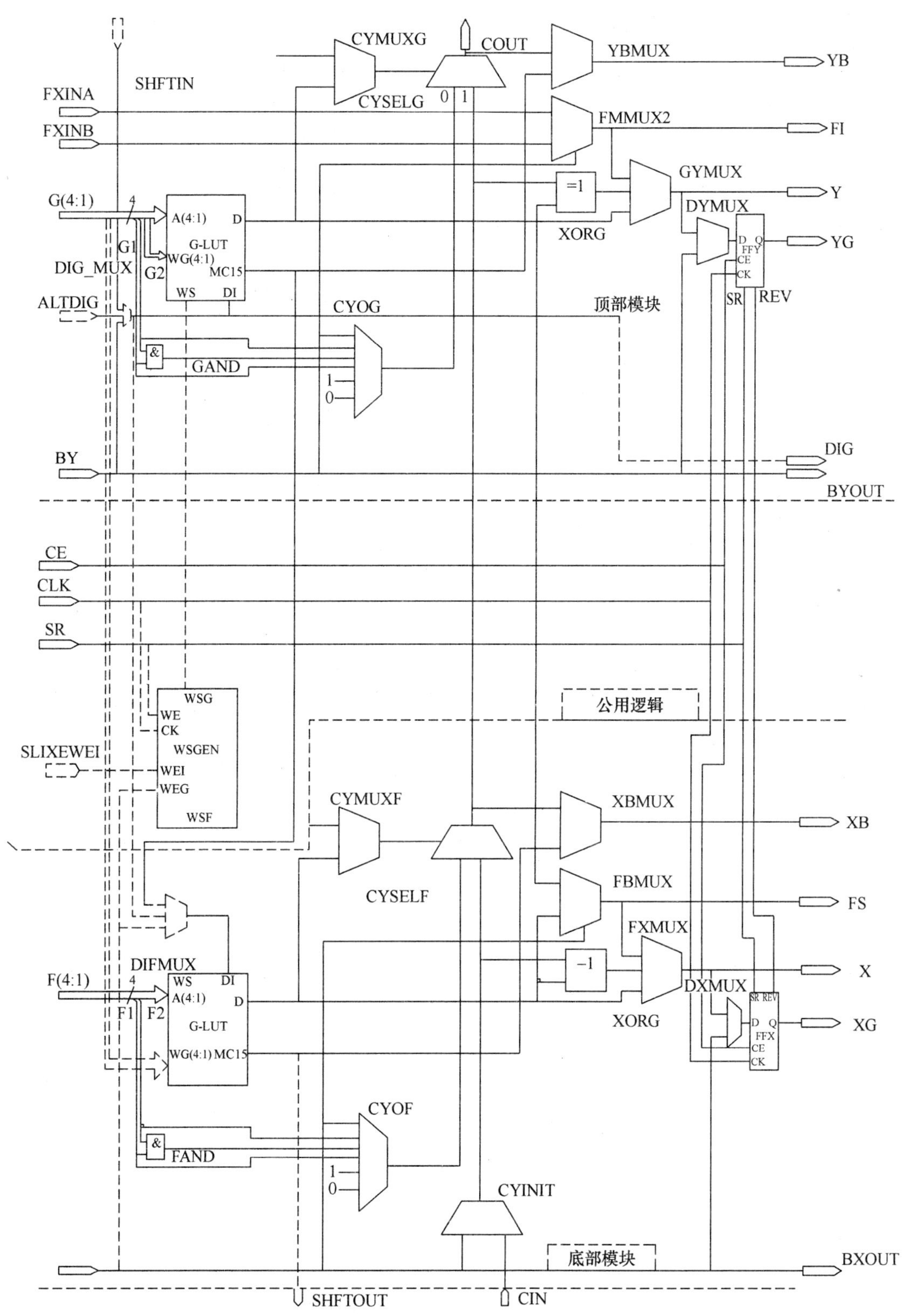

图 7-35　SliceM 内部结构

面几个功能模块：

（1）查找表单元

每个功能切片中有两个查找表单元，查找表单元是实现逻辑功能的主要资源，每个查找表可以实现4输入的任意布尔函数。另外，每个CLB左边的功能切片的查找表单元还可以配置成用于存储数据的分布式RAM或者16bit的移位寄存器。

（2）数据选择器单元

如前所述，每个查找表单元仅能实现4输入的布尔函数，通过数据选择器单元可以将不同的查找表单元连接起来，实现更为复杂的逻辑功能。

（3）进位链单元

进位链单元和专用算术逻辑门结合可以有效实现各种算术功能。进位链单元的输入是CLB单元的CIN端口，输出端是COUT端口，整个过程受5个数据选择器的控制，分别是CYINIT、CYOF、CYMUXF、CYOG、CYMUXG。

2. 输入/输出单元

Spartan-3系列FPGA的可编程I/O块的功能是提供封装引脚与内部逻辑之间的连接接口，主要包括可编程的延时、可编程的输入缓冲器、可编程的输出缓冲器、可编程的偏置和ESD网络、内部参考和引脚封装等。另外，Spartan-3系列FPGA的I/O块支持多种I/O标准。

（1）输入单元

输入单元将外部的输入信号送到FPGA片内，如图7-36所示。输入信号首先经过输入单元的可编程延时器件，实现一定的可控延时。信号经过延时器件后，可直接通过I通路进入FPGA的内部逻辑单元，也可以先经过缓存器缓存，经由IQ1或者IQ2进入FPGA的内部逻辑单元。输入单元缓冲器的功能，是控制外部输入信号是直接输入到内部逻辑还是通过一个可选的输入触发器来进入到FPGA的内部。如果外部输入信号不直接进入到FPGA的内部逻辑，那么这时外部信号输入将会通过可编程的输入缓冲器进入到FPGA内部。这里，每一个输入缓冲器都可以配置成该系列器件支持的任何一种低压标准。在其中的一些标准中，输入缓冲器可以使用用户提供的门限电压 V_{REF}。

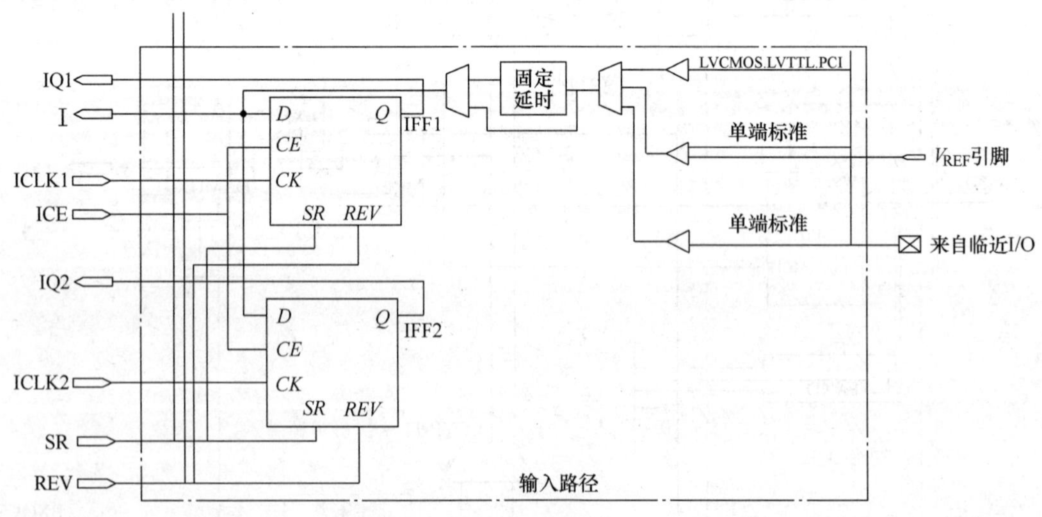

图7-36 输入单元

（2）输出单元

输出单元将FPGA内部逻辑单元的结果输出到输出引脚，如图7-37所示，内部逻辑单元的结果通过 O1 或 O2 通道进入输出缓存器，也可以不经过缓存直接输出。每个输出单元还配备内部可编程输出驱动器，内置可编程上拉和下拉电阻。

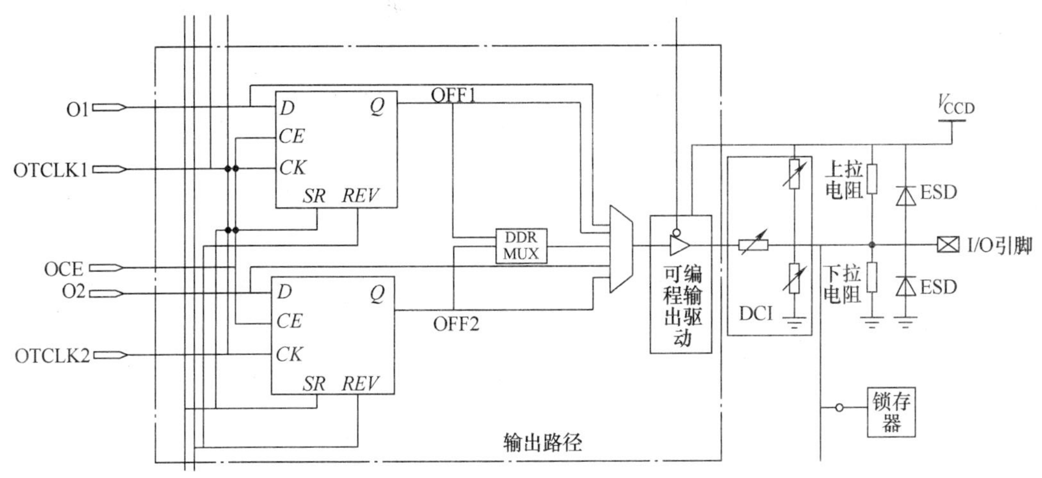

图 7-37　输出单元

（3）三态输出单元

该通路一般配合输出引脚使用，用三态单元可以实现没有输出时输出引脚是高阻态。如图 7-38 所示，三态单元也由缓存器、数据选择器等组成。

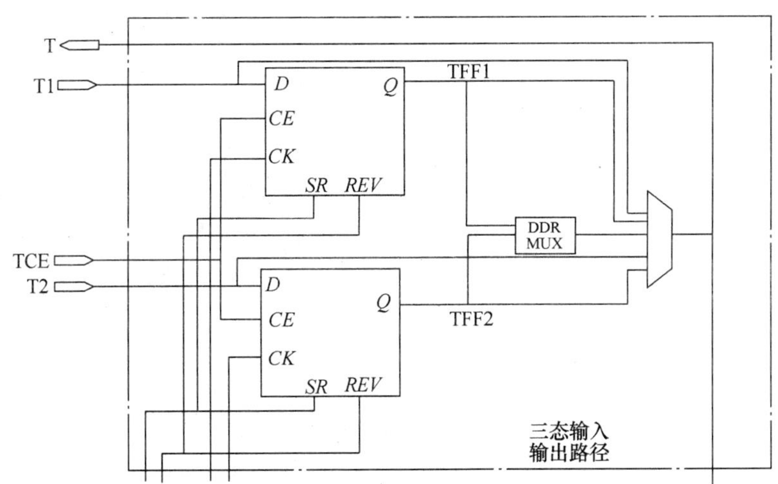

图 7-38　三态输入输出路径

另外，Spartan-3 系列的可编程 I/O 端口的 DDR 技术、片内可编程上拉、下拉电阻技术和片内数控阻抗技术（DCI）在很大程度上提高了 FPGA 的使用灵活性。Spartan-3 系列 FPGA 最多可以有 784 个 I/O 引脚，这些 I/O 引脚支持 18 种单端信号标准、6 种差分标准，支持的电压范围非常大，从 1.14 ~ 3.45V。

3. 块状 RAM

块状 RAM 的功能是用来实现器件内部的数据随机存取。Spartan-3 系列 FPGA 的块状 RAM 单块容量为 18KB，每块 RAM 都可以配置成双口模式，同时完成 RAM 的读和写操作。但要注意的是，虽然在同一个时钟沿可以通过双口读/写块状 RAM，但这个读/写操作不能针对块状 RAM 的同一个地址。

4. 数字时钟管理模块

Spartan-3 系列 FPGA 通过数字时钟管理模块（DCM）对时钟进行更灵活有效的处理。DCM 的结构框图如图 7-39 所示，DCM 支持下面三种主要的时钟处理：

（1）时钟抖动消除

时钟信号通过不同的传输通道会产生不同的路径延时，这种路径延时可能改变时钟信号之间的相位关系，使原本同相的时钟信号失步，在高频同步设计中，时钟失步往往是致命的。DCM 内部 DLL（Delay Lock Loop）结构，通过长的延时线对时钟偏移量进行调节，使失步的时钟重新同步。

（2）时钟频率处理

DCM 可以对输入时钟进行倍频和分频，倍频和分频的倍数可以灵活设置。

（3）时钟相位处理

DCM 可以对输入时钟进行移相，可以实现对输入时钟 90°、180°和 270°相移。

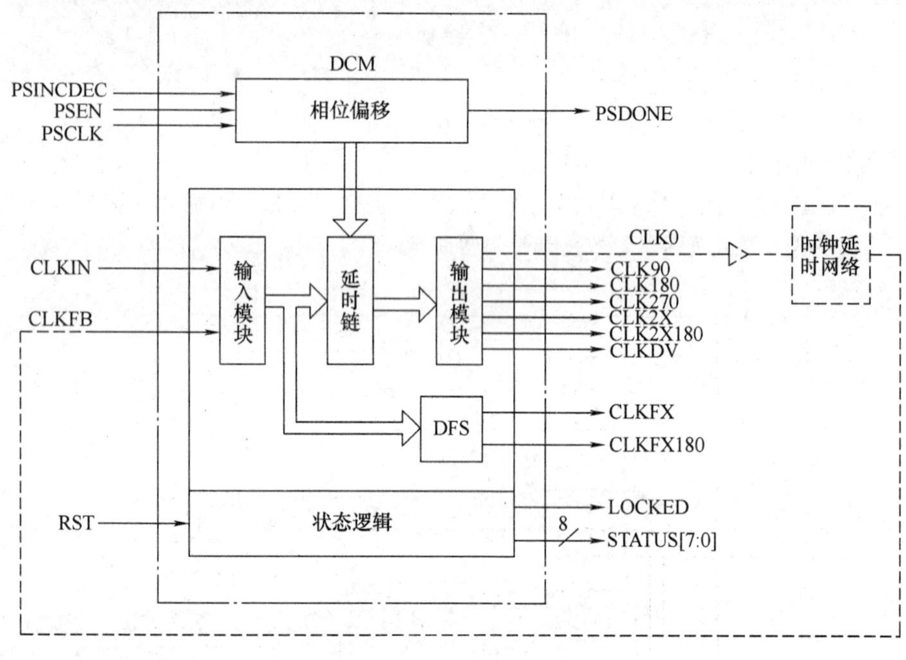

图 7-39 DCM 的结构框图

本章小结

半导体存储器是一种能存储大量数据或信息的半导体器件。由于要求存储的数据量往往很大，而器件的引脚数目不可能无限制地增加，因而不可能将每个存储单元电路的输入和输出端都固定地各接到一个引脚上。因此，存储器的电路结构形式与第 6 章里讲的寄存器不同。

在半导体存储器中采用了按地址存放数据的方法，只有那些被输入地址代码指定的存储单元才能与输入/输出端接通，可以对这些被指定的单元进行读/写操作。而输入/输出端是公用的。为此，存储器的电路结构中必须包含地址译码器、存储矩阵和输入/输出电路（或读/写控制电路）这三个组成部分。

半导体存储器有许多不同的类型。首先从读、写的功能上分成只读存储器（ROM）和随机存取存储器（RAM）两大类。其次，根据存储单元电路结构和工作原理的不同，又将 ROM 分为掩膜 ROM、PROM、EPROM、E^2PROM、闪烁存储器等几种类型；将 RAM 分为静态 RAM 和动态 RAM 两类。掌握各种类型半导体存储器在电路结构和性能上的不同特点，将为合理选用这些器件提供理论依据。

当一片存储器芯片的存储量不够用时，可以将多片存储器芯片组合起来，构成一个更大容量的存储器。当每片存储器的字数够用而每个字的位数不够用时，应采用位扩展的连接方式；当每片的字数不够用而每个字的位数够用时，应采用字扩展的连接方式；当每片的字数和位数都不够用时，则需同时采用位扩展和字扩展的连接方式。

存储器的应用领域极为广阔，凡是需要记录数据或各种信息的场合都离不开它，尤其在电子计算机中，存储器是必不可少的一个重要组成部分。此外，还可以用存储器来设计组合逻辑电路。只要将地址输入作为输入逻辑变量，将数据输出端作为函数输出端，并根据要产生的逻辑函数写入相应的数据，就能得到所需要的组合逻辑电路了。

除了一般常见的 ROM、RAM 以外，有些场合也要用到一些特殊的存储器，例如根据移位寄存器工作原理构成的串行存储器，还有其他一些特殊类型的存储器，本书就不一一介绍了。

习　题

7-1　若存储器的容量为 512KB×8 位，则地址代码应取多少位？

7-2　某台计算机的内存储器设置有 32 位的地址线，16 位并行数据输入/输出端，试计算它的最大存储量是多少？

7-3　试用两片 1024×8 位的 ROM 组成 1024×16 位的存储器。

7-4　试用四片 4KB×8 位的 RAM 接成 16KB×8 位的存储器。

7-5　已知 ROM 的数据表见表 7-4，若将地址输入 A_3、A_2、A_1、A_0 作为 4 个输入逻辑变量，将数据输出 D_3、D_2、D_1、D_0 作为函数输出，试写出输出与输入间的逻辑函数式，并化为最简与—或式。

表 7-4　题 7-5 表

地址				数据				地址				数据			
A_3	A_2	A_1	A_0	D_3	D_2	D_1	D_0	A_3	A_2	A_1	A_0	D_3	D_2	D_1	D_0
0	0	0	0	0	0	0	1	1	0	0	0	0	0	1	0
0	0	0	1	0	0	1	0	1	0	0	1	0	1	0	0
0	0	1	0	0	0	1	0	1	0	1	0	0	1	0	0
0	0	1	1	0	1	0	0	1	0	1	1	1	0	0	0
0	1	0	0	0	0	1	0	1	1	0	0	0	1	0	0
0	1	0	1	0	1	0	0	1	1	0	1	1	0	0	0
0	1	1	0	0	1	0	0	1	1	1	0	1	0	0	0
0	1	1	1	1	0	0	0	1	1	1	1	0	0	0	1

7-6　用 16×4 位的 ROM 设计一个将两个 2 位二进制数相乘的乘法器电路，列出 ROM 的数据表，画出存储矩阵的点阵图。

7-7　用两片 1024×8 位的 EPROM 接成一个数码转换器，将 10 位二进制数转换成等值的 4 位二—十进制数。

（1）试画出电路接线图，并标明输入和输出；

（2）当地址输入 $A_9A_8A_7A_6A_5A_4A_3A_2A_1A_0$ 分别为 0000000000、1000000000、1111111111 时，两片 EPROM 中对应地址中的数据各为何值？

7-8　试分析图题 7-40 所示的与—或门逻辑阵列，写出 Y_1、Y_2、Y_3 与 A、B、C、D 之间的逻辑函数式。

7-9　试分析图 7-41 所示由 PLA 实现的时序电路，列出状态转换表，简述该时序电路的逻辑功能。

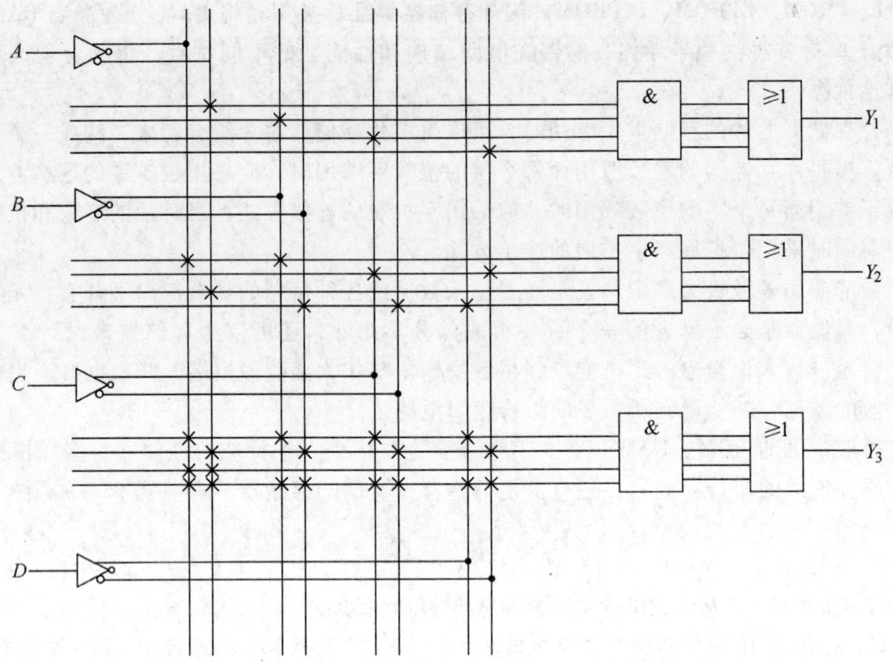

图 7-40　题 7-8 图

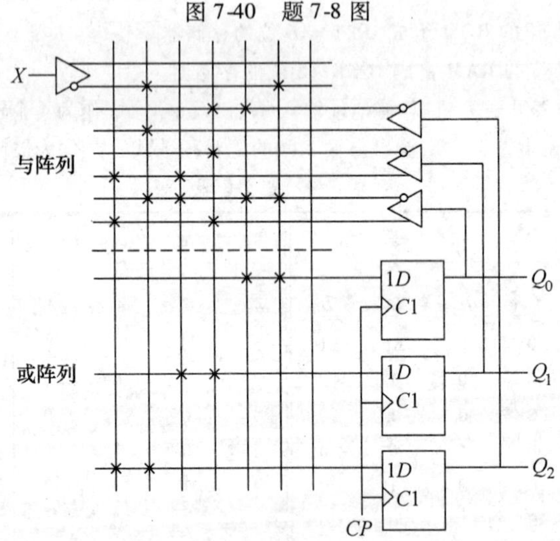

图 7-41　题 7-9 图

第 8 章　数-模与模-数转换器

8.1　引言

数-模转换器和模-数转换器是联系数字信号和模拟信号的桥梁，有了它们就可以把日常生活中的诸多模拟量进入数字系统中进行转换，也可以把数字系统中所获得的信息转换为日常生活中比较容易理解的模拟信号或者图形。

本章介绍几种典型的数-模与模-数转换器的工作原理及其应用。在数-模转换器内容中，主要介绍了权电阻型、R-2R T 形电阻网络型等几种类型 D-A 转换器。在模-数转换器内容中，在讲述模-数转换的一般原理和步骤的基础上，介绍了逐次逼近型、双积分型等几种类型的 A-D 转换器。

8.2　概述

随着数字技术、数字系统的优点尤显突出，在现代控制、通信及检测等领域，对信号的处理广泛采用了数字技术、数字通信系统、数字电视及广播、数控系统、数字仪表等。而自然界中大多数信号和系统实际涉及的信号往往是一些模拟量（如电流、电压、温度、压力、位移、声音、图像等），故要使计算机或数字仪表能识别、处理这些信号，必须先将这些模拟信号转换成数字信号；而经计算机分析、处理后所输出的数字量也常需要将其转换为相应模拟信号，然后才能为执行机构所接受。这样，就需要一种能在模拟信号与数字信号之间起桥梁作用的电路，将模拟量转换成数字量的过程称为模-数转换。完成模-数转换的电路称为模-数转换器，简称 A-D 转换器（Anolog Digital Converter，ADC）；而将完成数-模转换的电路称为数-模转换器，简称 D-A 转换器（Digital Anolog Converter，DAC）。

图 8-1 所示为 ADC 和 DAC 在数字系统中应用的原理框图。

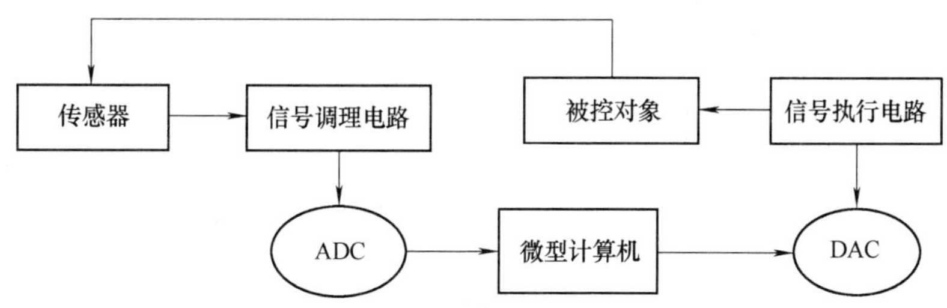

图 8-1　ADC 和 DAC 在数字系统中应用的原理框图

图中的模拟给定信号与来自传感器的反馈信号比较后生成误差信号，误差信号经过 A-D 转换器转换成数字信号送到计算机（也可以是 DSP、MCU），经其处理后输出的数字量，再由 D-A 转换器转换成模拟量，最后送到控制对象完成相应的功能。

8.3　D-A 转换器

D-A 转换器的作用就是将数字量转换成与其成正比的模拟量，其示意图及转换特性如图 8-2 所示。

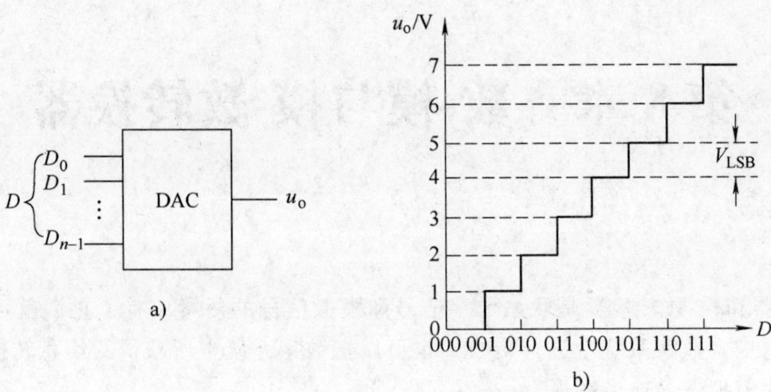

图 8-2　D-A 转换器示意图及转换特性

a）示意图　b）转换特性

假设 D-A 转换器的输入为自然二进制数 D，输出电压信号为 u_o，比例系数为 K，则

$$u_o = KD = K\sum_{0}^{n-1} D_i 2^i \tag{8-1}$$

式中，$D = D_n = d_{n-1}\times 2^{n-1} + d_{n-2}\times 2^{n-2} + \cdots + d_0 \times 2^0$ 为 n 位二进制转换来的对应的十进制数值；K 为模拟参考量，在数值上等于输入数字量 D 的最低位 D_0 为 1（即为 00…1）时，所输出的模拟电压，用 V_{LSB} 表示。

D-A 转换器通常由译码网络、模拟开关、集成运放和基准电压源等部分组成，根据译码网络的不同，可以将 D-A 转换器分为二进制加权电阻型 D-A 转换器、R-2R T 形电阻型 D-A 转换器和权电流型 D-A 转换器等几种常见 D-A 转换器。

8.3.1　二进制加权电阻型 D-A 转换器

1. 加权电阻型的原理图

图 8-3 所示为 4 位加权电阻型 D-A 转换器原理图。整个电路由基准电压源 V_{REF}、权电阻网络、模拟电子开关和求和运算放大器组成。电路的输入是数字量 D_0、D_1、D_2、D_3，输出是模拟电压 u_o，模拟开关 S_0、S_1、S_2、S_3 分别受 D_0、D_1、D_2、D_3 数字量控制。当 $D_i=1$ 时，模拟开关与基准电源 V_{REF} 相连；当 $D_i=0$ 时，模拟开关接地。

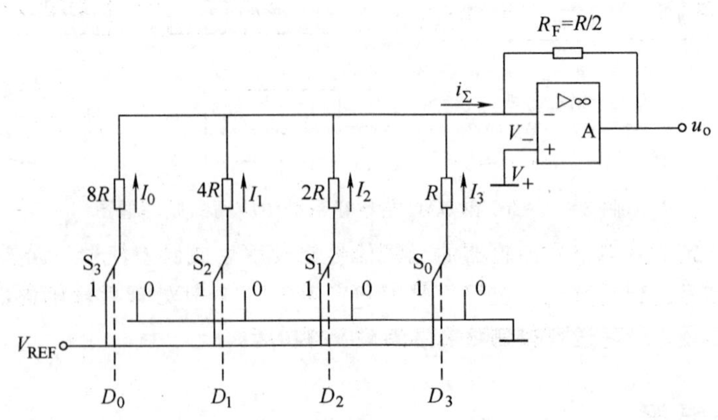

图 8-3　4 位加权电阻型 D-A 转换器原理图

2. 加权电阻型的工作原理

由电路结构可知，为了简化分析，运算放大器可以看做理想放大器，据理想放大器的虚断和

虚地的特性，可得到求和放大器的总电流 i_Σ 为

$$\begin{aligned} i_\Sigma &= I_3 + I_2 + I_1 + I_0 \\ &= D_3 \frac{V_{REF}}{2^0 R} + D_2 \frac{V_{REF}}{2^1 R} + D_1 \frac{V_{REF}}{2^2 R} + D_0 \frac{V_{REF}}{2^3 R} \\ &= \frac{V_{REF}}{2^3 R}(D_3 \times 2^3 + D_2 \times 2^2 + D_1 \times 2^1 + D_0 \times 2^0) \end{aligned} \tag{8-2}$$

可见 i_Σ 受到 D-A 转换器输入的数字信号 D 的控制，由原理图可得 i_Σ 流过运算放大器上的反馈电阻 R_F，得到 D-A 转换器的输出电压为

$$\begin{aligned} u_o &= -i_\Sigma R_{REF} = -i \frac{R}{2} \\ &= -\frac{V_{REF}}{2^4}(D_3 \times 2^3 + D_2 \times 2^2 + D_1 \times 2^1 + D_0 \times 2^0) \\ &= -\frac{V_{REF}}{2^4}\sum_{i=0}^{3} D_i 2^i \end{aligned} \tag{8-3}$$

u_o 与数字量 D 成正比，实现了数字量到模拟量的转换。对于 n 位的 D-A 转换器，当 D 的取值在 0000 ~ 1111 之间变化时，其输出电压 u_o 的变化范围为 $0 \sim \frac{2^4 - 1}{2^4} V_{REF}$。

加权电阻型 D-A 转换器的精度取决于各个权电阻精度、外接参考电源精度和数字量的位数。加权电阻网络中电阻的阻值范围太宽，很难保证每个电阻均有很高精度，从而影响了 D-A 转换器的转换精度。因此在集成 D-A 转换器中很少采用，故又设计出了一种称为 R-2R T 形电阻型 D-A转换器。

8.3.2　R-2R T 形电阻型 D-A 转换器

1. R-2R T 形电阻型 D-A 转换器原理图

R-2R T 形网络型 D-A 转换器的原理图如图 8-4 所示。

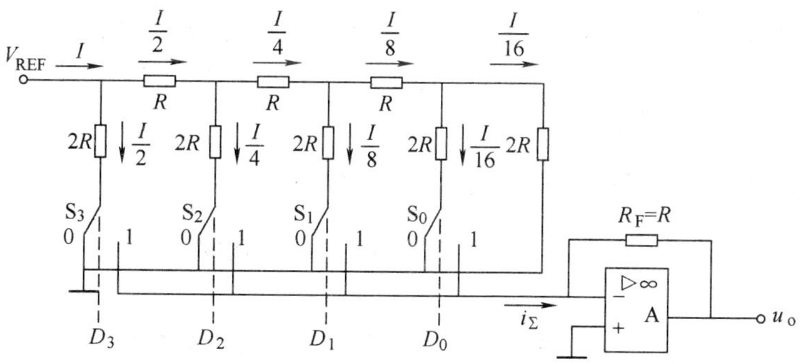

图 8-4　R-2R 网络型 D-A 转换器的原理图

整个电路由基准电压源 V_{REF}、R-2R 电阻网络、模拟电子开关和求和运算放大器组成。电路的输入是数字量 D_0、D_1、D_2、D_3，输出是模拟电压 u_o，模拟开关 S_0、S_1、S_2、S_3 分别受 D_0、D_1、D_2、D_3 数字量控制。当 $D_i=1$ 时，模拟开关与求和放大器的 V_- 相连，当 $D_i=0$ 时，模拟开关与求和放大器的 V_+ 相连。

2. 工作原理

模拟开关转换分别连接着求和运算放大器的虚地和地，由于理想运放的虚地特性，当 S_i 在任一位置时，与模拟开关相连的电阻一端始终为地电位，故流过每个支路的电流与 D_i 的取值无

关，是恒定值。输入的数字信号发生变化改变的只是电流是流向地还是流向虚地，只有流向虚地的电流才流入求和运算放大器形成总电流的组成部分。即

$$i_{\Sigma} = D_3 \times I_3 + D_2 \times I_2 + D_1 \times I_1 + D_0 \times I_0 \tag{8-4}$$

为了计算 R-2R 电阻网络中各支路电流的大小，R-2R 电阻网络等效电路如图 8-5 所示。

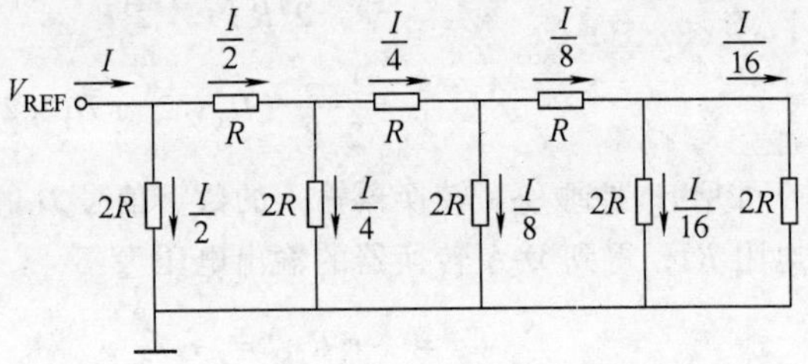

根据电路知识可以发现，从每个节点往右看，每个二端网络的等效电阻均为 R，与模拟开关相连的 $2R$ 电阻上的电流从左到右分别为 $I/2$、$I/4$、$I/8$ 和 $I/16$。I 为从参考电压源流入 R-2R 电阻网络的总电流，即

图 8-5　R-2R 电阻网络等效电路

$$I = \frac{V_{\mathrm{REF}}}{R} \tag{8-5}$$

流入运放中反馈电阻 R_{F} 的总电流 i_{Σ} 为

$$\begin{aligned} i_{\Sigma} &= \frac{I}{2} \times D_3 + \frac{I}{4} \times D_2 + \frac{I}{8} \times D_1 + \frac{I}{16} \times D_0 \\ &= \frac{V_{\mathrm{REF}}}{R} \frac{1}{2^4} \left(D^3 \times 2^3 + D_2 \times 2^2 + D_1 \times 2^1 + D_0 \times 2^0 \right) \end{aligned} \tag{8-6}$$

故求和放大器的输出模拟电压量为

$$\begin{aligned} u_{\mathrm{o}} &= -i_{\Sigma} R = -\frac{V_{\mathrm{REF}}}{2^4} \left(D_3 \times 2^3 + D_2 \times 2^2 + D_1 \times 2^1 + D_0 \times 2^0 \right) \\ &= -\frac{V_{\mathrm{REF}}}{2^4} \sum_{i=0}^{3} D_i 2^i \end{aligned} \tag{8-7}$$

式（8-7）表明，输出的模拟电压与输入的数字量成正比，从而实现了模-数转换。

R-2R T 形电阻型 D-A 转换器电阻网络中只有 R 和 $2R$ 两种阻值的电阻，在制造工艺中便于集成，且比值为 2。虽然集成电路技术制造的电阻值精度不高，但可以较精确地控制不同电阻之间的比值，从而使 R-2R 网络型 D-A 转换器获得较高精度。而且这种结构中的模拟电子开关变换于虚地和地之间，各支流电流恒定，不需要电流的建立和耗尽时间，从而提高了开关的转换速度。这种类型的 D-A 转换器是实际使用得较多的一类。

8.3.3　D-A 转换器的主要技术参数

D-A 转换器的主要性能参数有分辨率、转换精度和转换速度。

1. 分辨率

D-A 转换器的分辨率用最小能分辨电压 V_{LSB} 和满量程输出电压 V_{FSV} 的比值来表示。如讲述 D-A转换器原理前所述，最小能分辨的电压在数值上就是仅最低位为 1 所表示的输出电压，在数值上与 1 成正比，而满量程输出电压 V_{FSV} 则是所有位的数字输入全为 1 时所输出的模拟电压，在数值上与（2^n-1）成正比，可知分辨率的表达式为

$$\text{分辨率} = \frac{V_{\mathrm{LSB}}}{V_{\mathrm{FSV}}} = \frac{1 \times k}{(2^n - 1) \times k} = \frac{1}{2^n - 1} \tag{8-8}$$

从式（8-8）可知，D-A 转换器的分辨率只与输入二进制数的位数 n 有关，位数越多分辨率也就越高。因此大部分情况下，直接把位数 n 称为分辨率。

2. 转换精度

转换精度是指 D-A 转换器的实际输出值与理论值之间的误差，它是一个 D-A 转换器实际能

达到的精度程度，在 D-A 转换器中，一般用转换误差来描述转换精度。D-A 转换器的转换误差是指在稳态工作时，实际模拟输出值和理想输出值之间的最大偏差。转换误差一般用最低有效位的倍数决定。例如，某 D-A 转换器的转换误差为 LSB /2，就表示输出模拟电压与理论值之间的误差小于或等于最小分辨电压 V_{LSB}的一半。

D-A 转换器的转换误差是一个综合性的静态性能指标，通常以偏移误差、增益误差、非线性误差、噪声和温漂等内容来描述转换误差。

3. 转换速度

D-A 转换器的转换速度通常用建立时间 t_{set}来描述。建立时间 t_{set}指从输入数据改变到输出进入规定的误差范围（一般为 ± LSB/2）所需的最大时间。因为输入数字量变化越大，建立时间也越长，所以，数据手册中一般给出从全 0 到全 1 时的建立时间转换器的工作速度，也决定了转换器操作的最大频率。这个时间描述了普通 D-A 转换器操作的最大频率。建立时间一般为几百纳秒到几百微秒，如 MC1408 的建立时间约为 300ns。

当 D-A 转换器外接运算放大器时，总的建立时间 t_{set}可由 D-A 转换器和运算放大器各自的建立时间估计得出

$$t_{set} = \sqrt{t^2_{set(DAC)} + t^2_{set(OA)}} \tag{8-9}$$

可见，为了获得较快的转换速度，应选用转换速率高的运算放大器。

8.3.4　D-A 转换器的应用举例

D-A 转换器在电子系统中应用极为广泛，除了在微机系统中将数字量转化为模拟量的典型应用之外，还常用于波形生成、各种数字式的可编程应用。

1. 波形发生器

由计数器、ROM、D-A 转换器构成的波形发生器电路如图 8-6 所示。其工作原理是，将一个完整周期的波形数据预先存放在 ROM 中，二进制加法计数器在一定频率的时钟信号（CP）作用下进行加法计数，加法计数器的输出作为 ROM 的地址信号，依次将 ROM 中的数据送入 D-A 转换器，D-A 转换器再将波形数据转换为模拟信号，从而在运算放大器的输出端得到周期性的模拟信号。图中高速 D-A 转换器 AD9708 的最高工作频率可以达到 125MHz，可以产生频率为几兆赫兹的模拟信号。为了确保将稳定的波形数据送入 AD9708，在图中加了一个反相器。其工作时序是，在 *CP* 脉冲的上升沿计数器状态发生改变，在 *CP* 脉冲的下降沿将波形数据存入 AD9708。

只要将不同波形（如三角波、锯齿波等）数据存入 ROM 中，就可产生不同的波形，因此，图 8-6 所示电路可实现任意波形发生器。改变时钟信号的频率，就可以改变输出信号的频率，因此，上述电路还广泛用于数字频率合成。

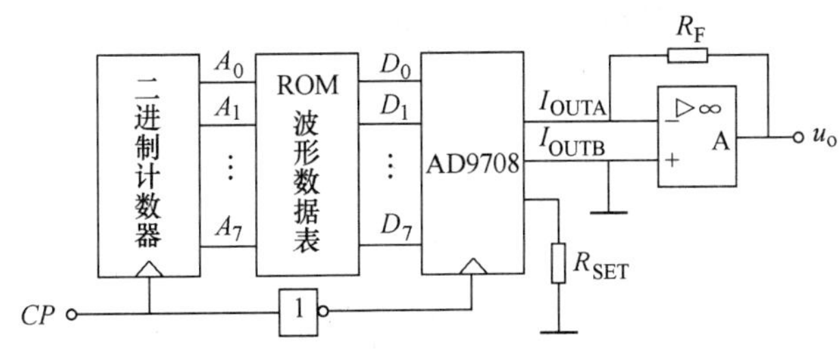

图 8-6　波形发生器原理框图

2. 数控直流稳压电源

数控直流稳压电源与传统稳压电源相比，具有操作方便、电压稳定度高的特点。图 8-7 所示为由 D-A 转换器构成的数控直流稳压电源原理图。D-A 转换器 AD7520 将数字量按比例转换成模

拟电压，由于 AD7520 为电流输出 D-A 转换器，所以需要外接一个运算放大器 A_1 才能构成一个完整的 D-A 转换器。采用运放 A_2 作射极跟随器，使调整管 VT 的输出电压精确地与 D-A 转换器输出电压保持一致。调整管 VT 采用大功率达林顿管，可以输出大的负载电流。

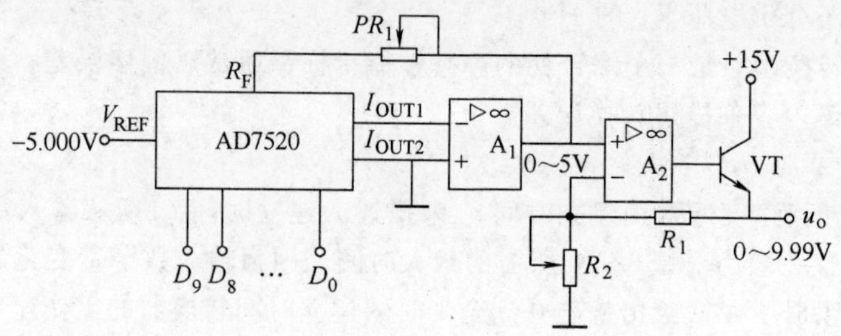

图 8-7 数控直流稳压电源原理图

3. 数字式可编程增益控制电路

对于乘法型 D-A 转换器，由于采用了双向的 CMOS 模拟开关，其基准电压可以在正和负的值上变化。如果在 V_{REF} 端输入模拟信号，则根据模拟量和数字量的乘法运算。图 8-8a 所示电路为由 10 位 D-A 转换器 AD7520 构成的数字可编程衰减器。输入模拟信号从 V_{REF} 端输入，则输出电压 u_o 的表达式为

$$u_o = -\frac{u_i}{2^{10}}\sum_{i=0}^{9} D_i 2^i = -\frac{D}{2^{10}} \times u_i \tag{8-10}$$

其增益 $A = -\frac{D}{2^{10}}$，由于 A 总小于 1，所以称为衰减器。只要改变数字量 D，就可以改变增益 A，所以其增益是可编程的，范围从 $0 \sim \frac{2^{10}-1}{2^{10}}$，步长为$\frac{1}{2^{10}}$。

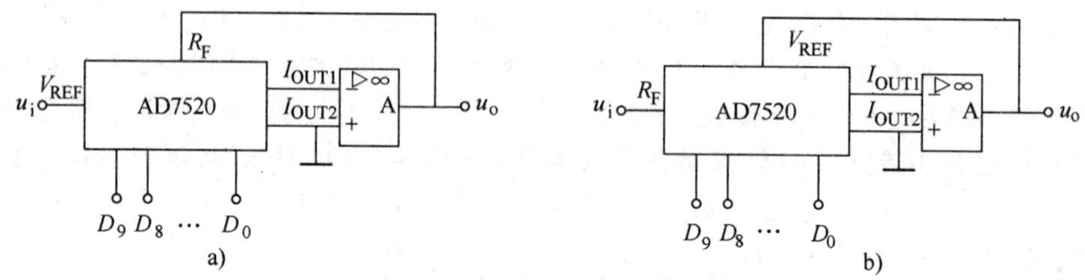

图 8-8 数字可编程增益控制电路

a）数字可编程衰减器 b）数字可编程放大器

图 8-8b 所示电路为数字可编程放大器，模拟信号从反馈电阻端输入，运算放大器的输出信号反馈至 D-A 转换器的基准电压输入端。其等效电路如图 8-9 所示。可得到

$$i_\Sigma = \frac{u_o}{2^{10}R}D \tag{8-11}$$

根据运放虚断特性，得到

$$\frac{u_i}{R} = -\frac{u_o}{2^{10}R}D \tag{8-12}$$

$$u_o = -\frac{2^{10}}{D}u_i \tag{8-13}$$

当输入的数字量 D 为 0000000001 时，增益最大，为 -210V/V，当数字量 D 为 1111111111 时，增益最小，约等于 -1V/V。

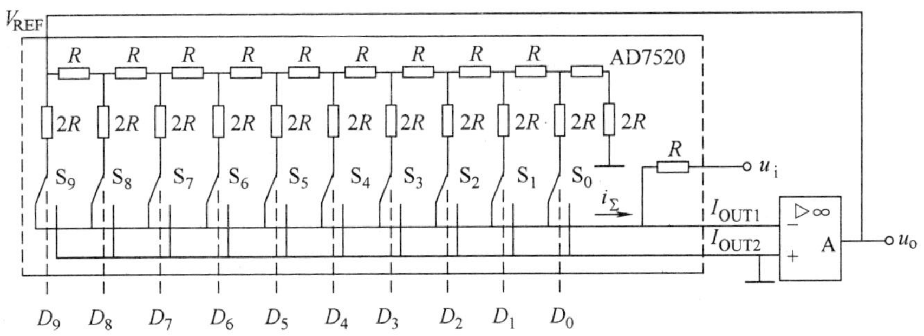

图 8-9 数控可编程放大器等效电路

8.4 A-D 转换器

8.4.1 A-D 转换器的基本原理与转换步骤

能将输入的模拟量转换成与之成正比的数字量输出的电路就是 A-D 转换器（ADC），其原理框图如图 8-10 所示。

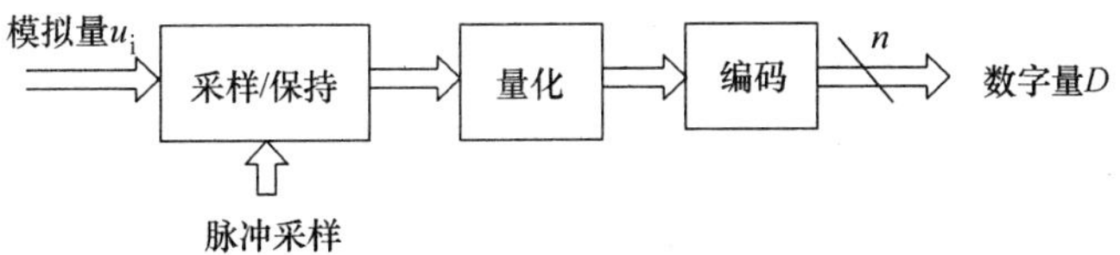

图 8-10 A-D 转换器原理框图

A-D 转换器接收一个模拟输入 u_i，并输出一个数字量 $D_{n-1}\cdots D_1D_0$（D）。数字量和模拟量具有如下关系：

$$D = Ku_i \tag{8-14}$$

模拟信号的特点是时间连续、幅值连续，数字信号的特点是时间离散、幅值离散。要把模拟量转化为数字量一般要经过四个步骤，分别称为采样、保持、量化、编码，如图 8-11 所示。

1. 采样/保持

采样就是将连续的模拟信号转换成时间上离散而幅度上连续的脉冲信号。采样电路由受控的电子开关实现。由于 A-D 转换器将模拟量转换为数字量需要一定时间，在转换过程中输入的待转换的信号不应该发生变化，故需要一个保持电路来确保采样后的信号保持在采样时候的数值，比较典型的采样/保持电路原理见图 8-11 所示。

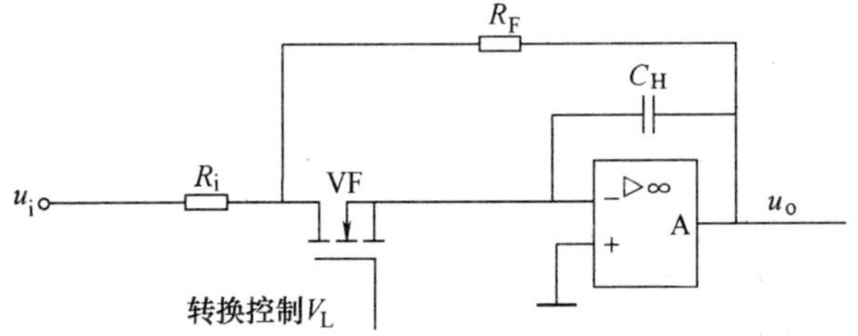

图 8-11 采样/保持电路原理图

采样/保持电路由 N 沟道 MOS 开关管 VF、信号保持电容 C_H 和运算放大器组成。当采样转换控制信号 V_L 为高电平时，开关管 VF 导通，输入信号 u_i 经过输入路径 R_i 和 VF 向保持电容 C_H 充电，当反馈电阻 R_F 与 R_i 相等时，则充电完成后有下式所表示的关系：

$$u_o = u_c = -u_i \tag{8-15}$$

采样结束后采样转换控制信号 V_L 为低电平，开关管 VF 截止，此时电容 C_H 的放电回路电阻比较大，故其上的电压在一定的时间内几乎保持不变，被采样的结果保持下来了，直至下一次采样。如果输入的模拟信号波形为 u_i，采样的信号为 $S(t)$，采样/保持的信号为 u_o，则它们之间的波形图如图 8-12 所示

图中 T_s 为采样周期，其倒数为采样频率 f_s。采样频率是一个十分重要的参数，其大小根据采样定理确定：为了不失真地恢复原始信号，采样频率至少应是原始信号最高有效频率的两倍。假设原始信号最高频率为 f_m，采样频率应满足

$$f_s \geqslant 2f_m \tag{8-16}$$

如声音信号，其频率范围为 20Hz～20kHz，则按采样定理的要求，其采样频率应大于 40kHz。采样频率越高，采样后的信号愈能真实地复现原始信号，但对 A-D 转换器的要求越高。一般工程上所用的采样频率 $f_s \geqslant (5 \sim 10) f_m$。

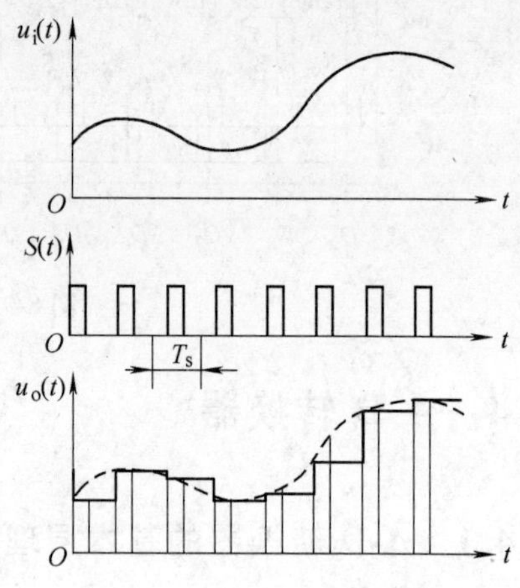

图 8-12　采样保持波形图形

例 8-1　一个 8 位 A-D 转换器的转换速度为 1MSPS，如果不使用采样/保持器，求其能转换的输入信号的最大频率。

解：根据式（8-16）可得

$$f_{max} \leqslant \frac{1}{2^9 \pi \times 10^{-6}} \text{Hz} = 622\text{Hz}$$

从例 8-1 可以看出，当信号直接输入时，一个高速 A-D 转换器仅能处理一个变化频率较低的信号。如果在 A-D 转换器前加入采样/保持放大器，它可以在采样时刻将输入信号的瞬时值保持下来，使转换期间保持 A-D 转换器模拟输入端的信号不变，就可以大大提高输入模拟信号的允许频率。

2. 量化和编码

采样保持后的信号幅值仍是连续的，只有将这些幅值转化成某个最小数量单位的整数倍，才能将其转换成相应的数字量，这个过程称为量化。量化过程可分为以下两个步骤：

第一步，确定最小数量单位即量化单位 Δ。量化单位 Δ 是数字信号最低位为 1 时所对应的模拟量，即 1LSB。

如有一模拟信号 u_i，幅值为 0～1V，如要将其转化为 3 位二进制代码，则可确定量化单位 $\Delta = 1/8\text{V}$，由此得到 8 个与 Δ 成正数倍的量化电平：0V、1/8V、…、7/8V。

第二步，将输入电压与量化电平进行比较，近似地用其中一个量化电平来表示。一般有两种近似方式：只舍不入量化方式（截断量化方式）和四舍五入量化方式（舍入量化方式）。

只舍不入量化方式：介于两个量化电平之间的采样值以下限值来代替。

如果 $0\text{V} \leqslant u_i < 1/8\text{V}$，则量化为 $0\Delta = 0\text{V}$；

如果 $1/8\text{V} \leqslant u_i < 2/8\text{V}$，则量化为 $1\Delta = 1/8\text{V}$；

……

如果 $7/8\text{V} \leqslant u_i < 1\text{V}$，则量化为 $7\Delta = 7/8\text{V}$。

经量化后的信号幅值均为 Δ 的整数倍，如图 8-13a 所示。在量化的过程中，由于将连续的模拟输入电压近似成离散的量化电平，必然会产生误差，称为量化误差。只舍不入量化方式产生的最大量化误差为 Δ，即 1/8V。

四舍五入量化方式：量化间隔仍取 $\Delta = 1/8\text{V}$，取两个离散电平中的相近值来代替输入电压，

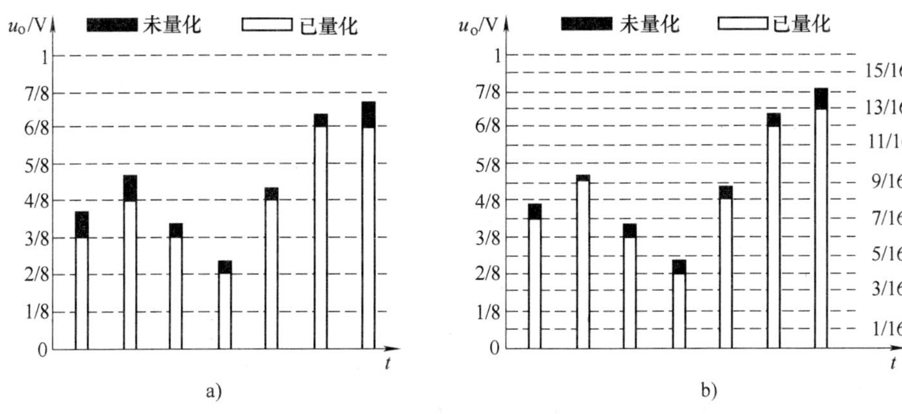

图 8-13　采样信号的量化

a）只舍不入量化　b）四舍五入量化

如图 8-13b 所示。

如果 $0V \leqslant u_i < 1/16V$，则量化为 $0\Delta = 0V$；

如果 $1/16V \leqslant u_i < 3/16V$，则量化为 $1\Delta = 1/8V$；

如果 $3/16V \leqslant u_i < 5/16V$，则量化为 $2\Delta = 2/8V$；

……

如果 $13/16V \leqslant u_i < 15/16V$，则量化为 $7\Delta = 7/8V$。

采用四舍五入量化方式时，量化误差为 $1/2\Delta = 1/16V$。在实际的 A-D 转换器中，大多采用舍入量化方式。

量化误差随着 A-D 转换器的位数增加而减小。

例 8-2　一个 8 位 A-D 转换器，满量程输入电压为 +5V，采用四舍五入量化方式，计算输出二进制数据为 10 000 000 时所对应的输入电压范围。

解： 该 A-D 转换器的 1LSB 所对应的电压为 5000mV/255 = 19.6mV。二进制数 10 000 000 等于十进制数 128，因此，它对应的输入电压范围为

$128 \times 19.6 \pm \frac{1}{2} \times 19.6\text{mV}$，即 2498.0 ~ 2518.6mV。

量化后的幅值用一个数制代码与之对应，称为编码，这个数制代码就是 A-D 转换器输出的数字量。

量化和编码就是由 A-D 转换器完成的。

8.4.2　逐次逼近型 A-D 转换器

在介绍逐次逼近 A-D 转换器之前，首先学习逐次逼近（SA）算法，图 8-14 所示为利用逐次逼近算法来进行的模拟输入电压为 11.1V 到 4 位数字输出的转换。根据图中二进制的比较顺序，可以得知 SA 算法中最先是从最高位开始进行设置，而且总是先设置为高电平。图中将最高位设为高电平（1000，十进制数值为 8），第一次的 SA 为 1000，即 8 小于 11.1，则最高位的高电平是保留的，同时次高位设置为高电平，则第二次的 SA 值为 1100（十进制数值为 12），接着进行第二次比较，因为 12 大于 11.1，故此次的设置应该修改为低电平，同时第三高位设置为高电平，再进行一次比较，第三次的 SA 为 1010，十进制数值为 10 是小于 11.1 的，故此为的高电平是保留的，同时最低位设置为高电平，第四次的 SA 为 1011，十进制数值为 11 小于 11.1，故最低位的高电平是保留的，最后的 4 位数字输出则为最终的数字输出 1011，每次选择的都是以阴影部分来表示的。

图 8-14 是一个 4 位的逐次逼近型 A-D 转换器的原理框图，由比较器、4 位 D-A 转换器、4 位逐次逼近寄存器（SAR）和控制逻辑电路组成。

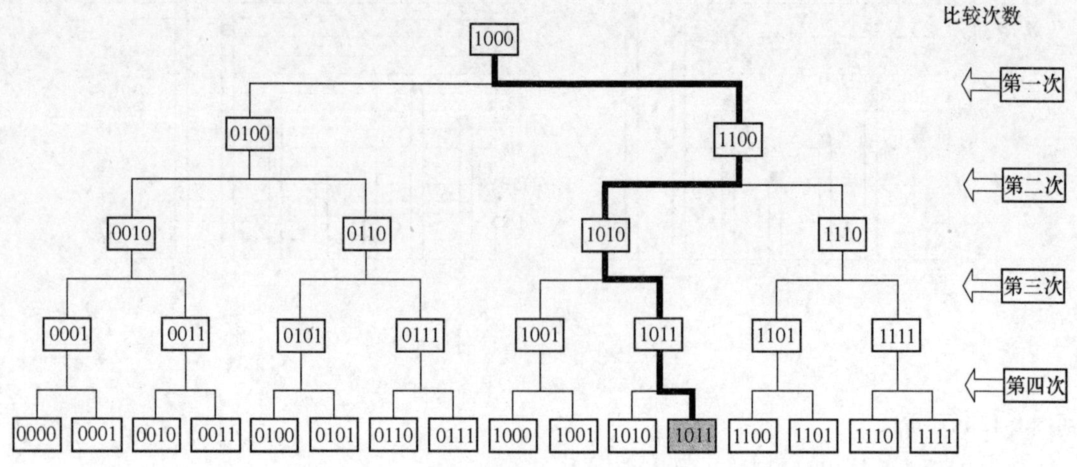

图 8-14 逐次逼近算法进行 A-D 转换示意图

原理图中的输入为模拟的电压信号 u_i，输出为 4 位的二进制代码。在转换开始前首先将 SAR 清零（$D_3D_2D_1D_0=0000$），转换开始时，根据 SA 算法的原理可知控制电路要先将 SAR 的最高位 D_3 置为高电平（$D_3=1$），其余的位都置为低电平（$D_2D_1D_0=000$）。然后这组数码 $D_3D_2D_1D_0=1000$ 传给 D-A 转换器输出相应的模拟电压 u_o，通过电压比较器 u_o 与 u_i 进行比较，如 $u_i>u_o$，说明 SAR 中的数字不够大，故将设置的这位“1”保留，否则说明 SAR 中的数字过大，故将设置的这位“1”清除转而设置为“0”，从而第一次比较决定了最高位的取值，然后次高位也是进行类似的过程，一直到最低位一一确定各位的取值。

例 8-3 4 位逐次逼近型 A-D 转换器的原理框图如图 8-15 所示。D-A 转换器输出电压 $u_o=\frac{V_{REF}}{2^n}D$，$V_{REF}=5V$，u_i 为输入模拟电压，CP 为时钟输入。当 $u_i=1.5V$ 时，试问：

（1）输出的二进制数 $D_3D_2D_1D_0$ 为多少？

（2）转换误差为多少？

（3）如何提高转换精度？

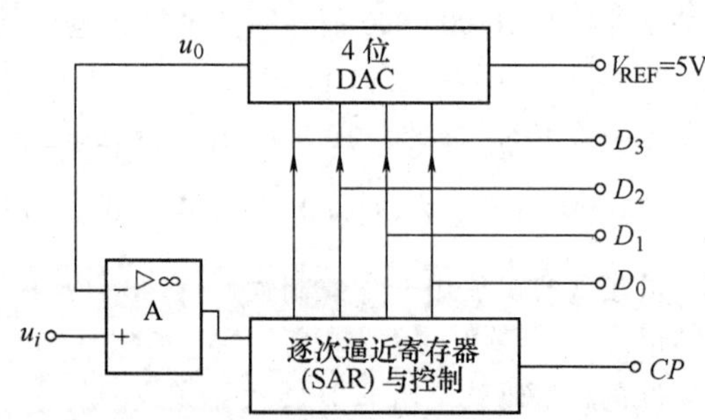

图 8-15 4 位逐次逼近型 A-D 转换器的原理框图

解：（1）量化单位 Δ 为

$$\Delta=\frac{5V}{16}=0.3125V$$

$$D=\frac{1.5}{0.3125}=4.8$$

因为采用了“只舍不入”量化方式，因此，转换结果 $D_3D_2D_1D_0=(0100)_2$。其转换过程见表 8-1。

表 8-1 例 8-3A-D 转换过程

CP	SAR	u_o/V	比较结果	处 理
1	1000	2.5	$u_i<u_o$	D_3 不保留
2	0100	1.25	$u_i>u_o$	D_2 保留
3	0110	1.875	$u_i<u_o$	D_1 不保留
4	0101	1.5625	$u_i<u_o$	D_0 不保留

（2）转换误差

$$1.5V - 4 \times 0.3125V = 1.5V - 1.25V = 0.25V$$

（3）减少误差的方法

1）增加位数，每增加 1 位，量化误差可减为原来的 1/2；

2）在 D-A 输出加一个负向偏移电压 $\Delta/2$，如图 8-16 所示。$u_o' = u_o - \Delta/2$，u_i 与 u_o'比较。加偏移量时的转换过程见表 8-2。

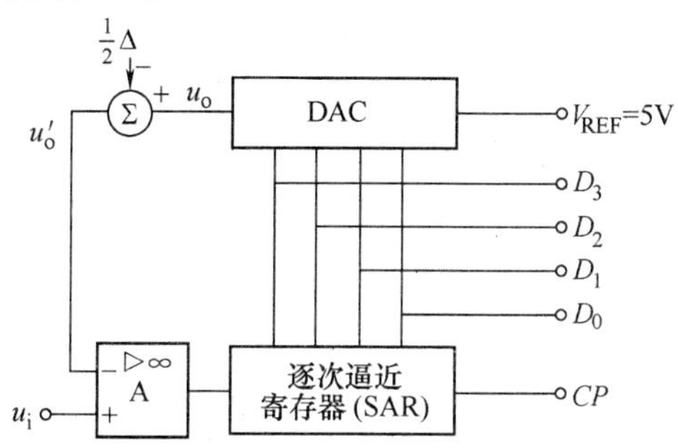

图 8-16　D-A 输出加一个负向偏移 $\Delta/2$

表 8-2　加偏移量时的转换过程

CP	SAR	u_o/ V	u_o'/V	比较结果	处　理
1	1000	2.5	2.34375	$u_i < u_o'$	D_3 不保留
2	0100	1.25	1.09375	$u_i > u_o'$	D_2 保留
3	0110	1.875	1.71875	$u_i < u_o'$	D_1 不保留
4	0101	1.5625	1.40625	$u_i > u_o'$	D_0 保留

转换结果为 $(0101)_2$，转换误差 = 1.5 − 5 × 0.3125 = −0.0625V，最大量化误差为（1/2）LSB。

8.4.3　双积分型 A-D 转换器

双积分型 A-D 转换器属于间接 A-D 转换器，其基本原理是将模拟量转换为数字量分两步进行。第一步，将输入的模拟电压转化为与之成正比的时间 T；第二步，利用时钟脉冲和计数器将时间 T 转化为数字量，使数字量与 T 成正比；最后得到与输入模拟电压成正比的数字量。

双积分型 A-D 转换器的原理图如图 8-17 所示。

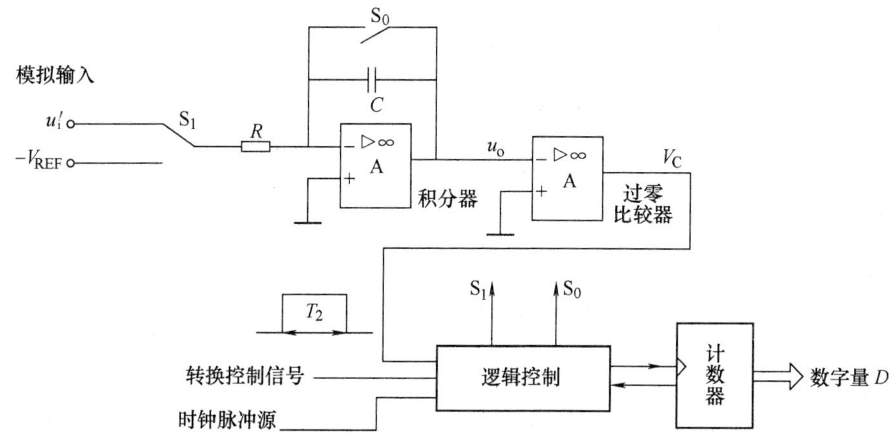

图 8-17　双积分型 A-D 转换器的原理图

可见双积分型 A-D 转换器由积分器、过零比较器、计数器、逻辑控制电路、时钟脉冲源和开关 S 以及基准电压源组成。电路的输入是模拟电压，输出是二进制数字量 D。结合双积分电路的工作波形图来阐述双积分型 A-D转换器的工作过程，如图 8-18 所示。

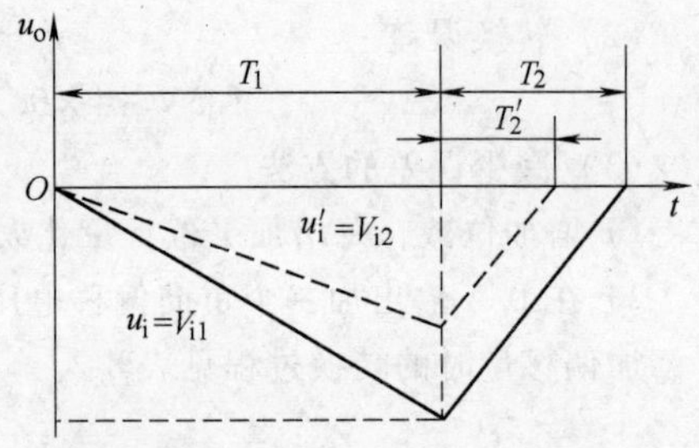

图 8-18 双积分电路的工作波形图

转换前开关 S_0 闭合电容 C 完全放电，计算器清零。接着电路进行双积分型 A-D 转换器转换。转换分两阶段进行。

第一阶段是积分器对 u_i 进行固定时间 T_1 的积分。控制电路将开关 S_1 合到 u_i 一侧，积分器对 u_i 进行固定时间 T_1 的积分，积分结束时，积分器的输出电压 u_o，则有

$$u_o = \frac{1}{C}\int_0^{T_1}\left(-\frac{u_i}{R}\right)dt = -\frac{T_1}{RC}u_i \tag{8-17}$$

式（8-17）中 T_1、R、C 都是固定的物理参数，故积分电路的输出电压与输入电压成正比。第二阶段是对固定的参考输入电压 $-V_{REF}$ 的积分。固定积分时间 T_1 结束后将开关 S_1 接到 V_{REF} 一侧，开关 S_0 保持断开，与此同时计数器开始对输入的时钟脉冲进行计数，因 $-V_{REF}$ 与输入电压的极性相反，故输出电压的绝对值越来越小，直到积分器输出电压 $u_o=0$，过零比较器的输出 V_C 为 $V_C=1$，此时通过控制电路控制计数器停止计数和积分电路停止积分。这个反向积分所经历的时间也就是输出电压由式（8-17）中所决定的数值变到零时所经过的积分时间，设此时间为 T_2，则有

$$u_o = -\frac{T_1}{RC}u_i + \frac{1}{C}\int_0^{T_2}\frac{V_{REF}}{R}dt = -\frac{T_1}{RC}u_i + \frac{V_{REF}T_2}{RC} = 0$$

$$T_2 = \frac{T_1}{V_{REF}}u_i \tag{8-18}$$

从式（8-18）可知，反向积分时间 T_2 与输入模拟电压成正比。时钟脉冲源产生固定频率的脉冲信号，假设计数器从零开始计数，则计数结果 D 一定与 T_2 成正比。则 A-D 转换的数字量为

$$D = \frac{T_2}{T_C} = \frac{N}{V_{REF}}u_i \tag{8-19}$$

双积分型 A-D 转换器主要优点是工作性能稳定、转换精度高和抗干扰能力强。从双积分型 A-D 转换器的工作原理可知，只要两次积分期间 R、C 的参数相同，则转换结果与 R、C 无关。因此，R、C 参数的缓慢变化不影响转换精度。另外，A-D 转换器中的积分器对平均值为零的各种噪声有很强的抑制能力。

双积分型 A-D 转换器主要缺点是工作速度较低，其转换速度一般在每秒几十次之内。在一些对速度要求不高（如数字式万用表）场合，双积分型 A-D 转换器获得了广泛应用。

8.4.4 A-D 转换器的主要技术指标

1. 分辨率

分辨率是指对输入信号的分辨能力，在 A-D 转换器中通常以输出二进制或十进制数的位数表示分辨率，位数越多，量化单位越小，对输入信号的分辨能力就越高。

2. 转换误差

转换误差是指实际输出与理想输出之间的相差程度。在 A-D 转换器中通常用输出数字量最低位的倍数表示（nLSB）。

3. 转换速度

转换速度常用转换时间或转换速率来描述。转换时间为完成一次 A-D 转换所用的时间，它是从转换控制信号给出开始计时到输出端得到稳定的数字量输出结束所需要的时间。双积分转换器的转换时间一般为数十毫秒到数百毫秒。而转换速率（或者频率）则是每秒转换的次数，它是转换时间的倒数。例如，TLC5510 的转换时间为 50ns，其转换频率则为 20MHz。

8.4.5　ADC 的应用举例

1. ADC 在智能控制系统中的应用

随着科学技术的进步，检测行业发展快速，除了检测项目和内容不断扩大，更重要的是检测越来越科学化、职能化，主要表现在检测过程及检测结果由计算机监控和显示。多点温度的采集控制近年来在检测行业应用较为广泛，图 8-19 所示为温度控制系统结构框图。

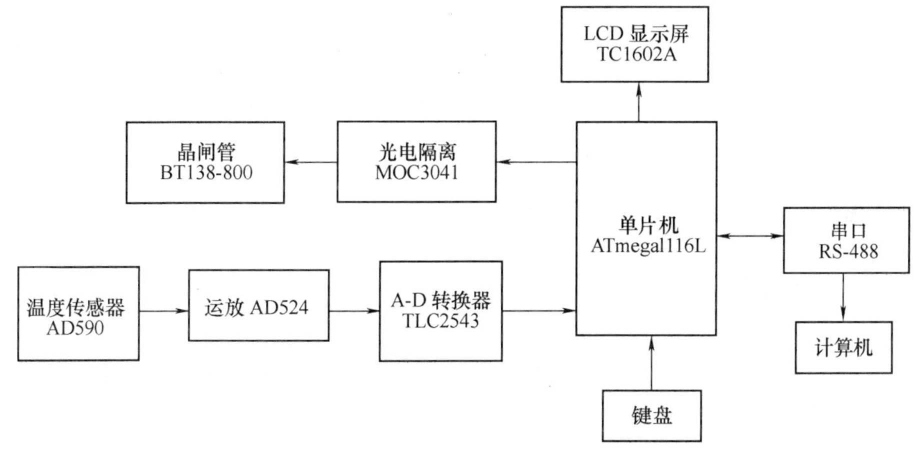

图 8-19　温度控制系统结构框图

整个系统由单片机主控制器、温度传感器、运算放大电路、液晶显示电路、键盘电路、串口通信电路等构成。由温度传感器 AD590 和运放 AD524 构成温度采集和调理电路，调理后的信号传入 A-D 转换器 TLC2543 完成模拟的温度到数字温度的转换，转换后的数字温度传入单片机。单片机在键盘输入控制和对检测到的温度 i 信号进行处理后可以进行实时显示，同时控制由光电耦合器和晶闸管组成的温度控制部分，控制晶闸管是否处于导通状态，从而控制加热棒的加热与否，并可通过串口把数据传输给计算机对数据进行存储、处理等。

2. ADC 在智能仪表中的应用

智能仪表在现代的检测中发挥着重要的作用，如智能温度计，智能压力计，智能磁力计以及智能气体检测计等。因为这些信号在实际生活中一般是以模拟信号的形式存在的，但是要进行智能控制和数字显示一般要经过单片机的处理，所以这类器件大部分都离不开 ADC。当然现在也有部分系统和仪表用的是可以直接输出数字信号的传感部分。图 8-20 所示为一种新型智能测磁仪的硬件结构框图。

外部磁的采样信号经三通道电压调理电路和三通道电流调理电路接至 A-D 转换器 ADS8364，输出数字信号传入 CPU 单片机 TMS320LF2407。CPU 内部的 SCI 实现与 PC 通信，由并/串转换电路 ST16C550 扩展的串口与显示终端 LCD 相连，并配有键可以对参数进行设置和启动停止进行控制的键盘及数据输出的打印电路。

为了保证 A-D 转换的质量，充分发挥器件的潜力，在选择集成 A-D 转换器时，应考虑以下因素：

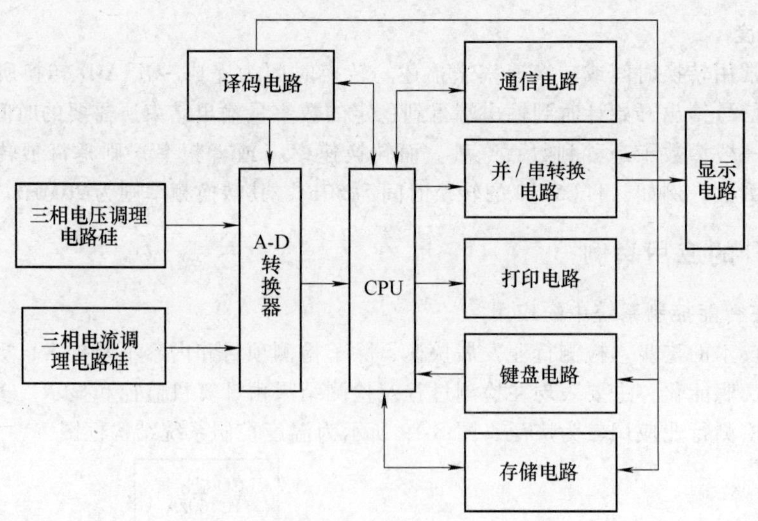

图 8-20 智能测磁仪的硬件结构框图

1）待转换模拟信号 u_i 的性质。模拟信号的变化范围，包括最大值和最小值、单极性还是双极性、正负对称还是不对称等；

2）变化速率。输入模拟信号频谱的最高有效频率分量；

3）格式为单端还是差动；

4）系统对分辨率、线性度、相对精度以及转换时间的要求；

5）芯片对参考电压 V_{REF} 的要求和系统满足这一要求的可能性；

6）系统对 A-D 转换器输出数字量的要求，包括码制及格式、输出电平和输出方式（三态、缓冲或锁存等）；

7）A-D 转换器需要的控制信号及时序关系；

8）A-D 转换器环境条件；

9）功耗、体积、成本；

10）其他方面如干扰情况、信号源内阻等。

本章小结

常用的 D-A 转换器有加权电阻型、R-2R 网络型、加权电流型等几种类型。这几种电路在集成 D-A 转换器中均有应用。目前，在双极型的集成 D-A 转换器产品中，加权电流型电路用得比较多，在 CMOS 集成 D-A 转换器产品中，R-2R 网络型电路用得比较多。

D-A 转换器的主要参数有分辨率、转换精度和转换速度等。为了得到较高的转换精度，除了选用分辨率较高的 D-A 转换器外，还必须保证参考电源的稳定度。

常用的 A-D 转换器有计数型、逐次逼近型、并行比较型、双积分型、Σ-Δ 型等几种类型。并行比较型 A-D 转换器是目前所有 A-D 转换器中转换速度最快的一种，但由于随着位数的提高，电路规模急剧增大，因此难以获得分辨率高的集成电路产品。逐次逼近型 A-D 转换器转换速度介于并行比较型和双积分型 A-D 转换器之间，是应用最广泛的一种 A-D 转换器。双积分型 A-D 转换器转换速度很低，但由于电路结构简单，性能稳定可靠，抗干扰能力较强，所以在各种低速系统中获得广泛应用。

习　题

8-1　一个无符号 8 位数字量输入的 DAC，其分辨率为________位。

A. 1　　B. 3　　C. 4　　D. 8

8-2　一个无符号 10 位数字输入的 DAC，其输出电平的级数为________。

A. 4　　B. 10　　C. 1024　　D. 8

8-3　一个无符号 4 位加权电阻型 DAC，最低位处的电阻为 40kΩ，则最高位处电阻为________。

A. 4kΩ　　B. 5kΩ　　C. 10kΩ　　D. 20kΩ

8-4　4 位倒 T 形电阻网络 DAC 的电阻网络的电阻取值有________种。

A. 1　　B. 2　　C. 4　　D. 8

8-5　为使采样输出信号不失真地代表输入模拟信号，采样频率 f_s 和输入模拟信号的最高频率 f_{imax} 的关系是________。

A. $f_s \geqslant f_{imax}$　　B. $f_s \leqslant f_{imax}$　　C. $f_s \geqslant 2f_{imax}$　　D. $f_s \leqslant 2f_{imax}$

8-6　将一个时间上连续变化的模拟量转换为时间上断续（离散）的模拟量的过程称为________。

A. 采样　　B. 量化　　C. 保持　　D. 编码

8-7　用二进制码表示指定离散电平的过程称为________。

A. 采样　　B. 量化　　C. 保持　　D. 编码

8-8　D-A 转换器的主要参数有________、转换精度和转换时间。

A. 分辨率　　B. 输入电阻　　C. 输出电阻　　D. 参考电压

8-9　8 位 D-A 转换器当输入数字量只有最低位为高电平时输出电压为 0.01V，若输入数字量只有最高位为高电平，则输出电压为________V。

A. 0.039　　B. 2.56　　C. 1.28　　D. 都不是

8-10　将幅值上、时间上离散的阶梯电平统一归并到最邻近的指定电平的过程称为________。

A. 采样　　B. 量化　　C. 保持　　D. 编码

8-11　n 位加权电阻型 D-A 转换器如图 8-21 所示。

（1）试推导输出电压 u_o 与输入数字量的关系式；

（2）如 $n=8$，$V_{REF}=-10V$ 时，如输入数码为 20H，试求输出电压值。

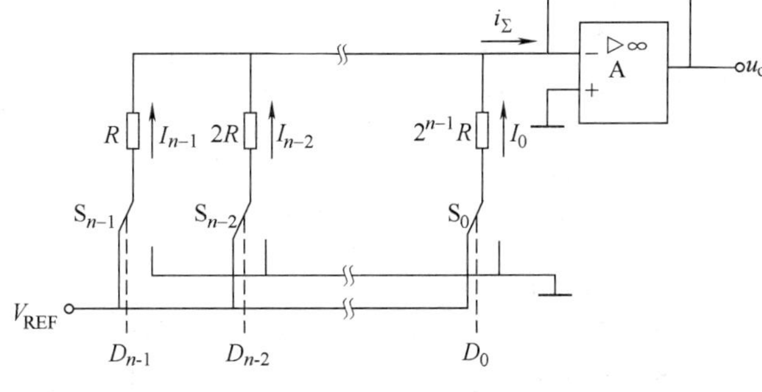

图 8-21　题 8-11 图

8-12　有一个 D-A 转换器，最小分辨电压为 5mV，满刻度电压为 10V，试求该电路输入数字量应是多少。

第 9 章　数字系统综合设计

9.1　引言

在前面各章中已较全面地介绍了组合逻辑电路和时序逻辑电路的分析方法和设计方法。这些分析和设计方法是建立在真值表、卡诺图和状态表的基础上，是针对功能相对单一的基本逻辑单元电路进行的。如果将这些方法用于设计功能复杂、规模较大的实际数字系统时，采用经典的方法设计就比较困难，因此需要采用新的方法来描述和设计。

本章首先介绍数字系统的基本概念，传统数字系统设计方法存在的问题，然后介绍现代数字系统的设计流程，并通过两个实际的例子来介绍现代数字系统的设计方法。

9.2　数字系统概述

前面章节介绍的数据选择器、比较器、加法器、计数器等电路，都只能实现某种单一的特定功能，因此称为功能级电路。由若干这样的功能级电路和逻辑电路构成的，按照一定顺序对数字信息进行存储、传输、处理的电子设备，称为数字系统。数字系统的输入输出都是数字量。数字系统的规模可大可小，小到一个简单的数字电子钟、电视机遥控板，大到复杂的电子计算机、数字电视等，这些都是常见的数字系统。数字系统从结构上一般可划分为数据处理单元和控制单元，如图 9-1 所示。

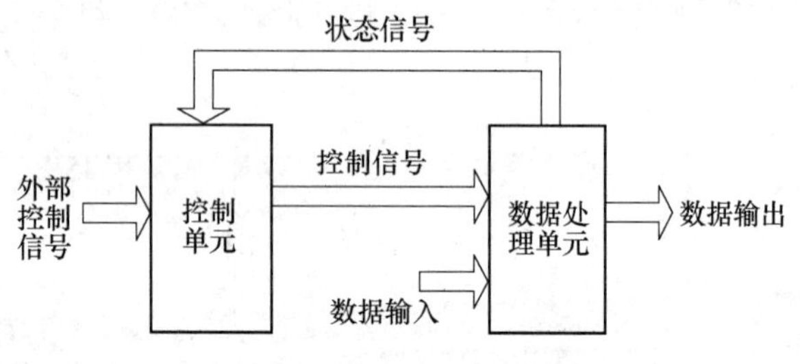

图 9-1　数字系统的组成框图

数据处理单元接受控制单元发来的控制信号，对输入数据进行算术运算、逻辑运算和移位操作等处理，然后输出数据，并将数据处理过程中产生的状态信息反馈到控制单元。

控制单元根据外部输入的控制信号和数据单元提供的状态信息，决定下一步要完成的操作，并向数据处理单元发出控制信号以控制其完成该操作。通常以是否具有控制单元作为区分功能级电路和数字系统的标志，凡是包含控制单元且能按顺序进行操作的系统，无论规模大小，一律称为数字系统，否则只能算是一个模块，不能称为一个独立的数字系统。例如，大容量的存储器尽管规模很大，但也不能称为数字系统。

数字系统的设计方法分为“自底向上”的设计方法和“自顶向下”的设计方法。

（1）“自底向上”的设计方法

采用这种方法时，设计者通常根据自己的经验，将复杂的数字系统按照逻辑功能划分成若干子模块，一直分到这些子模块可以用具体的元器件或者标准的逻辑功能部件进行设计，最后将整个系统安装、调试达到设计要求。这种设计过程在传统的手工电路设计中经常使用。

“自底向上”的设计方法在设计过程中没有明显的规律可遵循，主要依靠设计者的实践经验和熟练的设计技巧，系统的各项性能指标只有在系统构成后才能分析测试，如果发现系统性能需要改进，修改起来会比较困难，而且设计周期加长。

随着集成电路规模的不断扩大、复杂度的不断提高，传统的“自底向上”的电路设计方法逐渐被“自顶向下”的现代数字系统设计方法取代。

（2）“自顶向下”的设计方法

“自顶向下”的设计方法是在顶层设计中，把整个系统看成是包含输入输出端口的单个模块，对系统级进行仿真、纠错，然后从系统的功能出发，按照一定原则将整个系统划分成几个子系统，然后逐级向下，再将每个子系统分为若干功能模块，每个功能模块还可以继续向下划分成子模块，直至分成许多最基本的模块实现。从上到下的划分过程中，最重要的是将系统或子系统划分成控制单元和数据处理单元。数据处理单元中的功能模块通常为设计者熟悉的各种功能电路，可采用通用集成电路芯片或硬件描述语言实现其功能。设计者的主要任务为控制单元的设计，而控制单元实际上是一个状态机。“自顶向下”设计方法将一个复杂的数字系统设计转换为一些较为简单的状态机设计和基本电路模块的设计，从而大大简化了设计难度。

9.3　传统数字系统设计方法存在的问题

面对现代数字产品及其开发时，组合电路、时序电路等分析与设计方法存在以下一些问题而无法适应现在的实际应用。

（1）低速

传统数字系统多由 74 系列和 CMOS 4000 系列等通用逻辑器件构成，工作速度 100MHz 以内，而现代数字系统可以达到上千兆赫兹。

（2）设计规模小

从卡诺图应用可以看出，在逻辑化简中，卡诺图能处理的数字电路模块的变量个数非常有限，因此组合逻辑电路的设计规模也只能在数十至数百个等效逻辑门之间，然而现代数字系统的逻辑门最多可能超过 1000 万个，单个芯片上已经可以集成 800 万逻辑门。对这种大规模的系统设计，传统的技术已经无能为力，必须依赖于功能强大的电子设计自动化（Electronic Design Automation，EDA）软件才能完成设计。

（3）分析技术无法适应需要

当电路的规模大到数百万门时，将无法通过传统的原理图来分析其逻辑功能，而且，即使对于小规模逻辑电路的分析，传统的分析方法也只能得到电路的逻辑功能，无法获得精确的延时特性，从而更无从了解电路的硬件特性、工作速度、竞争冒险等重要信息。然而如果采用现代数字系统设计方法，借助 EDA 软件，则对任何规模的逻辑电路都能高效准确地进行分析，及功能和时序仿真。

（4）效率低成本高

传统数字系统的设计是基于手工的，几乎整个设计过程包括设计对象的功能描述、逻辑抽象、逻辑化简、原理图设计、系统实现和测试，都是手工完成的。这种设计方法没有明显的规律可遵循，主要依靠设计者的实践经验和熟练的设计技巧，系统的各项性能指标只有在系统构成后才能分析测试，一旦发现系统性能不符合要求或者需要改进，就得返工，从头开始。因此即使一个中小规模的系统设计周期也将很长，这必然导致设计成本的提高和产品竞争能力的降低，无法适应现代电子产品市场周期短的挑战。

（5）体积大、功耗大、可靠性低

由于传统数字系统多由 74 系列和 CMOS 4000 系列等通用逻辑器件构成，工作电压大多数是 5V，规模若稍大，系统中包含的此类器件的数量将大大增加，无疑会导致系统体积大，功耗大，无法实现便携式产品。而且由于用的芯片数量多，会导致系统的故障率增加。而现代数字产品，大多数都能用一片高集成度的芯片实现，也叫片上系统（System on a Chip），工作电压能降至2.5V，甚至1.8V，因此功耗低、可靠性高。

（6）功能无法升级

在传统的数字系统中电路结构和功能是一一对应的，一旦硬件电路设计完成，整个系统的功能就确定并固定下来，如果要改变功能，必须重新设计硬件电路。而现代数字系统中，经常需要在不改变硬件电路的情况下，升级系统功能。

（7）知识产权不易得到保护

在传统数字系统中，由于通用逻辑器件的功能是标准的，竞争对手很容易通过电路板了解系统的器件组成和电路之间的连接关系，从而复制这个系统，即所谓的抄板。而现代数字系统中设计者可以采用很多方法对系统进行加密保护。

9.4 基于 EDA 的现代数字系统设计流程

随着数字集成技术和 EDA 技术的迅速发展，数字系统的设计理论和方法也相应的发生了变化。EDA 技术以计算机为根据，设计者只需对系统功能进行描述，就可以在 EDA 工具的帮助下完成系统设计。

采用可编程逻辑器件（PLD）设计数字系统，是目前利用 EDA 技术设计数字系统的潮流。这种设计方法以数字系统设计软件为工具，用软件仿真取代传统数字系统设计中的电路搭建和调试，用测试代码对设计完成的系统进行测试验证后，将系统实现在可编程逻辑器件或者专用的集成电路上，这样可以最大程度地缩短设计周期，减低成本，增加系统可靠性。图 9-2 所示为基于 FPGA/CPLD 的现代数字系统设计流程框图。

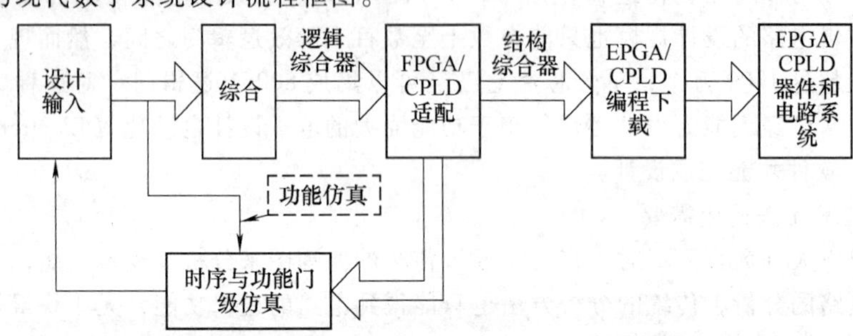

图 9-2 基于 FPGA/CPLD 的现代数字系统设计流程框图

9.4.1 设计输入

对于目前的 EDA 设计软件，图 9-2 的设计流程具有一般性。现代数字系统设计的第一步是根据数字系统的功能要求进行建模。也就是将要实现的逻辑功能进行抽象，用真值表、电路图、逻辑表达式、波形图、状态图等表达出来。常见的 FPGA/CPLD 系统开发中，设计输入有图形输入和文本输入两种类型。

1. 图形输入

图形输入包括原理图输入、状态图输入和波形图输入三种常用方法。原理图输入法类似于传统电子电路设计和仿真中的原理图输入方式，即在 EDA 软件的图形编辑界面上绘制能完成特定功能的数字系统电路图。原理图输入时，通常是直接调用 EDA 软件库中的功能模块，如简单的门电路、触发器及 74 系列集成器件等。EDA 软件对输入的图形文件进行编译后生成适用于逻辑综合的网表文件。

采用原理图输入方法的优点是形象直观、简单易学，非常适用于初学者。但是当电路设计规模比较大，硬件系统比较复杂时，可能需要几十张、上百张原理图才能描述一个系统，这就给系统设计的归档、阅读、修改带来极大不便，这一点在 IC 设计领域表现得尤为突出。

2. 文本输入

文本输入是采用硬件描述语言（Hardware Description Language，HDL）来描述数字电路的内部结构和信号之间的连接关系。由于硬件描述语言的语言逻辑具有逻辑描述功能强、可读性强、便于移植和修改等优点，因此被广泛应用于各种现代大规模数字系统设计中。目前最具代表性、使用最广泛的硬件描述语言是 VHDL 和 Verilog HDL。

9.4.2　综合

图 9-3 所示综合器将 HDL 文本转换到电路网表的过程叫综合。综合过程是将 HDL 文本、原理图等逻辑描述，依据给定的硬件结构组件（比如特定的 FPGA 芯片资源）和约束控制条件进行编译、化简、优化、转换和综合，最终获得逻辑门电路，甚至更底层的描述电路连接关系的网表文件。

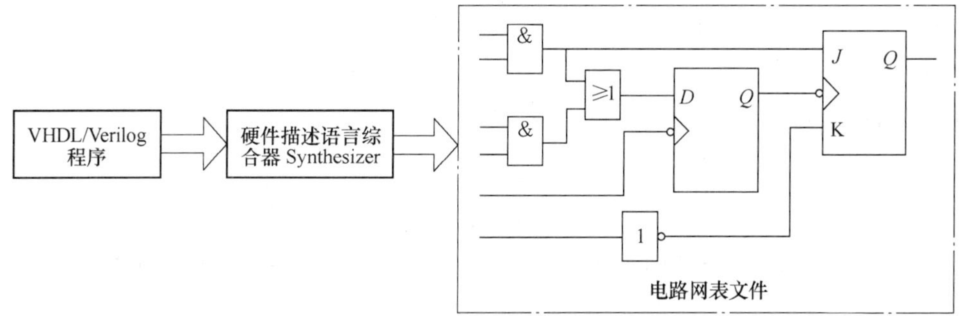

图 9-3　综合过程示意图

9.4.3　适配

完成适配的软件称为适配器。适配器又称为布线器和结构综合器，其功能是将综合生产的网表文件配置到指定的目标器件如 FPGA 芯片中，使之生成最终的下载文件。适配器将网表文件针对某一特定的器件进行逻辑映射操作，包括逻辑分割、逻辑优化、逻辑布局布线操作。适配完成后可利用适配所产生的仿真文件对系统做精确的时序仿真。通常综合器可以由第三方 EDA 公司提供，而适配器则由 FPGA/CPLD 等器件供应厂商提供。

9.4.4　时序仿真与功能仿真

仿真是正确实现设计的关键环节，用来验证设计者的设计思想是否正确以及在设计实现过程中各种分布参数引入后，其设计的功能是否依然正确无误。仿真主要分为功能仿真和时序仿真。

1. 功能仿真

功能仿真也叫布局前仿真。功能仿真只验证设计输入所描述的逻辑功能是否正确，仿真过程不涉及任何器件的硬件特性，可以不经过综合和适配，在系统设计编译后即可进行模拟测试。功能仿真的优点是设计耗时短，不需要了解器件的硬件特性。

2. 时序仿真

时序仿真又叫布局后仿真，这是接近真实器件运行特性的仿真，因为仿真文件中已经包含所用器件的硬件特性参数，比如工作频率等。时序仿真的文件必须是针对具体器件进行的综合和适配后生成的文件。时序仿真功能是现代数字系统设计手段相对于传统手工设计方法一个最明显的优点。

一个完整的系统仿真必须通过时序仿真，才能真正确定所设计的系统能否在实际硬件系统中正常工作。

9.4.5 编程下载

设计流程的最后一步是把适配后生成的下载或者配置文件，通过编程器或者编程电缆下载（配置）到 FPGA 或者 CPLD 等逻辑器件中，进行硬件的调试和验证，最后对整个系统进行统一测试。

9.5 DDS 信号发生器设计

直接数字合成器（Direct Digital Synthesizer，DDS）是一种新型的频率合成技术，具有频率转换时间短、频率分辨率高、输出相位连续、可产生宽带正交信号及其他多种调制信号、可编程和全数字化、控制灵活方便等优点，广泛应用于现代电子设备中。本节内容以 DDS 信号发生器的设计为例，初步介绍现代电子系统实现方法。

9.5.1 DDS 实现原理

对于正弦信号发生器，其输出可以表示为

$$S_o = A\sin\omega t = A\sin(2\pi f_o t) \tag{9-1}$$

式中，S_o 是该信号发生器输出的正弦信号波形；f_o 是输出信号频率；$\varphi = 2\pi f_o t$ 是正弦信号的相位。

用频率为 f_c 的参考时钟对式（9-1）进行采样后，正弦信号一个周期（2π）内的取样点数为 $M = f_C = f_O$，则相邻两个采样点之间（即一个采样周期 T_c 内）信号相位增量 $\Delta\varphi$ 为

$$\Delta\varphi = \frac{2\pi}{M} = 2\pi\frac{f_O}{f_C} \tag{9-2}$$

因此，假设初始相位为 0，则第 k 个采样时钟到来时，正弦信号发生器的输出可表示为

$$S_o = A\sin(\Delta\varphi k) = A\sin\left(2\pi\frac{f_o}{f_c}k\right) = A\sin(\varphi_{k-1} + \Delta\varphi) \tag{9-3}$$

式中，φ_{k-1}表示第 $k-1$ 个采样时钟到来时正弦信号的相位值，$\varphi_{k-1} = 2\pi\frac{f_o}{f_c}(k-1)$。

为了用数字逻辑实现上述表达式，将相位增量 $\Delta\varphi$ 数字化，假设将一个周期相位 2π 等分为 2^N 份，则一个采样周期 T_c 的相位增量 $\Delta\varphi$ 用量化值 $D_{\Delta\varphi}$ 表示为

$$D_{\Delta\varphi} = \frac{\Delta\varphi}{2\pi}2^N = 2^N\frac{f_o}{f_c} \tag{9-4}$$

因此，相位离散化后的正弦信号发生器的输出可表示为

$$S_o = A\sin\left[\frac{2\pi}{2^N}(D_{\varphi_{k-1}} + D_{\Delta\varphi})\right] = Af_{\sin}(D_{\varphi_{k-1}} + D_{\Delta\varphi}) \tag{9-5}$$

式中，$D_{\varphi_{k-1}}$ 表示第 $k-1$ 个采样时钟到来时正弦信号的离散化的相位值，$D_{\varphi_{k-1}} = \frac{\varphi_{k-1}}{2\pi}2^N$。

式（9-5）表明在数字系统中，只要对相位的量化值进行累加运算，就可以得到正弦信号在任何采样时刻的相位值。

DDS 就是根据上述原理而设计的，DDS 结构原理框图如图 9-4 所示，主要由相位累加器、相位调制器、正弦 ROM 查找表和 D-A 转换器组成。

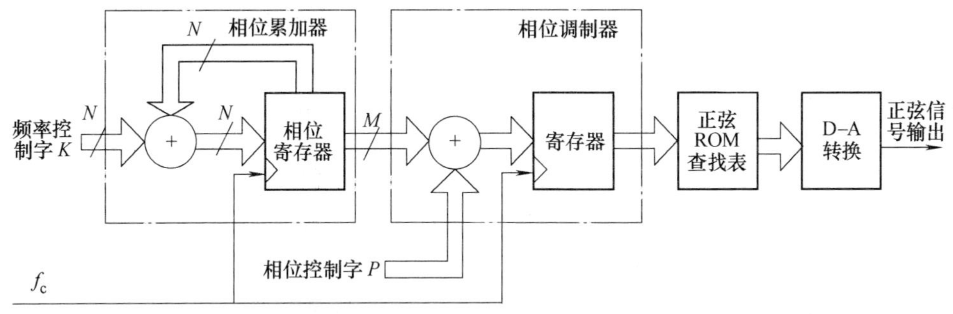

图 9-4　DDS 结构原理框图

图中 K 为频率控制字，即式（9-4）中的相位增量 $D_{\Delta\varphi}$，P 为相位控制字，f_c 为参考时钟频率，N 是相位累加器的数据位数，也是频率控制字的数据位数，M 为 ROM 的地址位数。相位累加器在时钟 f_c 的控制下以步长 K 累加，输出的 N 位二进制数经过截断处理后取高 M 位与相位控制字 P 相加，结果作为正弦 ROM 查找表的输入地址。正弦 ROM 查找表中包含一个周期的正弦波的数字幅度信息，每个地址对应正弦波中 0～360° 范围的一个相位点，查找表把输入的地址相位信息映射成正弦波幅度的数字量信号（即完成 $f_{\sin}$（D_{φ_k}）变换）输出，送往 D-A 转换为模拟信号。

图 9-4 中，假设相位控制字 P 不变，相位寄存器的位数为 N，则相位寄存器经过 $2^N/K$ 个参考时钟周期 T_c 后回到初始状态，相应的正弦查找表地址经过一个循环回到初始值，DDS 系统输出一个正弦波。输出正弦波频率为

$$f_o = \frac{K}{2^N} f_c \tag{9-6}$$

因此，改变频率控制字 K 就能改变输出正弦波信号的频率。

当频率控制字 $K=1$ 时，DDS 系统输出最低合成频率，即频率分辨率为 $\Delta f_{\min} = \frac{f_{\text{clk}}}{2^N}$。由于输出正弦信号实际上是以参考时钟 f_c 对波形进行采样，从获得的采样点中恢复出来的，根据采样定理，输出信号频率不能超过采样时钟频率的一半，因此 DDS 的最大合成频率为 $f_{o\max} \leqslant \frac{1}{2} f_c$，此时 $K = 2^N - 1$。因此只要 N 取得很大，DDS 就可以得到很细的频率间隔。但是在实际系统中，D-A 转换器的数据位数是一定的，如果一个周期被分为 2^N 个点，在波形存储器中存储如此之多的点，则有可能存储了很多相同幅值的点，这无疑是对存储空间的浪费。假设 D-A 转换器的位数是 n，波形存储器的地址位数是 m，而正弦函数的最大斜率是 1，必须保证在此处的水平分辨率大于垂直分辨率，因此有 $\frac{2\pi}{2^m} \leqslant \frac{2}{2^n}$，$m$ 和 n 均为正整数，可得 $m \geqslant n+2$，在 ROM 容量允许的情况下，通常取 $m=n+2$。

9.5.2　基于 FPGA 的 DDS 信号发生器的设计

本设计中，采用 10 位的 D-A 转换器，考虑到 FPGA 片内 ROM 容量因素，正弦 ROM 查找表的地址位数设为 11 位，相位累加器的位数为 32 位，取其高 11 位与 11 位的相位控制字 P 相加作为 ROM 的输入地址。

DDS 系统顶层设计原理图如图 9-5 所示。图中加法器 add32 和寄存器 reg32 构成了相位累加

器，加法器 add11 和寄存器 reg11 构成相位调制器。频率控制字和相位控制字由 FPGA 的 I/O 端口输入，参考时钟由外部输入，波形存储器 ROM 的输出通过 FPGA 的 I/O 端口与外部 D-A 转换器相连。

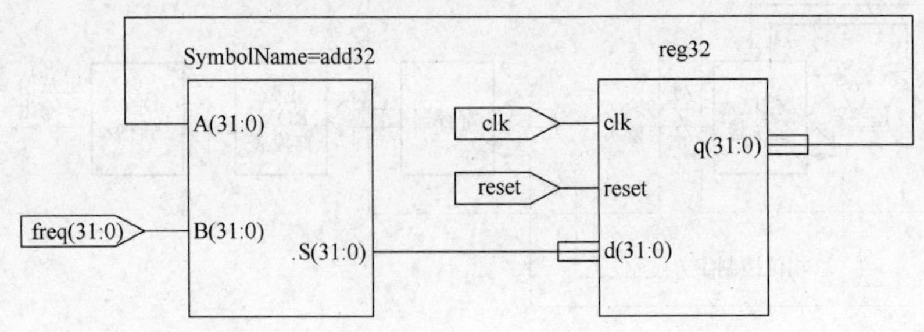

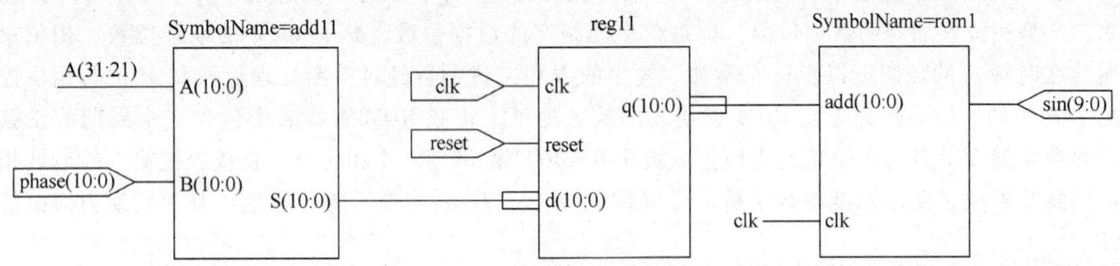

图 9-5　DDS 系统顶层设计原理图

图 9-5 中的加法器 add32、add11 和波形存储器 ROM 均采用 IP Core 生成器（Coregen & Architecture Wizard）定制，32 位寄存器和 11 位寄存器则采用 Verilog HDL 编写。下面以 Xilinx 公司的 ISE 软件和 Virtex4-10 FPGA 芯片为例介绍图 9-5 所示 DDS 系统的设计过程。

1. 新建工程

1）在打开的 ISE 集成开发环境中，执行菜单命令 Files→New Project...，此时系统会弹出如图 9-6 所示窗口，在 Project Name 中输入 dds，在 Project Location 中单击 Browse 按钮，将工程放到指定目录，在 Top-Level Source Type 的下拉菜单中选择 Schematic。

2）单击 Next 按钮进入下一页，选择所使用的 FPGA 芯片型号以及综合、仿真工具。计算机上所安装的所有用于仿真和综合的第三方 EDA 工具都可以在下拉菜单中找到，如图 9-7 所示。本设计选用 Virtex4-10 FPGA 芯片，并且指定综合工具为 XTS（VHDL/Verilog），仿真工具选为 ISE Simulator（VHDL/Verilog）。再单击 Next 按钮进入下一页，可以选择新建源代码文件，也可以直接跳过，进入下一页。第四页用于添加已有的代码，如果没有源代码，单击 Next 按钮，进入最后一页，单击确认后，就可以建立一个完整的工程。

2. 32 位寄存器 reg32 的设计

在工程管理区任意位置单击鼠标右键，在弹出的菜单中选择 New Source 命令，系统会弹出如图 9-8 所示的新建源代码对话框。左侧的列表用于选择代码的类型，在代码类型中选择 Verilog Module 选项，在 File name 文本框中输入 reg32，单击 Next 按钮进入 Verilog 模块端口定义对话框，如图 9-9 所示。

图中 Module Name 就是输入的 reg32，下面的列表框用于对端口的定义。Port Name 表示端口名称，Direction 表示端口方向（可以选择为 input、output 或 inout），MSB 表示信号的最高位，LSB 表示信号的最低位，单个信号的 MSB 和 LSB 不用填写。

定义了模块端口后，单击 Next 按钮进入下一步，单击 Finish 按键完成创建。这样，ISE 会自

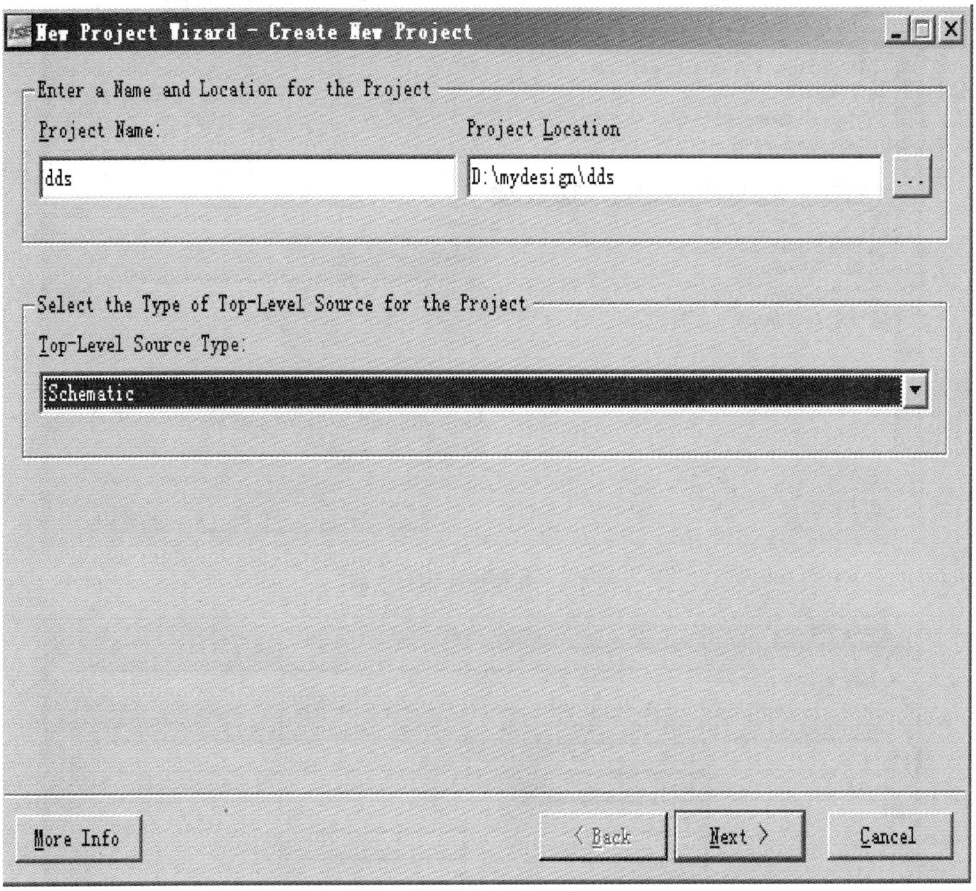

图 9-6　利用 ISE 新建工程的示意图

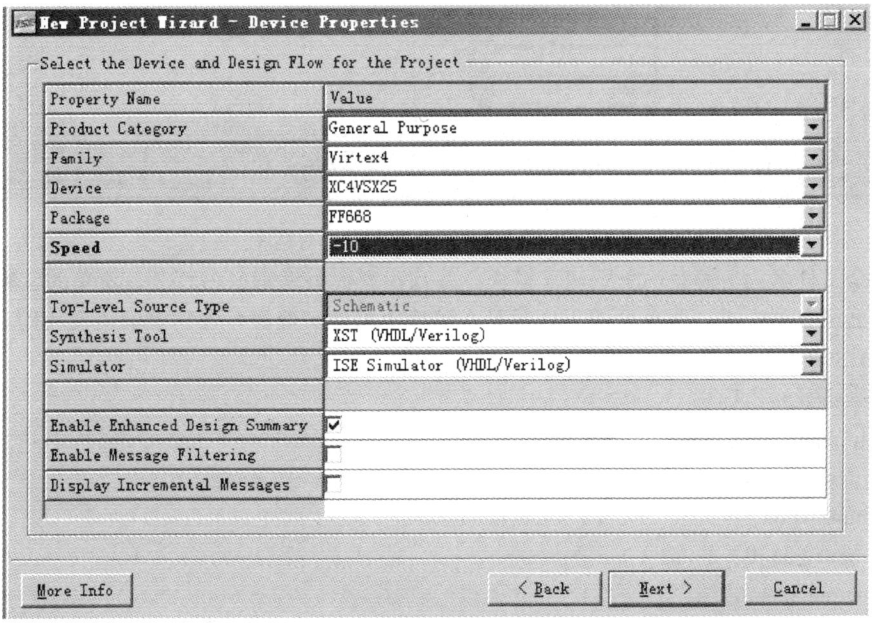

图 9-7　新建工程器件属性配置表

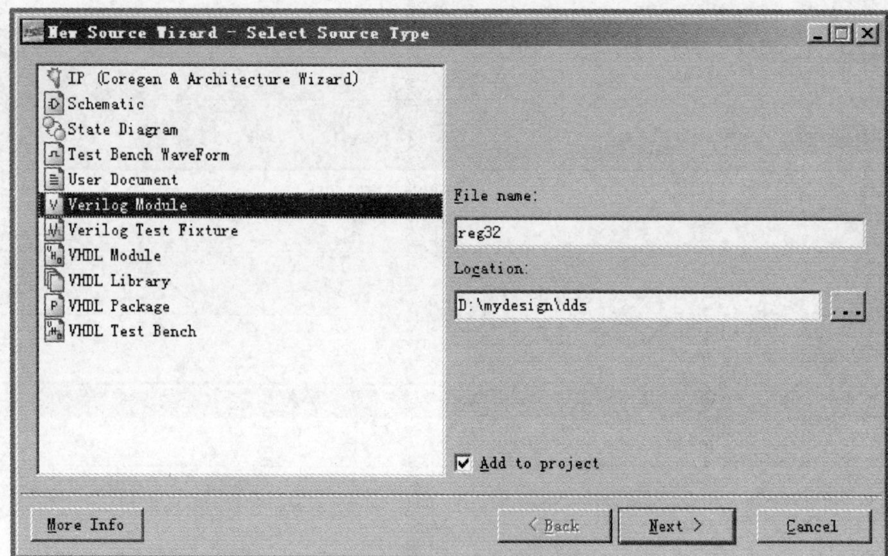

图 9-8 新建源代码对话框

New Source Wizard - Define Module

Module Name reg32

Port Name	Direction	Bus	MSB	LSB
clk	input	☑	0	0
reset	input	☑	0	0
d	input	☑	31	0
q	output	☑	31	0
	input	☐		
	input	☐		
	input	☐		
	input	☐		
	input	☐		
	input	☐		
	input	☐		

More Info　< Back　Next >　Cancel

图 9-9 Verilog 模块端口定义对话框

动创建一个文件名为 reg32. v 的 Verilog 模块，并且在源代码编辑区内打开。简单的注释、模块和端口定义已经自动生成，所剩余的工作就是在模块中添加实现寄存器功能的实现代码。

例 9-1 32 位寄存器 reg32 源代码

```
' timescale 1ns / 1ps
module reg32(clk, reset, d, q);
    input clk;
    input reset;
    input [31:0] d;
    output [31:0] q;

// 以下为手工添加的代码
```

```
reg [31:0] q;

always @ (posedge clk or negedge reset)begin
if(! reset)q < = 32'd0;
  else
   q < =d;
end

endmodule
```

完成上述源代码的添加后，保存该文件。在工程管理区中，选中文件 reg32. v，单击鼠标右键，选择 Set as top module，将文件 reg32. v 设置为顶层模块，在 Process 窗口中选择双击 Synthesize-XTS，reg32. v 通过 ISE 编译综合后，单击 Process 窗口中 Design Utilities→Create Schematic Symbol，ISE 软件自动生成 reg32. v 模块的原理图模块文件 reg32. sym，供设计顶层文件时调用。

当然，reg32. v 文件也可以在其他编辑器中输入并保存，再以文件添加的方式导入到工程 DDS 中。11 位寄存器 reg11 的设计过程与其类似。

3. 通过 IP 核设计 32 位加法器 add32

在工程管理区单击鼠标右键，在弹出的菜单中选择 New Source，选中 IP 类型，在 File Name 文本框中输入 adder32，然后单击 Next 按钮，进入 IP Core 目录分类页面，如图 9-10 所示。

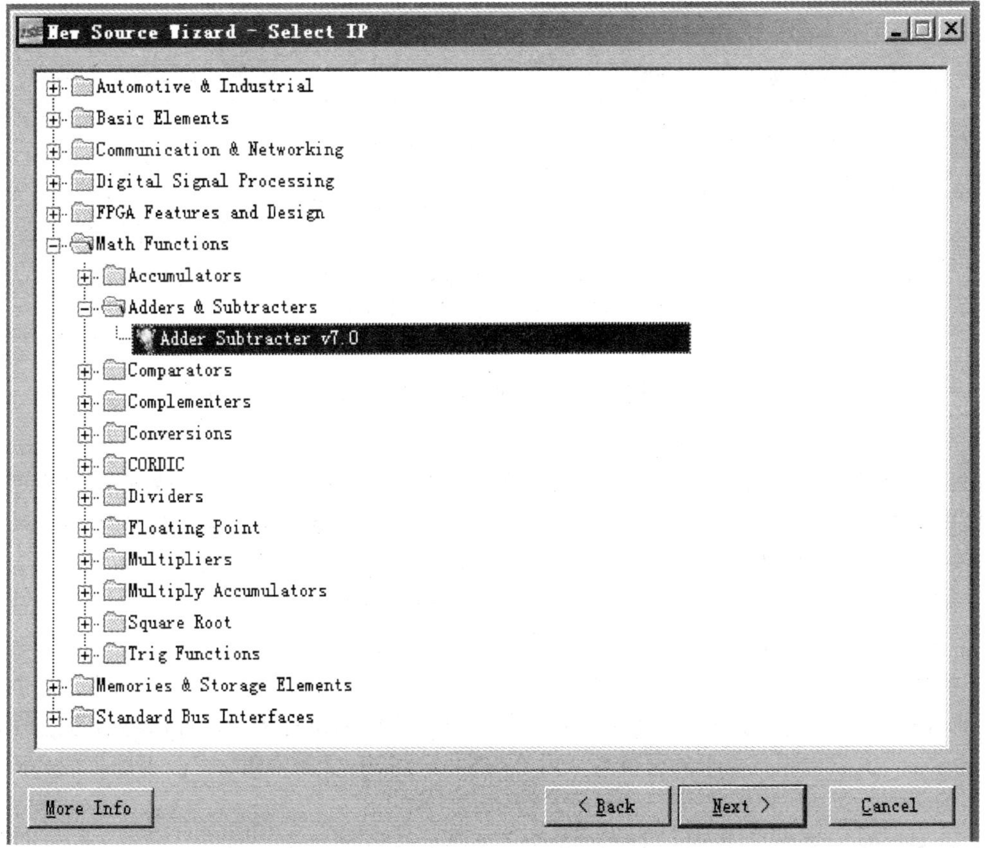

图 9-10　IP Core 目录分类页面

选中 Math Funcation→Adder & Subtracter→Adder Subtracter v7.0，单击 Next 按钮进入下一页，选择 Finish 完成配置。信息显示区会出现 Customizing IP... 的提示信息，并弹出一个 Adder Subtracter 配置对话框，如图 9-11 所示。设置端口数据位数为 32，然后单击 Next 按钮，在 Output Options 栏选择 Non-Registered，并把 Carry/Borrow Input 前面的“✓”取消。然后单击 Generate，信息显示区显示 Generating IP...，直到出现 Successfully generated adder 的提示信息。此时在工程管理区出现一个 add32.xco 的文件。这样 32 位加法器的 IP Core 已经生成并成功调用。采用同样的方法可设计 11 位加法器 add11。

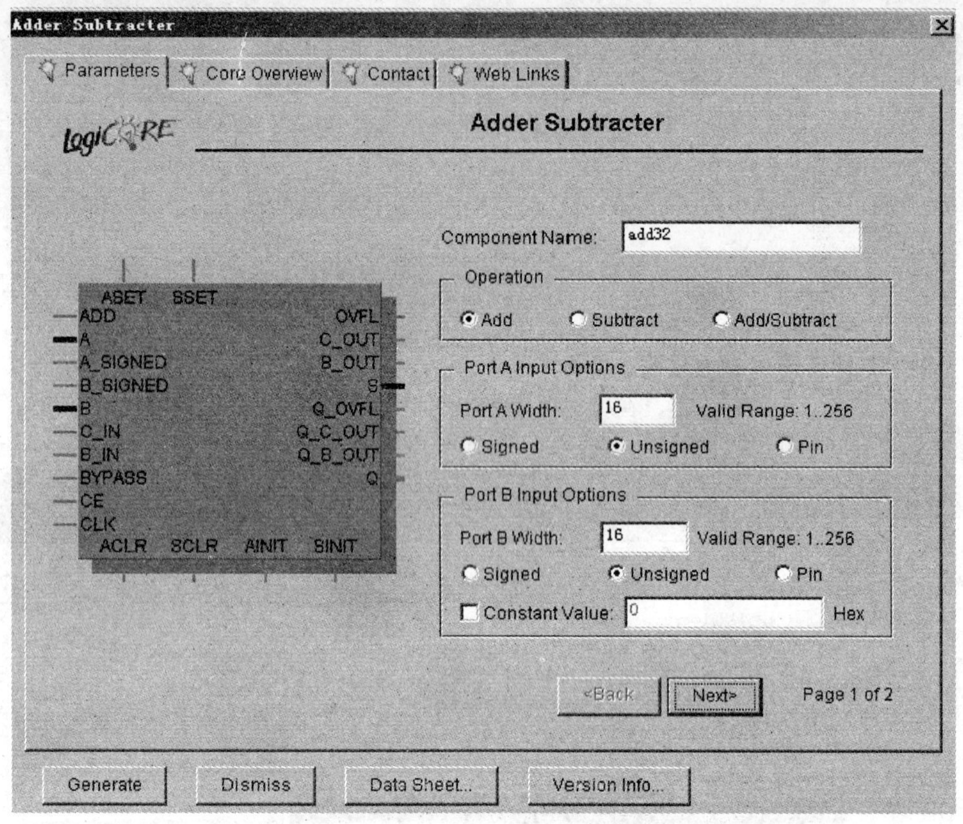

图 9-11 Adder Subtracter 配置对话框

4. 通过 IP 核定制 ROM 模块

在工程管理区单击鼠标右键，在弹出的菜单中选择 New Source，选中 IP 类型，在 File Name 文本框中输入 rom1，然后单击 Next 按钮，进入 IP Core 目录分类页面。这时选中 Memory & Storage Elements→RAMS & ROMS→Single Port Block Memory V6.2，单击 Next 按钮进入下一页，选择 Finish 系统会弹出如图 9-12 所示窗口。设置 ROM 的宽度为 10 位，深度为 2048（即 11 位地址线），然后单击 3 次 Next 按钮，系统显示如图 9-13 所示窗口。

在图 9-13 中需要导入 ROM 存储器的初始化值。在 Load Init File 前面打上“✓”，单击 Load File，选择一个实现已经写好的文件 sin.coe，单击打开。如果没有错误，可以单击旁边的 Show Coefficients... 查看数据，如果数据很多（大于 512），建议不要使用此功能，否则可能会因数据太大而无法响应。

文件 sin.coe 中存放了 ROM 存储器的数据。文件内容的格式为

MEMORY_INITIALIZATION_RADIX = 10;

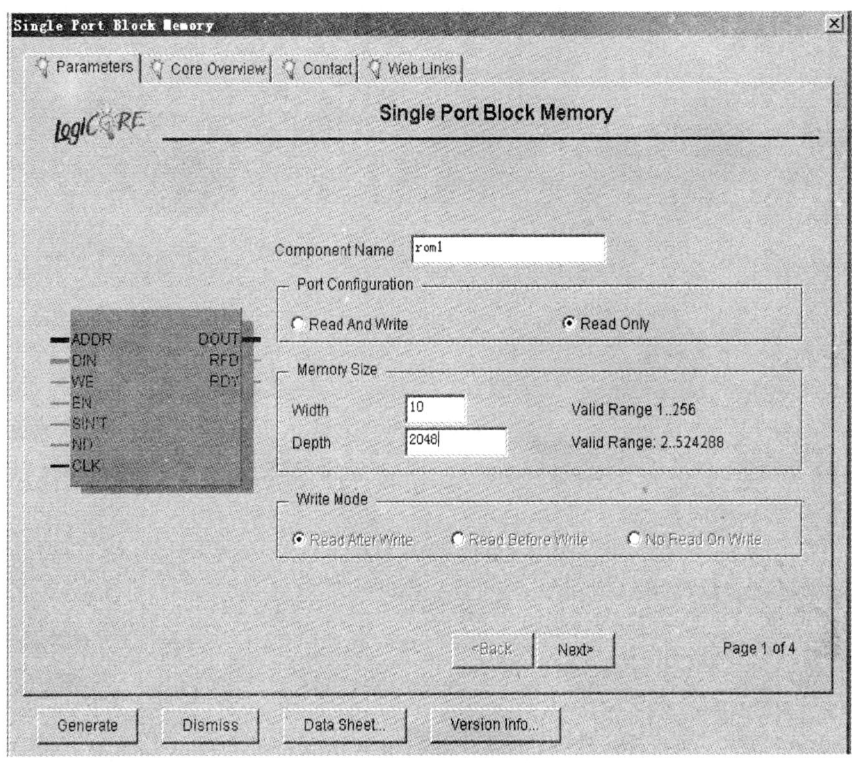

图 9-12　ROM IP Core 配置对话框（1）

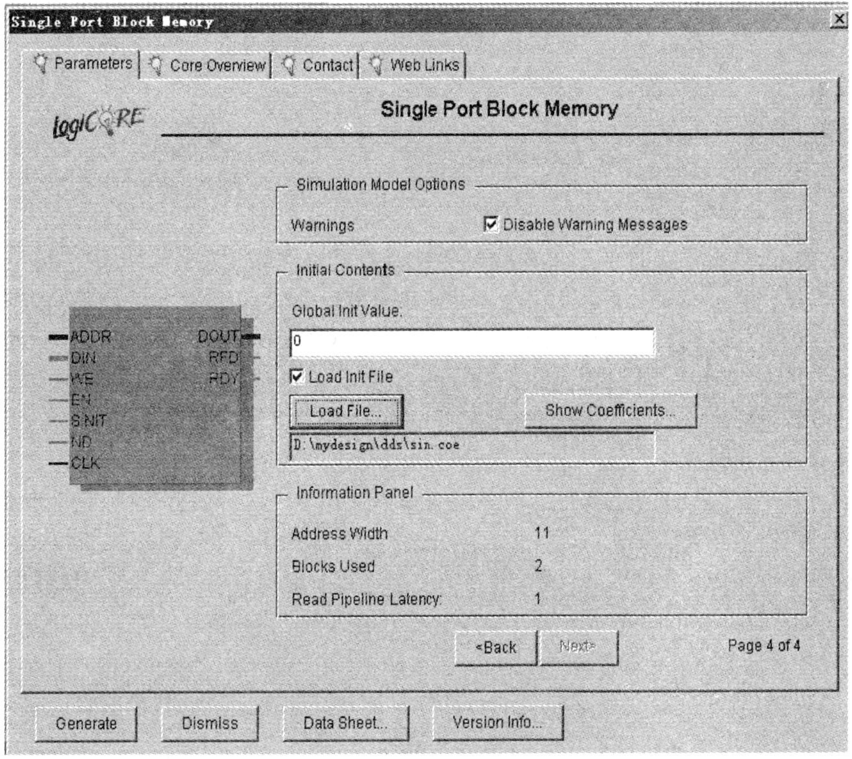

图 9-13　ROM IP Core 配置对话框（2）

```
MEMORY_INITIALIZATION_VECTOR =
512,
513,
515,
516,
518,
……
521;
```

第一行定义文件中的数据采用什么进制，可以采用十进制，十二进制和十六进制，数据的大小不超过定义的数据宽度；第二行照抄；第三行开始就是数据了，每个数据用“,”隔开，可以不分行，但是建议分行写，因为分行写便于统计数据个数；最后一个数据后用“;”结束。数据的个数和定义的深度必须相同，否则会出错。最后单击 Generate 按钮，产生 rom1. xco 文件。

波形数据文件 sin. coe 可以采用 C 语言或者 MATLAB 生成。对一个周期的正弦波信号采样 2048 个点，由于 D-A 转换器的输入为无符号数，因此将其量化为 10 位的无符号数。下面给出一个用 MATLAB 生成 sin. coe 文件的例子。

```
fid = fopen('d:\mydesign\sin.coe','w');
fprintf(fid,'MEMORY_INITIALIZATION_RADIX = 10;\n');
fprintf(fid,'MEMORY_INITIALIZATION_VECTOR = \n');


for i = 0:2047
    fprintf(fid,'%d,\n',floor((0.5 + 0.5 * sin(2 * pi * i/2047)) * 1024));
end
fclose(fid);
```

5. DDS 系统顶层电路设计及仿真

最后新建一个顶层原理图文件 top. sch，调用刚刚设计的各个模块，按照图 9-4 所示原理框图连接，并标上相应的网络名称，如图 9-5 所示。

对于图 9-5，必须借助于软件平台来验证所设计的 DDS 系统是否满足要求。选择 top. sch 为顶层设计模块，在 Process 窗口中选择双击 Synthesize-XTS，编译和综合 top. sch 文件。然后在工程管理区任意位置单击鼠标右键，在弹出的菜单中选择 New Source 命令，如图 9-8 所示，在代码类型中选择 Test Bench WaveForm 选项，在 File name 文本框中输入 top，单击 Next 按钮进入下一页。这时，工程中所有 Verilog Module 和原理图文件的名称都会显示出来，选择要进行测试的文件 top，单击 Next 按钮后进入下一页，直接单击 Finish 按钮。此时 HDL Bencher 程序自动启动，等待用户输入所需的时序要求，时序初始化对话框如图 9-14 所示。完成对时钟特性和仿真时间设定后单击 Finish 按钮，产生 top_tbw 测试矢量初始化波形如图 9-15 所示。

设置输入信号 reset、freq［31:0］和 phase［10:0］后保存文件。在工程管理对话框中 Source for 选择 Behavioral Simulation，就会看到刚刚创建的 top_tbw 在源文件对话框。选中 top_tbw 然后双击过程管理区的 Xilinx ISE Simulator 下面的 Generate Expected Simulation Results，即可完成功能仿真。图 9-16 和图 9-17 为频率控制字不同时的仿真波形图。可以看出，当设置不同的频率控制字时，输出数据的变化速度不同，即输出波形频率不同。

至此，完成 DDS 系统的设计。

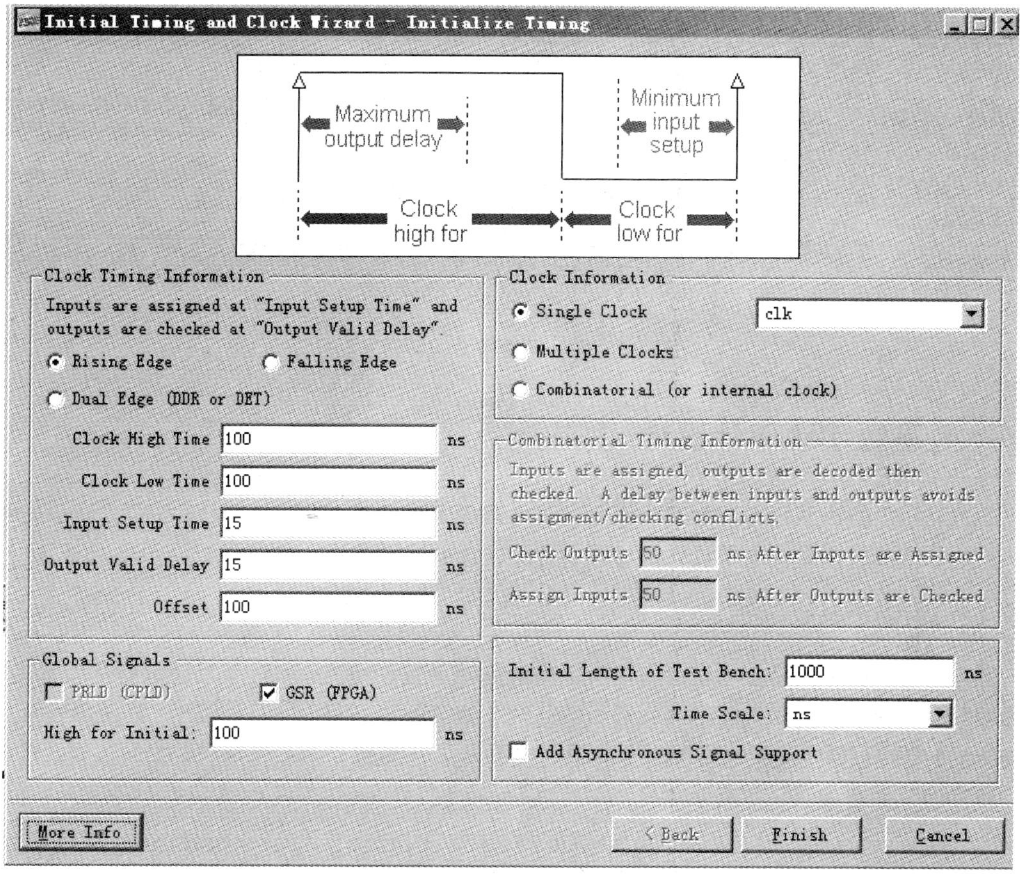

Initial Timing and Clock Wizard - Initialize Timing
Maximum output delay
Minimum input setup
Clock high for
Clock low for
Clock Timing Information
Inputs are assigned at "Input Setup Time" and outputs are checked at "Output Valid Delay".
Rising Edge
Falling Edge
Dual Edge (DDR or DET)
Clock High Time 100 ns
Clock Low Time 100 ns
Input Setup Time 15 ns
Output Valid Delay 15 ns
Offset 100 ns
Clock Information
Single Clock
clk
Multiple Clocks
Combinatorial (or internal clock)
Combinatorial Timing Information
Inputs are assigned, outputs are decoded then checked. A delay between inputs and outputs avoids assignment/checking conflicts.
Check Outputs 50 ns After Inputs are Assigned
Assign Inputs 50 ns After Outputs are Checked
Global Signals
PRLD (CPLD)
GSR (FPGA)
High for Initial: 100 ns
Initial Length of Test Bench: 1000 ns
Time Scale: ns
Add Asynchronous Signal Support
More Info
< Back
Finish
Cancel

图 9-14　时序初始化对话框

End Time:
10000 ns
50 ns
1050 ns
2050 ns
3050 ns
4050 ns
5050 ns
6050 ns
7050 ns
8050 ns
9050
clk 0
reset 0
freq[31:0] 0
phase[10:0] 0
sin[9:0] 0
0
0
0

图 9-15　测试矢量初始化波形

End Time:
100000 ns
50 ns
350 ns
650 ns
950 ns
1250 ns
1550 ns
1850 ns
clk 0
reset 1
freq[31:0] 419...
phase[10:0] 0
sin[9:0] 432
4194304
0
0 512 515 518 521 524 527 530 533 537 540 543 546 549 552 555 559 562 565

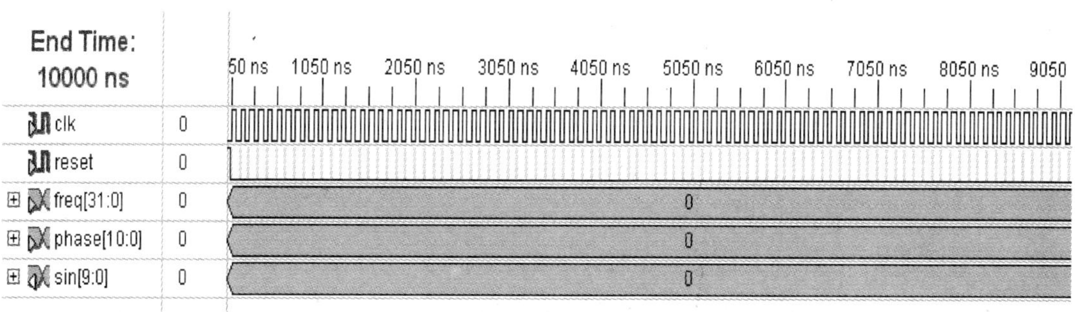

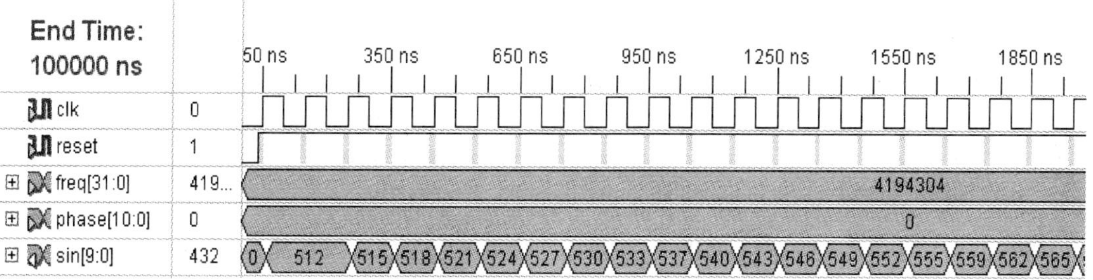

图 9-16　DDS 系统仿真波形图（1）

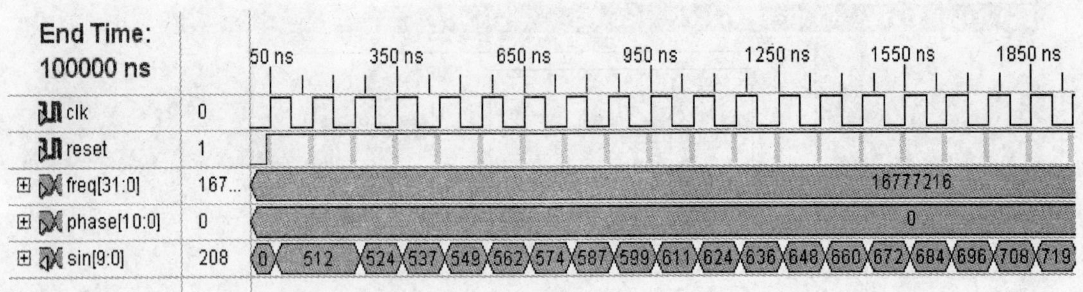

图 9-17 DDS 系统仿真波形图（2）

9.6 简易数字频率计设计

本节以一个频率测量范围为 0 ~ 9999Hz 的 4 位简易数字频率计设计为例，采用 Verilog 程序调用模块的方法完成系统顶层设计，加深读者对现代电子系统设计的理解。

9.6.1 频率计测量原理

脉冲信号的频率就是在单位时间内所产生的脉冲个数，即 $f = N/T$，f 为被测信号频率，T 为计数时间，N 为计数器在 T 时间内所累积的脉冲个数，所以计数器在 1s 内的计数值即为待测信号频率。4 位数字频率计测量原理框图如图 9-18 所示，该系统分为四个模块：控制模块、计数模块、数据锁存器和译码显示电路。

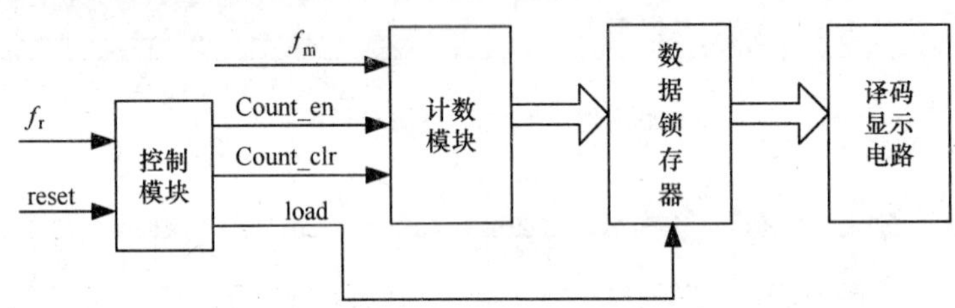

图 9-18 频率计测量原理框图

控制模块的作用是产生测频所需要的各种控制信号。f_r 是输入的标准时钟，reset 为系统复位信号，控制模块输出三个控制信号，分别为计数清零信号 count_clr、使能信号 count_en 和锁存信号 load，其时序关系如图 9-19 所示。count_clr 为计数模块的清零信号，在每一次测量开始时对计数模块进行复位，以清除上一次测量的结果。count_en 为计数模块的使能信号，在高电平期间计数模块对被测信号 f_m 进行计数，count_en 为高电平的时间为 10 个标准时钟周期（在输入标准时钟为 10Hz 时，测量时间为 1s），在此段时间内计数模块的计数值即为被测信号的频率。load 信号将每次测量的计数值锁存，然后再译码显示。

复位信号 reset 有效（高电平）时，相继输出 count_clr 信号和 load 信号，因此复位后输出显示为零，在 reset 信号为低电平 10 个周期后 count_en 信号才输出高电平，频率计正常工作时，reset 必须保持为低电平。

计数模块用于在单位时间内对被测信号的脉冲进行计数，count_clr 和 count_en 分别为该模块的计数清零和使能端。

测量完成后，在 load 信号的上升沿将计数模块的输出值锁存到寄存器中，然后送至译码显

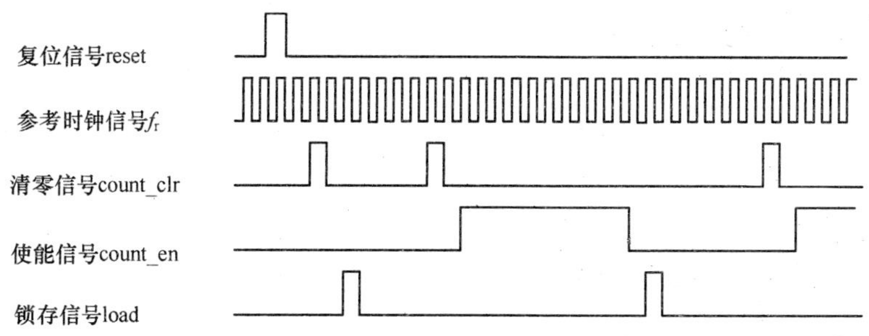

图 9-19　控制模块各信号时序关系

示电路显示出相应的数值。采用数据锁存器可以使频率计的输出显示稳定，不会因为周期性的清零和计数而不断闪烁。

译码模块用于将数据锁存器输出的 BCD 码转换为 7 段码，驱动 LED 数码管显示。

9.6.2　基于 FPGA 的频率计设计实现

上述四个模块均采用 Verilog 语言描述，频率计顶层模块用 Verilog 程序调用模块，设计过程如下。

1. 控制模块 contr

控制模块 contr 在标准参考时钟 f_r 和系统复位信号 reset 的作用下，产生计数模块和锁存模块需要的 count_clr、count_en 和 load 信号。

例 9-2　控制模块 contr 源代码

```
'timescale 1ns / 1ps
module contr(fr, reset, count_en, count_clr,load);
input fr;                              // 标准时钟输入
input reset;                           // 频率计系统复位信号输入
output count_en;                       // count_en 输出
output count_clr;                      // count_clr 输出
output load;                           // load 输出
reg count_en;
reg count_clr;
reg load;
reg rst_flag;                          //系统复位标志

always @ (posedge fr or posedge reset)
begin
  if (reset)
  begin
    rst_flag <=1;
    count_clr <=0;
    load <=0;
    counter <=0;
    count_en <=0;
```

```
    end

    else
    begin
      counter <= counter + 11'd1;
      case (counter)
        11'd2: if( rst_flag)    count_clr <= 1; //复位时产生 count_clr 信号
        11'd4:
        begin
          if( rst_flag)
          begin
            load <= 1;                    //复位时产生 load 信号
            rst_flag <= 0;
          end
        end

        11'd7:  count_clr <= 1;          // 计数开始前产生 count_clr 信号
        11'd9:  count_en <= 1;           // count_en 为高电平
        11'd19: count_en <= 0;           // count_en 为低电平
        11'd21:
        begin
          load <= 1;                     // 计数结束后产生 load 信号
          counter <= 0;
        end
        default:
        begin
          count_clr <= 0;
          load <= 0;
        end
      endcase
    end
  end

endmodule
```

控制模块时序仿真波形图如图 9-20 所示，为了便于仿真，这里选择标准时钟 f_r 的周期为 100ns。从图中可以看出，count_clr、count_en 及 load 的时序关系完全满足计数模块的要求，而且 reset 信号也能实现对计数模块及显示模块的清零处理。

2. 计数模块 count

计数模块 count 的功能就是在 count_en 为高电平期间对被测信号进行脉冲计数，当 count_en 为低电平时，停止计数并输出计数结果。为了便于后端显示，本实例中设计的 4 位计数器为十进制计数器，这种频率计的测量范围可达到 0～9999Hz。

例 9-3 计数模块 count 源代码

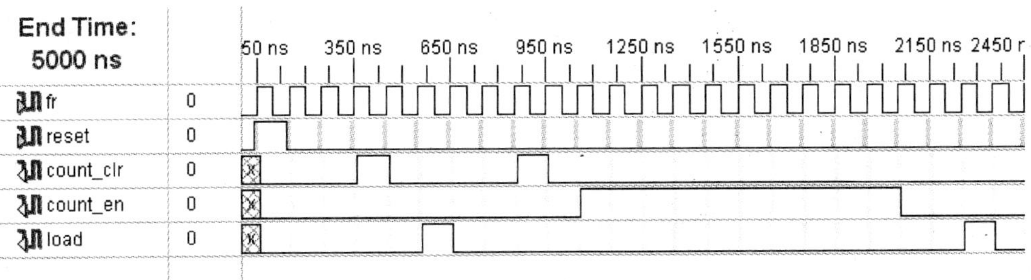

图 9-20　控制模块时序仿真波形图

```
'timescale 1ns / 1ps
module count(fm, enable,clear, done, dtwo, dthree, dfour);
  input fm;                          // 被测信号输入
  input enable;                      // 计数使能信号
  input clear;                       // 计数清零信号
  output[3:0] done;                  // 个位 BCD 码输出
  output[3:0] dtwo;                  // 十位 BCD 码输出
  output[3:0] dthree;                // 百位 BCD 码输出
  output[3:0] dfour;                 // 千位 BCD 码输出

  reg [3:0] done, dtwo, dthree, dfour;

  always @ (posedge clk or posedge clear )
  begin
    if(clear = = 1 'b1)              // 清零信号为高电平,则 4 位输出清零
    begin
      done < = 4 'd0;
      dtwo < = 4 'd0;
      dthree < = 4 'd0;
      dfour < = 4 'd0;
    end
    else if(enable = = 1 'b1)
    begin
      if (done = = 4 'd9)            //个位 9 向十位进 1
      begin
        done < = 4 'd0;
        if (dtwo = = 4 'd9)          //十位 9 向百位进 1
        begin
          dtwo < = 4 'd0;
          if (dthree = = 4 'd9)      //百位 9 向千位进 1
          begin
            dthree < = 4 'd0;
            if (dfour = = 4 'd9)     //千位到 9 超出测量范围
```

```
          begin
            dfour < = 4 ' d0;
          end
          else
          begin
            dfour < = dfour + 4 ' d1;
          end
        end
        else
        begin
          dthree < = dthree + 4 ' d1;
        end
      end
      else
      begin
        dtwo < = dtwo + 4 ' d1;
      end
    end
    else
    begin
      done < = done + 4 ' d1;
    end
  end
end

endmodule
```

计数模块时序仿真波形图如图 9-21 所示。从图中可以看出，该计数器能实现正确进位。

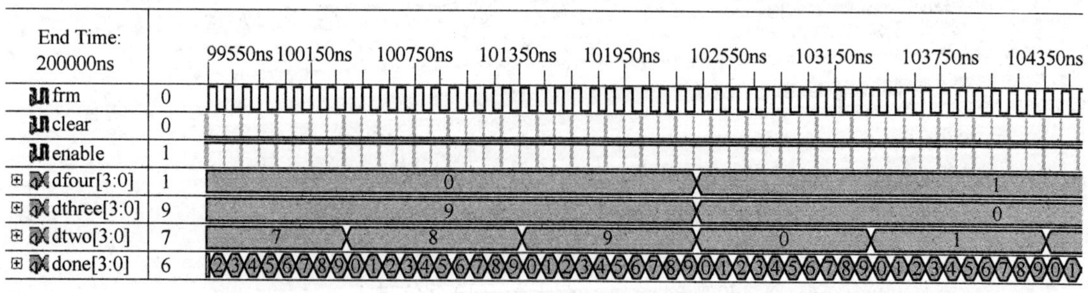

图 9-21　计数模块时序仿真波形图

3. 16 位锁存器 reg16

该锁存器实质上是一个上升沿触发的 16 位 D 触发器，在 contr 模块输出的 load 信号的上升沿时刻，将计数结果锁存输出，其余时候，输出保持不变。

例 9-4　16 位锁存器 reg16 源代码

```
' timescale 1ns / 1ps
```

```
module reg16(clk, d, q);
  input clk;                          // 触发时钟
  input [15:0]   d;
  output [15:0]  q;

  reg [15:0] q;

  always @ (posedge clk )
  begin
    q <= d;
  end
endmodule
```

锁存器模块仿真波形图如图 9-22 所示。从图中可以看出，在 clk 上升沿，输出 q 等于输入 d。

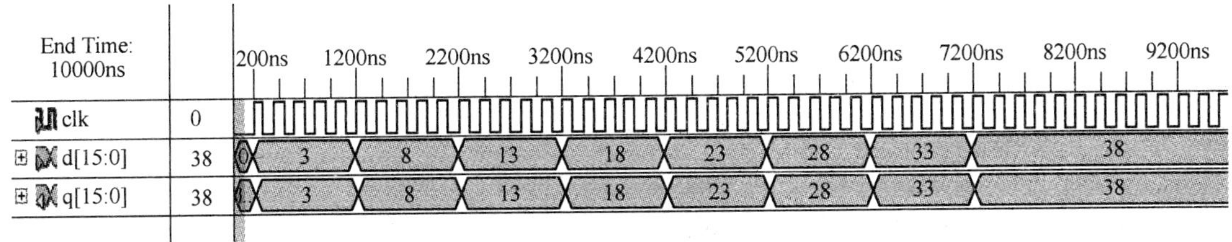

图 9-22　锁存器模块仿真波形图

4. 显示译码模块 decoder

decoder 模块将计数结果的 BCD 码译为 7 段显示码，以便于数码管显示。本实例中假设采用共阴极 7 段数码管。

例 9-5　译码器 decoder 源代码

```
'timescale 1ns / 1ps
module decoder(din,led7);
  input [3:0] din;
  output [6:0] led7;
  reg [6:0] led7;
  always @ (din)
  begin
    case (din)
      4'd0:  led7 <= 7'b0111111;    // 数字 0 对应的 7 段码
      4'd1:  led7 <= 7'b0000110;    // 数字 1 对应的 7 段码
      4'd2:  led7 <= 7'b1011011;    // 数字 2 对应的 7 段码
      4'd3:  led7 <= 7'b1001111;    // 数字 3 对应的 7 段码
      4'd4:  led7 <= 7'b1100110;    // 数字 4 对应的 7 段码
      4'd5:  led7 <= 7'b1101101;    // 数字 5 对应的 7 段码
      4'd6:  led7 <= 7'b1111101;    // 数字 6 对应的 7 段码
      4'd7:  led7 <= 7'b0000111;    // 数字 7 对应的 7 段码
```

```
        4'd8:  led7 <= 7'b1111111;     // 数字 8 对应的 7 段码
        4'd9:  led7 <= 7'b1101111;     // 数字 9 对应的 7 段码
        default:
               led7 <= 7'b0000000;
      endcase
    end
endmodule
```

将上述 4 个模块分别通过 ISE 编译、综合、仿真后，生成原理图模块，供顶层文件调用。

5. 频率计顶层文件 freqtop

频率计顶层文件采用 Verilog 程序实现模块的调用，程序如下。

例 9-6 频率计 freqtop 源代码

```
'timescale 1ns / 1ps
Module freqtop(fm, fr, reset, en, clr, load, led7_one, led7_two, led7_three, led7_four, one,
two, three, four);
    input fm;                        // 被测信号
    input fr;                        // 参考时钟信号
    input reset;                     // 系统复位信号
    output [6:0] led7_one;           // 输出计数值个位的 7 段码
    output [6:0] led7_two;           // 输出计数值十位的 7 段码
    output [6:0] led7_three;         // 输出计数值百位的 7 段码
    output [6:0] led7_four;          // 输出计数值千位的 7 段码
    //以下两行输出端口定义是为了便于观察仿真过程而增加的,实际应用中不需要
    output en, clr, load;
    output [3:0] one,two,three,four;

    wire [3:0] one,two,three,four;
    wire[6:0] led7_one,led7_two,led7_three,led7_four;
    wire en, clr, temp;
    wire en_temp, clr_temp, load_temp;
    wire [15:0] q1;
    wire [3:0] done,dtwo,dthree,dfour;

    contr U1  (                      // 调用控制模块
    .fr(fr),
    .reset(reset),
    .count_en(en_temp),
    .count_clr(clr_temp),
    .load(load_temp)
    );
    count U2(                        // 调用计数模块
    .fm(fm),
    .enable(en_temp),
```

```
    .clear(clr_temp),
    .done(done),
    .dtwo(dtwo),
    .dthree(dthree),
    .dfour(dfour)
    );
    reg16   U3(                    // 调用锁存器模块
    .clk(load_temp),
    .d({dfour[3:0],dthree[3:0],dtwo[3:0],done[3:0]}),
    .q(q1)
    );
    decoder U4  (                  // 调用译码器将个位 BCD 码转换为 7 段码
    .din(q1[3:0]),
    .led7(led7_one)
    );
    decoder U5  (                  // 调用译码器将十位 BCD 码转换为 7 段码
    .din(q1[7:4]),
      .led7(led7_two)
     );
    decoder U6  (                  // 调用译码器将百位 BCD 码转换为 7 段码
    .din(q1[11:8]),
    .led7(led7_three)
    );
    decoder U7  (                  // 调用译码器将千位 BCD 码转换为 7 段码
    .din(q1[15:12]),
    .led7(led7_four)
    );
//以下 7 行语句是为了便于观察仿真过程而增加的，实际应用中不需要
    assign en = en_temp;
    assign clr = clr_temp;
    assign load = load_temp;
    assign one = q1[3:0];
    assign two = q1[7:4];
    assign three =q1[11:8];
    assign four = q1[15:12];

Endmodule
```

图 9-23 和图 9-24 为频率计系统仿真波形图。其中被测信号 f_m 周期为 100ns，图 9-24 中，参考时钟 f_r 周期为 2530ns，由于计数使能信号为 10 个参考时钟周期，所以计数结果为 2530×10/100 = 235。图 9-24 中，f_r 周期为 27140ns，计数结果为 2714。应当注意，该设计作为频率计实际测量时，参考时钟 f_r 的频率必须选择为 10Hz。仿真图中的信号 en、clr、load 和 one、two、three、four 是为了便于观察设计的中间信号而增加的输出端口，在实际应用中可以省去。

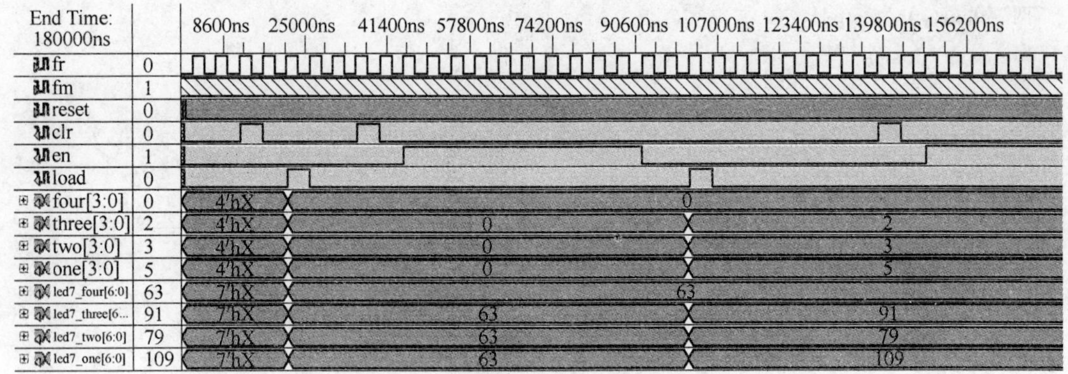

图 9-23 频率计系统仿真波形图（1）

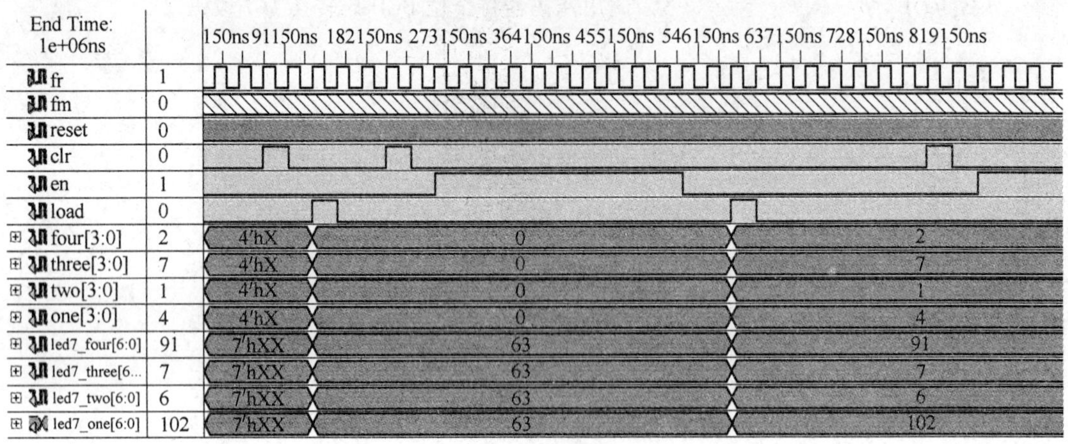

图 9-24 频率计系统仿真波形图（2）

本 章 小 结

传统的数字系统设计方法已经难以实现大规模、复杂的数字系统设计。借助于 EDA 软件，用可编程逻辑器件如 FPGA/CPLD 设计数字系统已经是现代数字系统设计的主流。

本章以 FPGA 生产厂商 Xilinx 公司的 ISE 软件为例，采用层次化的设计思路，介绍了基于 FPGA 和 Verilog HDL 设计数字系统的思路和方法，并给出了 两个数字系统的仿真波形。

习 题

9-1 设计一个 4 位十进制频率计，其测量范围为 1MHz，量程分 10kHz、100kHz、1MHz、10MHz 四档（最大读数分别为 9.999kHz、99.99kHz、999.9kHz、9999kHz），量程自动转换规则如下：

（1）当读数大于 9999 时，频率计处于超量程状态，下一次测量时，量程自动增大一档；

（2）当读数小于 0999 时，频率计处于欠量程状态，下一次测量时，量程自动增大一档。要求小数点位置随量程变换自动移位。假设被测信号是标准的方波信号。

9-2 设计一个十字路口交通灯控制器，要求如下：

（1）能显示十字路口东西、南北两个方向的红、黄、绿灯的指示状态

用两组红、黄、绿三色灯作为两个方向的红、黄、绿灯。变化规律为东西绿灯，南北红灯→东西黄灯，南北红灯→东西红灯，南北绿灯→东西红灯，南北黄灯→东西绿灯，南北红灯……依次循环。

（2）能实现正常的倒计时功能

用两组数码管作为东西和南北方向的允许或通行时间的倒计时显示，显示时间为红灯 45s、绿灯 40s、黄灯 5s。

（3）能实现紧急状态处理的功能

① 出现紧急状态（例如消防车，警车执行特殊任务时要优先通行）时，两路上所有车禁止通行，红灯全亮；

② 显示倒计时两组数码管闪烁；

③ 计数器停止计数并保持在原来的状态；

④ 特殊状态解除后能返回原来状态继续运行。

（4）能实现系统复位功能

系统复位后，东西绿灯，南北红灯，东西计时器显示 40s，南北显示 45s。

（5）用 Verilog 语言设计符合上述功能要求的交通灯控制器，并用层次化设计方法设计该电路。

（6）控制器、置数器的功能用功能仿真的方法验证，可通过有关波形确认电路设计是否正确。

（7）完成电路全部设计后，通过系统实验箱下载验证设计课题的正确性。

参考文献

[1] 白中英．数字逻辑与数字系统［M］．3版．北京：科学出版社，2002.

[2] 黄志强，潘天保，吴鹏等．Xilinx可编程逻辑器件的应用与设计［M］．北京：机械工业出版社，2007.

[3] 贾立新，何剑春，包晓敏．数字电路［M］．北京：电子工业出版社，2008.

[4] 江国强．数字系统的Verilog HDL设计实践与指导［M］．北京：机械工业出版社，2007.

[5] John F Wakerly：Digital Design Principles and Practices［M］．Third Edition. New York：Pearson Education，1999：87～89.

[6] 李国丽，朱维勇，何剑春．EDA与数字系统设计［M］．2版．北京：机械工业出版社，2009.

[7] 李瀚逊．简明电路分析基础［M］．北京：高等教育出版社，2003.

[8] 梁龙学．数字电子技术［M］．北京：人民邮电出版社，2010.

[9] 刘常澍．数字逻辑电路［M］．北京：高等教育出版社，2008.

[10] 刘守义，钟苏．数字电子技术基础［M］．北京：清华大学出版社，2008.

[11] 康华光．电子技术基础（数字部分）［M］．5版．北京：高等教育出版社，2006.

[12] 麻寿光．电子学原理与应用［M］．北京：高等教育出版社，2011.

[13] 毛法尧．数字逻辑［M］．北京：高等教育出版社，2006.

[14] Nigel P Cook. 实用电子技术［M］．施慧琼，等译．北京：清华大学出版社，2006.

[15] 潘明，潘松．数字电子技术基础［M］．北京：科学出版社，2008.

[16] 潘松，黄继业，陈龙．EDA技术与Verilog HDL［M］．北京：清华大学出版社，2010.

[17] 王玉龙．数字逻辑［M］．北京：高等教育出版社，1987.

[18] 王毓银主编．数字电路逻辑设计［M］．2版．北京：高等教育出版社，2006.

[19] 夏路易．数字电子技术基础教程［M］．北京：电子工业出版社，2009.

[20] 阎石．数字电子技术基础［M］．5版．北京：高等教育出版社，2008.

[21] 云创工作室．Verilog HDL程序设计与实践［M］．北京：人民邮电出版社，2009.

[22] 张伟林．数字电子技术［M］．北京：人民邮电出版社，2010.

[23] 中国标准出版社第四编辑室，微电路国家标准汇编：集成电路卷（上下）［M］．北京：中国标准出版社，2008.